U0225109

岩土破损力学:二元介质本构模型

刘恩龙　陈铁林　著

科 学 出 版 社

北　京

内容简介

本书系统地介绍岩土破损力学：二元介质本构模型的基本概念、多种岩土材料（结构性土、胶结混合土、冻土、冻融作用的尾矿料、岩石、多晶冰）的本构模型、强度准则以及数值模拟。全书共分六章，主要内容为岩土破损力学：二元介质模型概论、二元介质本构模型、宏-细观二元介质本构模型、多尺度二元介质本构模型、基于二元介质模型的强度准则、二元介质本构模型的有限元计算。其重要目的是为土木、水利、道路、桥梁、建筑等各类建筑物的地基、土石坝、尾矿坝及土工结构的应力-应变分析和变形计算等方面提供理论分析基础。

本书可作为土木、水利、建筑专业的科研工作者、工程技术人员的参考用书，也可供高等院校相关专业的研究生和本科高年级学生使用。

图书在版编目(CIP)数据

岩土破损力学：二元介质本构模型 / 刘恩龙，陈铁林著. —北京：科学出版社，2024.2

ISBN 978-7-03-075664-0

Ⅰ. ①岩…　Ⅱ. ①刘…　②陈…　Ⅲ. ①岩土力学　Ⅳ. ①TU4

中国国家版本馆 CIP 数据核字（2023）第 099853 号

责任编辑：刘莉莉 / 责任校对：彭　映
责任印制：罗　科 / 封面设计：义和文创

科学出版社出版
北京东黄城根北街16号
邮政编码：100717
http://www.sciencep.com

四川煤田地质制图印务有限责任公司印刷
科学出版社发行　各地新华书店经销

*

2024年2月第　一　版　　开本：787×1092 1/16
2024年2月第一次印刷　　印张：17 1/2
字数：410 000

定价：179.00 元

（如有印装质量问题，我社负责调换）

沈珠江（1933.01—2006.10）

中国科学院院士/岩土力学与工程专家

献给敬爱的沈珠江老师

前　　言

工程材料的力学分析主要采用弹塑性力学、损伤力学与断裂力学等方法。而天然岩土材料具有独特的力学特性，比如在应力水平较低时会应变软化且先体缩后体胀，而应力水平较高时会应变硬化及体缩，使得现有分析理论难以描述这些特性，原因是传统分析方法不能合理地考虑天然岩土材料的实际变形机理。为了对天然岩土材料的应力应变关系进行合理的描述，沈珠江院士在 2002 年 9 月提出了岩土破损力学的基本概念、目标和任务，至今已有 20 余年。这 20 年来，我们围绕岩土破损力学：二元介质本构模型开展了系列研究，可以分为三个研究层次或阶段：在初期阶段，主要给出了岩土破损力学的基本框架，这时二元介质模型中的参数较多，且单元体与胶结元、摩擦元处于相同或较为接近的尺度；在第二阶段，考虑了胶结元与摩擦元的相互作用，解析表达了局部应变系数，减少了模型参数，即建立了考虑宏-细观变形机理的二元介质本构模型；在第三阶段，从微观尺度考虑颗粒之间的相互作用，建立了宏-细-微观多尺度的二元介质本构模型，此时的模型参数大多有明确的物理含义，模型参数少。这些可以在我们已发表的相关著作中看到。

岩土破损力学：二元介质本构模型是针对天然岩土材料而提出的新的分析理论，已经针对多种土料建立了相应的本构模型。本书主要介绍静力加载条件下的二元介质本构模型、强度准则以及数值模拟成果，具体安排如下：第 1 章是关于岩土破损力学：二元介质模型的概论，重点介绍岩土破损力学和二元介质的概念、全量和增量形式的二元介质模型、多尺度二元介质本构模型框架；第 2 章介绍初期发展的二元介质本构模型，主要包括结构性土、胶结混合土、多晶冰、岩石以及冻土的本构模型；第 3 章介绍宏-细观二元介质本构模型，主要包括冻融尾矿料、冻土、结构性土以及多孔岩石的本构模型；第 4 章介绍多尺度二元介质本构模型，主要包括冻土和岩石的宏-细-微观本构模型；第 5 章介绍基于二元介质模型的强度准则，主要包括结构性土的强度准则以及冻土的多尺度强度准则；第 6 章介绍二元介质本构模型的有限元计算，主要包括岩土类材料破损过程的模拟、比奥(Biot)固结计算以及黄土增湿变形的计算。本书主要介绍了我们在二元介质模型中的研究成果，其他学者也发表了一些相关成果，此处不再逐一介绍，请参见相关文献。

本书由刘恩龙、陈铁林编著，多位研究生参与完成了书中内容，其中第 1 章参考了沈珠江老师的部分研究成果；第 2 章由罗开泰、聂青、何淼、唐勇、喻豪俊、康建、余笛、张德参与完成；第 3 章由刘友能、张德、孙艺、陈燕斌参与完成；第 4 章由王番、余笛、王丹参与完成；第 5 章由陈亚军、王番参与完成；第 6 章由陈亚军参与完成，也参考了沈珠江老师的部分研究成果。

本书的研究内容主要是在国家自然科学基金项目(10272062，50479007，51009103，41771066)、中国科学院百人计划项目“土冻结过程的水热力三场耦合数值模拟”的资助下完成的，研究工作的开展先后得到了清华大学的老师，以及四川大学、中国科学院西北生态环境资源研究院的领导、同事的大力支持，特此表示感谢！也感谢研究生罗飞、陈领、李琼、蔡梓胤、禹艳阳、王帅、杨连君等在出版过程中的帮助。

由于作者水平有限，书中难免有不足的地方，希望读者多加指正。

作者

2022.08.02

目　　录

第1章　岩土破损力学：二元介质模型概论

本章介绍岩土破损力学的基本概念、二元介质概念及物理试验基础、二元介质模型的应力应变关系和热力学基础，以及多尺度二元介质本构模型的框架。

第1.1节　岩土破损力学的基本概念

1.1.1　岩土材料的力学特性

岩土材料的力学特性有非线性、弹塑性、剪胀性、压硬性、结构性、各向异性、流变性、应变硬化/软化、应力路径相关性等。与其他材料相比，岩土材料的压硬性、剪胀性、结构性表现得更为突出(沈珠江，2000)，因此，以下仅介绍这三种特性。

1.1.1.1　压硬性

压硬性指材料的强度和刚度随压力的增大而增大，或者随压力的降低而降低的性质。比如，经典莫尔-库仑抗剪强度准则就是压硬性的体现：

$$\tau_f = c + \sigma \operatorname{tg}\varphi \tag{1.1-1}$$

模量常用的简布(Janbu)公式也是压硬性的体现：

$$E_i = K_0 p_a \left(\frac{\sigma_3}{p_a}\right)^n \tag{1.1-2}$$

式中，K_0、n为常数；p_a为标准大气压力。软岩的刚度随围压的变化明显，而硬岩的刚度随围压的变化不明显。

1.1.1.2　剪胀性

剪胀性指在剪切应力的作用下岩土材料表现出的体积变化，体积变大为剪胀，变小为剪缩，广义上统称为剪胀。通常地，堆石料在低围压下易表现出剪胀，高围压下易表现为剪缩，正常固结黏土为剪缩。岩石的剪胀称为扩容，只有压力很高时岩石才表现体缩。

1.1.1.3　结构性

对于岩土材料，结构指的是颗粒之间的胶结作用、排列形式以及由此形成的孔隙分布。在土力学中，我们认为结构性泛指颗粒之间的胶结特性。无胶结的散粒土和胶结破坏以后形成的颗粒之间无胶结的土常称为无结构性的土类。需要说明的是，这里没有把无黏性土的组构排列认为是结构性。对于岩样(或者具有软弱面或初始微裂隙)来说，颗粒之间的胶结作用相对较强，而对于天然软土来说颗粒之间的胶结作用就较弱且具有较大的孔隙分布。此外，冻土由于冰颗粒具有较强的胶结作用，因此也具有较强的结构性。图 1.1-1 所示为结构性岩土的微观结构图[SEM(scanning electron microscope)照片]，从中可以看到微观尺度上的胶结作用。

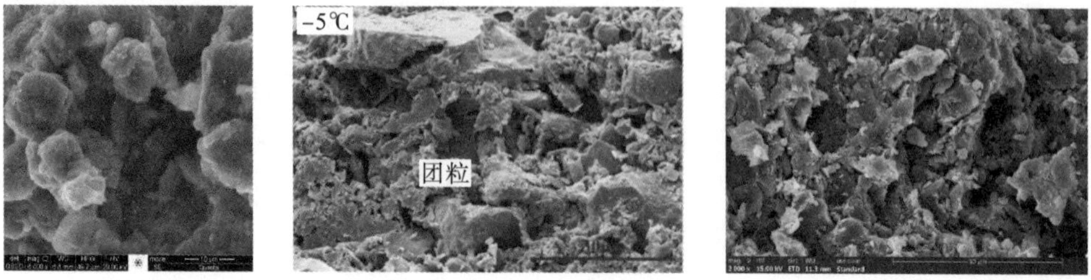

(a)人工制备结构性土　　(b)冻土(-5℃)(王丹，2019)　　(c)泥岩(余笛，2022)

图 1.1-1　结构性岩土的微观结构

由于颗粒之间的胶结作用，结构性试样的力学特性与无胶结的土料(比如砂土、堆石、重塑黏土)有很大的不同，如图 1.1-2 为人工制备结构性土、冻土、砂岩的应力应变关系曲线。在排水条件下，重塑的正常固结黏土表现为应变硬化和体缩特性，而图 1.1-2 所示的结构性岩土在低围压下表现为应变软化、体胀，且随着围压的逐渐增加由应变软化转为应变硬化，相应地体变由剪胀向体缩转变(砂岩的扩容大，仍表现为剪胀)。图 1.1-3(a)、(b)为人工制备结构性土以及砂岩在破坏时的照片，从图中可见人工制备结构性土和砂岩形成了共轭的剪切带，说明应力应变的分布在试样内不均匀。图 1.1-3(c)为典型结构性岩土材料的应力应变关系图。

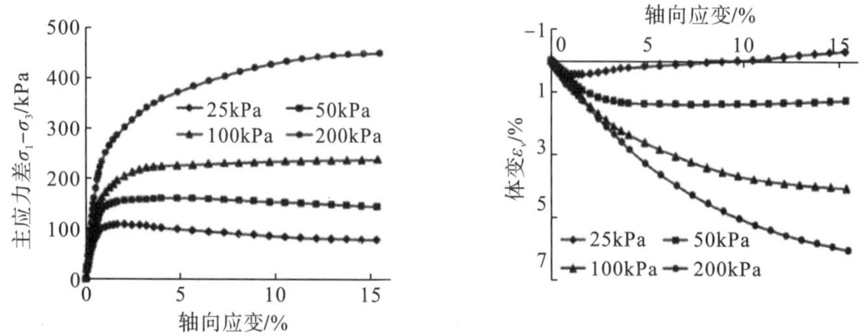

(a)人工制备结构性土

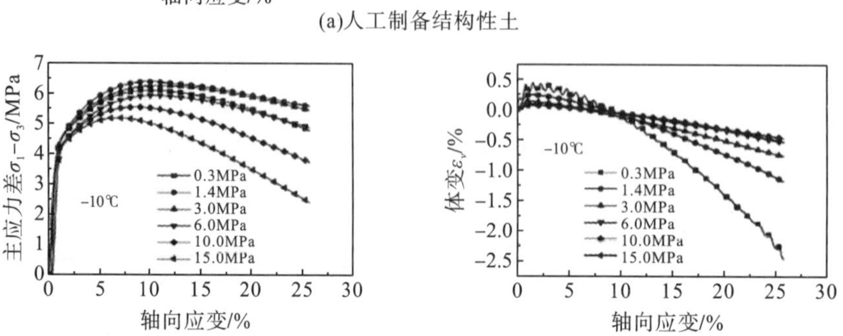

(b)冻土(-10℃)

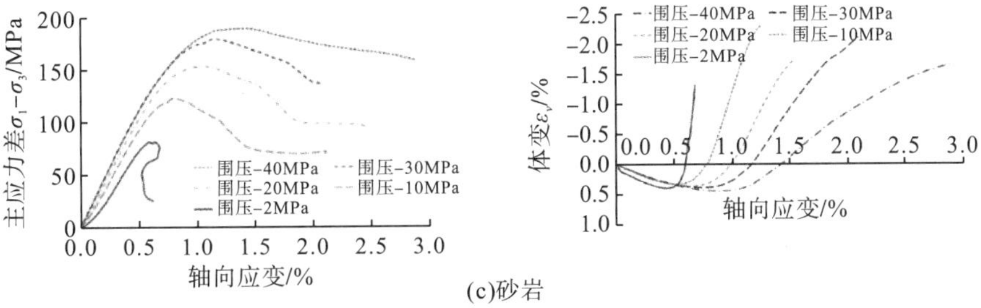

(c)砂岩

图 1.1-2　结构性岩土的应力应变特性

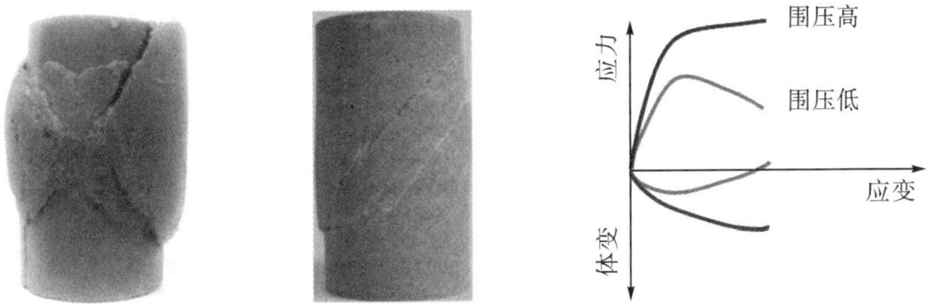

(a)人工制备结构性土　　(b)砂岩　　(c)应力应变特点

图 1.1-3　结构性岩土的破坏和应力应变特点

从结构性岩土的应力应变特点以及破坏模式可知其共同特点如下：①结构性土、冻土、岩样的结构性强，而天然黏土的结构性弱，但是颗粒之间都具有不同程度的胶结作用；②试样内的应力/应变分布不均匀，这涉及岩土材料的多尺度问题，需要从微观、细观、宏观多尺度的角度研究其应力应变特点。

因此，为了描述结构性岩土的应力应变特点，必须解决如下理论问题：①如何合理描述应变软化/剪胀现象？②如何合理考虑应变/应力的非均匀性？

岩土力学的发展初期只不过是搬用现成的弹性力学解答。20 世纪 50 年代，D-P（Drucker-Prager）模型的提出可以认为是岩土塑性力学的开端。60 年代后，土塑性力学得到较大的发展，但塑性理论在岩体力学中的应用却遇到了困难，其原因显然与岩石的脆性有关。为此，人们开始求助于断裂力学。但是，对于具有胶结作用的结构性土，同样会遇到脆性破损问题。如何从数学上描述脆性引起的应变软化，正是当前岩土力学面临的挑战。

本书内容就是为了解决这些理论问题而建立新的岩土力学分析理论，即岩土破损力学。

1.1.2　岩土材料的结构类型

孙广忠（1990）把岩体的结构分为块裂结构、板裂结构和碎裂结构三类。加上土体结构性的特点，下面把岩土材料分为四种结构类型，如图 1.1-4 所示。

碎裂结构：这一结构中块体之间直接接触，块体的大小形状和结构面分布比较规则。

散块结构：块体的大小、形状不规则，多以棱角和角-面方式接触传力，如堆石体。

包络结构：结构块被软弱带网络包围而形成的岩土结构可以称为包络结构，如砖墙和块石砌体。软弱带可能因风化而天然形成，也可能是受力过程中次生的。后一种情况下开始可能没有明显的结构带网络存在，只是岩土体内有多处胶结比较弱的区域，在受力过程中薄弱点逐步扩展连通形成网络。

包络结构又可分为韧性包络结构和脆性包络结构两类。前一类结构中结构体不易碎裂，其破损表现为表面逐步软化，软弱带逐步增厚，如膨胀岩土和超固结黏土在水分浸入过程中所发生的。后一类结构中的破损现象则表现为结构块的逐步破碎，如黄土。但非饱和黄土浸水过程中也可能表现为软弱带不断增厚，块体中心因存在强大吸力而仍不易破碎。

浮悬结构：当结构块体含量较少，浮悬在黏性泥土中而不能形成传力骨架，就成为浮悬结构。泥石流滑体就是这样的结构类型。这类岩土材料中起控制作用的是泥土，故将不包括在本书讨论的范围之内。

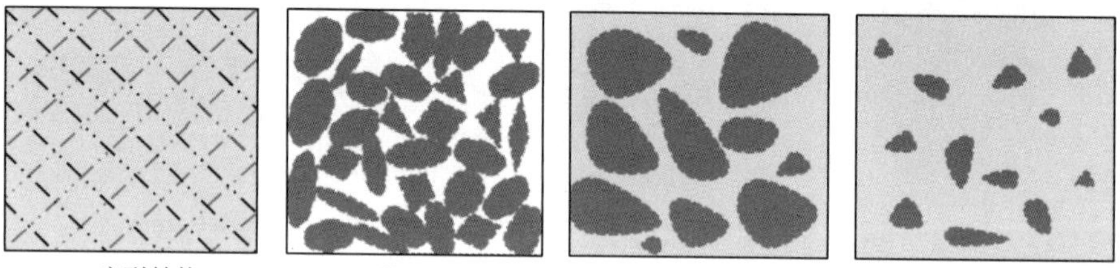
(a)碎裂结构　(b)散块结构　(c)包络结构　(d)浮悬结构

图 1.1-4　岩土材料的四种结构类型

1.1.3　岩土材料的研究层次

结构性岩土材料可以分宏观、细观和微观三个层次进行研究。

1. 宏观层次

宏观层次研究以准连续介质假设为基础。任何具有内部结构的材料不可避免地受尺度效应的影响。如果宏观考察的代表单元尺寸取得足够大，尺度效应基本消失，则相应的研究对象可以以这样的单元为基础按连续介质力学原理进行分析，这就是准连续介质的基本含义。具体来说，准连续介质代表单元内包含的结构体应在 10^2～10^3 数量级，而传统的连续介质则应包含 10^4 以上的分子或晶体个数。

上述数量级的概念是按照下列事实推论的，即①对裂隙黏土进行三轴试验，当试样的直径大于 4 倍裂缝间距时，试样尺寸对其强度的影响基本消失；②对堆石体进行三轴试验，当试样的直径大于最大块体直径的 5 倍时，试样尺寸的影响基本消失。以最小单元为块体尺寸 5 倍的立方体计算，单元内所含块体个数为 125 个。这就意味着，按连续介质分析时允许最小单元尺寸为单元内所含块体数不少于 10^2。以具体工程为例，土石坝有限元分析中垂直方向的单元尺寸不宜大于坝高的 1/7，即 50m 坝高的单元尺寸不宜大于 7m，因此上坝的最大块石尺寸不宜大于 1.4m。如果是直径 10m 的隧洞，也以 1/7 为原则计算的最小单元尺寸为 1.4m，因而结构块的尺寸不宜大于 0.3m。

2. 细观层次

细观层次上研究结构块体的排列方式和传力方式，离散单元法(discrete element method，DEM)法和非连续变形分析(discontinuous deformation analysis，DDA)法是这一层次研究的有力手段。但是应当指出，目前运用这些方法进行研究过于理想化。例如，把块体当作刚性的球体或圆柱体。特别是不考虑块体的破碎。修正方案是块体之间用可以破裂的短杆或梁连接起来，但仍与实际相差很远。

3. 微观层次

微观层次研究是进一步研究块体内部的应力和应变，从而把握块体的破裂或损伤过程。这一研究中当然要借用断裂力学和损伤力学方法，但是，针对尺寸比较小的块体破损问题，这些方法可能需要进一步改进。

为了解决实际工程问题，岩土破损力学的最终目标是建立一种新的宏观力学分析理论，但是，这一理论必须建立在对结构体变形和破损的真实过程有所了解的基础上，因此必须同时开展细观层次和微观层次的研究。由微观物理量向宏观物理量过渡，必须解决两个关键问题：①作为微观的反映，选择恰当的关于宏观量的定义和平均方式；②确定相应的边界条件，建立微观量与总体边界条件的关系。

1.1.4　岩土破损力学的研究对象和概念

1. 研究对象

天然岩土材料是在漫长的地质过程中形成的，有的先凝聚成团粒再堆积起来，有的先胶结成整体后又风化出节理裂隙。因此，天然岩土材料都具有结构性。结构性实质上是胶结强弱有序变化造成的。在岩体力学中往往把内部胶结很强的岩块称为结构体，胶结弱或无胶结的称为结构面。土力学中尚无相应的名称。但是，面在理论上是无厚度的，因此，为了使概念上更明确和岩体及土体均可适用，岩土破损力学中将胶结较强的块体称为结构块/结构体，胶结较弱的薄弱带称为结构带/软弱带，如图 1.1-5 所示。另一方面，岩土力学界早就认识到，岩土抗剪强度中凝聚力成分和摩擦力成分不是同时发挥作用的。因为由胶结力提供的凝聚力成分具有脆性，变形不大时就达到峰值，而摩擦力成分则只有发生相当大的变形后才能充分发挥出来。因此，结构性岩土材料可以抽象成由结构块/结构体和结构带/软弱带组成的二元介质材料，岩土破损力学的研究对象正是这种二元介质材料。

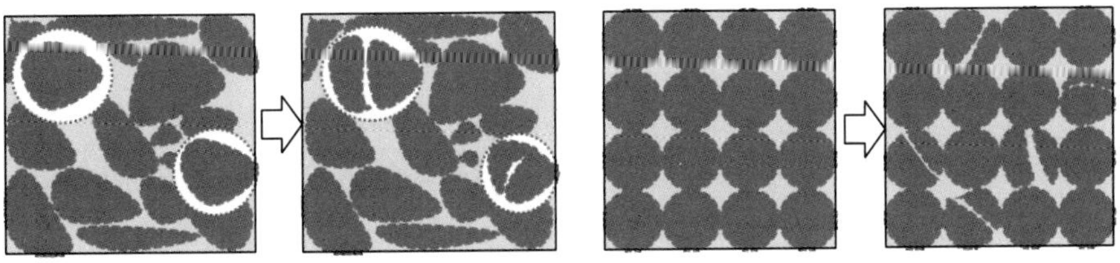

(a)天然结构块的破碎　　(b)人工结构块的破碎

图 1.1-5　结构块破损示意图

结构块的破损是岩土破损力学的研究焦点。破损导致材料性能降低。但岩土材料是大体积的，且多在抗压和抗剪条件下工作，局部破损不会导致整体破坏，因为结构带也能承担一定的荷载。这就是二元介质模型的工作机理。

2. 基本概念

准连续介质模型。结构性岩土材料显然已不属于连续介质，但是，如果结构体的尺寸不是很大，例如用有限元分析时结构体的尺寸小于单元尺寸的 1/5(比如，堆石料在大型三轴试验中规定碎石的最大直径小于试样直径的 1/5)，则仍可以当作连续介质看待。因此，对于一般尺度在 10m(例如隧道直径)左右的工程问题，结构体的尺寸应当限制在 10cm 左右。为了区别于一般意义上的连续介质，这类结构材料将称为准连续介质，岩土破损力学将建立在这种准连续介质宏观模型的基础上，对岩体来说，其适用范围限于碎裂结构性岩体。

胶结应力与摩擦应力。破损力学中将放弃损伤力学中的有效应力概念。理由有二，一是为了避免与土力学中的有效应力名称相冲突；二是岩土材料损伤以后仍能承受摩擦阻力。因此，与损伤力学中有效应力相当的部分将称为胶结应力，而另一部分由摩擦阻力分担的应力将称为摩擦应力。岩土材料的破坏过程正是胶结力逐步丧失而摩擦力逐步发挥作用的过程，或者说是结构块逐步破损而结构带逐步扩展的过程。

代偿应变。结构体破损过程中胶结应力的丧失将由摩擦应力取代，所以结构体数量减少的破损过程也就是结构带体积增大的代偿过程。代偿需要付出代价，这里的代价就是增大应变，这样增加的应变将称为代偿应变。代偿可分为完全代偿、部分代偿和不能代偿三种。脆性破坏并不必然导致应变软化，如果摩擦应力的增加可以完全补偿胶结应力的丧失，宏观应力应变曲线将表现为硬化型，就是完全代偿。反之，当摩擦应力只能部分代偿时，相应的应力应变曲线将为软化型。在受拉条件下，摩擦应力不能起代偿作用，这就是不能代偿。图 1.1-6 为应力的代偿示意图。结构块/结构体又称胶结元，结构带/软弱带又称摩擦元。

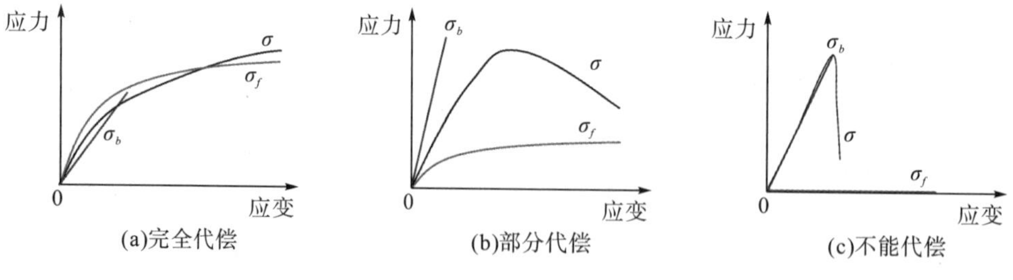

图 1.1-6 应力的代偿示意图

σ 为应力；σ_b 为胶结元应力；σ_f 为摩擦元应力

破损准则与屈服准则。破损力学首先要建立结构体的破碎准则，即在应力空间建立一个相当于结构体抗破碎强度的破碎面。各种岩土材料破碎面的形状应当通过微结构体的破碎与宏观应力之间的关系的深入研究得出。与此同时，针对结构面滑移引起的塑性应变，还要假设一个屈服面。后者在岩土塑性力学中已有很多介绍，此处不再说明。

破损准则即结构块发生破碎时的宏观应力状态，在应力空间中可以表示成为一个曲面，即

$$f\left(\sigma_{ij}\right)=q \tag{1.1-3}$$

破损面应当与结构块的形状大小和排列方式有关。例如，当结构块为均匀球体且按最疏松的形式排列时，如果球体的压碎强度为 R_b，则相应的破碎准则为 $q=R_b/d^2$，d 为球体直径，如图 1.1-7 所示。

在线弹性假设下，式(1.1-3)的一般形式可以写为

$$\alpha\sigma_m+\sigma_s=q \tag{1.1-4a}$$

$$\alpha^2\sigma_m^2+\sigma_s^2=q^2 \tag{1.1-4b}$$

考虑到平均应力 σ_m 与体变 ε_v 之间的关系 $\sigma_m=K\varepsilon_v$（K 为体变模量），剪应力 σ_s 与剪应变 ε_s 之间的关系为 $\sigma_s=2G\varepsilon_s$（G 为剪切模量），式(1.1-4a)和式(1.1-4b)又可写为

$$\beta\varepsilon_v+\varepsilon_s=\varepsilon_b \tag{1.1-5a}$$

$$\beta^2\varepsilon_v^2+\varepsilon_s^2=\varepsilon_b^2 \tag{1.1-5b}$$

其中，$\beta=\alpha K/2G$；$\varepsilon_b=q/2G$。式(1.1-4a)和式(1.1-5a)可以称为当量应力或当量应变准则。当 $\alpha=0$ 或 $\beta=0$ 时，分别相当于偏应力或偏应变准则，而当 $\alpha=1.5$ 或 $\beta=0.5$ 且 $\sigma_2=\sigma_3$ 时，$q=1.5\sigma_1$ 或 $\varepsilon_b=1.5\varepsilon_1$，则相当于大主应力或大主应变准则。式(1.1-4b)和式(1.1-5b)可以称为广义应变能准则，因为当 $\alpha=\sqrt{3G/K}$ 时，将变为 $6GU=q^2$，$U=\sigma_{ij}\varepsilon_{ij}/2$ 为弹性应变能。破损面式(1.1-4a)和式(1.1-4b)的形状如图 1.1-8 所示。

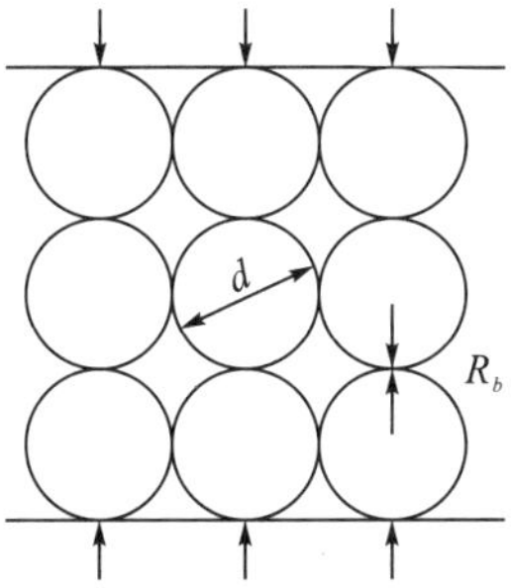

图 1.1-7　结构体应力

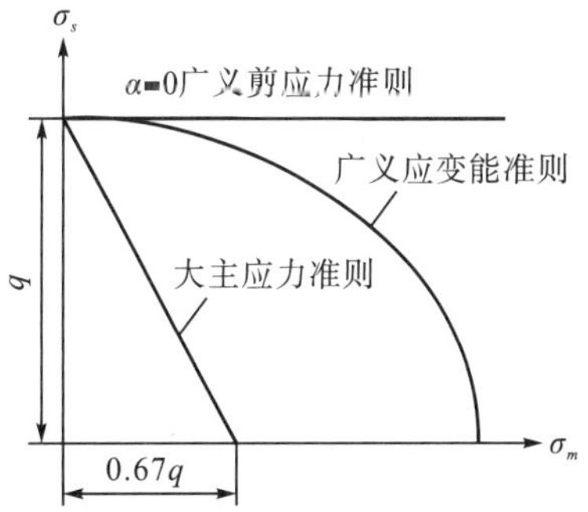

图 1.1-8　破损准则

破损率及代偿规律。描述结构体破损程度的参变量称为破损率。结构体破碎时可能完全粉碎，也可能碎裂成若干个尺寸较小的次一级结构体。破损率应当是一个能描述这种结构体尺寸变小而数量增大的参变量，也是把总应力划分为胶结应力和摩擦应力的标准。这里再借用损伤变量中有效作用面积的概念可能并不合适。鉴于破碎过程必然伴随结构带本身的增加和结构带相互之间滑移量的增加，借用塑性力学中硬化参量定义破损率可能更合适。破损率随着代偿应变的增大而增大的规律可称为代偿规律。前面介绍破损率的概念时已经认为破损率是逐渐演变的，事实上这里已暗含了微结构的抗破损强度并不是均一的，而是胶结弱的先破损，胶结强的后破损。因此，各种岩土材料微结构体

破损强度及其变异性已经反映在破损演化规律上。破损规律的具体表达式在后面章节的二元介质模型中有详细的介绍。

1.1.5 岩土破损力学与现有岩土分析理论的区别

顾名思义，塑性理论是为了描述材料的塑性变形特性而提出的。针对理想塑性和应变硬化材料，古典塑性理论形成了一个可以自圆其说的严密理论体系。但是把它用于解释应变软化现象时却遇到了困难。为此，尽管近 30 年来人们想尽各种办法对古典塑性理论进行修改，至今未能建立起一个逻辑上没有矛盾的可以描述脆性破损现象的理论体系。现有修正方案的不合理性突出表现在以下几个方面：

(1) 脆性破损引起的应变如何定义，称为脆性应变，还是塌陷应变(collapse strain)？显然这些名称都不像塑性应变那样具有逻辑上的合理性。

(2) 应变软化时屈服面缩小的假设导致脆性应变(或塑性应变)的发展方向与屈服面移动方向相反的结果。

(3) 从峰值应力$(\sigma_1-\sigma_3)_p$跌落到残余值$(\sigma_1-\sigma_3)_r$的三种算法[$\sigma_{3r}=\sigma_{3p}$、$(\sigma_1+\sigma_3)_r=(\sigma_1+\sigma_3)_p$和破损面上法向应力$\sigma_{nr}=\sigma_{np}$]，何者正确，没有严密的逻辑证明。

由此可见，企图通过修补的办法继续从塑性理论框架内寻找出路恐怕是没有前途的。断裂力学只能应付少数几条已知的裂缝，对于含有大量裂隙的节理岩体和土体是无能为力的。传统的损伤力学方法也无法合理地描述脆性破损现象，而且从受拉构件出发推论的概念和公式恐怕难以原封不动地应用于岩土材料的分析。断裂力学和损伤力学是针对材料的脆性提出的，但两者研究的焦点都是均质材料中的裂缝和空洞等虚体，虽然可以把胶结丧失引起的变形称为损伤应变，并企图建立像屈服面那样的损伤面以计算损伤应变，但始终不明确损伤面是否也是既能扩大，又能缩小，损伤应变是否应当遵循正交法则。软化是材料力学性质弱化引起的，损伤力学把弱化的原因归于材料内部空洞的扩展，也不符合岩土材料真实的弱化机理。

综上所述，现在的三种岩土力学分析理论，即塑性力学、断裂力学和损伤力学，均不能合理地描述岩土材料的脆性破损现象，我们认为，脆性应变或塌陷应变的名称是不合理的，与塑性应变相对应的名称只能是脆性破损，为了描述脆性破损现象，必须建立一门新的力学分析理论——岩土破损力学。

破损力学把岩土材料看成不均质的结构体和结构带，而已有的三种力学理论始终把岩土材料看成均质体。尽管断裂力学和损伤力学承认裂缝和空洞的存在，但基质材料仍当作均一介质。把破损力学与其他三种力学比较，可以得到如表 1.1-1 的概念。

此外，与 Desai(2001) 提出的扰动状态概念(disturbed state concept，DSC)和 Einav(2007)提出的破碎力学(breakage mechanics)的主要区别如下：Desai 的扰动状态概念是假定单元体内的应变是相同的，而岩土破损力学中假定单元体内的应力和应变的分布都是不同的，且采用了均匀化理论进行分析；Einav 的破碎力学分析方法是基于颗粒破碎试验结果，引入热力学方法和残余破碎能，通过描述破碎程度的增大来模拟弹性/弹塑性-破碎现象。由于此处的岩土破损力学把结构性岩土材料当作结构体和软弱带组成的二元介质，且基本的表达式是由均匀化理论得到的，因此在引入细观力学的分析方法的基础上可以建立多尺度本构模型，具体内容见后续章节。

表 1.1-1　岩土力学分析理论的比较

	塑性力学	断裂力学	损伤力学	破损力学
研究焦点	颗粒滑移	裂缝尖端	裂隙空洞扩展	结构块/结构体破损
核心内容	屈服面 流动法则 硬化规律	断裂准则	损伤演化规律	破损面 破损规律

第 1.2 节　二元介质概念及其物理试验基础

1.2.1　理想固体与二元介质概念

1.2.1.1　固体材料的本质特性

材料的力学特性反映材料抵抗变形和破坏的能力。这些特性包含多方面内容，例如刚性、柔性、脆性、延性、韧性、黏性等，但这些特性中有的是本质特性，有些只是派生的特性。

刚性和柔性是变形特性，刚性大者受力后变形小，反之则变形大。但刚性和柔性只反映变形量的大小，而反映质的变化则应当是弹性和塑性，两者分别反映变形的可逆性和不可逆性。同样，脆性和韧性是破坏的特性，但也只反映量的差别，前者表示没有明显变形就发生破裂，后者则表示发生很大变形后才破裂的特点。而从质的差别上看，破坏也可以分成两种，一种是构件发生很大变形，但其完整性和材料的连续性仍得以保持；另一种是构件破裂，材料失去连续性。对金属材料来说，两种破坏的机制分别是晶格的位错和晶面的解理。前一种破坏实际上是塑性变形的进一步发展；后一种破坏习惯上仍借用脆性这一名称，但其含义专指材料发生连续性丧失破坏的特性。根据以上分析，如果忽略黏性，那么固体的本质特性应当有三个，即弹性、塑性和脆性，相应的三种状态就是变形、流动和破裂。

弹性和塑性在文献中有明确的定义，而对于脆性有两重含义。第一重含义与韧性相对应，是一种量的特性；第二重含义与塑性相对应，这才是质的特性。正像弹性用弹簧元件表示，塑性用滑片元件表示一样，第二重含义上的脆性也应当有一个专用元件——胶结杆元件来表示(沈珠江，2000)。

采用一维元件模型可以模拟材料的力学特性，如图 1.2-1(a)、(b)、(c)、(d)所示的弹簧、塑性滑块、胶结杆、黏壶元件分别表示材料的弹性、塑性、脆性、黏性，其中弹性、塑性、脆性为固体的特性，而黏性为流体的特性。此处为了完整起见，给出流体的特性。

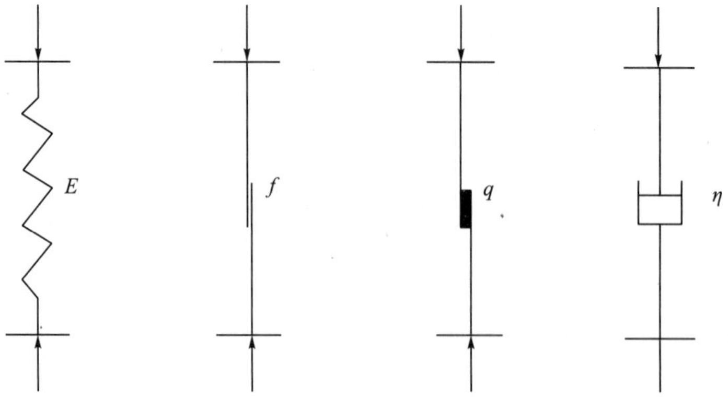

(a)弹簧　(b)塑性滑块　(c)胶结杆　(d)黏壶

图 1.2-1　元件模型

元件模型的应力-应变关系如下：

弹簧：

$$\sigma = E\varepsilon \tag{1.2-1}$$

塑性滑块：

$$\begin{cases} \sigma < f, \varepsilon = 0 \\ \sigma = f, \varepsilon > 0 \end{cases} \tag{1.2-2}$$

胶结杆：

$$\begin{cases} \sigma < q, \varepsilon = 0 \\ \sigma = q, \varepsilon > 0 \end{cases} \tag{1.2-3}$$

黏壶：

$$\sigma = \eta\dot{\varepsilon} \tag{1.2-4}$$

在以上式子中，E 为弹性模量；f 为屈服强度；q 为胶结杆强度；η 为黏性系数。

材料的许多派生特性可以通过以上本质特性的组合来反映，例如图 1.2-2 和图 1.2-3 所示的应变硬化和软化特性。

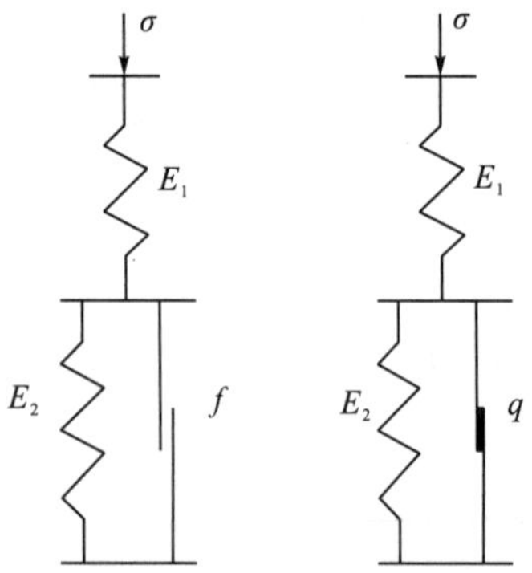

(a)硬化　(b)软化

图 1.2-2　三元件模型

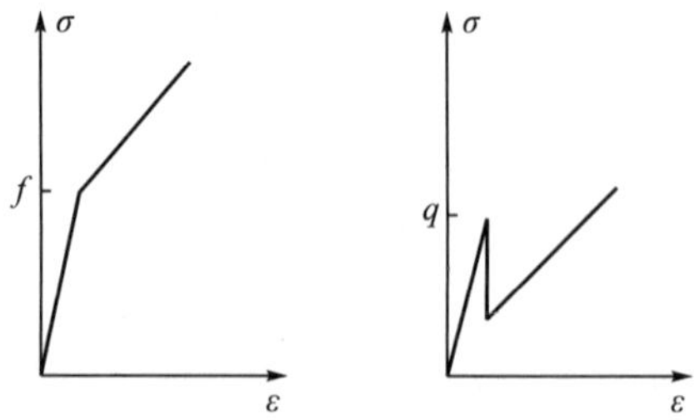

(a)硬化　(b)软化

图 1.2-3　三元件模型的应力应变关系示意

至于定量的特性，则应通过弹性模量 E、流动(屈服)强度 f 和破裂强度 q 的大小来反映，例如 E 大代表刚性，E 小代表柔性，而韧性和脆性(第一种意义下的脆性)则可通过 2 个或 3 个元件的串联来表示，即 $f<q$ 时代表韧性破坏，$f>q$ 时代表脆性破坏，如果开始时 $f<q$，在变形过程中逐渐转化为 $f>q$，最后导致脆性破坏，这就是所谓的韧脆转化。

1.2.1.2　理想固体材料

理想弹脆性材料。以上用弹簧、塑性滑片和胶结杆 3 种元件代表固体材料的 3 种基本特性：弹性、塑性和脆性，每个元件有一个不变的基本常数，即弹性模量 E、流动(屈服)强度 f 和破裂强度 q。我们把这样 3 个参数可以描述的材料称为理想固体模型。理想固体模型中由弹簧和塑性滑片串联所得的为理想弹塑性体，由弹簧和胶结杆串联所得的为理想弹脆性体，这是大家所熟知的。更进一步的三元件模型如图 1.2-2 和图 1.2-3 所示。但是，鉴于脆性破坏和塑性破坏的不可兼容性，滑片与胶结杆的串联是没有意义的，因为在这种情况下 $f>q$ 时相当于理想脆性，而 $f<q$ 时相当于理想塑性。只有当 f 和 q 可变时，两者串联可以反映韧脆转化，如前所述。

理想二元材料。对于 f 和 q 不变的理想情况，滑片和胶结杆两元件只有并联才有意义，这样的并联模型称为二元介质模型。最简单的二元介质模型由弹脆性元(或胶结元、结构体，由弹簧和胶结杆元件串联形成)和弹塑性元(或摩擦元、软弱带，由弹簧和摩擦滑片串联形成)并联而成，如图 1.2-4 所示。随着元件常数 E_1、E_2 和 f、q 的不同，二元介质模型的应力应变关系可有不同的表现形式。但是软化现象是二元材料的共同特性。设 $\varepsilon_f=f/E_2$、$\varepsilon_q=q/E_1$，则随着 ε_f、ε_q 大小的不同，应力应变关系可以表现出先硬化后软化或者先软化后硬化的特性，而当 $\varepsilon_f=\varepsilon_q$ 时则可得到理想跌落型的应力应变曲线，如图 1.2-5 所示。

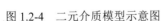

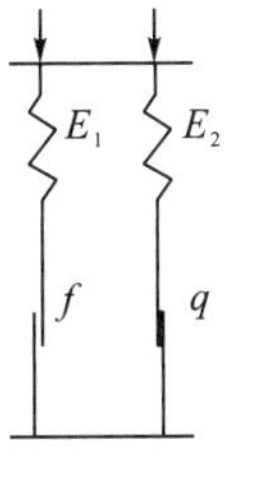

图 1.2-4　二元介质模型示意图

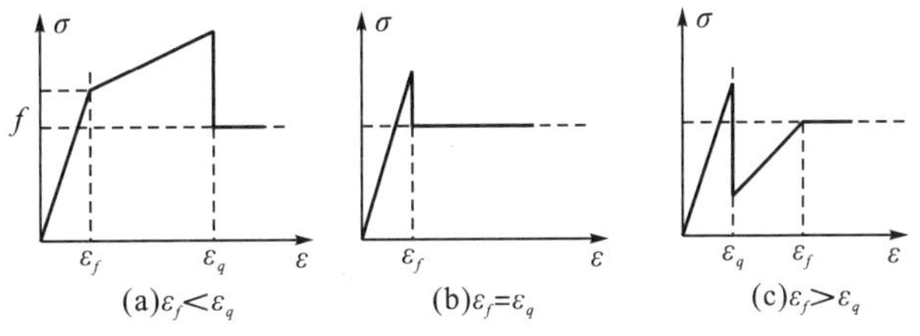

图 1.2-5　二元介质模型的应力应变关系

理想摩擦材料。摩擦材料的破坏莫尔圆半径与小主应力成正比，且比例常数相同，则可得到屈服应变 $(\varepsilon_1-\varepsilon_3)_f$ 为常量的理想应力应变曲线，如图 1.2-6 所示，相应的表达式为

$$(\sigma_1-\sigma_3)=k\sigma_3(\varepsilon_1-\varepsilon_3) \tag{1.2-5}$$

$$(\sigma_1-\sigma_3)_f=k\sigma_3(\varepsilon_1-\varepsilon_3)_f \tag{1.2-6}$$

按照莫尔-库仑理论，有

$$k(\varepsilon_1-\varepsilon_3)_f=\frac{2\sin\varphi}{1-\sin\varphi} \tag{1.2-7}$$

式中，φ为内摩擦角。

二元摩擦材料。如果二元介质模型中弹脆性元件不变，弹塑性元件改为摩擦元件，即滑移强度 f 和弹性模量 E_2 均与小主应力成正比，则得到理想的二元摩擦材料。这时，由于 E_1 与 q 不变，而 E_2 和 f 随 σ_3 增大而增大，因而可以反映出 σ_3 较小时为软化型，而 σ_3 较大时为硬化型的应力应变曲线，如图 1.2-7 所示。

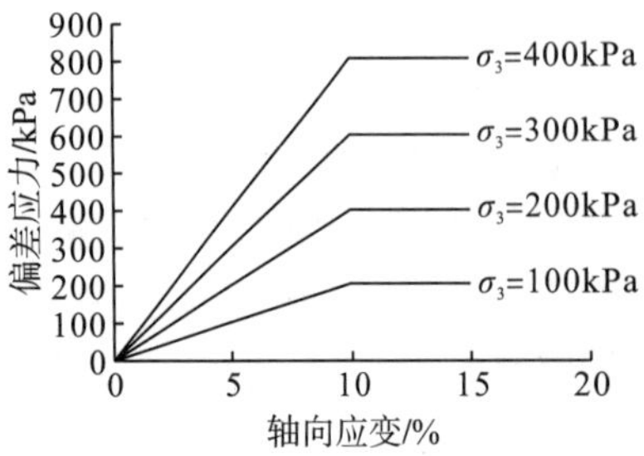

图 1.2-6　理想摩擦材料

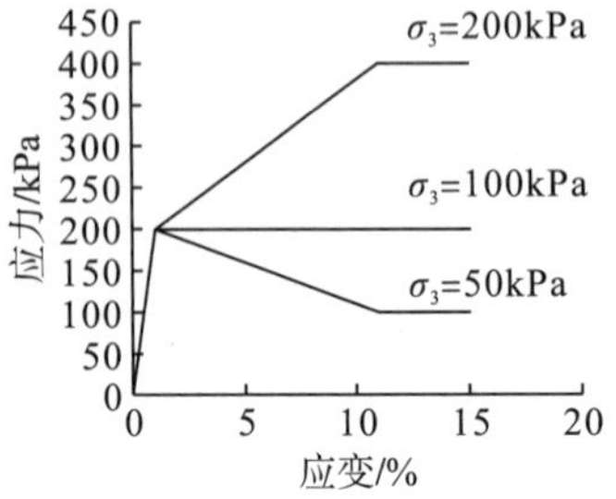

图 1.2-7　理想二元摩擦材料

1.2.1.3　岩土材料二元介质模型

在对上述的理想固体特性认识的基础上，可以把岩土体抽象成为由胶结元和摩擦元组成的二元介质(图 1.2-4)，前者代表结构体、团粒等胶结块(体元)或岩桥等面元，后者代表碎化胞、软弱带等体元或节理、裂隙等面元。这样，岩土材料的破坏过程可以抽象成胶结元逐步转化为摩擦元的过程。目前为止，我们认为二元介质模型概念可适用于描述具有颗粒胶结的材料，比如结构性土、冻土、岩石(岩体)、人工胶结土、易破碎的粗粒土、非饱和土，以及混凝土、天然气水合物等具有胶结作用的类岩土材料。表 1.2-1 示意了不同类型岩土材料的二元介质力学抽象。

表 1.2-1　不同类型岩土材料的二元介质的力学抽象

材料类型	胶结元	摩擦元	备注(破坏机理)
结构性土	胶结土颗粒聚合体	破碎后的土颗粒聚合体	指原状样，如天然软土、天然黄土，颗粒之间有胶结作用。颗粒之间胶结破坏
冻土	由冰胶结的土颗粒、冰颗粒以及未冻水的聚合体	破碎后的土颗粒、冰颗粒以及未冻水的聚合体	指冻结试样，如冻结粉土、冻结砂土，冰颗粒与土颗粒之间具有胶结作用。试样内部冰胶结破坏
岩石(岩体)	具有完整结构的多种岩石(岩体)矿物聚合体	完整结构发生破坏或局部碎裂的岩石(岩体)矿物聚合体	岩石内部组分之间的相互胶结或镶嵌等作用。此胶结作用破坏
人工胶结土	具有强胶结特性的胶凝材料和土颗粒集合体	强胶结特性丧失或明显减弱的胶凝材料和土颗粒集合体	土颗粒与人工添加的胶凝材料之间具有明显的胶结作用。此作用发生破坏
易破碎的粗粒土	土颗粒完好无损，且颗粒间接触稳定的粗颗粒集合体	颗粒相互接触失稳或部分颗粒破碎的粗颗粒集合体	粗颗粒之间通过胶结或咬合等具有稳定的细观结构。颗粒发生破碎使得此稳定结构发生破坏

续表

材料类型	胶结元	摩擦元	备注(破坏机理)
非饱和土	具有黏结特性的土颗粒集合体	破碎后的土颗粒集合体	土颗粒之间因毛细力存在具有胶结作用。外部荷载施加后，胶结作用破坏
混凝土	胶结完好的水泥与骨料等组分集合体	破碎后的水泥与骨料等组分集合体	水泥与骨料之间的胶结作用发生破坏
天然气水合物沉积物	水化合物、土颗粒、孔隙流体等形成的胶结集合体	破碎后的水化合物、土颗粒、孔隙流体等集合体	水合物与土颗粒之间存在胶结作用，在荷载作用下发生破坏
冰	结构完整的冰颗粒集合体	完整结构出现微裂缝或局部冰胶结破坏的冰颗粒集合体	冰颗粒之间的胶结作用发生破坏
其他胶结材料	具有胶结特性的材料组分集合体	破碎后的材料组分集合体	材料组分之间胶结破坏

1.2.2　岩土结构块破损机理

本节通过岩土结构块的双轴压缩试验来解释加载过程中结构块如何破损并向软弱带转化，此处的结构块等同于胶结元，软弱带等同于摩擦元，具体参见文献(陈铁林，2003；刘恩龙，2006)。通过本节的物理试验证明二元介质概念的合理性。

1.2.2.1　试验概况

试样的形状分为棒状和棱柱状两种，其制作方法相同。所用材料为石膏和水的混合物。石膏和水的质量比为 1∶1，试样制成后放在室内风干，保持风干的时间相同。其中棒状结构块的直径为 10mm，棱柱状结构块的边长为 10mm。密度为 0.92g/cm^3，单轴无侧限抗压强度为 2.1MPa(两种结构块类型的很接近)。对两种结构块类型都进行了三种应力路径试验(图 1.2-8)，分别称之为轴向加荷试验(*OABD* 线)、侧向卸荷试验(*OABC* 线)和轴向加卸载试验(*OABD-DB-BD* 线方向加、减荷载)，图中 σ_a 为竖直方向的应力，σ_l 为水平方向的应力。棒状结构块的排列方式见图 1.2-9，分为 a 排列和 b 排列。棱柱状结构块的排列方式见图 1.2-10，分为 a、b、c 三种排列方式。

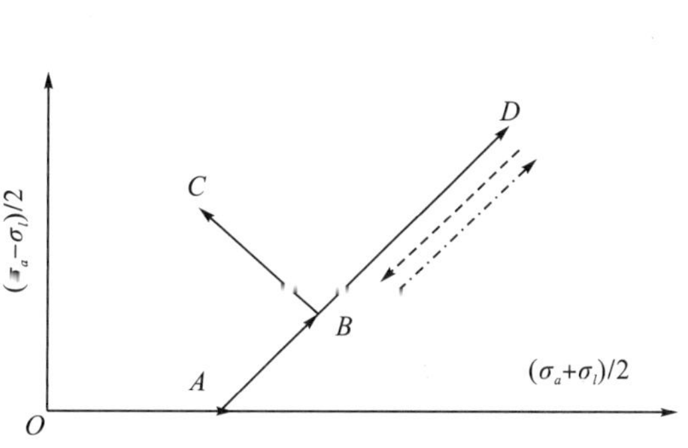

图 1.2-8　试验应力路径

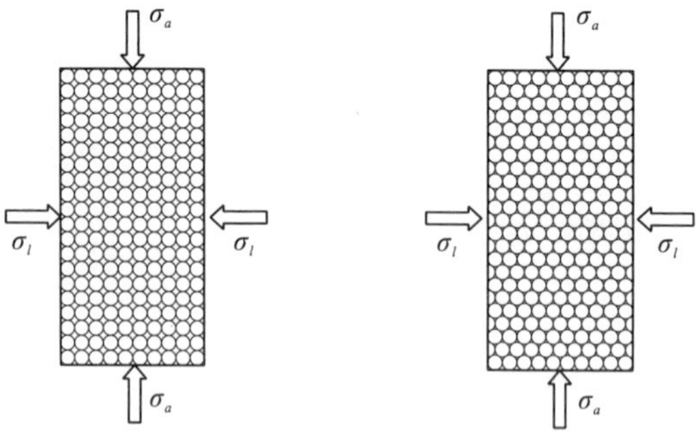

(a)a排列　　(b)b排列

图 1.2-9　棒状结构块试验应力路径

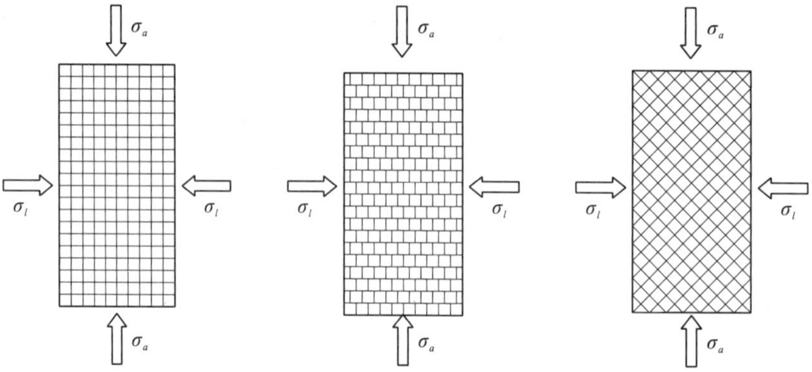

(a)a排列　　(b)b排列　　(c)c排列

图 1.2-10　棱柱状结构块试验应力路径

1.2.2.2　棒状结构块破损过程分析

图 1.2-11 为棒状结构块的破损过程，图 1.2-12 为其相应的应力应变关系。

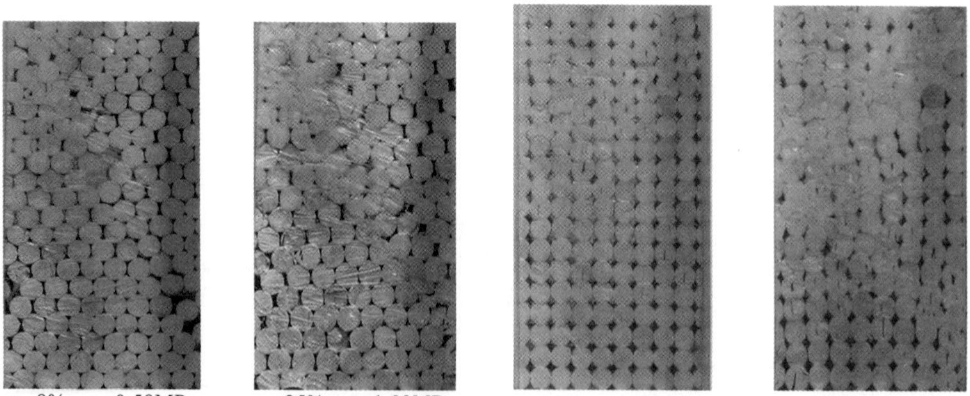

ε_a=8%、σ_a=0.58MPa　　ε_a=25%、σ_a=1.02MPa

(a)破损过程σ_l=0.03MPa b排列

ε_a=10%、σ_a=1.96MPa　　ε_a=22%、σ_a=2.52MPa

(b)破损过程σ_l=0.15MPa a排列

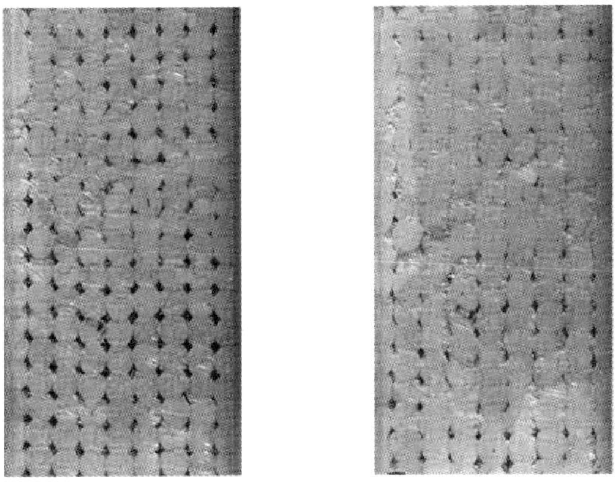

ε_a=12%、σ_a=2.52MPa　　ε_a=22%、σ_a=3.36MPa

(c)破损过程σ_l=0.45MPa a排列

图 1.2-11　棒状结构块破损过程(轴向加荷试验)

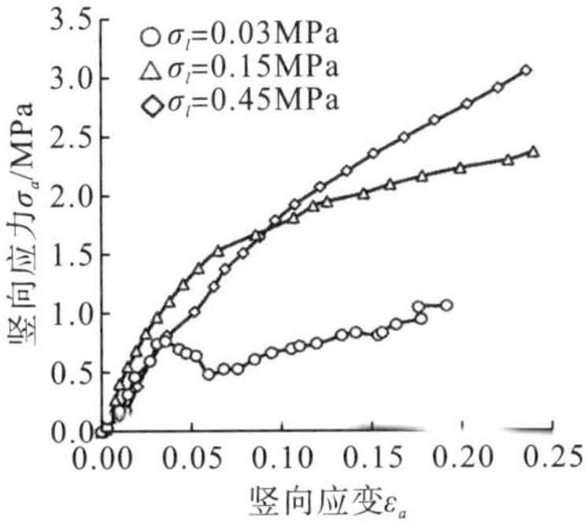

(a)应力应变曲线(a排列)

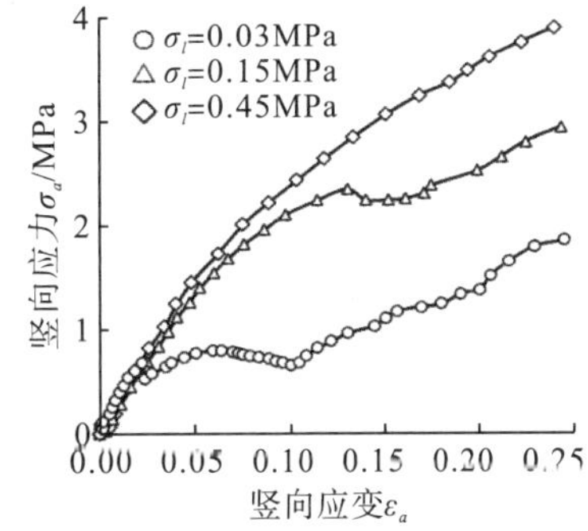

(b)应力应变曲线(b排列)

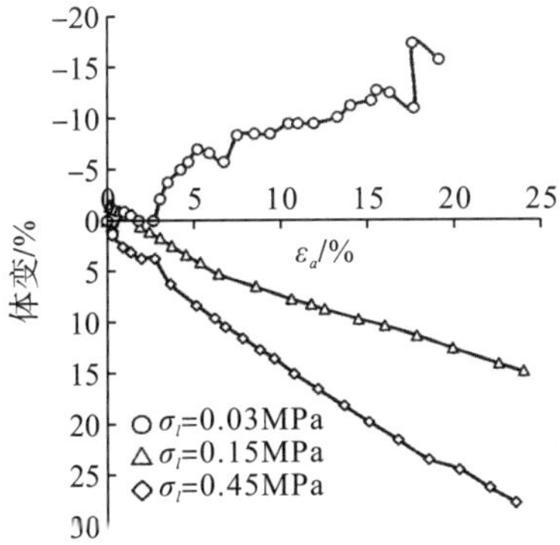

(c)体变应变曲线(a排列)

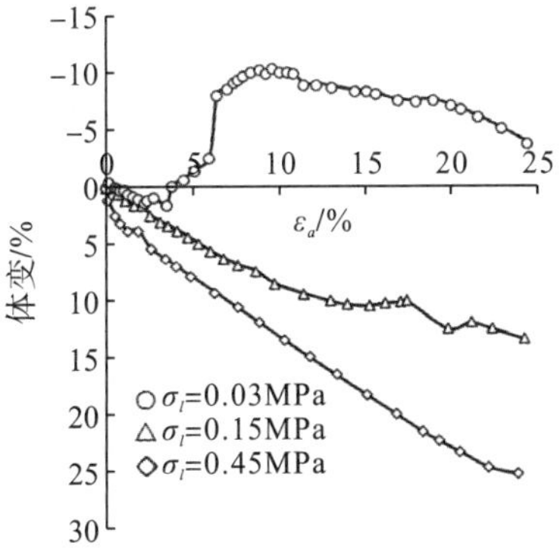

(d)体变应变曲线(b排列)

图 1.2-12　棒状结构块的应力应变曲线(轴向加荷试验)

当侧向应力较低时，结构块首先滑移、滚动，并且伴有局部剪胀和大的孔隙出现，然后随着结构块的破裂孔隙变小，直至形成破损带；由于结构块破损形成的软弱带不能补偿结构块的应力降低，因此试样表现为应变软化，相应的体变剪缩后剪胀。当侧向应力较高时，结构块首先有少量的滑移、挤密，然后单个结构块破碎，直至形成破损带；由于结构块破损形成的软弱带的应力补偿了结构块的应力降低，因此试样为应变硬化，相应的体变为持续剪缩。低侧向应力状态下的破损带为典型的剪切型，而高侧向应力状态下的破损带比较复杂，除了剪切破坏外，还有压碎型破坏。

图 1.2-13 给出了棒状结构块的两种破损模式，侧向应力低时结构块轴向劈裂且在接触点区域有局部屈服，而侧向应力高时结构块以压碎屈服为主。

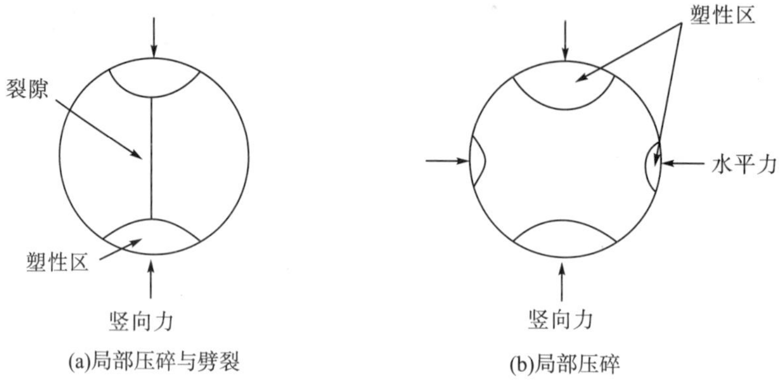

图 1.2-13　棒状结构块的破损模式

1.2.2.3　棱柱状结构块破损过程分析

图 1.2-14 为棱柱状结构块的破损过程，图 1.2-15～图 1.2-17 为三种排列下的应力应变关系曲线。

ε_a=2.50%、σ_a=0.44MPa　ε_a=6.15%、σ_a=0.74MPa　ε_a=12.4%、σ_a=1.13MPa

(a)破损过程σ_l=0.045MPa　c排列

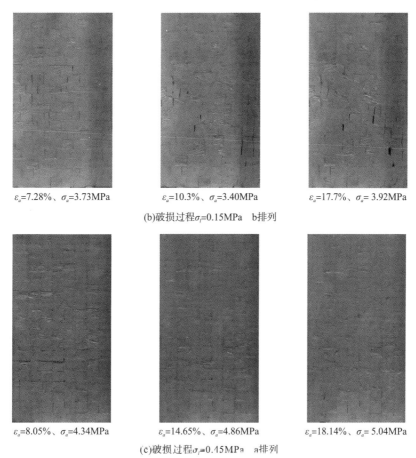

ε_a=7.28%、σ_a=3.73MPa　　ε_a=10.3%、σ_a=3.40MPa　　ε_a=17.7%、σ_a= 3.92MPa

(b)破损过程σ_l=0.15MPa　b排列

ε_a=8.05%、σ_a=4.34MPa　　ε_a=14.65%、σ_a=4.86MPa　　ε_a=18.14%、σ_a= 5.04MPa

(c)破损过程σ_l=0.45MPa　a排列

图 1.2-14　棱柱状结构块破损过程(轴向加荷试验)

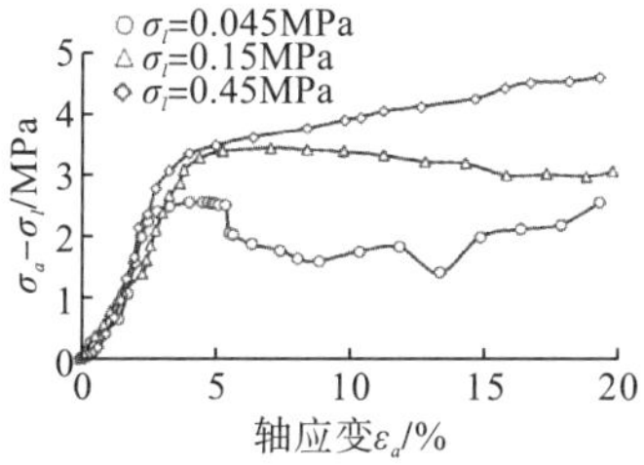

(a)应力应变曲线

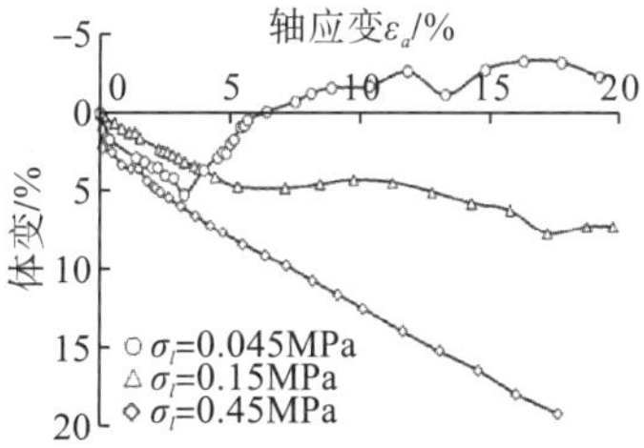

(b)体变应变曲线

图 1.2-15　棱柱状结构块的应力应变曲线(轴向加荷试验，a 排列)

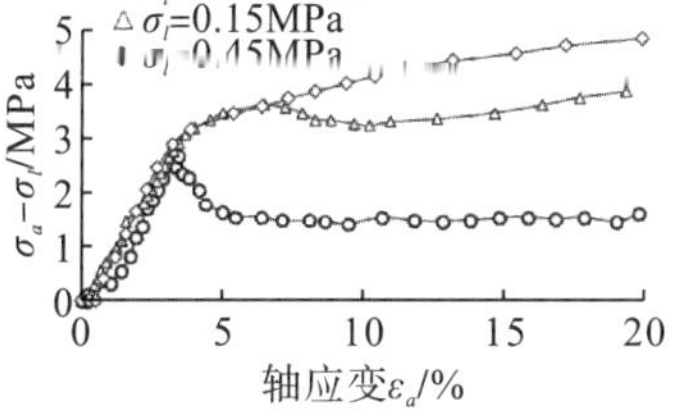

(a)应力应变曲线

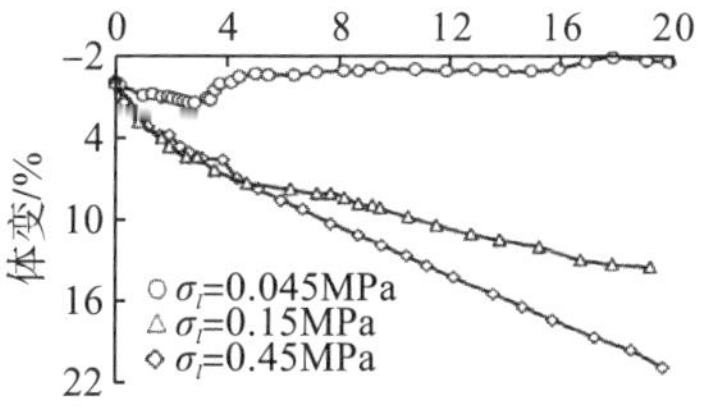

(b)体变应变曲线

图 1.2-16　棱柱状结构块的应力应变曲线(轴向加荷试验，b 排列)

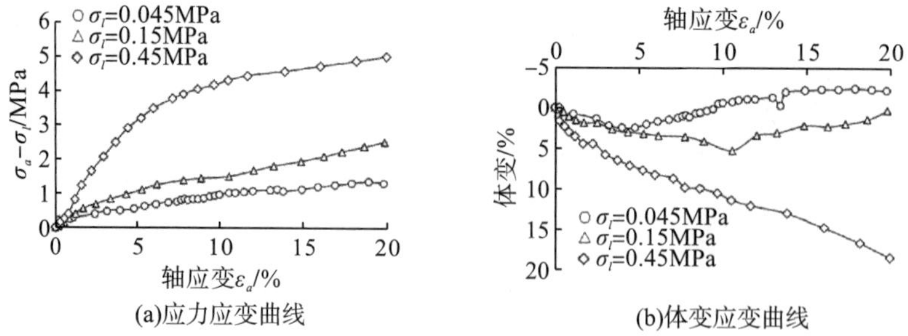

图 1.2-17 棱柱状结构块的应力应变曲线(轴向加荷试验，c 排列)

在侧向应力较低时，加荷初期结构块互相挤密、结构块间的缝隙略有闭合，然后局部结构块间出现孔隙、结构块开裂，逐渐形成破碎带并扩展，随后又有结构块开裂扩展形成共轭的破碎带；由于结构块破损形成的软弱带的承载能力较低，因此试样表现为应变软化，体积先压缩后剪胀。在侧向应力较高时，加荷初期结构块挤密、结构块间的缝隙闭合很明显，然后局部结构块压碎、破裂，逐渐开展形成破碎带；由于结构块破损形成的软弱带的承载能力补偿了结构块失去的承载能力，因此试样表现为应变硬化，体积收缩。

与棒状结构块的试验结果类似，低侧向应力状态下的破损带为典型的剪切型；高侧向应力状态下的破损带比较复杂，除了剪切破损外，还有局部压碎型破损。

图 1.2-18 给出了棱柱状结构块的三种破损模式，侧向应力低时结构块轴向劈裂且在接触点处有局部屈服，中等侧向应力时结构块剪裂且在接触点有局部屈服，而侧向应力高时结构块以整体压碎为主。

对于图 1.2-8 中的其余应力路径试验结果，可以参考文献(刘恩龙，2006)。

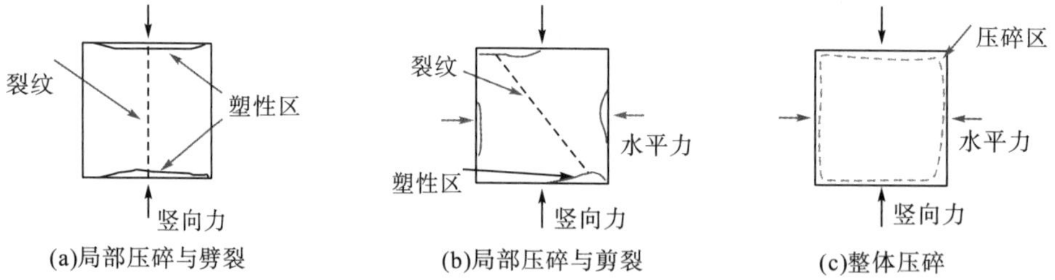

图 1.2-18 棱柱状结构块的破损模式

1.2.2.4 二元介质材料的破损机理

由以上结构块的双轴加载试验得到如下结论：在加载过程中结构块(胶结元)逐渐破损并向软弱带(摩擦元)转化，由二者共同承担外部荷载；当侧向应力较低时，结构块(胶结元)的破损导致的应力丧失不能由软弱带(摩擦元)补偿，因此试样总体上表现为应变软化，而当侧向应力较高时，结构块(胶结元)的破损导致的应力丧失可以由软弱带(摩擦元)全部补偿，因此试样总体上表现为应变硬化。

基于从低到高侧限压力的结构块双轴试验，提出下面四种破损模式(Shen，2006)，如图 1.2-19 所示：(a)鼓胀破坏、(b)剪切破坏、(c)剪碎和(d)压碎。

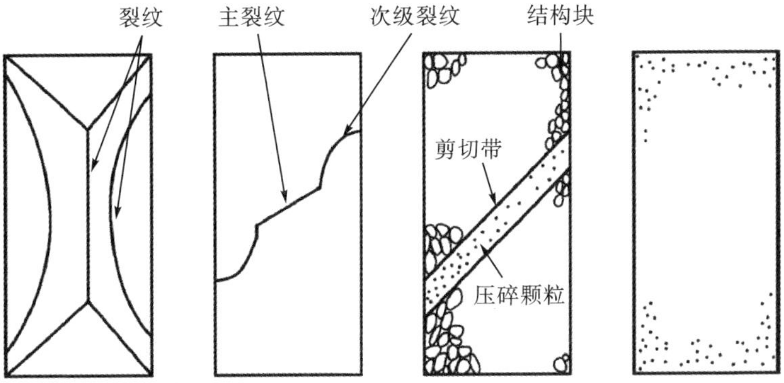

图 1.2-19　岩土结构块的破损模式(Shen，2006)

基于以上试验和分析结果，把岩土材料由变形到破坏(包括破裂和破碎)的过程称为破损过程，并把分析这种过程的力学理论称为破损力学。以二元介质模型概念为核心的岩土破损力学的研究思路有以下特点：

(1)胶结元为弹脆性元，摩擦元为弹塑性元，两者之间存在很大差异。

(2)胶结元破损后转化为摩擦元，而不是简单的失效。

(3)两种元既可以是体元，也可以是面元，前者按体积平均，后者按面积平均。

(4)研究的重点由虚体(裂缝、孔洞)的扩展转向实体(胶结块或胶结元)的破损。

1.2.2.5　二元介质模型的均匀化过程

地质材料在沉积过程中形成了颗粒胶结，在外部作用下(土)颗粒之间的胶结会逐渐破坏，因此具有胶结的部分与破碎后的由颗粒组成的无胶结部分具有不同的力学特性，它们共同承担外部荷载。考虑到地质材料具有胶结效应这一特点，二元介质模型把具有胶结的初始部分理想化为胶结元，而把破碎后由互相接触的颗粒组成的部分理想化为摩擦元，如图 1.2-20 所示。在加载过程中，一旦胶结元满足破损准则，胶结元就逐渐破坏转化为摩擦元。对于单元体来说，初始加载阶段主要由胶结元承担外部荷载，然后随着颗粒之间胶结的破坏，摩擦元增多并逐渐承担更多的外部荷载。因此，对于研究对象的单元体，摩擦元/胶结元可以看作是基质或夹杂，并需考虑它们之间的相互作用。从图 1.2-20 可见，胶结元与摩擦元的刚度不同，导致单元内的应力/应变分布是非均匀的。由于颗粒之间的胶结作用，胶结元在破损之前可以表现为线弹性、非线性的，但是摩擦元会表现为弹塑性的，这是由颗粒之间的滑移或转动所致。典型的在颗粒之间存在胶结的地质材料，比如结构性土、冻土、岩石、胶结土等，都可以理想化为二元介质模型，且加载过程中胶结元破坏逐渐转化为摩擦元。具体的力学抽象见表 1.2-1。

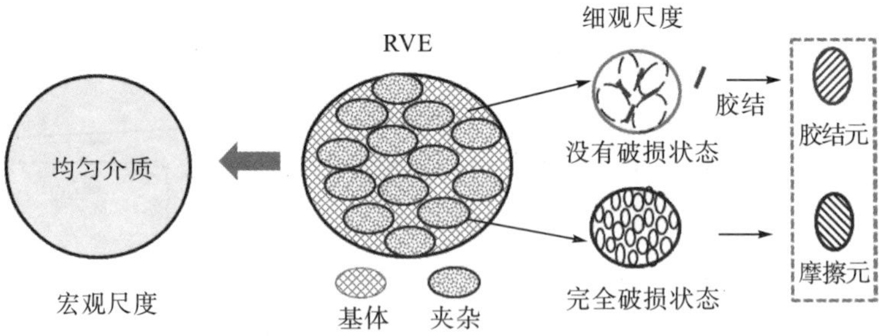

图 1.2-20　二元介质均匀化示意图

1.2.3　椭圆结构块的破损准则

根据上节棒状和棱柱状结构块的试验结果，挤压过程中结构块的破损可归结为局部破碎和整体破裂。前者表现为挤压点附近的块体被压碎而发生剥离脱落，完整部位的体积减小；后者表现为整个块体裂成两半。显然，破裂的原因是块体中局部产生拉应力，最后扩展成整体破裂。局部拉应力可以因剪切引起，也可能因弯曲引起，因此我们把块体的破损归结为局部压碎、剪裂和弯裂 3 种模式(Shen，2006)，如图 1.2-21 所示。

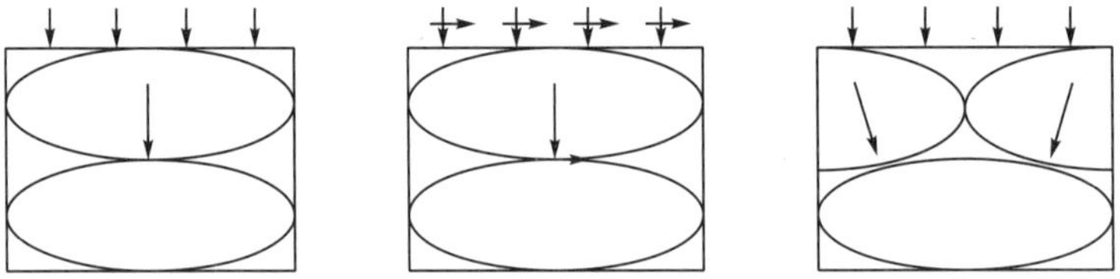

图 1.2-21　椭圆结构块的破损模式

1. 局部压碎准则

假定块体材料的黏聚力为 c，杨氏模量为 E，泊松比为 ν。根据 Hertz 接触理论，得到如下的局部压碎准则：

$$[\sigma_1]_{\mathrm{I}} = B_{\mathrm{I}}C \tag{1.2-8}$$

$$B_{\mathrm{I}} = \frac{9\pi^3\xi^3\left(1-\nu^2\right)^2 c^2 r_a^2}{16E^2 r_b^2} \tag{1.2-9}$$

式中，B_{I} 为第一破损因子；r_a 和 r_b 分别是椭圆结构块的长轴和短轴长度；$[\sigma_1]_{\mathrm{I}}$ 是局部压碎时名义上的最大主应力；ξ 是一系数，可以根据塑性理论求解，当采用滑移线方法求解时，得到如下表达式：

$$\xi = 5.5203 - 0.5388\arctan\frac{r_b}{r_a} \tag{1.2-10}$$

2. 剪裂准则

假定 t 为块体材料的抗拉强度，则当名义剪应力满足如下剪裂准则时块体会剪裂：

$$[\tau]=B_{\mathrm{II}}t \tag{1.2-11}$$

式中，B_{II} 为第二破损因子，且可以表示为如下正应力 σ 的函数：

$$B_{\mathrm{II}}=\frac{2(1-2\nu)}{3(2-2\nu+\nu^2)}\left(\frac{3r_a(1-\nu^2)\sigma}{Er_b}\right)^{\frac{2}{3}} \tag{1.2-12}$$

3. 弯裂准则

弯裂发生在块体有一定的侧向位移情况下，如果一个椭球体与另外一个椭球体的挤压点落在距离对称轴 $r_a/2$ 处，假定弯曲应力如梁应力一样为线性分布，则对称轴上的最大拉应力 σ_t 等于抗拉强度 t 时块体发生破裂，则得到弯曲破裂的准则为

$$[\sigma_1]_{\mathrm{III}}=B_{\mathrm{III}}t \tag{1.2-13}$$

$$B_{\mathrm{III}}=\frac{r_b^2}{2r_a^2} \tag{1.2-14}$$

式中，B_{III} 为第三破损因子。

第 1.3 节　二元介质模型的全量形式

与经典塑性力学相对应，本节介绍二元介质本构模型的全量形式，包括一般表达式、理想脆弹塑性模型(沈珠江，2003)，以及黄土和超固结土的二元介质模型。

1.3.1　一般公式

Hill(1963)最早研究了两种不同模量的弹性介质混合物的平均应力应变关系如下：

$$\{\bar{\sigma}\}=[D]\{\bar{\varepsilon}\},\ [D]=v_1[D]_1[C]_1+v_2[D]_2[C]_2 \tag{1.3-1a}$$

$$\{\bar{\varepsilon}\}=[D]^{-1}\{\bar{\sigma}\},\ [D]^{-1}=v_1[D]_1^{-1}[A]_1+v_2[D]_2^{-1}[A]_2 \tag{1.3-1b}$$

其中，$\{\bar{\sigma}\}$、$\{\bar{\varepsilon}\}$ 为代表性单元体的平均应力和平均应变，表示为

$$\{\bar{\sigma}\}=\{v_1\{\bar{\sigma}\}_1+v_2\{\bar{\sigma}\}_2\}/(v_1+v_2) \tag{1.3-2a}$$

$$\{\bar{\varepsilon}\}=\{v_1\{\bar{\varepsilon}\}_1+v_2\{\bar{\varepsilon}\}_2\}/(v_1+v_2) \tag{1.3-2b}$$

v_1、v_2 为两种介质所占的体积，$[D]_1$、$[D]_2$ 为它们的刚度矩阵，$[C]_1$、$[C]_2$ 或 $[A]_1$、$[A]_2$ 则为相应的局部应变或局部应力系数，即 $\{\bar{\varepsilon}\}_1=[C]_1\{\bar{\varepsilon}\}$、$\{\bar{\varepsilon}\}_2=[C]_2\{\bar{\varepsilon}\}$ 或 $\{\bar{\sigma}\}_1=[A]_1\{\bar{\sigma}\}$、$\{\bar{\sigma}\}_2=[A]_2\{\bar{\sigma}\}$。这里 $\{\bar{\varepsilon}\}_1$、$\{\bar{\varepsilon}\}_2$ 和 $\{\bar{\sigma}\}_1$、$\{\bar{\sigma}\}_2$ 又分别是两种介质所占体积的平均应变和平均应力。Hill 的这一工作为不均匀材料力学的发展奠定了基础。近年来，这一力学理论在合金、复合材料等研究中得到广泛应用。但是，这些材料做成的构件大都在受拉或受弯状态下工作，内部某一元素破裂后就可以判为失效。岩土材料则一般在围压作用下工作，

自重应力起很大作用，一个元素破裂只意味着凝聚力的丧失，仍有摩擦强度。因此，岩土力学中没有失效，只有转化，这就是岩土二元介质模型的思想。

先考虑单调加荷情况。这时可以假定胶结元的应力应变之间也存在唯一关系，从而前面 Hill 推导的公式仍能适用。对胶结元用下标 1，摩擦元用下标 2，并令 $\lambda_v = v_2/(v_1+v_2)$，则式(1.3-2)将变为

$$\{\bar{\sigma}\} = (1-\lambda_v)\{\bar{\sigma}\}_1 + \lambda_v\{\bar{\sigma}\}_2 \tag{1.3-3a}$$

$$\{\bar{\varepsilon}\} = (1-\lambda_v)\{\bar{\varepsilon}\}_1 + \lambda_v\{\bar{\varepsilon}\}_2 \tag{1.3-3b}$$

相应地，式(1.3-1a)可写为

$$\{\bar{\sigma}\} = \left[(1-\lambda_v)[C]_1[D]_1 + \lambda_v[C]_2[D]_2\right]\{\bar{\varepsilon}\} \tag{1.3-4}$$

当$[C]_1$、$[C]_2$为标量时，把它们写成a_1、a_2，联立式(1.3-3b)可得$(1-\lambda_v)a_1 = 1-\lambda_v a_2$，代入式(1.3-4)后得

$$\{\bar{\sigma}\} = \left[(1-b)[D]_1 + b[D]_2\right]\{\bar{\varepsilon}\} = \left[\bar{D}\right]\{\bar{\varepsilon}\} \tag{1.3-5}$$

式中，$[\bar{D}] = (1-b)[D]_1 + b[D]_2$。

如果定义$\{\sigma_i\} = [D]_1\{\bar{\varepsilon}\}$为胶结应力，$\{\sigma_f\} = [D]_2\{\bar{\varepsilon}\}$为摩擦应力，式(1.3-5)可进一步简写为

$$\{\bar{\sigma}\} = (1-b)\{\sigma_i\} + b\{\sigma_f\} \tag{1.3-6}$$

式中，$b = \lambda_v a_2$，称为破损参数，而λ_v则称为体积破损率。具体参见附录 1.I。

以上平均应力和平均应变表达式是从体积平均概念出发的。但是，从前面 4 种宏观破损模式看，如果排除只发生在表面的局部散裂和发生在深部的大范围压碎，岩土体的破坏主要沿某一剪切带发生。例如发生泥石流时，大块石可能占体积的很大部分，但对抵抗滑动几乎不起作用。因此我们认为比较合理的办法是对剪应力和剪应变采用面积平均，而对球应力和体应变采用体积平均。同时，对局部应变系数$[C]_1$、$[C]_2$各自用两个标量a_{s1}、a_{s2}和a_{v1}、a_{v2}替代，相应的平均化表达式将为

$$\sigma_m = (1-\lambda_v)\sigma_{m1} + \lambda_v\sigma_{m2} \tag{1.3-7a}$$

$$\varepsilon_v = (1-\lambda_v)\varepsilon_{v1} + \lambda_v\varepsilon_{v2} \tag{1.3-7b}$$

$$\{s\} = (1-\lambda_s)\{s\}_1 + \lambda_s\{s\}_2 \tag{1.3-8a}$$

$$\{e\} = (1-\lambda_s)\{e\}_1 + \lambda_s\{e\}_2 \tag{1.3-8b}$$

其中，$\{s\} = \{\sigma\} - \sigma_m\{I\}$，$\{e\} = \{\varepsilon\} - (1/3)\varepsilon_v\{I\}$，$\{I\}$为单位张量；$\lambda_v$和$\lambda_s$为体积和面积破损率。这时，按照同样的方法可以推导得出平均球应力和平均剪应力的关系如下：

$$\bar{\sigma}_m = \left[(1-b_v)K_1 + b_v K_2\right]\bar{\varepsilon}_v \tag{1.3-9a}$$

$$\bar{\sigma}_s = \left[(1-b_s)G_1 + b_s G_2\right]\bar{\varepsilon}_s \tag{1.3-9b}$$

其中，$\bar{\sigma}_m$和$\bar{\sigma}_s$分别为球应力和广义剪应力的平均值；$\bar{\varepsilon}_v$和$\bar{\varepsilon}_s$分别为体应变和广义剪应变的平均值；K_1、K_2和G_1、G_2为两种元件的体积和剪切模量；$b_v = \lambda_v a_{v2}$和$b_s = \lambda_s a_{s2}$为两个破损参数。

下面把式(1.3-5)称为单参数模型，而把式(1.3-9)称为双参数模型。相应的参数b或b_v和b_s是与塑性理论中硬化参数相当的内变量，其确定办法也可以采用与硬化参数类似的方

法，即先选定几个可能的经验公式，然后通过计算曲线与试验曲线的比较择优选用。

1.3.2　理想脆弹塑性模型

基本假定：假定胶结块(胶结元)为理想弹脆性体，其杨氏模量 E_i 和泊松比 ν_i 均为常量，软弱带(摩擦元)为理想弹塑性体，但其杨氏模量随围压的增大而增大，即符合下列关系：

$$E_f = k\sigma_{3f} \tag{1.3-10}$$

式中，k 为比例系数；σ_{3f} 为摩擦应力的小主应力(以压力为正)。把它们代入式(1.3-1a)和式(1.3-5)中，并把平均应力 $\{\bar{\sigma}\}$ 和平均应变 $\{\bar{\varepsilon}\}$ 简写为 $\{\sigma\}$ 和 $\{\varepsilon\}$，角标 i 代表胶结元的量，f 代表摩擦元的量，可得

$$\{\sigma\} = (1-b)\{\sigma_i\} + b\{\sigma_f\} \tag{1.3-11}$$

其中，$\{\sigma_i\} = E_i[I]\{\varepsilon\}$，$\{\sigma_f\} = k\sigma_{3f}[F]\{\varepsilon\}$。上述式中 $[I]$ 和 $[F]$ 与泊松比 ν_i 和 ν_f 有关，即

$$[I] = \frac{1}{(1+\nu_i)(1-2\nu_i)}\begin{bmatrix} (1-\nu_i) & \nu_i & \nu_i & 0 & 0 & 0 \\ \nu_i & (1-\nu_i) & \nu_i & 0 & 0 & 0 \\ \nu_i & \nu_i & (1-\nu_i) & 0 & 0 & 0 \\ 0 & 0 & 0 & \left(\dfrac{1-2\nu_i}{2}\right) & 0 & 0 \\ 0 & 0 & 0 & 0 & \left(\dfrac{1-2\nu_i}{2}\right) & 0 \\ 0 & 0 & 0 & 0 & 0 & \left(\dfrac{1-2\nu_i}{2}\right) \end{bmatrix}$$

$$[F] = \frac{1}{(1+\nu_f)(1-2\nu_f)}\begin{bmatrix} (1-\nu_f) & \nu_f & \nu_f & 0 & 0 & 0 \\ \nu_f & (1-\nu_f) & \nu_f & 0 & 0 & 0 \\ \nu_f & \nu_f & (1-\nu_f) & 0 & 0 & 0 \\ 0 & 0 & 0 & \left(\dfrac{1-2\nu_f}{2}\right) & 0 & 0 \\ 0 & 0 & 0 & 0 & \left(\dfrac{1-2\nu_f}{2}\right) & 0 \\ 0 & 0 & 0 & 0 & 0 & \left(\dfrac{1-2\nu_f}{2}\right) \end{bmatrix}$$

破损规律：破损参数应当在 0～1 之间单调增加变化。因此，当量应变应当有两个门槛值 $\hat{\varepsilon}_i$、$\hat{\varepsilon}_f$，在 $\hat{\varepsilon}_i < \hat{\varepsilon} < \hat{\varepsilon}_f$ 之间 b 将以某种规律变化。下面采用三种规律进行分析。

(1) b 为阶梯形函数，即

$$\hat{\varepsilon}_i = \hat{\varepsilon}_f,\ \hat{\varepsilon} < \hat{\varepsilon}_i,\ b = 0,\ \{\sigma\} = \{\sigma_i\};\ \hat{\varepsilon} > \hat{\varepsilon}_f,\ b = 1,\ \{\sigma\} = \{\sigma_f\} \tag{1.3-12a}$$

(2) b 符合下列双曲线函数，即

$$b=\frac{\hat{\varepsilon}_f}{\hat{\varepsilon}_f-\hat{\varepsilon}_i}\left(1-\frac{\hat{\varepsilon}_i}{\hat{\varepsilon}}\right) \tag{1.3-12b}$$

(3) b 符合下列二次函数，即

$$b=(1+a)\frac{\hat{\varepsilon}-\hat{\varepsilon}_f}{\hat{\varepsilon}_f-\hat{\varepsilon}_i}-a\left(\frac{\hat{\varepsilon}-\hat{\varepsilon}_f}{\hat{\varepsilon}_f-\hat{\varepsilon}_i}\right)^2 \tag{1.3-12c}$$

其中，a 为拟合参数。以上三种曲线的形状如图 1.3-1 所示。

摩擦应力：如果取当量应变为大主应变，并令 $\varepsilon_1=0.01$ 作为 $b=0$ 时的初值，取 $\varepsilon_1=0.11$ 作为 $b=1.0$ 时的终值，并令 $k=20$，则 $\sigma_{f1}-\sigma_{f3}$ 与 ε_1 之间的理想变模量弹塑性应力应变关系的定性描述将如图 1.3-2 所示，图中忽略了加围压时所产生的大主应变。

突然软化模型：当破损规律采用阶梯函数时，应力应变曲线将发生突然跌落，但当围压增大到 1000kPa 时，可得理想弹塑性应力应变关系，如图 1.3-3 所示。

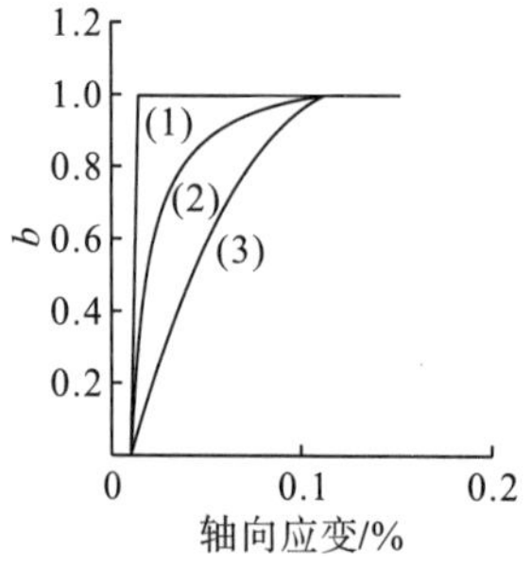

图 1.3-1 三种破损演化规律

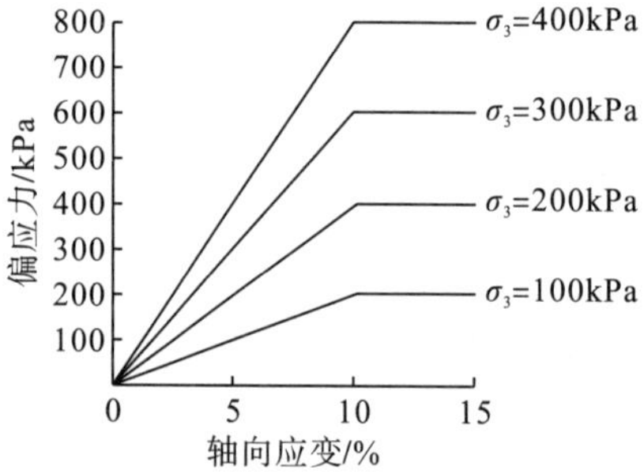

图 1.3-2 理想弹塑性模型

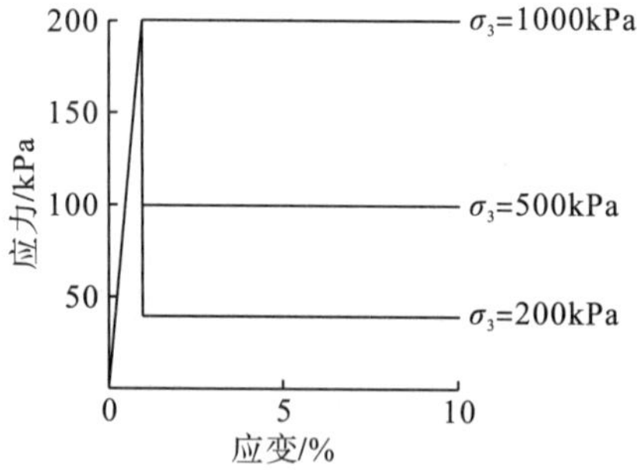

图 1.3-3 突然软化模型

线性软化模型：当破损参数采用式(1.3-12b)所示的双曲线关系且泊松比 ν_i 和 ν_f 相同时，应力应变曲线将显示低围压下线性软化而高围压下线性硬化的特征，如图 1.3-4 所示。

一般软化模型：以下仅对 $\varepsilon_2=\varepsilon_3$ 的三轴应力条件进行讨论。假设试样先在某一围压 σ_0 下进行固结，然后以 $\Delta\varepsilon_3=r\Delta\varepsilon_1$ 的固定比例进行剪切。先求出 $\{\sigma_i\}$ 和 $\{\sigma_f\}$ 的表达式如下：

$$\begin{cases}\sigma_{i1}=\sigma_0+C_{i1}E_{i1}\left(\varepsilon_1-\varepsilon_3\right)\\ \sigma_{i3}=\sigma_0+C_{i3}E_{i1}\left(\varepsilon_1-\varepsilon_3\right)\\ \sigma_{f1}=\sigma_0+\sigma_0\dfrac{C_{f1}}{C_{f3}}\left\{\exp\left[kC_{f3}\left(\varepsilon_1-\varepsilon_3\right)\right]-1\right\}\\ \sigma_{f3}=\varepsilon_0\exp\left[kC_{f3}\left(\varepsilon_1-\varepsilon_3\right)\right]\end{cases} \tag{1.3-13}$$

其中，ε_0 是围压 σ_0 下的初始应变，且

$$\begin{cases}C_{i1}=\dfrac{1-\nu_i+2r\nu_i}{\left(1+\nu_i\right)\left(1-2\nu_i\right)},\quad C_{f1}=\dfrac{1-\nu_f+2r\nu_f}{\left(1+\nu_f\right)\left(1-2\nu_f\right)}\\ C_{i3}=\dfrac{\nu_r+r}{\left(1+\nu_r\right)\left(1-2\nu_r\right)},\quad C_{f3}=\dfrac{\nu_f+r}{\left(1+\nu_f\right)\left(1-2\nu_f\right)}\end{cases} \tag{1.3-14}$$

把式(1.3-14)及相应的破损规律代入式(1.3-11)中，即得 σ_1、σ_3 与 ε_1 的关系。

典型应变路线下的表现：采用二次曲线型破损规律进行几种典型应变路线应力应变曲线计算。计算中采用下列参数：$E_i=20\text{GPa}$、k=10、$\nu_i=0.25$、$\nu_f=0.33$、$\varepsilon_i=0.01$、$\varepsilon_f=0.11$，b 值按式(1.3-12c)计算，当量应变取为大主应变，且 a=0.8。

(1) 等向压缩。此时 $r=1.0$，且假设 $\sigma_0=100\text{kPa}$、$\varepsilon_0=0.0025$，压缩曲线将如图 1.3-5 中实线所示。图中虚线为 $b=1.0$ 时完全破损土（重塑土）的压缩曲线。此线的斜率应为 $C_c'=2.303\left(1-2\nu_f\right)/k$，2.303 为常用对数与自然对数的转换系数。而按土力学中压缩指数 C_c 的定义，k 与 C_c 之间的关系如下：

$$k=\frac{6.909\left(1+e_0\right)\left(1-2\nu_f\right)}{C_c} \tag{1.3-15}$$

式中，e_0 为初始孔隙比。重塑土与原状土的压缩曲线在围压大时有交叉，原因是选用的原状土泊松比 ν_i 小于 ν_f。

(2) 单向压缩。此时 $\Delta\varepsilon_3=0$，即 r=0，所得压缩曲线如图 1.3-6 所示，图中虚线也是重塑土的压缩曲线。

(3) 一般压缩。假定 $r=-0.25$，且两个试样分别在 $\sigma_3=100\text{kPa}$、400kPa 下固结，计算结果如图 1.3-7 所示。两种情况下最小主应力均略有增加，但基本上代表了 σ_3 为常量的压缩曲线。

从图中可看出固结压力的不同对 $\left(\sigma_1-\sigma_3\right)$-$\varepsilon_1$ 曲线有明显的影响。$\sigma_3=100\text{kPa}$ 时表现出明显的软化性质，峰值与残余强度之比达 1.92，而 $\sigma_3=400\text{kPa}$ 时则显示出硬化。可见，随着围压的增大，材料将由应变软化型转变为应变硬化型。

(4) 等体积压缩。此时 $r=-0.5$，体积应变 $\Delta\varepsilon_v=0$。假设试样先在 $\sigma_3=400\text{kPa}$ 下固结，计算结果如图 1.3-8 所示。由图 1.3-8 可见，此时最小主应力初期有明显下降，但后期略有回升。与图 1.3-7 中同样在 $\sigma_3=400\text{kPa}$ 下固结的试样相比，此处表现出一定的软化。软化的原因显然与最小主应力下降有关。

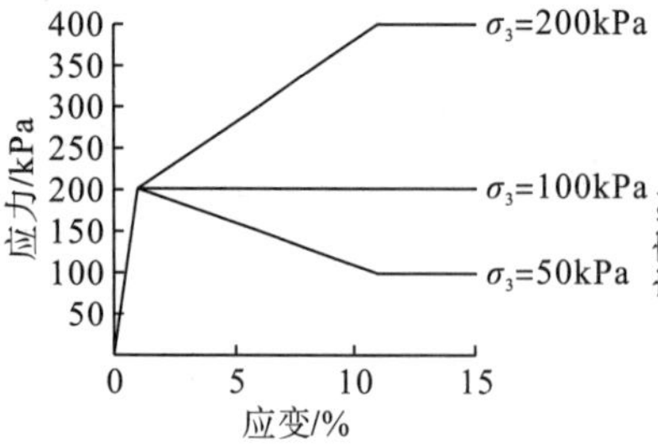

图 1.3-4　线性软化和硬化

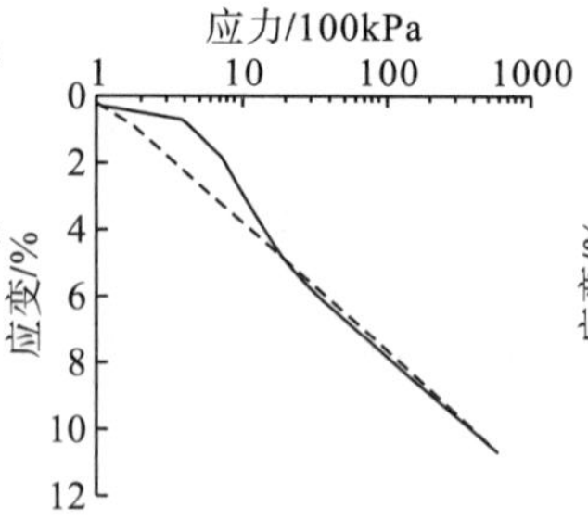

图 1.3-5　等向压缩曲线

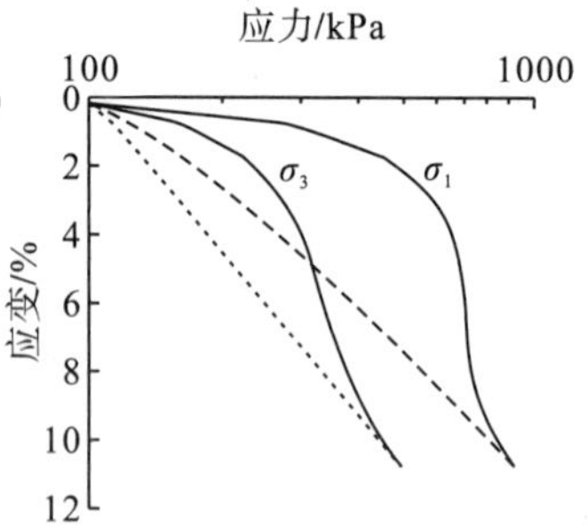

图 1.3-6　单向压缩曲线

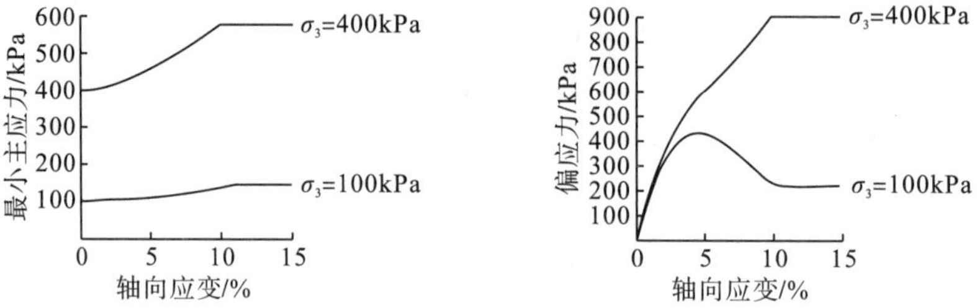

图 1.3-7　一般压缩曲线

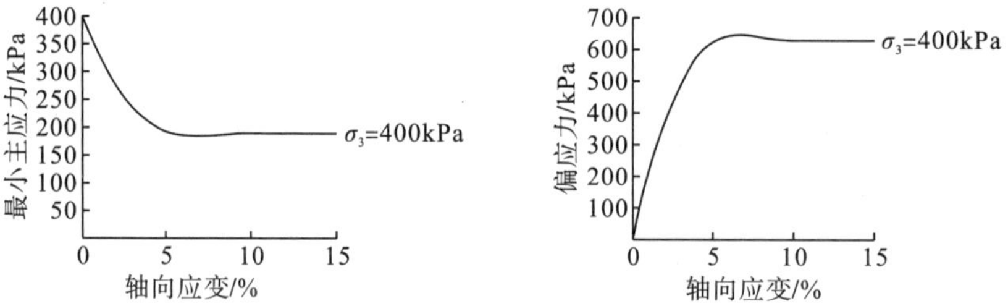

图 1.3-8　等体积压缩曲线

1.3.3　黄土的二元介质模型

1. 模型表达式

(1) 应力分担式。二元(或双重)介质模型是基于不均匀介质材料的概念而提出的，两种介质的应力分担公式如下：

$$\{\sigma\}=(1-b)\{\sigma_i\}+b\{\sigma_f\} \tag{1.3-16}$$

$$\{\sigma_i\}=[D_i]\{\varepsilon\},\{\sigma_f\}=[D_f]\{\varepsilon\} \tag{1.3-17}$$

式中，$\{\sigma_i\}$为胶结块(胶结元)承担的胶结应力；$\{\sigma_f\}$为软弱带(摩擦元)承担的摩擦应力；$[D_i]$和$[D_f]$分别为胶结块和软弱带的割线模量矩阵。式(1.3-16)中 b 称为破损参数，也即软弱带的应力分担率。

(2)胶结应力。假定胶结块为理想弹性体，泊松比为常量，但其杨氏模量将随含水量的增大而降低。如前所述，模量降低的原因有两个，一是基质吸力降低，二是由于易溶盐的溶解而引起胶结力降低，因此除了力学因素外尚有物理甚至化学因素。为此，下面用饱和度取代吸力作为自变量，在这一假设下，模量矩阵可以写为

$$[D_i]=\frac{M_S}{S_r^n}\{I\} \tag{1.3-18}$$

式中，M_S 为原状黄土饱和后的侧限压缩模量；S_r 为饱和度；n 为模型参数，且

$$\{I\}=\begin{bmatrix}1&\alpha&\alpha&0&0&0\\ \alpha&1&\alpha&0&0&0\\ \alpha&\alpha&1&0&0&0\\ 0&0&0&\beta&0&0\\ 0&0&0&0&\beta&0\\ 0&0&0&0&0&\beta\end{bmatrix}$$，其中 $\alpha=\frac{\nu}{1-\nu}$，$\beta=\frac{1-2\nu}{2(1-\nu)}$，$\nu$ 为泊松比。

软弱带相当于饱和重塑土，可采用沈珠江(1985)为软黏土建议的下列应力-应变关系式，但考虑非饱和时颗粒之间存在一定的吸力，故对公式作了修正：

$$\varepsilon_v=c_c\ln\frac{\sigma_m(1+\chi)}{\sigma'_{m0}} \tag{1.3-19}$$

$$\zeta=\frac{c_a\eta}{\eta_c-\eta} \tag{1.3-20}$$

其中，$\eta=\sigma_s/\sigma_m$；$\zeta=\varepsilon_s/\varepsilon_v$，且

$$\chi=c_d\eta^m \tag{1.3-21a}$$

$$\sigma'_{m0}=\frac{\sigma_{m0}}{S_r^n} \tag{1.3-21b}$$

以上式中 $\sigma_m=(\sigma_1+\sigma_2+\sigma_3)/3$；$\sigma_s=\frac{1}{\sqrt{2}}\left[(\sigma_1-\sigma_2)^2+(\sigma_2-\sigma_3)^2+(\sigma_3-\sigma_1)^2\right]^{1/2}$；$\varepsilon_v=\varepsilon_1+\varepsilon_2+\varepsilon_3$；$\varepsilon_s=\frac{1}{\sqrt{2}}\left[(\varepsilon_1-\varepsilon_2)^2+(\varepsilon_2-\varepsilon_3)^2+(\varepsilon_3-\varepsilon_1)^2\right]^{1/2}$。以上应力均指有效应力。$\sigma_{m0}$ 为体应变等于 0 时的参考应力；其他均为模型参数。

由式(1.3-19)和式(1.3-20)可解出 σ_m 和 σ_s，再进一步假定应力偏张量与应变偏张量之间有相似关系，可得最终的关系式如下：

$$\{\sigma_f\}=\sigma_m\{\delta\}+G\{e\} \tag{1.3-22}$$

其中，

$$\sigma_m=\frac{\sigma'_{m0}(c_a+\zeta)^m}{(c_a+\zeta)^m+c_d(\zeta\eta_c)^m}\mathrm{e}^{\frac{\varepsilon_v}{c_c}} \tag{1.3-23}$$

$$G=\frac{\eta_c}{c_a+\zeta}\cdot\frac{\sigma_m}{\varepsilon_v} \tag{1.3-24}$$

式中，G 为剪切模量；$\{e\}$ 为应变偏张量；$\{\delta\}$ 为单位张量。

(3) 破损参数。最后讨论破损参数 b 的演化规律。前面式(1.3-18)中已经反映了浸水湿化的影响，剩下要讨论的是应变软化对参数的影响。这里 b 的含义与损伤力学中的损伤参数和塑性力学中的硬化参数均不相同，但这一参数也像它们一样可以通过应力路线无关性假设从室内某一应力路线下的试验结果推广用于一般情况。考虑到黄土胶结块的彻底破碎并达到饱和重塑状态很难实现，所以假定只有当应变趋向无穷大时 b 才能趋近于 1，即采用下列两种指数型函数关系：

$$\begin{cases} \bar{\varepsilon} \leqslant \varepsilon_0, & b = 0 \\ \bar{\varepsilon} > \varepsilon_0, & b = 1 - \exp(-c_b \bar{\varepsilon}) \end{cases} \tag{1.3-25}$$

或

$$b = 1 - (1 + c_b \bar{\varepsilon}) \exp(-c_b \bar{\varepsilon}) \tag{1.3-26}$$

当量应变 $\bar{\varepsilon}$ 一般可表示为体积应变与剪切应变的组合：

$$\bar{\varepsilon} = \varepsilon_v + \alpha \varepsilon_s \tag{1.3-27}$$

最简单的组合办法是取 $\alpha = 2/3$，此时 $\bar{\varepsilon} = \varepsilon_1$，即取大主应变为当量应变。上述式中 ε_0 代表开始破损时的门槛应变，c_b 为试验拟合参数。多数情况下 ε_0 也难以确切定义，所以下面将采用最简单的式(1.3-26)作为破损规律。

2. 模型参数的确定

以上模型共有 9 个参数，即式(1.3-18)中的 M_S、ν 和 n，式(1.3-19)～式(1.3-21)中的 c_a、c_c、c_d、η_c 和 m，以及式(1.3-26)中的 c_b。下面讨论它们的测定方法。

(1) M_S、ν 和 n 的确定。设 E_i 为从原状黄土的无侧限压缩试验测定的初始杨氏模量，M_i 为同一试样在侧限状态下测定的初始压缩模量，M_s 为该试样饱和后测定的初始侧限压缩模量，则由弹性理论可得

$$\nu = \frac{1}{4}\left(\sqrt{\vartheta^2 + 8\vartheta} - \vartheta\right) \tag{1.3-28}$$

式中，$\vartheta = 1 - E_i / M_i$。

设 S_{ro} 为天然黄土的初始饱和度，则幂次 n 可由下式计算：

$$n = \log \frac{M_s}{M_i} / \log S_{ro} \tag{1.3-29}$$

如果无侧限抗压试验资料，建议取 $\nu = 0.25$。

(2) c_a、c_c、c_d、η_c 和 m 的测定。这 5 个参数可以通过饱和重塑黄土的单轴压缩试验和固结排水或不排水三轴剪切试验测定。首先，当把侧限压缩试验结果绘制在 e-$\log p$ 坐标纸上并求得压缩指数 C_c 后，参数 c_c 可由下式得出：

$$c_c = \frac{0.434 C_c}{1 + e_0} \tag{1.3-30}$$

式中，e_0 为初始孔隙比；0.434 为常用对数与自然对数换算系数。

在三轴固结不排水条件下，ε_v 为常量，只是固结引起的体应变，$\varepsilon_s = \varepsilon_1 - \varepsilon_3$，$\sigma_m$ 和 $\sigma_s = \sigma_1 - \sigma_3$ 均为变量。把不同围压下的试验数据均换算成 ξ-η 关系，并点绘在 η/ξ-η 坐标纸上。通过这些试验点绘一条平均直线，可得这一直线与坐标轴的交点 $(\eta_c,\ \eta_c / c_a)$，

由此可以求得η_c与c_a这两个参数。最后，考虑到剪切引起的体应变为 0，由式(1.3-19)得$\sigma_m(1+\chi)=\sigma_c$，其中$\sigma_c$为固结压力。考虑到$\sigma_c-\sigma_m=u$为剪切产生的孔隙压力，可得

$$c_d\eta^m=\frac{u}{\sigma_m} \tag{1.3-31a}$$

因此，只要把试验结果η-u/σ_m绘在双对数坐标纸上，即可得到截距c_d和斜率m。

如果三轴剪切试验在排水条件下进行，先在σ_c下固结后再剪切到某一η值，则考虑到三轴条件下$\Delta\sigma_m=\Delta\sigma_s/3$，$\sigma_m=\sigma_c+\sigma_s/3$，可得

$$c_d\eta^m=\mathrm{e}^{\frac{\varepsilon_v-\varepsilon_{vc}}{c_c}}-1 \tag{1.3-31b}$$

式中，$\varepsilon_{vc}=c_c\ln\left(1+\dfrac{1}{3}\dfrac{\sigma_s}{\sigma_c}\right)$；从试验中得出一组$\sigma_s$-$\eta$-$\varepsilon_v$资料后，点绘在双对数坐标纸上，同样可得对数$c_d$和$m$。

(3) c_b的测定。针对单轴压缩试验，式(1.3-16)改写为

$$p=(1-b)p_i+bp_f \tag{1.3-32}$$

由此可得

$$b=\frac{p-p_f}{p_i-p_f} \tag{1.3-33}$$

根据前面的假设，$p_i=M_i\varepsilon$，$p_f=p_0\exp(\varepsilon/c_c)$，如果原状黄土的$p$-$\varepsilon$曲线已经测定，则代入式(1.3-33)后可得$b$-$\varepsilon$的关系。把实测的$b$-$\varepsilon$关系与按式(1.3-26)计算的$b$-$\varepsilon$关系进行比较，按最小二乘法原理调优，即可得最优拟合参数c_b。

3. 模型验证

试验所用的土料取自陕西省东雷抽黄二期工程桦木寨子段典型 Q_3 黄土层，其主要物理性质如下：颗粒比重 2.72，干密度 12.9kN/m^3，孔隙比 e_0=1.10，含水量 14.0%，饱和度$S_{ro}=0.34$，液限 26.5%，塑限 15.5%。

首先对原状土进行增湿和减湿，得到不同含水量的试样。对它们进行侧限压缩试验，得到图 1.3-9 所示的一系列压缩曲线。针对$w_0=0.14$和$w_s=0.405$两条曲线，得出初始斜率$M_i=9.0\,\mathrm{MPa}$、$M_s=1.2\,\mathrm{MPa}$。由于当时未做无侧限压缩试验，故假定$\nu=0.25$。把M_i和M_s代入式(1.3-29)，求得 n=2。

其次把原状土重塑饱和后进行侧限压缩试验及三轴固结排水剪切试验。由压缩试验得$c_c=0.045$，由三轴试验求得$\eta_c=1.28$和$c_a=0.08$。最后由三轴排水试验中测定的体积变化资料得$c_d=0.3$、$m=210$。

最后，由原状土及重塑土的单轴压缩试验求得$c_b=8.0$。如此求得式(1.3-18)～式(1.3-21)和式(1.3-26)中的所有模型参数。现在针对三轴应力条件，选定一组$(\varepsilon_1,\varepsilon_2)$数据，代入以上式中，计算出相应的$\{\sigma_i\}$、$\{\sigma_f\}$和$b$值，再代入式(1.3-16)中得出$\{\sigma\}$。

下面对以下三种应变条件进行计算。

(1)原状土在不同垂直压力下的侧限浸水试验。此时$\varepsilon_3=\varepsilon_2=0$，只需设定一组$\varepsilon_1$的值。先取侧限压缩模量$M=M_i$，逐步增大$\varepsilon_1$，直至$\sigma_1$达到预定值。然后把式(1.3-18)中饱和

度 S_r 改成 1，此时如用原来的 ε_1 值计算，σ_1 将小于预定值，因此又要逐步增大 ε_1，直至 σ_1 又达到预定值。如此得出的 ε_1 增加量即为该压力下的湿陷量。计算与实测的湿陷系数与压力曲线如图 1.3-10 所示。

(2) 原状土等含水量排气三轴试验。先计算 $\varepsilon_1=\varepsilon_3$ 条件下的等向压缩，待 $\sigma_1=\sigma_3$ 达到预定固结压力后增大 ε_1，并下调 ε_3 使 σ_3 保持不变，如此逐级增大 ε_1，减小 ε_3，算出 σ_3 不变条件下 σ_1 的增加，并绘制 $(\sigma_1-\sigma_3)$ 与 ε_1 的关系曲线。图 1.3-11 是 $\sigma_3=50\text{kPa}$ 和 200kPa 下计算结果与试验的比较，两者之间有些差距，主要原因是重塑黄土的应力-应变曲线不太符合双曲线。

(3) 原状土在不同 σ_3 和 $\sigma_1-\sigma_3$ 条件下的浸水变形试验。先如前面一样计算，待 $\sigma_1-\sigma_3$ 达到预定值后把式(1.3-18)中的 S_r 设定为 1，重新计算 σ_3 和 $\sigma_1-\sigma_3$，如果它们不能保持原值，需要不断增大 ε_1，同时调整 ε_3，以达到上述目标。图 1.3-12 显示了 $\sigma_3=100\,\text{kPa}$ 和 $\dfrac{(\sigma_1-\sigma_3)}{(\sigma_1-\sigma_3)_f}=0.5$ 条件下浸水时计算与实测变形的比较。具体参见文献(沈珠江和胡再强，2003)。

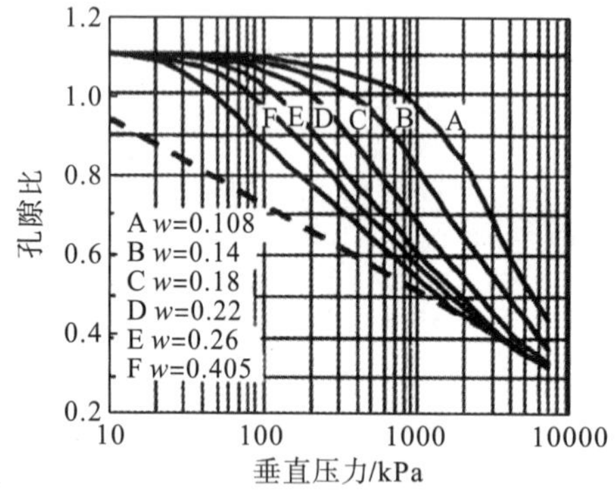

图 1.3-9 不同含水量黄土试样的压缩曲线

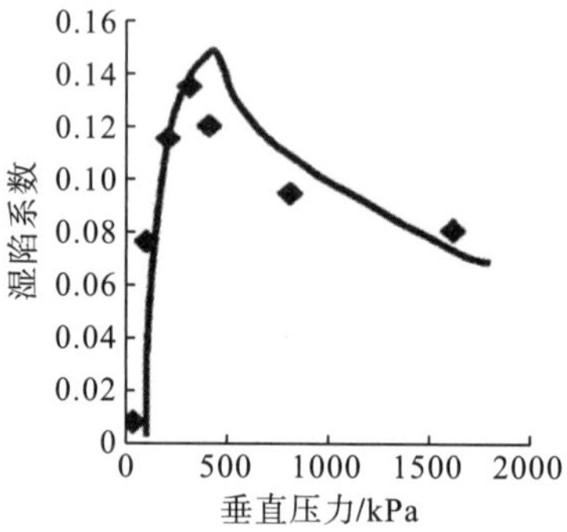

图 1.3-10 湿陷系数与压力关系

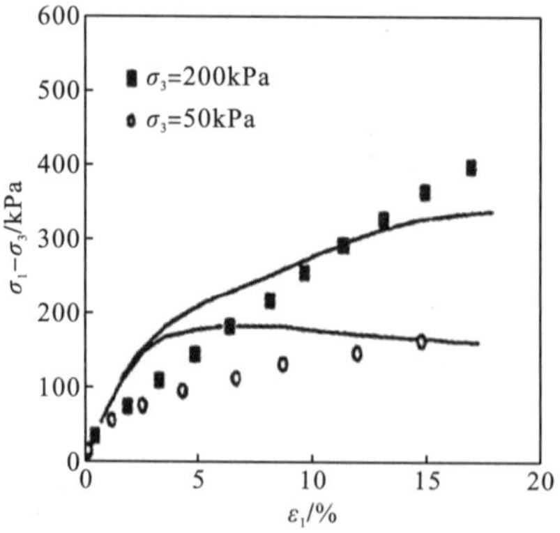

图 1.3-11 三轴不排水试验

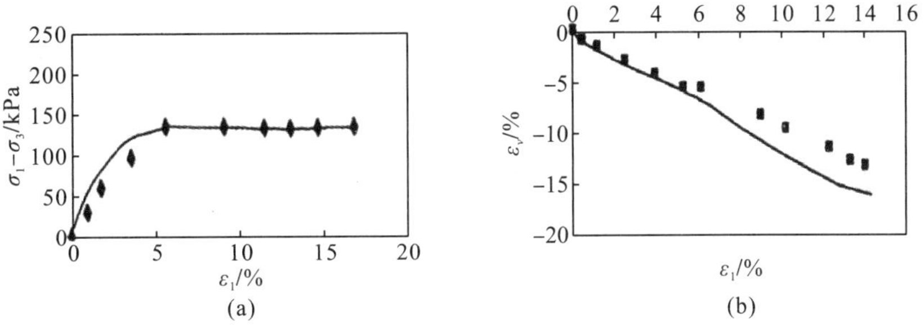

图 1.3-12　三轴浸水变形试验

1.3.4　超固结土的二元介质模型

1. 基本假定

考虑到超固结土本质上的不均一性，下面把它看作由结构块和软弱带组成的二元介质，前者代表颗粒之间胶结良好的部分，后者代表土体内部存在裂缝或其他缺陷的薄弱带。具体参见文献(沈珠江和邓刚，2003)。

1)准连续介质假设

在承认土体内部不均一的基础上，为了使宏观定义的应力与应变仍可适用，一个单元体内必须包含足够数量的结构体，例如多于 100 个(按试样尺寸大于 4 倍裂缝间距时尺寸效应消失推算，一个立方体内至少应有 64 个结构体)，以便能够适用统计平均的原则。单元体指计算分析中所用的最小单元，例如有限元或条分法的以条宽为标准的立方体。这时整个土体仍可以当作连续介质处理。

2)脆弹性体假设

假定结构体为理想弹性体，在宏观应力状态达到某一准则时发生脆性破损。结构体的脆性破损可以理解为完全粉碎，或仅仅是表层剥落，尺寸减小。

3)有效应力假设

超固结土一般是非饱和土，特别在卸荷的初期总是处于非饱和状态。目前，非饱和土变形分析中存在两种方案，即单变量的有效应力方案与双变量的净应力和吸力方案。但对超固结土来说，吸力丧失总是导致体积膨胀，与饱和土因有效应力降低而引起的膨胀类似，因此，有效应力原理原则上是适用的。鉴于单变量方案相对简单些，下面讨论中将采用下列 Bishop 的有效应力公式：

$$\sigma' = (\sigma - u_a) + \chi(u_a - u_w) \tag{1.3-34}$$

式中，u_a 和 u_w 分别为孔隙气压力和孔隙水压力；χ 为与饱和度有关的参数。式中的右边第二项 $\bar{s} = \chi(u_a - u_w)$ 称为等价吸力或折减吸力。

4)共同分担假设

仍如以前一样假定宏观应力由结构块和软弱带共同分担，并把两者各自分担部分称为胶结应力和摩擦应力。摩擦应力分担比例称为分担率，而破损部分体积占总体积的比例称为体积破损率，相应的面积比例则为面积破损率。理论分析表明，分担率与破损率并不等同，但两者之间存在密切关系。另一方面，大量滑坡实例表明，即使土坡中含有未风化的大块石仍会随土一起滑动，不能起到抵抗作用。因此，结构块对压缩变形的抵抗能力和对剪切变形的抵抗能力应当有所不同，或者说，压缩变形只取决于体积破损率，而剪切变形则取决于面积破损率。这就意味着，对压应力和剪应力应当采用不同的分担率。

2. 模型表达式

1) 应力分担公式

按照前面的共同分担假设，球应力和偏应力的分担公式分别为

$$\sigma_m=\left(1-b_1\right)\sigma_{mi}+b_1\sigma_{mf} \tag{1.3-35a}$$

$$\sigma_s=\left(1-b_2\right)\sigma_{si}+b_2\sigma_{sf} \tag{1.3-35b}$$

其中，σ_{mi} 和 σ_{mf} 分别为球应力的胶结部分和摩擦部分；σ_{si} 和 σ_{sf} 分别为偏应力的胶结部分和摩擦部分；b_1 和 b_2 分别为球应力和偏应力的分担比。

2) 胶结应力

按照脆弹性体假设，结构块承担的胶结应力用下列弹性公式计算：

$$\{\sigma_i\}=M_m\left(\mathrm{OCR}\right)^{-n}[I]\{\varepsilon\} \tag{1.3-36}$$

式中，

$$\mathrm{OCR}=\frac{\sigma'_{\mathrm{cmax}}}{\sigma'_c} \tag{1.3-37}$$

σ'_{cmax} 为最大的固结应力；σ'_c 为现有的包括吸力在内的固结应力；M_m 和 n 为两个参数；$[I]$ 见 1.3.3 节。

3) 摩擦应力

摩擦应力同 1.3.3 节中黄土的二元介质模型一样，采用下列应力应变关系计算：

$$\begin{cases}\varepsilon_v=c_c\ln\left(\sigma_{mf}\left(1+c_d\eta^m\right)\right)\\ \zeta=\dfrac{c_a\eta}{\eta_c-\eta}\end{cases} \tag{1.3-38}$$

其中，$\eta=\sigma_{sf}/\sigma_{mf}$；$\zeta=\varepsilon_s/\varepsilon_v$；$c_a$、$c_c$、$c_d$、$\eta_c$ 和 m 为 5 个参数。

式(1.3-38)求逆后可得

$$\{\sigma_f\}=\sigma_{mf}\{\delta\}+G\{e\} \tag{1.3-39}$$

其中，

$$\sigma_{mf}=\frac{\left(c_a+\zeta\right)^m}{\left(c_a+\zeta\right)^m+c_d\left(\zeta\eta_c\right)^m}\sigma_{m0}\,\mathrm{e}^{\frac{\varepsilon_v}{c_c}} \tag{1.3-40}$$

$$G=\frac{\eta_c}{c_a+\zeta}\cdot\frac{\sigma_{mf}}{\varepsilon_v} \tag{1.3-41}$$

G 相当于剪切模量；$\{e\}$ 为应变偏张量；$\{\delta\}$ 为单位张量；σ_{m0} 为 $\varepsilon_v=0$ 时的参考应力。

4) 分担率

由式(1.3-35)得

$$b_1 = \frac{\sigma_{mi} - \sigma_m}{\sigma_{mi} - \sigma_{mf}} \tag{1.3-42a}$$

$$b_2 = \frac{\sigma_{si} - \sigma_s}{\sigma_{si} - \sigma_{sf}} \tag{1.3-42b}$$

$(\sigma_{mi}, \sigma_{si})$和$(\sigma_{mf}, \sigma_{sf})$与$(\varepsilon_v, \varepsilon_s)$之间的关系已由式(1.3-36)和式(1.3-39)得出，进一步假定(σ_m, σ_s)与$(\varepsilon_v, \varepsilon_s)$的关系已通过试验测定，则代入式(1.3-42)后即可得(b_1, b_2)与$(\varepsilon_v, \varepsilon_s)$之间的关系。但是这样得到的关系比较复杂，而且超固结土的体变以膨胀为主，正的ε_v和负的ε_v可能同时存在。为了简单实用起见，最好消除ε_v的影响。为此，在式(1.3-36)中已经采取了压缩模量随减压膨胀而降低的办法，如果进一步把剪切膨胀的影响通过剪应变ε_s来体现，就可以把b_1和b_2看作单纯是ε_s的函数。这一函数关系可以采用下列经验公式：

$$b_1 = 1 - (1 + c_1 \varepsilon_s) \exp(-c_1 \varepsilon_s) \tag{1.3-43a}$$

$$b_2 = 1 - (1 + c_2 \varepsilon_s) \exp(-c_2 \varepsilon_s) \tag{1.3-43b}$$

式中参数c_1和c_2通过拟合试验点的办法确定。

3. 模型参数确定

以上模型中共有M_m、n、ν、c_a、c_c、c_d、m、η_c和c_1、c_2 10 个参数。下面讨论它们的测定方法。

1) M_m、n和ν的测定

理论上，如果饱和状态下土的压缩和回弹曲线均为半对数曲线，C_c和C_s为其斜率，则σ_c之下的压缩模量应当由下式计算(图 1.3-13)：

$$M = \frac{\sigma_c}{c_s} \tag{1.3-44}$$

其中，$c_s = \dfrac{0.4343 C_s}{1 + e_0}$，或令$M_m = \dfrac{\sigma_{c\max}}{c_s}$，则

$$M = M_m (\text{OCR})^{-n} \tag{1.3-45}$$

式中，$n = 1$。但当超固结比相当大时，回弹曲线是明显弯曲的，所以$n \neq 1$。设ε_{vm}为最大压缩应变，实测的回弹曲线满足下列幂函数方程：

$$\varepsilon_v = \varepsilon_{vm} + \frac{c_s}{\beta} \left[1 - \left(\frac{\sigma_{c\max}}{\sigma_c} \right)^{\beta} \right] \tag{1.3-46}$$

则可得

$$M = \frac{\sigma_{c\max}}{c_s} \left(\frac{\sigma_c}{\sigma_{c\max}} \right)^{1+\beta} \tag{1.3-47}$$

$$n = 1 + \beta \tag{1.3-48}$$

其中 β 可由试验点的坐标的斜率得出。如果在某一围压下由三轴试验得出的初始模量为 E，由侧限压缩试验下测定的模量为 M，则泊松比可由下式计算：

$$\nu=\frac{1}{4}\left(\sqrt{\omega^2+8\omega}-\omega\right) \tag{1.3-49}$$

其中，$\omega=1-E/M$。

2) c_a、c_c、c_d、η_c 和 m 的测定

这些参数通过饱和重塑试样的三轴剪切和侧限压缩试验测定。具体的测定方法参见1.3.3节。

3) c_1 和 c_2 的测定

选取不同的 $(\varepsilon_v,\varepsilon_s)$ 组合，从三轴试验资料中查出相应的 (σ_m,σ_s) 值，同时从式(1.3-36)和式(1.3-39)中计算出 $(\sigma_{mi},\sigma_{si})$ 和 $(\sigma_{mf},\sigma_{sf})$，把它们代入式(1.3-42)中求得 b_1 和 b_2。由此可求得以 ε_v 为参数的 b_1 和 b_2 与 ε_s 的关系曲线，然后通过最优化方法拟合得出参数 c_1 和 c_2。如果参数 c_1 和 c_2 与 ε_v 的关系很大，应考虑把它们当作变量，如令

$$c_1=\alpha_1+\beta_1\varepsilon_v \tag{1.3-50a}$$

$$c_2=\alpha_2+\beta_2\varepsilon_v \tag{1.3-50b}$$

式中，α_1、β_1 和 α_2、β_2 为4个参数。

4. 模型的表现

下面把上述模型应用于几种室内试验条件下应力应变的计算，以考察其适应能力。计算参数参照伦敦(London)的黏土的试验资料选取。历史上的最大先期固结压力约为4.4MPa，选用的参数如下：$M_m=200\text{MPa}$、$n=0.5$、$\nu=0.25$、$c_a=0.1$、$c_c=0.033$、$c_d=1.0$、$m=2.0$、$\eta_c=0.7(\phi=18°)$。上述参数中 c_c 和 η_c 取自文献(Bishop et al.，1965)，其他是假定的。破损参数 c_1 和 c_2 通过试算方法确定。

1) 等向压缩

按以上参数计算的等向压缩及回弹曲线如图1.3-13所示。由于选用的幂次 n 较高，卸荷后期的膨胀量较大，反映了卸荷过程中的风化、开裂、软化等现象。如果不考虑这些现象，可令 n=1，此时的回弹曲线将如图中虚线所示。

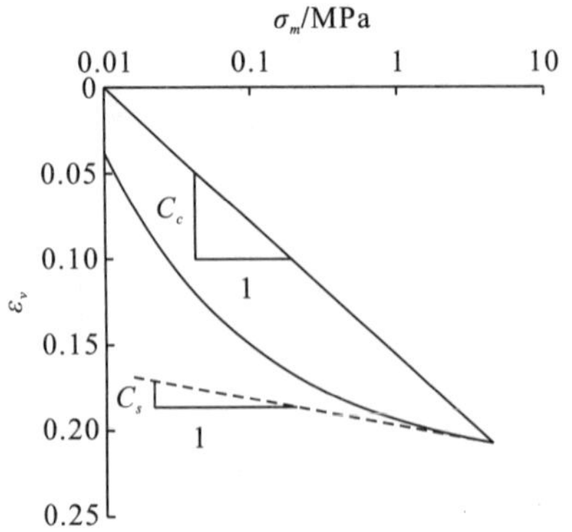

图1.3-13 等向压缩及回弹曲线

2) $\sigma_3 = \text{const.}$、σ_1 增大的三轴压缩

计算了围压为 4.4MPa、1.78MPa、0.38MPa 和 0.072MPa 四种情况下的常规压缩试验结果，如图 1.3-14 所示。第一种情况代表正常固结土，后面三种为超固结土。值得注意的是，该图反映，随着超固结比的增加，应变软化反而减弱。其原因是围压过小、超固结比过大时，剪切面沿裂缝发展，而围压增高后，裂缝闭合，剪切面通过土块，软化现象反而明显。

3) $\sigma_1 = \text{const.}$、σ_3 减小的三轴压缩

图 1.3-15 为同样围压下保持 σ_1 不变，而让侧压力 σ_3 减小的三轴剪切试验结果。与图 1.3-14 相比，此时峰值应变减小，膨胀量有所增大，定性地与试验结果一致。

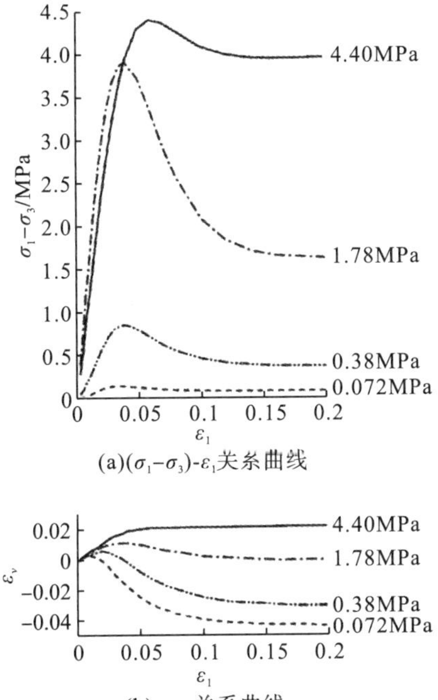

图 1.3-14　三轴轴向加压试验

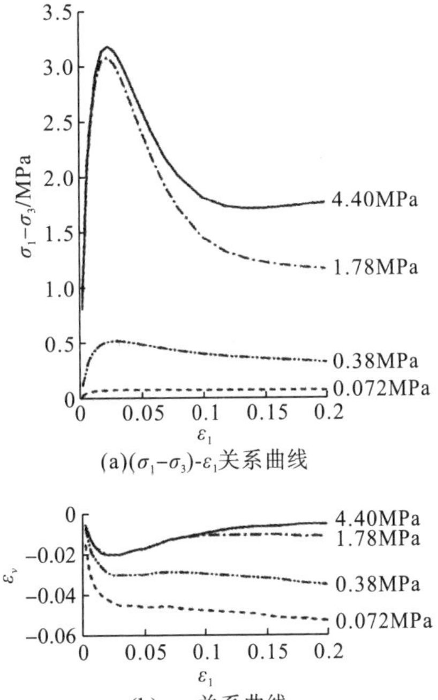

图 1.3-15　三轴侧向减压试验

第 1.4 节　二元介质模型的增量形式

本节介绍二元介质本构模型的增量形式，此时局部应变/应力系数必须作为一个独立的内变量考虑。考虑到可以分别从应力、应变角度建立单元体的应力、应变与胶结元(或摩擦元)的应力、应变之间的联系，因此建立二元介质本构模型的两种增量形式的应力应变关系，且每一种类型同时给出了单参数以及双参数的表达式。

1.4.1 单元体的应力应变关系

下面把胶结块/结构体称为胶结元，软弱带/结构带称为摩擦元。胶结元的量用下标 b 表示，摩擦元的量用下标 f 表示。

取代表性单元(representative volume element，RVE，体积用 V 表示)，令局部应力和局部应变张量为 $\{\sigma\}_{\text{local}}$ 和 $\{\varepsilon\}_{\text{local}}$，则平均应力和平均应变张量为 $\{\sigma\}$ 和 $\{\varepsilon\}$，有下式：

$$\{\sigma\}=\frac{1}{V}\int\{\sigma\}_{\text{local}}\,\mathrm{d}V \tag{1.4-1}$$

$$\{\varepsilon\}=\frac{1}{V}\int\{\varepsilon\}_{\text{local}}\,\mathrm{d}V \tag{1.4-2}$$

设局部应力应变关系：

$$\{\sigma\}_{\text{local}}=[D]_{\text{local}}\{\varepsilon\}_{\text{local}} \tag{1.4-3}$$

定义局部应变系数张量 $[C]_{\text{loc}}$ 和局部应力系数张量 $[A]_{\text{loc}}$，且满足下式：

$$\{\varepsilon\}_{\text{local}}=[C]_{\text{loc}}\{\varepsilon\} \tag{1.4-4}$$

$$\{\sigma\}_{\text{local}}=[A]_{\text{loc}}\{\sigma\} \tag{1.4-5}$$

则可得到：

$$\{\sigma\}=\frac{1}{V}\int[D]_{\text{local}}\{\varepsilon\}_{\text{local}}\,\mathrm{d}V=\frac{1}{V}\int[D]_{\text{local}}[C]_{\text{loc}}\{\varepsilon\}\mathrm{d}V=[\mathcal{D}]\{\varepsilon\} \tag{1.4-6}$$

其中，

$$[\mathcal{D}]=\frac{1}{V}\int[D]_{\text{local}}[C]_{\text{loc}}\,\mathrm{d}V \tag{1.4-7}$$

$$\{\varepsilon\}=\frac{1}{V}\int\frac{1}{[D]_{\text{local}}}\{\sigma\}_{\text{local}}\,\mathrm{d}V=\frac{1}{V}\int\frac{1}{[D]_{\text{local}}}[A]_{\text{loc}}\{\sigma\}\mathrm{d}V=[\mathcal{C}]\{\sigma\} \tag{1.4-8}$$

$$[\mathcal{C}]=\frac{1}{V}\int\frac{[A]_{\text{loc}}}{[D]_{\text{local}}}\,\mathrm{d}V \tag{1.4-9}$$

定义：

$\{\sigma\}_b$ 为胶结元的应力张量：$\{\sigma\}_b=\dfrac{1}{V_b}\int\{\sigma\}_{\text{local}}\,\mathrm{d}V_b$ (1.4-10a)

$\{\varepsilon\}_b$ 为胶结元的应变张量：$\{\varepsilon\}_b=\dfrac{1}{V_b}\int\{\varepsilon\}_{\text{local}}\,\mathrm{d}V_b$ (1.4-10b)

$\{\sigma\}_f$ 为摩擦元的应力张量：$\{\sigma\}_f=\dfrac{1}{V_f}\int\{\sigma\}_{\text{local}}\,\mathrm{d}V_f$ (1.4-10c)

$\{\varepsilon\}_f$ 为摩擦元的应变张量：$\{\varepsilon\}_f=\dfrac{1}{V_f}\int\{\varepsilon\}_{\text{local}}\,\mathrm{d}V_f$ (1.4-10d)

令局部应变系数为 $[C]$，且满足：

$$\{\varepsilon\}_b=[C]\{\varepsilon\} \tag{1.4-11}$$

可推导得到：

$$\{\sigma\}=\frac{v_b}{V}\{\sigma\}_b+\frac{v_f}{V}\{\sigma\}_f \tag{1.4-12a}$$

$$\{\varepsilon\}=\frac{v_b}{V}\{\varepsilon\}_b+\frac{v_f}{V}\{\varepsilon\}_f \tag{1.4-12b}$$

上式中隐含假定了在 RVE 中胶结元和摩擦元的应力和应变分布是均匀的。

令

$$\lambda_v=\frac{v_f}{V} \tag{1.4-13}$$

则可得到：

$$\{\sigma\}=(1-\lambda_v)\{\sigma\}_b+\lambda_v\{\sigma\}_f \tag{1.4-14a}$$

$$\{\varepsilon\}=(1-\lambda_v)\{\varepsilon\}_b+\lambda_v\{\varepsilon\}_f \tag{1.4-14b}$$

假定胶结元在破损转化为摩擦元以前具有的模量矩阵为$[D]_b$，而摩擦元的模量矩阵为$[D]_f$。$\{\sigma\}^0$、$\{\varepsilon\}^0$、$\{\sigma\}_b^0$、$\{\varepsilon\}_b^0$、$\{\sigma\}_f^0$、$\{\varepsilon\}_f^0$代表当前的平均应力和平均应变及胶结元、摩擦元的局部应力和局部应变；$\{\Delta\sigma\}$、$\{\Delta\varepsilon\}$、$\{\Delta\sigma\}_b$、$\{\Delta\varepsilon\}_b$、$\{\Delta\sigma\}_f$、$\{\Delta\varepsilon\}_f$为相应的应力增量和应变增量，则$\{\sigma\}^0+\{\Delta\sigma\}$、$\{\varepsilon\}^0+\{\Delta\varepsilon\}$、$\{\sigma\}_b^0+\{\Delta\sigma\}_b$、$\{\varepsilon\}_b^0+\{\Delta\varepsilon\}_b^0$、$\{\sigma\}_f^0+\{\Delta\sigma\}_f$、$\{\varepsilon\}_f^0+\{\Delta\varepsilon\}_f$为增量完成后的应力和应变状态。

1.4.2　基于局部应变系数的二元介质本构关系

1. 单参数均匀化理论

假定破损率为应变或应力的函数，即

$$\lambda_v=f_v(\{\varepsilon\})\text{ 或 }\lambda_v=f_v(\{\sigma\}) \tag{1.4-15}$$

则由式(1.4-14a)可得

$$\{\Delta\sigma\}=(1-\lambda_v^0)\{\Delta\sigma\}_b+\lambda_v^0\{\Delta\sigma\}_f+\Delta\lambda_v\left(\{\sigma\}_f^0-\{\sigma\}_b^0\right) \tag{1.4-16}$$

则由式(1.4-14b)可得

$$\{\Delta\varepsilon\}=(1-\lambda_v^0)\{\Delta\varepsilon\}_b+\lambda_v^0\{\Delta\varepsilon\}_f+\Delta\lambda_v\left(\{\varepsilon\}_f^0-\{\varepsilon\}_b^0\right) \tag{1.4-17}$$

对于胶结元有

$$\{\Delta\sigma\}_b=[D]_b\{\Delta\varepsilon\}_b \tag{1.4-18}$$

对于摩擦元有

$$\{\Delta\sigma\}_f=[D]_f\{\Delta\varepsilon\}_f \tag{1.4-19}$$

由式(1.4-17)可得

$$\{\Delta\varepsilon\}_f=\frac{1}{\lambda_v^0}\left\{\{\Delta\varepsilon\}-(1-\lambda_v^0)\{\Delta\varepsilon\}_b-\Delta\lambda_v\left(\{\varepsilon\}_f^0-\{\varepsilon\}_b^0\right)\right\} \tag{1.4-20}$$

把式(1.4-20)代入式(1.4-19)，则

$$\{\Delta\sigma\}_f = \frac{1}{\lambda_v^0}[D]_f\left\{\{\Delta\varepsilon\} - \left(1-\lambda_v^0\right)\{\Delta\varepsilon\}_b - \Delta\lambda_v\left(\{\varepsilon\}_f^0 - \{\varepsilon\}_b^0\right)\right\} \tag{1.4-21}$$

把式(1.4-21)代入式(1.4-16)得

$$\begin{aligned}\{\Delta\sigma\} = &\left(1-\lambda_v^0\right)\left\{[D]_b - [D]_f\right\}\{\Delta\varepsilon\}_b + [D]_f\{\Delta\varepsilon\} \\ &- \Delta\lambda_v[D]_f\left\{\{\varepsilon\}_f^0 - \{\varepsilon\}_b^0\right\} + \Delta\lambda_v\left\{\{\sigma\}_f^0 - \{\sigma\}_b^0\right\}\end{aligned} \tag{1.4-22}$$

由式(1.4-4)得

$$\{\Delta\varepsilon\}_b = [C]^0\{\Delta\varepsilon\} + [\Delta C]\{\varepsilon\}^0 \tag{1.4-23}$$

其中，$[C]^0$为当前的局部应变系数矩阵；$[\Delta C]$为其增量。把式(1.4-23)代入式(1.4-22)整理后可得

$$\begin{aligned}\{\Delta\sigma\} = &\left\{[D]_f - \left(1-\lambda_v^0\right)\left\{[D]_f - [D]_b\right\}[C]^0\right\}\{\Delta\varepsilon\} \\ &+ \left(1-\lambda_v^0\right)\left\{[D]_f - [D]_b\right\}[\Delta C]\{\varepsilon\}^0 - \Delta\lambda_v[D]_f\left\{\{\varepsilon\}_f^0 - \{\varepsilon\}_b^0\right\} + \Delta\lambda_v\left\{\{\sigma\}_f^0 - \{\sigma\}_b^0\right\}\end{aligned} \tag{1.4-24}$$

又因为：

$$\begin{aligned}&-\Delta\lambda_v[D]_f\left\{\{\varepsilon\}_f^0 - \{\varepsilon\}_b^0\right\} + \Delta\lambda_v\left\{\{\sigma\}_f^0 - \{\sigma\}_b^0\right\} \\ &= \frac{\Delta\lambda_v}{\lambda_v^0}\left\{-[D]_f\{\varepsilon\}^0 + [D]_f\{\varepsilon\}_b^0 + \{\sigma\}^0 - \{\sigma\}_b^0\right\}\end{aligned} \tag{1.4-25}$$

引入：

$$[D]_s^0 = \frac{\{\sigma\}^0}{\{\varepsilon\}^0} \tag{1.4-26}$$

$$[D]_{bs}^0 = \frac{\{\sigma\}_b^0}{\{\varepsilon\}_b^0} \tag{1.4-27}$$

对于式(1.4-18)，假定

$$[C] = f_c(\{\varepsilon\})$$

则：

$$\{\Delta\varepsilon\}_b = [A]_c\{\Delta\varepsilon\} \tag{1.4-28}$$

$$[A]_c = [C]^0 + \frac{\partial[C]}{\partial\{\varepsilon\}}\{\varepsilon\}^0 \tag{1.4-29}$$

则式(1.4-24)可以简化为

$$\begin{aligned}\{\Delta\sigma\} = &[D]_f\{\Delta\varepsilon\} - \left(1-\lambda_v^0\right)\left\{[D]_f - [D]_b\right\}[A]_c\{\Delta\varepsilon\} \\ &+ \frac{\Delta\lambda_v}{\lambda_v^0}\left\{-[D]_f + [D]_f[C]^0 + [D]_s^0 - [C]^0[D]_{bs}^0\right\}\{\varepsilon\}^0\end{aligned} \tag{1.4-30}$$

2. 双参数均匀化理论

引入面积破损率λ_s，且为应变或应力的函数，即$\lambda_s = f_s(\{\varepsilon\})$或$\lambda_s = f_s(\{\sigma\})$。同时把应力张量和应变张量分解为球应力和偏应力、体应变和偏应变，则由式(1.4-14)可知：

$$\sigma_m=(1-\lambda_v)\sigma_{mb}+\lambda_v\sigma_{mf} \tag{1.4-31a}$$

$$\varepsilon_v=(1-\lambda_v)\varepsilon_{vb}+\lambda_v\varepsilon_{vf} \tag{1.4-31b}$$

$$\{s\}=(1-\lambda_s)\{s\}_b+\lambda_s\{s\}_f \tag{1.4-31c}$$

$$\{e\}=(1-\lambda_s)\{e\}_b+\lambda_s\{e\}_f \tag{1.4-31d}$$

其中，$\sigma_m=\frac{1}{3}(\sigma_1+\sigma_2+\sigma_3)$；$\varepsilon_v=\varepsilon_1+\varepsilon_2+\varepsilon_3$；$\{s\}=\{\sigma\}-\sigma_m\{I\}$；$\{e\}=\{\varepsilon\}-\frac{1}{3}\varepsilon_v\{I\}$；$\{I\}$为单位矢量。胶结元和摩擦元的应力和应变类似。令$\Delta\sigma_m$、$\Delta\sigma_{mb}$、$\Delta\sigma_{mf}$，$\Delta\varepsilon_v$、$\Delta\varepsilon_{vb}$、$\Delta\varepsilon_{vf}$，$\{\Delta s\}$、$\{\Delta s\}_b$、$\{\Delta s\}_f$，$\{\Delta e\}$、$\{\Delta e\}_b$、$\{\Delta e\}_f$，$\Delta\lambda_v$和$\Delta\lambda_s$为相应的增量。

1) 局部应力应变关系

胶结元：

$$\Delta\sigma_{mb}=K_b\Delta\varepsilon_{vb} \tag{1.4-32a}$$

$$\{\Delta s\}_b=[G]_b\{\Delta e\}_b \tag{1.4-32b}$$

摩擦元：

$$\Delta\sigma_{mf}=K_f\Delta\varepsilon_{vf} \tag{1.4-33a}$$

$$\{\Delta s\}_f=[G]_f\{\Delta e\}_f \tag{1.4-33b}$$

引入局部应变系数，有如下关系式：

$$\varepsilon_{vb}=C_v\varepsilon_v \tag{1.4-34a}$$

$$\{e\}_b=[C]_s\{e\} \tag{1.4-34b}$$

2) 体应变和球应力关系

式(1.4-31a)和式(1.4-31b)的增量形式为

$$\Delta\sigma_m=\left(1-\lambda_v^0\right)\Delta\sigma_{mb}+\lambda_v^0\Delta\sigma_{mf}+\Delta\lambda_v\left(\sigma_{mf}^0-\sigma_{mb}^0\right) \tag{1.4-35a}$$

$$\Delta\varepsilon_v=\left(1-\lambda_v^0\right)\Delta\varepsilon_{vb}+\lambda_v^0\Delta\varepsilon_{vf}+\Delta\lambda_v\left(\varepsilon_{vf}^0-\varepsilon_{vb}^0\right) \tag{1.4-35b}$$

类似单参数均匀化理论的推导，由式(1.4-34a)假定

$$C_v=f_v(\{\varepsilon\}) \tag{1.4-36}$$

令

$$A_v=C_v^0+\frac{\partial C_v}{\partial\varepsilon_v}\varepsilon_v^0 \tag{1.4-37}$$

可得

$$\Delta\varepsilon_{vb}=A_v\Delta\varepsilon_v \tag{1.4-38}$$

再令$D_m^0=\frac{\sigma_m^0}{\varepsilon_v^0}$，$K_b^0=\frac{\sigma_{mb}^0}{\varepsilon_{vb}^0}$，经整理可得

$$\Delta\sigma_m=K_f\Delta\varepsilon_v+\left(1-\lambda_v^0\right)\left(K_b-K_f\right)A_v\Delta\varepsilon_v+\frac{\Delta\lambda_v}{\lambda_v^0}\left\{-K_f+K_fC_v^0+D_m^0-K_b^0C_v^0\right\}\varepsilon_v^0 \tag{1.4-39}$$

3) 偏应变和偏应力关系

由式(1.4-31c)和式(1.4-31d)可求增量形式的表达式：

$$\{\Delta s\}=\left(1-\lambda_s^0\right)\{\Delta s\}_b+\lambda_s^0\{\Delta s\}_f+\Delta\lambda_s\left(\{s\}_f^0-\{s\}_b^0\right)a \tag{1.4-40a}$$

$$\{\Delta e\}=\left(1-\lambda_s^0\right)\{\Delta e\}_b+\lambda_s^0\{\Delta e\}_f+\Delta\lambda_s\left(\{e\}_f^0-\{e\}_b^0\right) \tag{1.4-40b}$$

由式(1.4-34b)假定：

$$\{C\}_s=f_s\left(\{\varepsilon\}\right) \tag{1.4-41}$$

令

$$\{A\}_s=\{C\}_s^0+\frac{\partial\{C\}_s}{\partial\{e\}}\{e\}^0 \tag{1.4-42}$$

可得

$$\{\Delta e\}_b=\{A\}_s\{\Delta e\} \tag{1.4-43}$$

再令 $[G]_s^0=\dfrac{\{s\}^0}{\{e\}^0}$，$[G]_{sb}^0=\dfrac{\{s\}_b^0}{\{e\}_b^0}$。经整理可得到：

$$\begin{aligned}\{\Delta s\}=&[G]_f\{\Delta e\}+\left(1-\lambda_s^0\right)\left\{[G]_b-[G]_f\right\}\{A\}_s\{\Delta e\}\\&+\frac{\Delta\lambda_s}{\lambda_s^0}\left\{-[G]_f+[G]_f\{C\}_s^0+[G]_s^0-[G]_{sb}^0\{C\}_s^0\right\}\{e\}^0\end{aligned} \tag{1.4-44}$$

由式(1.4-39)和式(1.4-44)可得到下式：

$$\begin{aligned}\{\Delta\sigma\}&=[I]\Delta\sigma_m+\{\Delta s\}\\&=[I]\left\{K_f\Delta\varepsilon_v+\left(1-\lambda_v^0\right)\left(K_b-K_f\right)A_c\Delta\varepsilon_v+\frac{\Delta\lambda_v}{\lambda_v^0}\left\{-K_f+K_fC_v^0+D_m^0-K_b^0C_v^0\right\}\varepsilon_v^0\right\}\\&\quad+[G]_f\{\Delta e\}+\left(1-\lambda_s^0\right)\left\{[G]_b-[G]_f\right\}\{A\}_s\{\Delta e\}\\&\quad+\frac{\Delta\lambda_s}{\lambda_s^0}\left\{-[G]_f+[G]_fC_s^0+[G]_s^0-[G]_{sb}^0\{C\}_s^0\right\}\{e\}^0\end{aligned} \tag{1.4-45}$$

1.4.3 基于局部应力系数的二元介质本构关系

胶结元的应力应变可以是弹脆性的或非线性的，摩擦元的应力应变可以是弹塑性的。此处假定胶结元为脆弹性的，摩擦元为弹塑性的，且摩擦元的屈服函数和塑性势函数分别为 f_f 和 g_f，则胶结元和摩擦元的增量型应力应变关系为

$$\{\Delta\varepsilon\}_b=[D]_b^{-1}\{\Delta\sigma\}_b \tag{1.4-46a}$$

$$\{\Delta\varepsilon\}_f=[D]_{ef}^{-1}\{\Delta\sigma\}_f+\Delta\lambda\frac{\partial g_f}{\partial\{\sigma\}_f} \tag{1.4-46b}$$

其中，$\Delta\lambda$ 为塑性乘子；$[D]_{ef}^{-1}$ 为弹性模量矩阵。如果 f_f 用下式表示：

$$f_f(\{\sigma\}_f,h(\{\varepsilon^p\}_f))=0 \tag{1.4-47}$$

h 为硬化参数，则式(1.4-46b)可改写为

$$\{\Delta\varepsilon\}_f=[D]_{ef}^{-1}\{\Delta\sigma\}_f+a_f\frac{\partial g_f}{\partial\{\sigma\}_f}\left\{\frac{\partial f_f}{\partial\{\sigma\}_f}\right\}^{\mathrm{T}}\{\Delta\sigma\}_f \tag{1.4-48}$$

其中，

$$a_f = -\left(\frac{\partial f_f}{\partial h}\left\{\frac{\partial h}{\partial\{\varepsilon^p\}_f}\right\}^{\mathrm{T}}\frac{\partial g_f}{\partial\{\sigma\}_f}\right)^{-1} \tag{1.4-49}$$

a_f 可以称为塑性系数。

弹塑性元的体积破损率的变化过程可以写成下列函数关系：

$$\lambda_v = f_1(\{\sigma\}_1) \tag{1.4-50}$$

此外再假定一个局部应力系数$[A]$，且满足：

$$\{\sigma\}_b = [A]\{\sigma\} \tag{1.4-51}$$

函数 f_1 和$[A]$都是待定的，具体确定办法在下面讨论。

1. 单参数均匀化理论

设 λ_v^0 为原有的体积破损率，$\Delta\lambda_v$ 为体积破损率的增量，$\lambda_v^0+\Delta\lambda_v$ 为新的体积破损率，把增量前后的应力应变分别代入式(1.4-14a)和式(1.4-14b)后相减，略去高阶小量后可得下列增量关系式：

$$\{\Delta\sigma\} = \{\Delta\sigma\}_b + \lambda_v^0\left(\{\Delta\sigma\}_f - \{\Delta\sigma\}_b\right) + \Delta\lambda_v\left(\{\Delta\sigma\}_f^0 - \{\Delta\sigma\}_b\right) \tag{1.4-52a}$$

$$\{\Delta\varepsilon\} = \{\Delta\varepsilon\}_b + \lambda_v^0\left(\{\Delta\varepsilon\}_f - \{\Delta\varepsilon\}_b\right) + \Delta\lambda_v\left(\{\Delta\varepsilon\}_f^0 - \{\Delta\varepsilon\}_b\right) \tag{1.4-52b}$$

从式(1.4-52a)中解出$\{\Delta\sigma\}_f$，并把$\{\Delta\varepsilon\}_f = [D]_{ep}^{-1}\{\Delta\sigma\}_f$、$\{\Delta\varepsilon\}_b = [D]_b^{-1}\{\Delta\sigma\}_b$、$\Delta\lambda_v = \left\{\frac{\partial f_b}{\partial\{\sigma\}_b}\right\}^{\mathrm{T}}\{\Delta\sigma\}_b$ 代入式(1.4-52b)以及利用式(1.4-14a)和式(1.4-14b)消去$\{\sigma\}_f^0$和$\{\varepsilon\}_f^0$后可得

$$\begin{aligned}\{\Delta\varepsilon\} = {} & [D]_{ep}^{-1}\{\Delta\sigma\} - (1-\lambda_v^0)\left([D]_{ep}^{-1} - [D]_b^{-1}\right)[A_c]\{\Delta\sigma\} \\ & + \frac{1}{\lambda_v^0}\left([D]_s^{-1} - [D]_{ep}^{-1} + [D]_{ep}^{-1}[A] - [D]_b^{-1}[A]\right)\{\sigma\}^0\{B\}[A_c]\{\Delta\sigma\}\end{aligned} \tag{1.4-53}$$

式中，

$$[D]_{ep}^{-1} = [D]_{ef}^{-1} + a\frac{\partial g_f}{\partial\{\sigma\}_f}\left\{\frac{\partial f_f}{\partial\{\sigma\}_f}\right\}^{\mathrm{T}} \tag{1.4-54a}$$

$$\{B\} = \frac{\partial f_1}{\partial\{\sigma\}_b} \tag{1.4-54b}$$

$$[A_c] = \frac{\partial\{\sigma\}_b}{\partial\{\sigma\}} = [A] + \frac{\partial[A]}{\partial\{\sigma\}} \tag{1.4-54c}$$

式(1.4-53)表明，总应变增量$\{\Delta\varepsilon\}$由三部分组成，第一部分是把整个单元看作摩擦元时应当产生的变形，第二部分是由于胶结元的存在造成的变形减少，第三部分则因$\Delta\lambda_v$而引起，即部分胶结元破损的结果。

2. 双参数均匀化理论

采用同样的方法，令$\Delta\sigma_m$、$\Delta\sigma_{m1}$、$\Delta\sigma_{m2}$，$\Delta\varepsilon_v$、$\Delta\varepsilon_{v1}$、$\Delta\varepsilon_{v2}$，$\{\Delta s\}$、$\{\Delta s\}_1$、$\{\Delta s\}_2$，$\{\Delta e\}$、$\{\Delta e\}_1$、$\{\Delta e\}_2$和$\Delta\lambda_v$、$\Delta\lambda_s$为相应的增量，局部应力应变关系写为

$$\Delta\varepsilon_{v1}=\left(1/K_1\right)\Delta\sigma_{m1} \tag{1.4-55a}$$

$$\{\Delta e\}_1=\left(1/2G_1\right)\{\Delta s\}_1 \tag{1.4-55b}$$

$$\Delta\varepsilon_{v2}=K_2^{-1}\Delta\sigma_{m1}+a\frac{\partial g_2}{\partial\sigma_{m2}}\left(\frac{\partial f_2}{\partial\sigma_{m2}}\Delta\sigma_{m2}+\left\{\frac{\partial f_2}{\partial\{s\}_2}\right\}^{\mathrm{T}}\{\Delta s\}_2\right) \tag{1.4-56a}$$

$$\{\Delta e\}=\frac{1}{2}G_2^{-1}\{\Delta s\}_2+a\frac{\partial g_2}{\partial\{s\}_2}\left(\frac{\partial f_2}{\partial\sigma_{m2}}\Delta\sigma_{m2}+\left\{\frac{\partial f_2}{\partial\{s\}_2}\right\}^{\mathrm{T}}\{\Delta s\}_2\right) \tag{1.4-56b}$$

其中，K_1、K_2和G_1、G_2分别为结构块/胶结元和软弱带/摩擦元的体积模量和剪切模量。再把式(1.4-50)和式(1.4-51)的破损函数及局部应力系数写为

$$\lambda_v=f_v\left(\{\sigma\}_1\right) \tag{1.4-57a}$$

$$\lambda_s=f_s\left(\{\sigma\}_1\right) \tag{1.4-57b}$$

$$\sigma_{m1}=c_m\sigma_m \tag{1.4-58a}$$

$$\{s\}=c_s\{s\} \tag{1.4-58b}$$

仿照前面的推导步骤，可得如下应力应变关系：

$$\begin{aligned}
\{\Delta\varepsilon\}=&\left(\frac{1}{3}[K]_f^{-1}+\frac{1}{3}[P]_m^{-1}+\frac{\lambda_s^0}{\lambda_v^0}[Q]^{-1}\right)\Delta\sigma_m\{I\}\\
&+\left(\frac{1}{2}[G]_f^{-1}+[Q]_s^{-1}+\frac{1}{3}\frac{\lambda_s^0}{\lambda_s^0}[P]_s^{-1}\right)\{\Delta s\}\\
&-\left(1-\lambda_v^0\right)\left(\frac{1}{3}[K]_f^{-1}+\frac{1}{3}[P]_m^{-1}-\frac{1}{3}[K]_b^{-1}+\frac{\lambda_s^0}{\lambda_s^0}[Q]_m^{-1}\right)A_m\Delta\sigma_m\{I\}\\
&-\left(1-\lambda_s^0\right)\left(\frac{1}{2}[G]_f^{-1}+[Q]_s^{-1}-\frac{1}{2}[G]_b^{-1}+\frac{1}{3}\frac{\lambda_s^0}{\lambda_s^0}[P]_s^{-1}\right)A_s\{\Delta s\}\\
&+\frac{1}{\lambda_v^0}\left(\frac{1}{3}[K]_s^{-1}+\frac{1}{3}c_m[K]_b^{-1}-\left(\frac{1}{3}[K]_f^{-1}+\frac{1}{3}[P]_m^{-1}+\frac{\lambda_s^0}{\lambda_s^0}[Q]_m^{-1}\right)(1-c_m)\right)\sigma_m\{I\}\Delta\lambda_v\\
&+\frac{1}{\lambda_s^0}\left(\frac{1}{2}[G]_s^{-1}-\frac{1}{2}c_s[G]_b^{-1}-\left(\frac{1}{2}[G]_f^{-1}+[Q]_s^{-1}+\frac{1}{3}\frac{\lambda_s^0}{\lambda_s^0}[P_s]^{-1}\right)(1-c_s)\right)\{s\}\Delta\lambda_s
\end{aligned} \tag{1.4-59}$$

其中，

$$[K]_b^{-1}=\frac{1}{K_b}[I],\quad [G]_b^{-1}=\frac{1}{G_b}[II] \tag{1.4-60a}$$

$$[K]_f^{-1}=\frac{1}{K_f}[I],\quad [G]_f^{-1}=\frac{1}{G_f}[II] \tag{1.4-60b}$$

$$[P]_m^{-1} = a_f \frac{\partial g_f}{\partial \sigma_{mf}} \{I\} \frac{\partial f_f}{\partial \sigma_{mf}} \{I\}^{\mathrm{T}} \tag{1.4-61a}$$

$$[P]_s^{-1} = a_f \frac{\partial g_f}{\partial \sigma_{mf}} \{I\} \left\{ \frac{\partial f_f}{\partial \{s\}_f} \right\}^{\mathrm{T}} \tag{1.4-61b}$$

$$[Q]_m^{-1} = a_f \frac{\partial g_f}{\partial \{s\}_f} \frac{\partial f_f}{\partial \sigma_{mf}} \{I\}^{\mathrm{T}} \tag{1.4-61c}$$

$$[Q]_s^{-1} = a_f \frac{\partial g_f}{\partial \{s\}_f} \left\{ \frac{\partial f_f}{\partial \{s\}_f} \right\}^{\mathrm{T}} \tag{1.4-61d}$$

$$[K]_s^{-1} = \frac{\varepsilon_v}{\sigma_m}[I],\quad [G]_s^{-1} = \frac{2\{e\}}{\{s\}} \tag{1.4-62}$$

$$A_m = c_m + \frac{\partial c_m}{\partial \sigma_m}\sigma_m,\quad A_s = c_s \left\{ \frac{\partial c_s}{\partial \{s\}} \right\}^{\mathrm{T}} \{s\} \tag{1.4-63}$$

且$\{I\}=\{1 \quad 1 \quad 1 \quad 0 \quad 0 \quad 0\}^{\mathrm{T}}$，

$$[I]=\begin{bmatrix} 1 & 0 & 0 & 0 & 0 & 0 \\ 0 & 1 & 0 & 0 & 0 & 0 \\ 0 & 0 & 1 & 0 & 0 & 0 \\ 0 & 0 & 0 & 0 & 0 & 0 \\ 0 & 0 & 0 & 0 & 0 & 0 \\ 0 & 0 & 0 & 0 & 0 & 0 \end{bmatrix} \quad 和 \quad [II]=\begin{bmatrix} 1 & 0 & 0 & 0 & 0 & 0 \\ 0 & 1 & 0 & 0 & 0 & 0 \\ 0 & 0 & 1 & 0 & 0 & 0 \\ 0 & 0 & 0 & 1 & 0 & 0 \\ 0 & 0 & 0 & 0 & 1 & 0 \\ 0 & 0 & 0 & 0 & 0 & 1 \end{bmatrix}$$

为单位矢量和单位张量。式(1.4-59)的构成与式(1.4-53)相同，即右边前两项为把整个单元看作弹塑性元时应当产生的变形，中间两项是因弹脆性元存在导致的变形减少，后面两项则因破损参数$\Delta\lambda_v$和$\Delta\lambda_s$的增加而引起，但为了表达简洁，没有把$\Delta\lambda_v$和$\Delta\lambda_s$按下式转化成$\Delta\sigma_m$和$\{\Delta s\}$：

$$\Delta\lambda_v = B_{vm} A_m \Delta\sigma_m + \{B_v\}_s A_s \{\Delta s\} \tag{1.4-64a}$$

$$\Delta\lambda_s = B_{sm} A_m \Delta\sigma_m + \{B_s\}_s A_s \{\Delta s\} \tag{1.4-64b}$$

其中，$B_{vm} = \dfrac{\partial f_v}{\partial \sigma_{m1}}$；$\{B_v\}_s = \dfrac{\partial f_v}{\partial \{s\}_1}$；$B_{sm} = \dfrac{\partial f_s}{\partial \sigma_{m1}}$；$\{B_s\}_s = \dfrac{\partial f_s}{\partial \{s\}_1}$。

1.4.4　二元介质模型的参数确定方法

二元介质本构模型的增量表达式(1.4-30)、式(1.4-45)、式(1.4-53)、式(1.4-59)中共有四组参数需要确定，包括胶结元的参数，摩擦元的参数，破损率、局部应变/应力集中系数这两组结构参数。

1. 胶结元的参数确定

胶结元的模量可以通过原状岩土材料的室内试验测定，但由于取样扰动的影响，这样测定的结果不一定可靠，所以最好通过原位试验测定。

在胶结元转化为摩擦元之前，可以假定胶结元的应力应变特性为线弹性的、非线性弹性的和硬化型弹塑性的。

1)胶结元为线弹性的

此时的增量形式与全量形式相同，令胶结元的模量和泊松比分别为 E_b 和 ν_b，则模量矩阵 $[D]_b$ 如下：

$$[D]_b=\frac{E_b(1-\nu_b)}{(1+\nu_b)(1-2\nu_b)}\begin{bmatrix} 1 & \frac{\nu_b}{1-\nu_b} & \frac{\nu_b}{1-\nu_b} & 0 & 0 & 0 \\ \frac{\nu_b}{1-\nu_b} & 1 & \frac{\nu_b}{1-\nu_b} & 0 & 0 & 0 \\ \frac{\nu_b}{1-\nu_b} & \frac{\nu_b}{1-\nu_b} & 1 & 0 & 0 & 0 \\ 0 & 0 & 0 & \frac{1-2\nu_b}{2(1-\nu_b)} & 0 & 0 \\ 0 & 0 & 0 & 0 & \frac{1-2\nu_b}{2(1-\nu_b)} & 0 \\ 0 & 0 & 0 & 0 & 0 & \frac{1-2\nu_b}{2(1-\nu_b)} \end{bmatrix} \tag{1.4-65}$$

2)胶结元为非线性弹性的

$[D]_b$ 的表达形式同上，只需把 E_b 和 ν_b 改为切线的值即可，比如可以应用 Duncan-Chang 模型。

3)胶结元为硬化型弹塑性的

采用相关联流动法则，令屈服函数为 $F_b\left(\{\sigma\}_b,H_b\right)=0$，则可以得出 $[D]_b$ 的具体表达式如下：

$$[D]_b=[D]_{eb}-\frac{[D]_{eb}\left\{\frac{\partial F_b}{\partial\{\sigma\}_b}\right\}\left\{\frac{\partial F_b}{\partial\{\sigma\}_b}\right\}^{\mathrm{T}}[D]_{eb}}{A_b+\left\{\frac{\partial F_b}{\partial\{\sigma\}_b}\right\}^{\mathrm{T}}[D]_{eb}\left\{\frac{\partial F_b}{\partial\{\sigma\}_b}\right\}} \tag{1.4-66}$$

式中，A_b 为硬化参数；$[D]_{eb}$ 为胶结元的弹性矩阵。

2. 摩擦元的参数确定

摩擦元为胶结元破损后转化来的，其胶结强度已经完全丧失，应力应变特性可以用重塑土的应力应变特性来描述，可以为非线性弹性和硬化型弹塑性的。摩擦元的弹性模量和硬化参数等，可以把试样重塑以后或经反复剪切使胶结块基本破碎以后再用传统方法测定，此处不再赘述。

1) 摩擦元为非线性弹性的

可以用 Duncan-Chang 模型来描述，则 $[D]_f$ 的表达式同 $[D]_b$ 的形式，只是公式中的 $E_f = Kp_a\left(\dfrac{\sigma_3}{p_a}\right)^n\left[1-\dfrac{R_f(\sigma_1-\sigma_3)(1-\sin\varphi)}{2c\cdot\cos\varphi+2\sigma_3\sin\varphi}\right]^2$，$K$、$n$、$R_f$、$c$、$\varphi$ 为材料常数；$v_f = \dfrac{G-F\lg(\sigma_3/p_a)}{\left\{1-\dfrac{D(\sigma_1-\sigma_3)}{Kp_a\left(\dfrac{\sigma_3}{p_a}\right)^n\left[1-\dfrac{R_f(\sigma_1-\sigma_3)(1-\sin\varphi)}{2c\cdot\cos\varphi+2\sigma_3\sin\varphi}\right]}\right\}^2}$，$G$、$F$、$D$ 为材料常数，p_a 为大气压（p_a = 101.3kPa），以上的应力均为摩擦元的应力。

2) 摩擦元为硬化型弹塑性的

采用相关联流动法则，令屈服函数为 $F_f\left(\{\sigma\}_f, H_f\right)=0$，则可以得出 $[D]_f$ 的具体表达式如下：

$$[D]_f = [D]_{ef} - \frac{[D]_{ef}\left\{\dfrac{\partial F_f}{\partial\{\sigma\}_f}\right\}\left\{\dfrac{\partial F_f}{\partial\{\sigma\}_f}\right\}^{\mathrm{T}}[D]_{ef}}{A_f + \left\{\dfrac{\partial F_f}{\partial\{\sigma\}_f}\right\}^{\mathrm{T}}[D]_{ef}\left\{\dfrac{\partial F_f}{\partial\{\sigma\}_f}\right\}} \tag{1.4-67}$$

式中，A_f 为硬化参数；$[D]_{ef}$ 为摩擦元的弹性矩阵。硬化型弹塑性的摩擦元可以用基于重塑土的 Cam-Clay 模型来描述。

3. 破损率以及局部应变/应力集中系数的确定

下面讨论破损率 λ_v、λ_s 和应力集中系数 c_v、c_s 的确定方法，这两种参数与材料的内部结构有关，称为结构参数。

第一种方法可称为经验方法。对于内部结构已知的人工材料，例如合金和砖砌体，简单情况下结构参数可以通过理论分析得出，复杂情况下可以通过微结构的数值计算确定。但是，岩土材料是天然形成的，其内部结构实际上无法测定。因此，唯一可行的办法是通过试验间接测定，具体地说就是先假设不同的参数演化规律，算出应力应变曲线，并与实测的应力应变曲线比较，从中选出最优的参数。为了使这样确定的参数更符合实际，试验所用的应力路线应当尽量接近实际问题的应力路线，例如包括应力路线的转折、主应力轴的旋转等。

另外一种方法是利用细观力学确定结构参数，该种方法可以反映细观各相之间的相互作用关系，比如 Mori-Tanaka 方法。

由于具体的增量型本构模型在后面的章节中会进行详细的介绍，因此参数的确定方法在此不再逐一介绍。

第 1.5 节　二元介质模型的热力学基础

多孔多相介质需要满足力学平衡、热学平衡、化学平衡以及相平衡(Liu et al.，2018)。本节介绍二元介质模型的热力学基础。研究对象为一单元体、自由排水(开放系统)，单元体内的胶结元和摩擦元都处于饱和状态。以下推导假定小变形，且满足局部状态假设(Ziegler，1983)。在排水条件下，应力为有效应力。

1.5.1　二元介质模型的应力应变表达式

二元介质模型的应力应变关系式(1.4-14a)、式(1.4-14b)写为

$$\sigma_{ij} = \lambda_b \sigma_{ij}^b + \lambda_f \sigma_{ij}^f \tag{1.5-1a}$$

$$\varepsilon_{ij} = \lambda_b \varepsilon_{ij}^b + \lambda_f \varepsilon_{ij}^f \tag{1.5-1b}$$

式中，σ_{ij}、σ_{ij}^b、σ_{ij}^f 分别为单元体、胶结元、摩擦元的应力；ε_{ij}、ε_{ij}^b、ε_{ij}^f 分别为单元体、胶结元、摩擦元的应变；λ_f 为破损率，且 $\lambda_b + \lambda_f = 1$。

胶结元和摩擦元的应力应变关系式(1.4-18)和式(1.4-19)分别写为

$$\sigma_{ij}^b = D_{ijkl}^b \varepsilon_{kl}^b \tag{1.5-2a}$$

$$\sigma_{ij}^f = D_{ijkl}^f \varepsilon_{kl}^f \tag{1.5-2b}$$

式中，D_{ijkl}^b、D_{ijkl}^f 分别为胶结元和摩擦元的模量矩阵。

胶结元的应变与单元体的应变之间的关系式(1.4-4)写为

$$\varepsilon_{ij}^b = C_{ijkl} \varepsilon_{kl} \tag{1.5-3}$$

单元体的孔隙率为 n。

1.5.2　质量守恒与动量守恒方程

在加载过程中，胶结元破损并向摩擦元转化，因此在分析它们的质量守恒与动量守恒时需要考虑这一质量变化(类似于冻/融过程中的冰/水相变引起的变化(Liu and Lai，2020)，并用 $\dot{m}_{b\to f}$ 来表示单位体积内胶结元破损转化为摩擦元的质量速率。此处不考虑摩擦元向胶结元的转化。

1. 质量守恒

令胶结元与摩擦元的质量密度分别为 ρ_b 和 ρ_f，则单元体 $\mathrm{d}\Omega$ 内胶结元、摩擦元、流体(水)的质量分别为 $\rho_b(1-n)\lambda_b\mathrm{d}\Omega$、$\rho_f(1-n)\lambda_f\mathrm{d}\Omega$、$\rho_w n\mathrm{d}\Omega$，可见胶结元、摩擦元、流体(水)的表观密度分别为 $\rho_b(1-n)\lambda_b$、$\rho_f(1-n)\lambda_f$、$\rho_w n$。

固体基质的质量守恒方程如下：

$$\frac{\partial\left(\rho_s\left(1-n\right)\right)}{\partial t}+\nabla\cdot\left(\rho_s\left(1-n\right)\boldsymbol{V}_s\right)=0 \tag{1.5-4}$$

式中，$\rho_s=\lambda_b\rho_b+\lambda_f\rho_f$，为固体骨架的表观密度；$\boldsymbol{V}_s$ 为固体基质的速度，此处需要考虑胶结元与摩擦元基质的速度不同，省略了 $\boldsymbol{V}_s$ 的具体表达式。

流体的质量守恒方程为

$$\frac{\partial\left(\rho_w n\right)}{\partial t}+\nabla\cdot\left(\rho_w n\boldsymbol{V}_w\right)=0 \tag{1.5-5}$$

式中，$\boldsymbol{V}_w$ 为流体(水)的速度。

此外，还可以建立胶结元与摩擦元基质的质量守恒方程，分别如下：

$$\frac{\partial\left(\rho_b\left(1-n\right)\lambda_b\right)}{\partial t}+\nabla\cdot\left(\rho_b\left(1-n\right)\lambda_b\boldsymbol{V}_s\right)=-\dot{m}_{b\to f} \tag{1.5-6}$$

$$\frac{\partial\left(\rho_f\left(1-n\right)\lambda_f\right)}{\partial t}+\nabla\cdot\left(\rho_f\left(1-n\right)\lambda_f\boldsymbol{V}_s\right)=\dot{m}_{b\to f} \tag{1.5-7}$$

2. 动量守恒

运动方程如下：

$$\nabla\cdot\boldsymbol{\sigma}+\rho_s\left(1-n\right)\left(\boldsymbol{g}-\boldsymbol{a}_s\right)+\rho_w n\left(\boldsymbol{g}-\boldsymbol{a}_w\right)=0 \tag{1.5-8}$$

式中，$\boldsymbol{\sigma}$ 为单元体的应力；$\boldsymbol{g}$ 为重力加速度；$\boldsymbol{a}_s$ 为固体基质的加速度(注意：胶结元与摩擦元基质的加速度不同，且 $\boldsymbol{a}_s$ 的表达式较为复杂，此处省略)；$\boldsymbol{a}_w$ 为流体的加速度。

把 $\boldsymbol{\sigma}=\lambda_b\boldsymbol{\sigma}^b+\lambda_f\boldsymbol{\sigma}^f$ 以及 $\rho_s=\lambda_b\rho_b+\lambda_f\rho_f$ 代入式(1.5-8)，并考虑到运算 $\nabla\cdot\left(\varphi\boldsymbol{a}\right)=\varphi\nabla\cdot\boldsymbol{a}+\nabla\varphi\cdot\boldsymbol{a}$ (其中 φ 为标量，$\boldsymbol{a}$ 为张量)，则得到运动方程如下：

$$\begin{aligned}&\lambda_b\nabla\cdot\boldsymbol{\sigma}^b+\nabla\lambda_b\cdot\boldsymbol{\sigma}^b+\lambda_f\nabla\cdot\boldsymbol{\sigma}^f+\nabla\lambda_f\cdot\boldsymbol{\sigma}^f\\&+\left(\lambda_b\rho_b+\lambda_f\rho_f\right)\left(1-n\right)\left(\boldsymbol{g}-\boldsymbol{a}_s\right)+\rho_w n\left(\boldsymbol{g}-\boldsymbol{a}_w\right)=0\end{aligned} \tag{1.5-9}$$

此外，如果分别以胶结元和摩擦元为研究对象，还可以写出胶结元和摩擦元的运动方程，便会涉及胶结元破损而转化为摩擦元时的质量变化率的影响，较为复杂，此处省略。

1.5.3　能量守恒方程

基于局部状态假定，热力学第一定律的内容为当前物质单元体的内能变化率等于外部功率以及外部热供率之和。

考虑到以下关系，单位体积的内能：$e=\left(1-n\right)e_s+ne_w$，其中 $e_s=\lambda_b e_b+\lambda_f e_f$；外部热供率：$\dot{Q}=\int_{\partial\Omega}J_q\left(x,n,t\right)\mathrm{d}S+\int_{\Omega}r_q(x,t)\mathrm{d}\Omega$，其中 r_q 为外部热源密度率，$J_q=-\boldsymbol{q}\cdot\boldsymbol{n}$，$\boldsymbol{q}$ 为外部热流矢量，$\boldsymbol{n}$ 为表面单位法向矢量；流体(水)的比焓：$h_w=e_w+\dfrac{u_w}{\rho_w}$；流体质量流量：$\boldsymbol{w}_w=\rho_w n\left(\boldsymbol{V}_w-\boldsymbol{V}_s\right)$。

经过推导，得到二元介质单元体所满足的能量守恒方程如下：

$$\frac{\mathrm{d}e}{\mathrm{d}t}=\boldsymbol{\sigma}:\dot{\boldsymbol{\varepsilon}}-\nabla\cdot\left(h_w\boldsymbol{w}_w\right)-\nabla\cdot\boldsymbol{q}+\left(\boldsymbol{g}-\boldsymbol{a}_w\right)\cdot\boldsymbol{w}_w+r_q \tag{1.5-10}$$

式中，$\dot{\boldsymbol{\varepsilon}}$为单元体的应变率张量。式(1.5-10)是以单元体的应力$\boldsymbol{\sigma}$和应变$\boldsymbol{\varepsilon}$表示的能量守恒方程，以此式为基础，把以胶结元和摩擦元表示的$\boldsymbol{\sigma}$、$\boldsymbol{\varepsilon}$、e代入该式就可以得到以$\boldsymbol{\sigma}^b$、$\boldsymbol{\sigma}^f$、$\boldsymbol{\varepsilon}^b$、$\boldsymbol{\varepsilon}^f$、$e_b$、$e_f$和破损率表示的能量守恒方程。值得注意的是，需要考虑胶结元破损转化为摩擦元时的能量变化，具体参见 4.1 节内容。

1.5.4　热力学第二定律

热力学第二定律要求，在任何过程中，材料系统$\varOmega$内的熵增率不小于外部的熵供率。假定固体基质与流体(水)的温度相同。

$$\frac{\mathrm{d}s}{\mathrm{d}t}\int_{\varOmega}\rho_s\left(1-n\right)s_s\mathrm{d}\varOmega+\frac{\mathrm{d}w}{\mathrm{d}t}\int_{\varOmega}\rho_w n_w s_w\mathrm{d}\varOmega\geqslant\int_{\partial\varOmega}-\frac{\boldsymbol{q}\cdot\boldsymbol{n}}{T}\mathrm{d}S+\int_{\varOmega}\frac{r_q}{T}\mathrm{d}\varOmega \tag{1.5-11}$$

式中，$s_s=\lambda_b s_b+\lambda_f s_f$、$s_w$分别为土基质、孔隙水的熵；对于$\pi=s$或者$w$，有下式：

$$\frac{\mathrm{d}\pi}{\mathrm{d}t}\int_{\varOmega}\Xi\mathrm{d}\varOmega=\int_{\varOmega}\left(\frac{\partial\Xi}{\partial t}+\nabla\cdot\left(\Xi V^{\pi}\right)\right)\mathrm{d}\varOmega \tag{1.5-12}$$

考虑以下关系：单位体积的熵$s=\left(1-n\right)s_s+n_w s_w$以及自由能$\psi=e-T\theta$，对式(1.5-11)进行推导得到如下表达式：

$$\boldsymbol{\sigma}:\dot{\boldsymbol{\varepsilon}}-g_w\nabla\cdot\boldsymbol{w}_w-s\frac{\mathrm{d}T}{\mathrm{d}t}-\frac{\mathrm{d}\psi}{\mathrm{d}t}-\left(\nabla g_w+s_w\nabla T-\left(\boldsymbol{g}-\boldsymbol{a}_w\right)\right)\cdot\boldsymbol{w}_\alpha-\frac{\boldsymbol{q}}{T}\cdot\nabla T\geqslant 0 \tag{1.5-13}$$

式(1.5-13)是以单元体的应力$\boldsymbol{\sigma}$和应变$\boldsymbol{\varepsilon}$表示的耗散不等式。

1.5.5　热传导及流体质量传输

1. 傅里叶定律

傅里叶定律的表达式如下：

$$\boldsymbol{q}=-\boldsymbol{\kappa}\cdot\nabla T \tag{1.5-14}$$

式中，$\boldsymbol{\kappa}$为热传导张量，对称且正定。

2. 达西定律

达西定律的表达式如下：

$$\frac{\boldsymbol{w}_w}{\rho_w}=\boldsymbol{k}_w\cdot\left(-\nabla u_w+\rho_w\left(\boldsymbol{g}-\boldsymbol{a}_w\right)\right) \tag{1.5-15}$$

式中，$\boldsymbol{k}_w$为渗透张量，对称且正定。

需要注意的是，胶结元的渗透特性与摩擦元的渗透特性会有区别。比如，对于结构性土，固结系数随固结压力的变化如图 1.5-1 所示，可见胶结破坏后的摩擦元的渗透系数会降低许多。同样，对于结构性(天然)黄土以及岩石等结构性岩土材料，胶结元与摩擦元的渗透系数亦有很大区别。

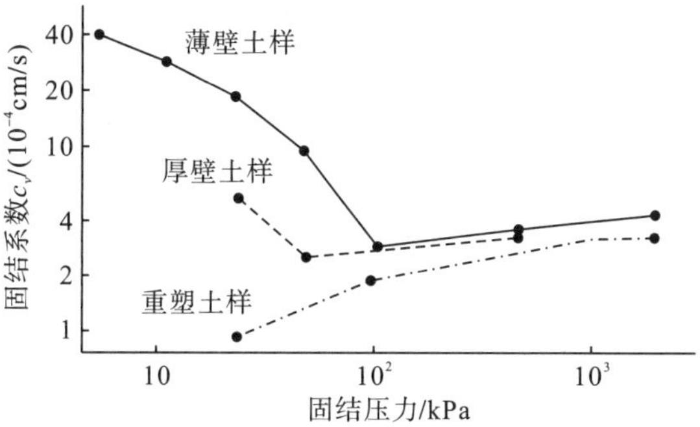

图 1.5-1　连云港淤泥固结系数(张诚厚，1983)

1.5.6　方程总结

以上建立了二元介质单元体的质量守恒方程、动量守恒方程、能量守恒方程、耗散不等式、热传导方程以及孔隙流体的渗透规律——达西定律，再考虑到二元介质的具体本构方程，并结合实际的边界条件就可以对边值问题进行求解。以上给出的仅是在简化条件下的二元介质模型的热力学方程，一些二元介质材料的实际变形机制没有合理的考虑，比如胶结元破损中能量的变化，胶结元与摩擦元的速度、加速度不同，且假定孔隙中流体是饱和的。简化之后，具体的求解算例参见第 6 章的内容。

第 1.6 节　多尺度二元介质本构模型框架

1.6.1　岩土材料多尺度概念

多尺度方法通常有两类，一类是侧重于数值计算，比如从纳米尺度到几百公里这样的跨尺度计算方法；一类是侧重于本构模型的多尺度构建方法，即通常所说的微-细-宏观本构模型。本书的多尺度指的是后一种类型，即多尺度本构模型。

对于金属材料，材料的尺寸大小可用于定义微观、细观、宏观尺度。相比于金属或复合材料，岩土材料的多尺度更难给出明确的定义。由于土在天然形成过程中的碎散性以及岩石在天然形成过程中的多孔、多裂隙性，在建立其多尺度本构模型时采用相对尺度更为合适。比如，对于砂土、堆石等这些粒状材料，可以采用图 1.6-1 来示意其多尺度。单个颗粒的尺度定义为微观尺度，该尺度下颗粒可以变形、破碎；颗粒的聚合体定义为细观尺度，该尺度下颗粒之间相互作用，也是力链的传递范围；单元体尺度定义为宏观尺度，比如三轴试样的尺度，该尺度下的单元体由众多的颗粒集合体组成。对于黏土，其团粒类似于单个颗粒，可以定义为微观尺度，相应的宏观尺度和细观尺度可以借鉴图 1.6-1(b)、(c)中的定义。岩石(通常称为岩体)可以按照构成的矿物成分所在的纳米尺度定义其微观尺度，针对裂纹的分布方式以及节理的分布特点来定义其相应的细观与宏观尺度。

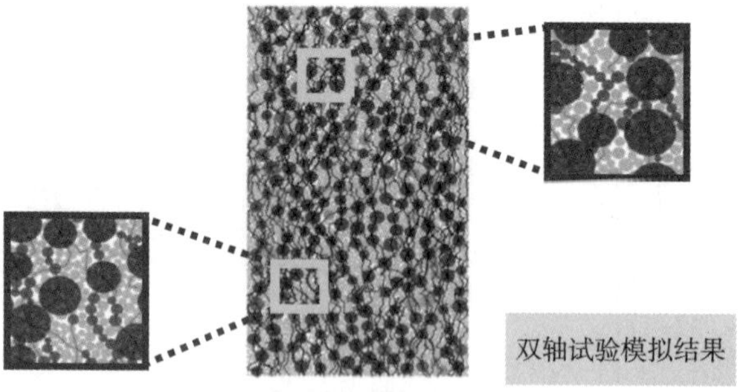

(a)粒状材料双轴压缩试验

(b)宏观尺度(RVE)：众多的颗粒集合体

(c)细观尺度：颗粒集合体，颗粒之间相互作用

(d)微观尺度：单个颗粒，破碎或变形

图 1.6-1　粒状材料的多尺度的示意图(以 DEM 模拟结果示意)

1.6.2　多尺度二元介质本构模型框架

基于以上二元介质模型的概念，在建立多尺度的二元介质本构模型时，有两种构建方法，一种是把二元介质作为细观尺度(图 1.6-2)，另一种是把二元介质作为宏观尺度(图 1.6-3)。

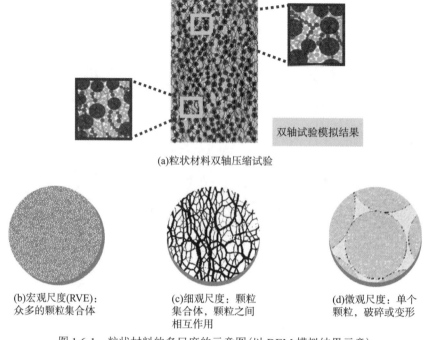

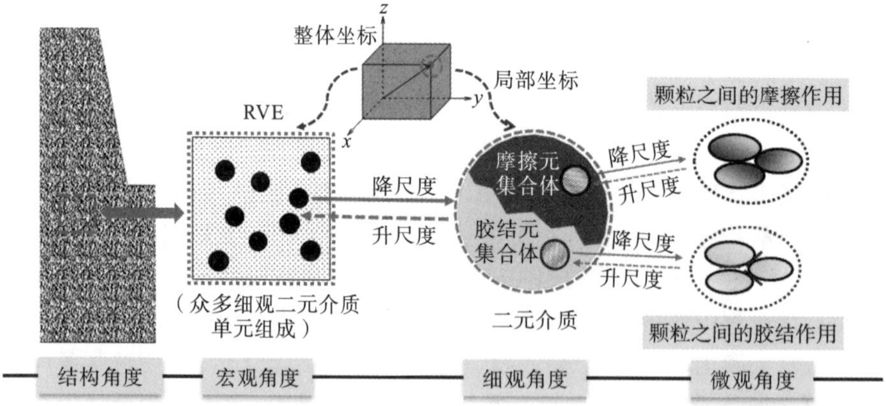

图 1.6-2　二元介质模型的多尺度示意图(二元介质作为细观尺度)

当把二元介质作为细观尺度时，用于连接宏观尺度以及微观尺度，就可以建立二元介质模型的多尺度框架，如图 1.6-2 所示。图中的细观二元介质由胶结元集合体与摩擦元集合体组成，而胶结元集合体和摩擦元集合体分别由微观尺度上考虑颗粒之间胶结作用的颗粒以及颗粒之间摩擦作用的颗粒升尺度得到；宏观的单元体尺度由众多的细观二元介质单

元组成，由于在细观尺度上胶结元与摩擦元的占比不同，所以只有通过均匀化方法才可以把细观尺度上的二元介质升尺度得到单元体的应力应变特性。

当采用图 1.6-3 所示的方法构建多尺度本构模型时，首先从微观上分别考虑颗粒之间的胶结作用与摩擦作用通过升尺度到胶结元集合体以及摩擦元集合体，然后把细观尺度的胶结元集合体与摩擦元集合体均匀化到宏观单元体尺度的胶结元与摩擦元组成的二元介质。

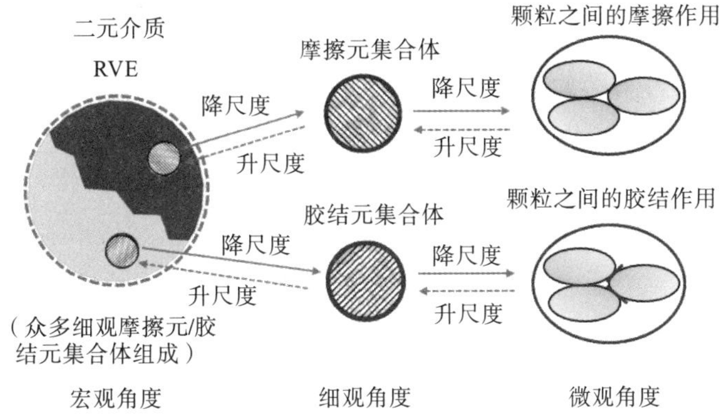

图 1.6-3　二元介质模型的多尺度示意图（二元介质作为宏观尺度）

以上的二元介质多尺度本构模型框架，在微观上考虑了颗粒之间的摩擦、胶结作用以及孔隙分布，通过两步均匀化方法，从微观尺度升尺度到细观尺度最终到宏观单元体尺度，构建了微观、细观、宏观的本构模型。具体请参见后面章节的多种岩土材料的二元介质本构模型。

附录 1.I：系数 b 的推导过程

基于表达式（1.3-4）：

$$\{\bar{\sigma}\}=\left[(1-\lambda_v)[C]_1[D]_1+\lambda_v[C]_2[D]_2\right]\{\varepsilon\} \tag{1.I-1}$$

及式（1.3-3b）：

$$\{\bar{\varepsilon}\}=(1-\lambda_v)\{\varepsilon\}_1+\lambda_v\{\varepsilon\}_2 \tag{1.I-2}$$

通过引入应变集中系数 $[C]_1$ 和 $[C]_2$，满足 $\{\varepsilon\}_1=[C]_1\{\varepsilon\}$，$\{\varepsilon\}_2=[C]_2\{\varepsilon\}$，可得

$$\{\bar{\varepsilon}\}=(1-\lambda_v)[C]_1\{\bar{\varepsilon}\}+\lambda_v[C]_2\{\bar{\varepsilon}\} \tag{1.I-3}$$

若 $[C]_1$ 和 $[C]_2$ 为标量 a_1 和 a_2，则式（1.I-3）和式（1.I-1）可简化为

$$(1-\lambda_v)a_1=1-\lambda_v a_2 \tag{1.I-4}$$

$$\{\bar{\sigma}\}=\left[(1-\lambda_v)a_1[D]_1+\lambda_v a_2[D]_2\right]\{\bar{\varepsilon}\} \tag{1.I-5}$$

则结合式（1.I-4）和式（1.I-5）可得

$$\{\bar{\sigma}\}=\left[(1-\lambda_v a_2)[D]_1+\lambda_v a_2[D]_2\right]\{\bar{\varepsilon}\} \tag{1.I-6}$$

令 $\left[1-\lambda_v a_2[D]_1+\lambda_v a_2[D]_2\right]=[D]$，$\lambda_v a_2=b$ 可得

$$\{\bar{\sigma}\}=[D]\{\bar{\varepsilon}\} \tag{1.I-7}$$

第 2 章　二元介质本构模型

在二元介质模型中，当把单元体看作由胶结元和摩擦元组成的二元介质，而单元体、胶结元、摩擦元近于同一尺度(图 1.6-3 中的 RVE 尺度)时，已建立了不同土料的本构模型，本章对这些内容进行介绍，主要包括结构性土、胶结混合土、多晶冰、岩石以及冻土的二元介质本构模型，也可称为基本的二元介质本构模型，以此为基础可以建立后续章节的多尺度二元介质本构模型。

第 2.1 节　结构性土的二元介质本构模型

结构性土常指颗粒之间具有胶结作用且孔隙较大的黏土，本节的研究对象就是这类土，主要是天然的(软)黏土。考虑到天然黏土取样易扰动，本节与人工制备结构性土的试验结果进行了对比，以验证模型对模拟天然结构性土的适用性。天然黄土也属于这类结构性土，在第 6 章对天然黄土的二元介质模型数值计算进行了分析。

2.1.1　结构性土的破损机理

土的结构性(颗粒之间的胶结以及大孔隙分布特性)对其力学特性有很大的影响，其抗剪强度的黏聚力和内摩擦力这两部分不是同时发挥作用的，而是随着应变水平逐渐变化。黏聚力在变形不大时就达到峰值，而摩擦力只有在发生相当大的变形后才能充分发挥作用。可见，黏聚力具有脆性性质，而摩擦力具有塑性性质。黏聚力在本质上是由胶结引起的，地质材料中胶结力的分布是不均匀的，胶结强的地方形成胶结块，胶结弱的地方形成软弱带，从而形成了非均质的结构性土。在受荷过程中，具有脆性性质的胶结块逐步破损，转化为具有摩擦性质的软弱带，两者共同承受外部荷载，在破损过程中，软弱带补偿胶结块所失去的承载能力，可能部分补偿也可能全部补偿，所以结构性土在总体上会表现出应变软化或应变硬化的特性。鉴于此，可以把结构性土材料抽象为由胶结块和软弱带组成的二元介质材料，两者共同抵抗材料的变形。在加载过程中，胶结块逐步破损，并逐渐向软弱带转化，两者共同抵抗外部作用，根据软弱带所补偿的胶结块承载能力的程度，单元体可以表现为应变硬化或应变软化。后文中胶结块称为胶结元，软弱带称为摩擦元。

2.1.2　结构性土的应力应变关系

2.1.2.1　二元介质应力应变关系

本节推导了结构性土的单参数形式二元介质应力应变关系，并考虑了初始应力各向异性的影响。

二元介质材料是一种非均质材料，取一个代表性体积单元(RVE)，由均匀化理论，经推导可以得到以下的应力-应变关系表达式。具体推导过程如下。

取代表性单元(RVE)，令局部应力和局部应变为$\sigma_{ij}^{\mathrm{loc}}$、$\varepsilon_{ij}^{\mathrm{loc}}$，则平均应力和平均应变$\sigma_{ij}$、$\varepsilon_{ij}$可以表示为

$$\sigma_{ij}=\frac{1}{V}\int\sigma_{ij}^{\mathrm{loc}}\mathrm{d}V \tag{2.1-1}$$

$$\varepsilon_{ij}=\frac{1}{V}\int\varepsilon_{ij}^{\mathrm{loc}}\mathrm{d}V \tag{2.1-2}$$

式中，V为单元体的体积。

定义σ_{ij}^{b}为胶结元应力，σ_{ij}^{f}为摩擦元应力，表达式分别为

$$\sigma_{ij}^{b}=\frac{1}{V_b}\int\sigma_{ij}^{\mathrm{loc}}\mathrm{d}V_b \tag{2.1-3}$$

$$\sigma_{ij}^{f}=\frac{1}{V_f}\int\sigma_{ij}^{\mathrm{loc}}\mathrm{d}V_f \tag{2.1-4}$$

式中，V_b和V_f分别为单元体中胶结元和摩擦元所占体积；b和f分别表示胶结元和摩擦元。

由式(2.1-1)可得

$$\sigma_{ij}=\frac{1}{V}\int\sigma_{ij}^{\mathrm{loc}}\mathrm{d}V=\frac{V_b}{V}\sigma_{ij}^{b}+\frac{V_f}{V}\sigma_{ij}^{f} \tag{2.1-5}$$

定义ε_{ij}^{b}为胶结元应变，ε_{ij}^{f}为摩擦元应变，表达式分别为

$$\varepsilon_{ij}^{b}=\frac{1}{V_b}\int\varepsilon_{ij}^{\mathrm{loc}}\mathrm{d}V_b \tag{2.1-6}$$

$$\varepsilon_{ij}^{f}=\frac{1}{V_f}\int\varepsilon_{ij}^{\mathrm{loc}}\mathrm{d}V_f \tag{2.1-7}$$

则由式(2.1-2)可得

$$\varepsilon_{ij}=\frac{1}{V}\int\varepsilon_{ij}^{\mathrm{loc}}\mathrm{d}V=\frac{V_b}{V}\varepsilon_{ij}^{b}+\frac{V_f}{V}\varepsilon_{ij}^{f} \tag{2.1-8}$$

定义λ为破损率，表示摩擦元所占的体积率(简称体积破损率)，表达式如下：

$$\lambda=\frac{V_f}{V} \tag{2.1-9}$$

则式(2.1-5)和式(2.1-8)可表示为

$$\sigma_{ij}=\left(1-\lambda\right)\sigma_{ij}^{b}+\lambda\sigma_{ij}^{f} \tag{2.1-10}$$

$$\varepsilon_{ij}=\left(1-\lambda\right)\varepsilon_{ij}^{b}+\lambda\varepsilon_{ij}^{f} \tag{2.1-11}$$

加载过程中破损率随着应变/应力水平变化，它是内变量，与塑性力学中的硬化参数以及损伤力学中的损伤变量有相似的含义。假定破损率为应变的函数，即

$$\lambda = f\left(\varepsilon_{ij}\right) \tag{2.1-12}$$

则由式(2.1-10)可得

$$\mathrm{d}\sigma_{ij} = \left(1-\lambda^0\right)\mathrm{d}\sigma_{ij}^b + \lambda^0\mathrm{d}\sigma_{ij}^f + \mathrm{d}\lambda\left(\sigma_{ij}^{f0} - \sigma_{ij}^{b0}\right) \tag{2.1-13}$$

式中，λ^0 为当前破损率；σ_{ij}^{b0} 和 σ_{ij}^{f0} 分别为胶结元和摩擦元的当前应力。同样，由式(2.1-11)可得

$$\mathrm{d}\varepsilon_{ij} = \left(1-\lambda^0\right)\mathrm{d}\varepsilon_{ij}^b + \lambda^0\mathrm{d}\varepsilon_{ij}^f + \mathrm{d}\lambda\left(\varepsilon_{ij}^{f0} - \varepsilon_{ij}^{b0}\right) \tag{2.1-14}$$

式中，ε_{ij}^{b0} 和 ε_{ij}^{f0} 分别为胶结元和摩擦元的当前应变。

胶结元和摩擦元的刚度矩阵分别用 D_{ijkl}^b 和 D_{ijkl}^f 表示，则可以得到胶结元和摩擦元的应力应变关系分别为

$$\mathrm{d}\sigma_{ij}^b = D_{ijkl}^b\mathrm{d}\varepsilon_{ij}^b \tag{2.1-15}$$

$$\mathrm{d}\sigma_{ij}^f = D_{ijkl}^f\mathrm{d}\varepsilon_{ij}^f \tag{2.1-16}$$

变换式(2.1-14)得到：

$$\mathrm{d}\varepsilon_{ij}^f = \frac{1}{\lambda^0}\left\{\mathrm{d}\varepsilon_{ij} - \left(1-\lambda^0\right)\mathrm{d}\varepsilon_{ij}^b - \mathrm{d}\lambda\left(\varepsilon_{ij}^{f0} - \varepsilon_{ij}^{b0}\right)\right\} \tag{2.1-17}$$

把式(2.1-17)代入式(2.1-16)，则有

$$\mathrm{d}\sigma_{ij}^f = \frac{D_{ijkl}^f}{\lambda^0}\left\{\mathrm{d}\varepsilon_{kl} - \left(1-\lambda^0\right)\mathrm{d}\varepsilon_{kl}^b - \mathrm{d}\lambda\left(\varepsilon_{kl}^{f0} - \varepsilon_{kl}^{b0}\right)\right\} \tag{2.1-18}$$

把式(2.1-18)代入式(2.1-13)得

$$\mathrm{d}\sigma_{ij} = \left(1-\lambda^0\right)\left\{D_{ijkl}^b - D_{ijkl}^f\right\}\mathrm{d}\varepsilon_{kl}^b + D_{ijkl}^f\mathrm{d}\varepsilon_{kl} - \mathrm{d}\lambda D_{ijkl}^f\left\{\varepsilon_{kl}^{f0} - \varepsilon_{kl}^{b0}\right\} + \mathrm{d}\lambda\left\{\sigma_{ij}^{f0} - \sigma_{ij}^{b0}\right\} \tag{2.1-19}$$

引入局部应变系数张量 C_{ijkl}，建立胶结元的应变和代表性单元的应变之间的关系，且满足：

$$\varepsilon_{ij}^b = C_{ijkl}\varepsilon_{kl} \tag{2.1-20}$$

则其增量形式为

$$\mathrm{d}\varepsilon_{ij}^b = C_{ijkl}^0\mathrm{d}\varepsilon_{kl} + \mathrm{d}C_{ijkl}\varepsilon_{kl}^0 \tag{2.1-21}$$

式中，C_{ijkl}^0 为当前的局部应变系数矩阵；ε_{kl}^0 为单元体当前的应变。

把式(2.1-21)代入式(2.1-19)整理后可得

$$\begin{aligned}\mathrm{d}\sigma_{ij} = &\left\{\left(1-\lambda^0\right)\left[D_{ijmn}^b - D_{ijmn}^f\right]C_{mnkl}^0 + D_{ijkl}^f\right\}\mathrm{d}\varepsilon_{kl} - \mathrm{d}\lambda D_{ijkl}^f\left\{\varepsilon_{kl}^{f0} - \varepsilon_{kl}^{b0}\right\} \\ &+ \mathrm{d}\lambda\left\{\sigma_{ij}^{f0} - \sigma_{ij}^{b0}\right\} + \left(1-\lambda^0\right)\left\{D_{ijmn}^b - D_{ijmn}^f\right\}\mathrm{d}C_{mnkl}\varepsilon_{kl}^0\end{aligned} \tag{2.1-22}$$

在当前的应力应变状态下，由式(2.1-10)和式(2.1-11)可得

$$\sigma_{ij}^{f0} = \left\{\sigma_{ij}^0 - \left(1-\lambda^0\right)\sigma_{ij}^{b0}\right\}/\lambda^0 \tag{2.1-23}$$

$$\varepsilon_{ij}^{f0} = \left\{\varepsilon_{ij}^0 - \left(1-\lambda^0\right)\varepsilon_{ij}^{b0}\right\}/\lambda^0 \tag{2.1-24}$$

将式(2.1-23)、式(2.1-24)代入式(2.1-22)，整理后得到一般应力状态下的应力增量的表达式为

$$d\sigma_{ij}=\left\{\left(1-\lambda^0\right)\left[D_{ijmn}^b-D_{ijmn}^f\right]C_{mnkl}^0+D_{ijkl}^f\right\}d\varepsilon_{kl}+\left(1-\lambda^0\right)\left\{D_{ijmn}^b-D_{ijmn}^f\right\}dC_{mnkl}\varepsilon_{kl}^0$$
$$-d\lambda D_{ijkl}^f\left\{\varepsilon_{kl}^0-\varepsilon_{kl}^{b0}\right\}/\lambda^0+d\lambda\left\{\sigma_{ij}^0-\sigma_{ij}^{b0}\right\}/\lambda^0 \tag{2.1-25}$$

在加载的初始时刻，应变为零，胶结元的应力等于摩擦元的应力。将这些初始条件代入式(2.1-22)得到初始应力状态下的应力增量的表达式：

$$d\sigma_{ij}=\left\{\left(1-\lambda^0\right)\left[D_{ijmn}^b-D_{ijmn}^f\right]C_{mnkl}^0+D_{ijkl}^f\right\}d\varepsilon_{kl} \tag{2.1-26}$$

2.1.2.2　胶结元的应力应变关系

胶结元在转化为摩擦元之前，可以假定其应力应变特性为线弹性的、非线性弹性的或弹塑性的。此处假定胶结元的应力应变关系如下。

胶结元内部存在颗粒之间的胶结以及大孔隙分布，其力学特性与原状样在加载初期的力学特性相似。天然土往往是分层沉积形成的，在水平方向其力学特性是各向同性的，而竖直方向的力学特性与水平方向不同，故可假定胶结元为横观各向同性弹脆性体。

如果取 z 方向为对称轴，x、y 在水平面内，则式(2.1-15)可写为

$$\begin{Bmatrix} d\sigma_x \\ d\sigma_y \\ d\sigma_z \\ d\tau_{yz} \\ d\tau_{zx} \\ d\tau_{xy} \end{Bmatrix}_b=\begin{bmatrix} D_{11} & D_{12} & D_{13} & 0 & 0 & 0 \\ D_{12} & D_{11} & D_{13} & 0 & 0 & 0 \\ D_{13} & D_{13} & D_{33} & 0 & 0 & 0 \\ 0 & 0 & 0 & D_{44} & 0 & 0 \\ 0 & 0 & 0 & 0 & D_{44} & 0 \\ 0 & 0 & 0 & 0 & 0 & D_{55} \end{bmatrix}_b\begin{Bmatrix} d\varepsilon_x \\ d\varepsilon_y \\ d\varepsilon_z \\ d\varepsilon_{yz} \\ d\varepsilon_{zx} \\ d\varepsilon_{xy} \end{Bmatrix}_b \tag{2.1-27}$$

式中，$D_{55}=\left(D_{11}-D_{12}\right)/2$，因此共有 5 个材料常数 D_{11}、D_{12}、D_{13}、D_{33} 和 D_{44}，其值可通过初始横观各向同性试样的实测初始加载段的应力应变关系确定。当满足 $D_{11}=D_{33}$、$D_{12}=D_{13}$、$D_{44}=\left(D_{11}-D_{12}\right)/2$ 时，式(2.1-27)则退化为具有两个材料常数的各向同性弹性材料的本构关系。

2.1.2.3　摩擦元的应力应变关系

对于初始应力各向异性的结构性土，随着荷载的增加，颗粒之间的胶结逐渐破碎，更多的胶结元逐渐转化为摩擦元。摩擦元为胶结元破损后转化来的，其胶结强度已完全丧失。此时，假定摩擦元的应力-应变特性可用重塑土的应力-应变关系来描述，并认为摩擦元是各向同性的。考虑到重塑的结构性土样在低围压下的体变是剪胀的，因此摩擦元的应力应变关系可用 Lade-Duncan 本构模型描述(Lade and Duncan, 1975；Lade, 1977)。对于 Lade-Duncan 模型，应变增量 $\{d\varepsilon\}_f$ 由弹性的 $\{d\varepsilon^e\}_f$ 和塑性的 $\{d\varepsilon^p\}_f$ 组成，表示如下：

$$\{d\varepsilon\}_f=\{d\varepsilon^e\}_f+\{d\varepsilon^p\}_f \tag{2.1-28}$$

根据 Lade-Duncan 模型，弹性应变增量表示如下：

$$
\begin{Bmatrix} d\varepsilon_x^e \\ d\varepsilon_y^e \\ d\varepsilon_z^e \\ d\varepsilon_{yz}^e \\ d\varepsilon_{zx}^e \\ d\varepsilon_{xy}^e \end{Bmatrix}_f = \frac{1}{E_f} \begin{Bmatrix} d\sigma_x - \nu_f\left(d\sigma_y + d\sigma_z\right) \\ d\sigma_y - \nu_f\left(d\sigma_z + d\sigma_x\right) \\ d\sigma_z - \nu_f\left(d\sigma_x + d\sigma_y\right) \\ 2\left(1+\nu_f\right)d\tau_{yz} \\ 2\left(1+\nu_f\right)d\tau_{zx} \\ 2\left(1+\nu_f\right)d\tau_{xy} \end{Bmatrix}_f \tag{2.1-29}
$$

式中，E_f 和 ν_f 分别是摩擦元的切线变形模量和切线泊松比。在 Lade-Duncan 模型中，破坏准则是 $f_1 = \dfrac{I_1^3}{I_3} = K_f$，屈服函数是 $f = \dfrac{I_1^3}{I_3} = K_0$，塑性势函数是 $g = I_1^3 - K_2 I_3$，其中 I_1 和 I_3 分别是摩擦元应力的第一和第三不变量，且满足 $K_f = K_0$ 时破坏。因此，根据弹塑性理论，可以得到如下的塑性应变的增量表达式：

$$
\begin{Bmatrix} d\varepsilon_x^p \\ d\varepsilon_y^p \\ d\varepsilon_z^p \\ d\varepsilon_{yz}^p \\ d\varepsilon_{zx}^p \\ d\varepsilon_{xy}^p \end{Bmatrix}_f = d\vartheta \cdot K_2 \begin{Bmatrix} \dfrac{3I_1^2}{K_2} - \sigma_y\sigma_z + \tau_{yz}^2 \\ \dfrac{3I_1^2}{K_2} - \sigma_z\sigma_x + \tau_{zx}^2 \\ \dfrac{3I_1^2}{K_2} - \sigma_x\sigma_y + \tau_{xy}^2 \\ 2\sigma_x\tau_{yz} - 2\tau_{xy}\tau_{zx} \\ 2\sigma_y\tau_{zx} - 2\tau_{xy}\tau_{yz} \\ 2\sigma_z\tau_{xy} - 2\tau_{yz}\tau_{zx} \end{Bmatrix}_f \tag{2.1-30}
$$

式中，$d\vartheta$ 是塑性乘子；K_2 是模型常数。有关该模型的具体介绍参见相应文献(Lade and Duncan, 1975；Lade，1977)。

2.1.2.4　结构参数

结构参数包括破损率和局部应变系数。

破损率作为结构参数，其演化规律与土的类型、应力与应变水平、应力路径等因素密切相关。对于初始应力各向异性结构性土，在加载初期主要由胶结元承担荷载，此时破损率很小；随着荷载的施加，胶结元逐渐破损转化为摩擦元，由胶结元和摩擦元共同分担荷载，此时破损率逐渐增大；当应变很大时，荷载主要由摩擦元承担，此时破损率很大，其值接近于 1.0。对于初始横观各向同性的结构性土样，当取 z 方向为对称轴，x、y 为水平面时，可以假定破损率为如下函数关系：

$$
\lambda = 1 - \exp\left[-\beta\left(\alpha\varepsilon_z + \varepsilon_x + \varepsilon_y\right)^{\psi} - \left(\xi\varepsilon_s\right)^{\theta}\right] \tag{2.1-31}
$$

式中，剪应变 $\varepsilon_s = \sqrt{2e_{ij}e_{ij}/3}$，$e_{ij} = \varepsilon_{ij} - \varepsilon_{kk}\delta_{ij}/3$，$\delta_{ij}$ 为 Kronecker 符号；α、β、ξ、ψ 和 θ 为材料参数。

局部应变系数建立了胶结元的应变和代表性单元的应变之间的关系，可以通过参数拟合的办法确定。此处假定局部应变系数为一标量，表示为 C，具体表达式如下：

$$C = \exp\left[-\left(t_c \varepsilon_s\right)^{r_c}\right] \tag{2.1-32}$$

式中，t_c、r_c 为模型参数，通过曲线拟合确定。

破损率和局部应变系数都是内变量，理应从细观力学的角度建立其表达式(参见第 3 章内容)。但对于结构性土来说，实测其细观参数很难实现，所以此处采用了类似于塑性理论中的硬化参数或损伤力学中的损伤变量的确定方法。首先基于对结构性土破损机制的理论分析，给出它们宏观的表达式，然后通过与试验结果的对比来确定其正确的表达式。

2.1.3　模型参数确定方法

以上推导的二元介质本构模型有四组参数需要确定，分别是胶结元的参数、摩擦元的参数，以及包括体积破损率和局部应变系数的结构参数。

在常规三轴应力状态下，竖直方向定为 z 方向(对称轴)，是大主应力方向，水平方向为相同的两小主应力方向且在各向同性面内。下面把 2.1.2 节推导的应力应变关系式简化到三轴应力状态并进行参数确定。

在结构性土的二元介质本构模型中，胶结元的参数是在初始试样加载初期进行确定的，而摩擦元的参数是把加载破坏后的试样重塑后进行试验得到的。因此，为了便于确定参数，本节首先介绍人工制备结构性土的常规三轴试验结果。

2.1.3.1　人工制备结构性土的常规三轴压缩试验结果

人工制备结构性土样，包括均质样以及初始应力各向异性结构性土样，具体的制样方法见文献(刘恩龙和沈珠江，2006e；罗开泰等，2013；聂青，2014；何淼，2017)。同时，为了确定摩擦元的参数，也进行了与结构性土样具有相同干密度的重塑土样的三轴压缩固结排水与不排水试验。为了反映天然黏土的颗粒胶结以及大孔隙分布，在制备结构性土样的原料黏土中添加了水泥和盐粒，水泥水化可以形成颗粒之间的胶结作用，盐粒在流动的水中溶解会形成大孔隙的组构分布。另外，在养护过程中施加竖向恒定荷载进行预压，从而在土样中形成水平与竖直方向上的不同的力学特性，即制备成初始应力各向异性的结构性土样。

图 2.1-1～图 2.1-3 分别为初始均质结构性土样、初始应力各向异性结构性土样以及重塑土样的固结排水试验结果，图 2.1-4～图 2.1-6 为相应的固结不排水的试验结果，图中“同”表示初始均质结构性土样，“异”表示初始应力各向异性结构性土样，“重”表示重塑土样。由这些图可以得到如下结论：在围压较低时结构性土样呈应变软化，而在围压较高时则表现为应变硬化，出现这一现象的原因是在较低围压时当固结完成时颗粒之间的胶结破坏较少，因此在剪切阶段颗粒之间胶结逐渐破坏导致试样为应变软化，而在较高围压时当固结完成时颗粒之间的胶结破坏较多，因此在剪切阶段主要为颗粒之间的滑移从而表现出应变硬化；初始应力各向异性土样的偏差应力大于初始均质结构性土样的，原因是初始应力各向异性结构性土样在形成过程中施加了竖直方向的预加荷载，导致其在竖直方向的刚度较大；在较低围压下，固结排水的结构性土样先体缩后体胀，相应的固结不排水

的试样孔压先增大后降低，而在较高围压下，固结排水的结构性土样体缩，相应的固结不排水的试样孔压逐渐增大；重塑土样表现为应变硬化，强度最低，在固结排水时体缩，相应的在固结不排水时孔压为正，但是在围压较低时表现出类似粗粒土的特性，即先体缩后有体胀、孔压增大后稍有减小。

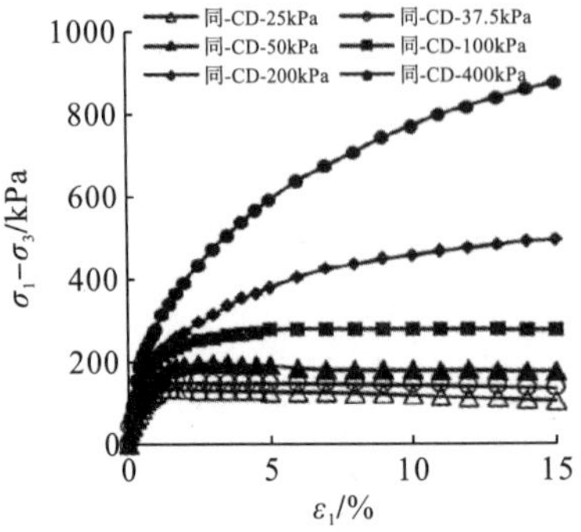

(a)主应力差-轴应变曲线

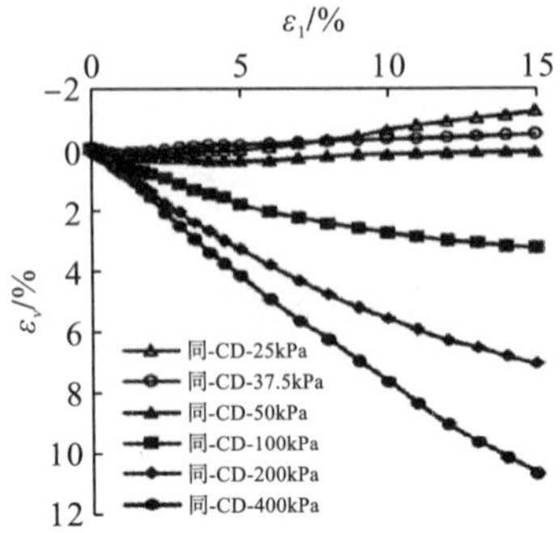

(b)体应变-轴应变曲线

图 2.1-1　初始均质结构性土样的应力应变(CD)

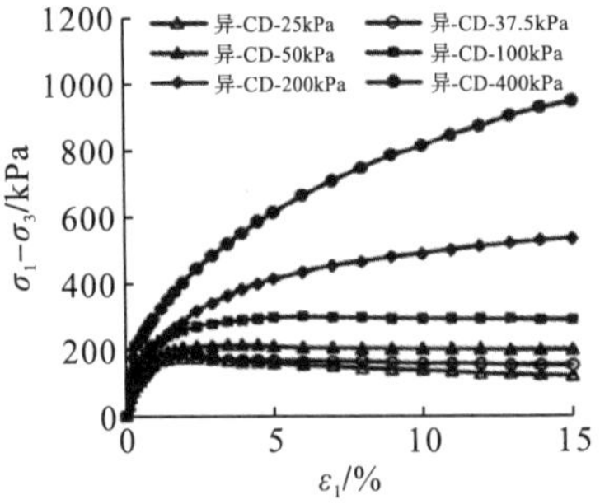

(a)主应力差-轴应变曲线

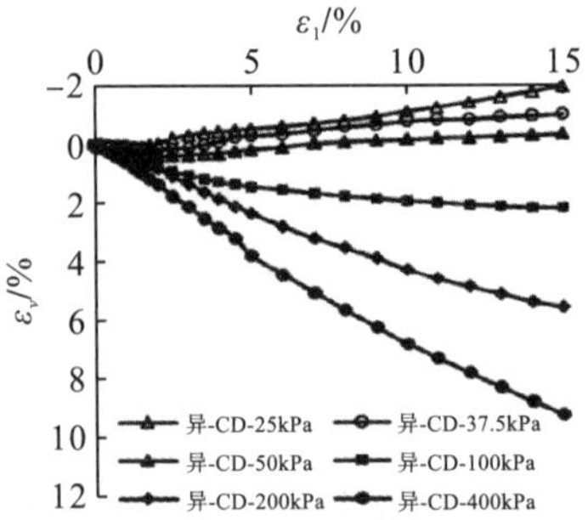

(b)体应变-轴应变曲线

图 2.1-2　初始应力各向异性结构性土样的应力应变(CD)

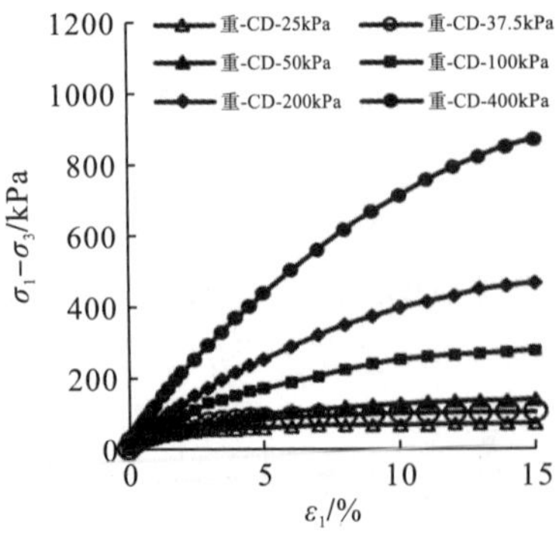

(a)主应力差-轴应变曲线

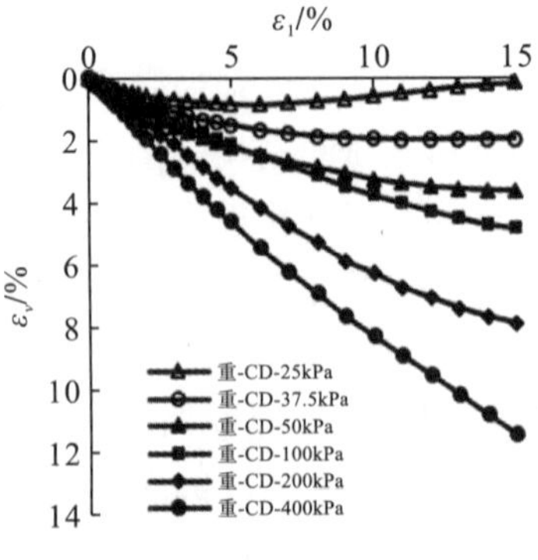

(b)体应变-轴应变曲线

图 2.1-3　重塑土样的应力应变(CD)

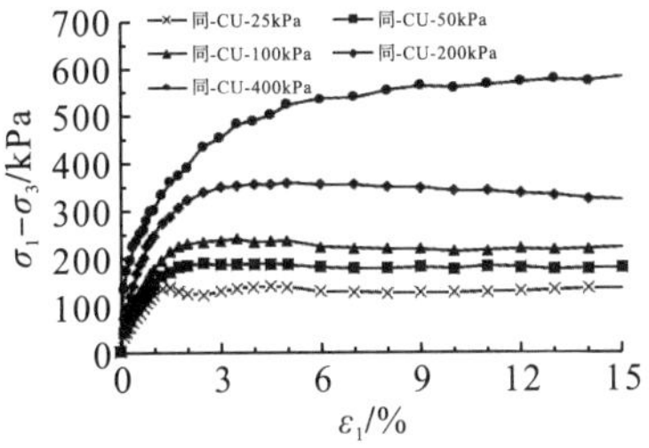

(a)主应力差-轴应变曲线

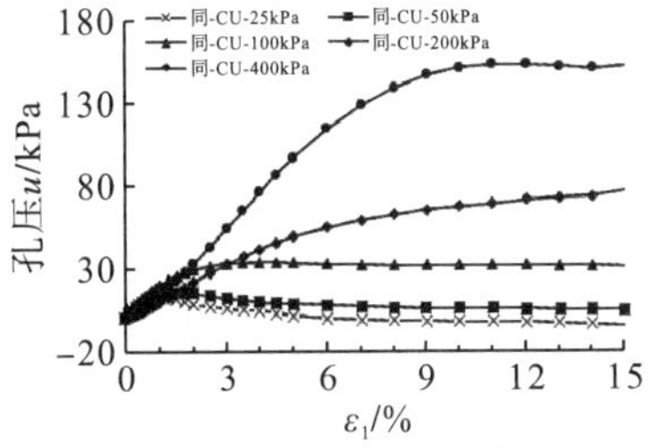

(b)体应变-轴应变曲线

图 2.1-4　初始均质结构性土样的应力应变(CU)

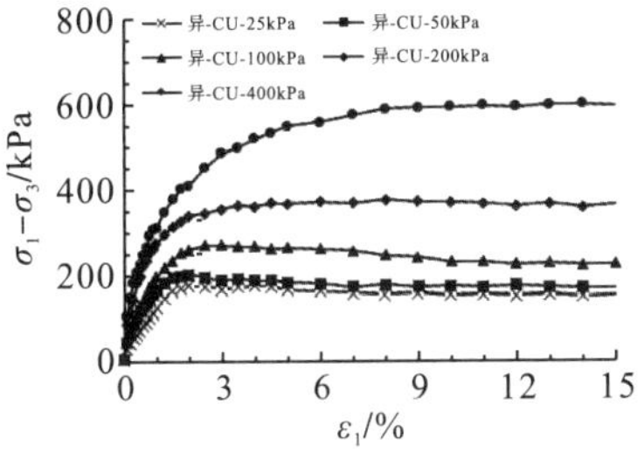

(a)主应力差-轴应变曲线

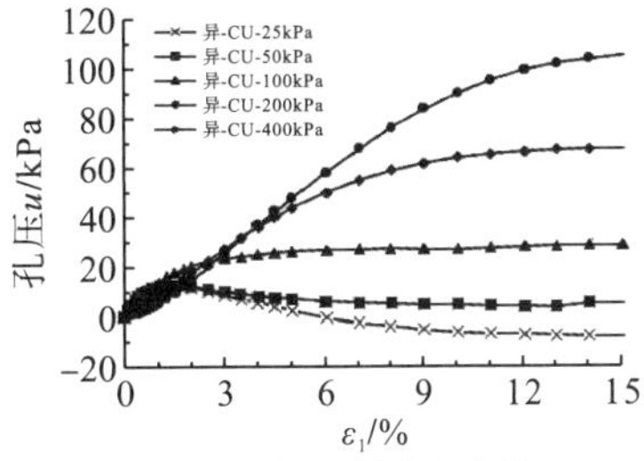

(b)孔压-轴应变曲线

图 2.1-5　初始应力各向异性结构性土样的应力应变(CU)

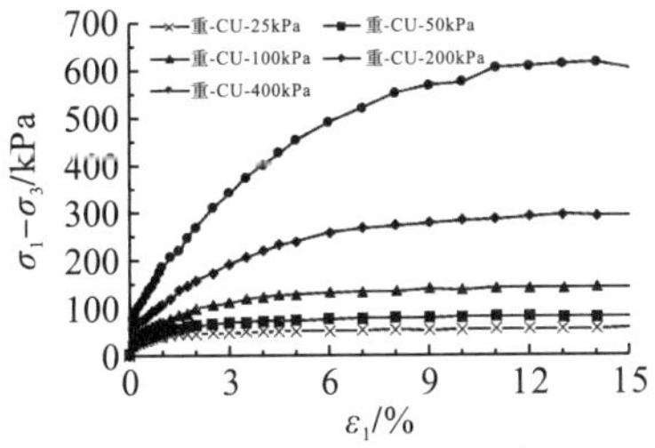

(a)主应力差-轴应变曲线

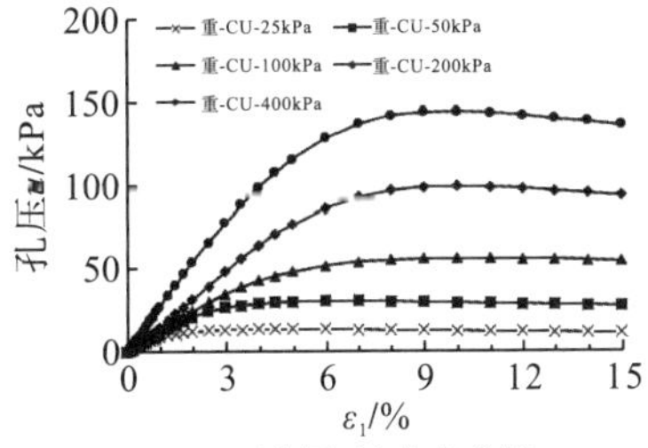

(b)孔压-轴应变曲线

图 2.1-6　重塑土样的应力应变(CU)

2.1.3.2　胶结元的参数确定

在三轴应力状态时胶结元的应力-应变关系式(2.1.27)可简化为下式：

$$\begin{Bmatrix} \mathrm{d}\sigma_1 \\ \mathrm{d}\sigma_3 \end{Bmatrix}_b = \frac{E_{vb}}{(1-\nu_{hhb})E_{vb}-2\nu_{vhb}^2 E_{hb}} \begin{bmatrix} (1-\nu_{hhb})E_{vb} & 2\nu_{vhb}E_{hb} \\ \nu_{vhb}E_{hb} & E_{hb} \end{bmatrix} \begin{Bmatrix} \mathrm{d}\varepsilon_1 \\ \mathrm{d}\varepsilon_3 \end{Bmatrix}_b \tag{2.1-33}$$

式中，E_{vb} 和 E_{hb} 分别表示胶结元在竖直方向和水平面内的弹性模量；ν_{vhb} 和 ν_{hhb} 分别表示胶结元在竖直方向和水平面内的泊松比。考虑到在加载初期的较小应变范围内，主要是由胶结元承担外部荷载，试样中胶结元的占比很高，此时试样的应力应变关系能较好地反映胶结元的特性。因此，采用在加载初期的较小应变范围(比如，轴向应变的 0.25%)来确定胶结元的 E_{vb}、E_{hb} 和 ν_{vhb}、ν_{hhb}。当满足 $E_{vb}=E_{hb}$、$\nu_{vhb}=\nu_{hhb}$ 时，式(2.1-33)可用于初始均质样。

2.1.3.3 摩擦元的参数确定

此处给出 2.1.2.3 节的 Lade-Duncan 本构模型在三轴应力状态下的具体表达式。

在常规三轴应力状态下弹塑性元的本构关系可表示为

$$\begin{Bmatrix} \mathrm{d}\sigma_1 \\ \mathrm{d}\sigma_3 \end{Bmatrix}_f = [D]_f^{ep} \begin{Bmatrix} \mathrm{d}\varepsilon_1 \\ \mathrm{d}\varepsilon_3 \end{Bmatrix}_f \tag{2.1-34}$$

式中，$[D]_f^{ep}$ 是摩擦元的弹塑性矩阵。根据 Lade-Duncan 模型，弹性参数 E_f 和 ν_f 可以通过 Duncan-Chang 非线性弹性模型确定，具体表达式如下：

$$E_f = Kp_a\left(\frac{\sigma_3}{p_a}\right)^n\left[1-\frac{R_f(\sigma_1-\sigma_3)(1-\sin\varphi)}{2(c\cos\varphi+\sigma_3\sin\varphi)}\right]^2 \tag{2.1-35}$$

$$\nu_f = \frac{G-F\lg(\sigma_3/p_a)}{\left[1-\dfrac{D(\sigma_1-\sigma_3)}{Kp_a\left(\dfrac{\sigma_3}{p_a}\right)^n\left[1-\dfrac{R_f(\sigma_1-\sigma_3)(1-\sin\varphi)}{2(c\cos\varphi+\sigma_3\sin\varphi)}\right]^2}\right]^2} \tag{2.1-36}$$

式中，K、n、R_f 是材料常数；c 和 φ 分别是由重塑土常规三轴压缩试验所确定的黏聚力和内摩擦角；p_a 是标准大气压；G、F 和 D 同样为材料常数，共包含 8 个参数。按照与非线弹性 Duncan-Chang 模型相同的方式来确定摩擦元的力学参数。对于重塑土的起始变形模量 E_i，可以采用轴向应变较小时的值对应的割线变形模量来近似。

令

$$m_1 = \frac{E_f(1-\nu_f)}{(1+\nu_f)(1-2\nu_f)} \tag{2.1-37}$$

$[D]_f^{ep}$ 可以表达如下：

$$[D]_f^{ep} = \begin{bmatrix} m_1 - \dfrac{n_3}{n_9} & \dfrac{2m_1\nu_f}{1-\nu_f} - \dfrac{n_4}{n_9} \\ \dfrac{m_1\nu_f}{1-\nu_f} - \dfrac{n_5}{n_9} & \dfrac{m_1}{1-\nu_f} - \dfrac{n_6}{n_9} \end{bmatrix} \tag{2.1-38}$$

其中，

$$n_3 = \frac{m_1^2\times n_1}{I_3^2}\left[\left(3I_1^2I_3-\sigma_3^2I_1^3\right)+\frac{\nu_f}{1-\nu_f}\left(3I_1^2I_3-\sigma_1\sigma_3I_1^3\right)\right] \tag{2.1-39a}$$

$$n_4 = \frac{m_1^2\times n_1}{I_3^2}\left[\frac{2\nu_f}{1-\nu_f}\left(3I_1^2I_3-\sigma_3^2I_1^3\right)+\frac{1}{1-\nu_f}\left(3I_1^2I_3-\sigma_1\sigma_3I_1^3\right)\right] \tag{2.1-39b}$$

$$n_5 = \frac{m_1^2\times n_2}{I_3^2}\left[\left(3I_1^2I_3-\sigma_3^2I_1^3\right)+\frac{\nu_f}{1-\nu_f}\left(3I_1^2I_3-\sigma_1\sigma_3I_1^3\right)\right] \tag{2.1-39c}$$

$$n_6 = \frac{m_1^2\times n_2}{I_3^2}\left[\frac{2\nu_f}{1-\nu_f}\left(3I_1^2I_3-\sigma_3^2I_1^3\right)+\frac{1}{1-\nu_f}\left(3I_1^2I_3-\sigma_1\sigma_3I_1^3\right)\right] \tag{2.1-39d}$$

$$n_1 = 3I_1^2 - K_2\sigma_3^2 + \frac{2\nu_f}{1-\nu_f}\left(3I_1^2 - K_2\sigma_1\sigma_3\right) \tag{2.1-39e}$$

$$n_2 = \frac{\nu_f}{1-\nu_f}\left(3I_1^2 - K_2\sigma_3^2\right) + \frac{1}{1-\nu_f}\left(3I_1^2 - K_2\sigma_1\sigma_3\right) \tag{2.1-39f}$$

$$n_9 = \frac{\left[1-\beta'\left(f-f_t\right)\right]\sigma_3}{\alpha'}\frac{m_1}{I_3^2}\left[n_7\left(3I_1^2 - K_2\sigma_3^2\right) + n_8\left(3I_1^2 - K_2\sigma_1\sigma_3\right)\right] \tag{2.1-39g}$$

$$n_7 = \frac{m_1}{I_3^2}\left[\left(3I_1^2 I_3 - \sigma_3^2 I_1^3\right) + \frac{\nu_f}{1-\nu_f}\left(3I_1^2 I_3 - \sigma_1\sigma_3 I_1^3\right)\right] \tag{2.1-39h}$$

$$n_8 = \frac{m_1}{I_3^2}\left[\frac{2\nu_f}{1-\nu_f}\left(3I_1^2 I_3 - \sigma_3^2 I_1^3\right) + \frac{1}{1-\nu_f}\left(3I_1^2 I_3 - \sigma_1\sigma_3 I_1^3\right)\right] \tag{2.1-39i}$$

以上式中的应力均是摩擦元的应力。重塑土的三轴固结排水试验表明(图 2.1-7)，K_2 与 f 是成正比的，且与周围压力 σ_3 值的变化无关，有经验公式如下：

$$K_2 = Af + 27\left(1-A\right) \tag{2.1-40}$$

式中，A 为试验常数。

W_p - f 关系曲线如图 2.1-8 所示。对于不同围压 σ_3 值都可以表示为

$$f - f_t = \frac{W_p}{\alpha' + \beta' W_p} \tag{2.1-41}$$

式中，f_t 代表不同围压 σ_3 得到的一组 W_p - f 曲线延长线交点；α' 、β' 是随围压 σ_3 变化的试验参数。由于摩擦元的参数由重塑样的试验结果确定，因此对于初始应力各向异性以及均质样是相同的。

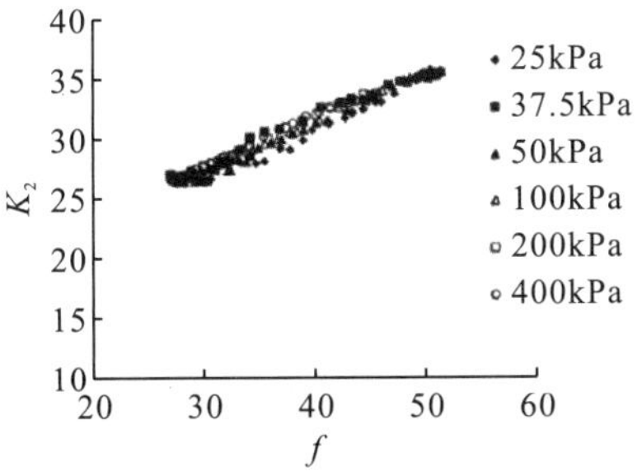

图 2.1-7　K_2 - f 关系曲线

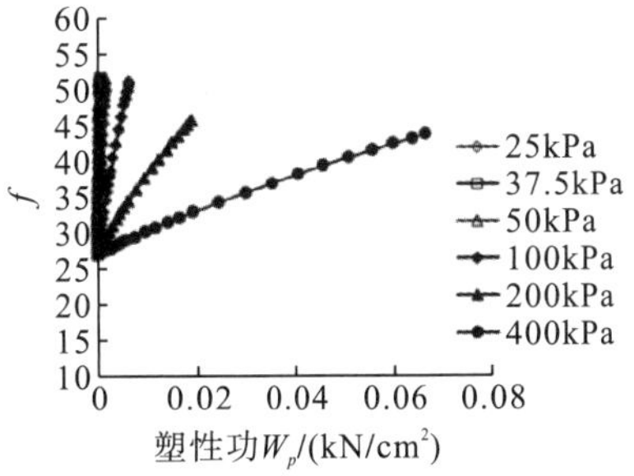

图 2.1-8　W_p - f 关系曲线

2.1.3.4　结构参数的确定

在三轴应力状态下，体积破损率 λ 的表达式具体化为

$$\lambda = 1 - \exp\left[-\beta\left(\alpha\varepsilon_1 + 2\varepsilon_3\right)^{\psi} - \left(\frac{2}{3}\xi\left(\varepsilon_1 - \varepsilon_3\right)\right)^{\theta}\right] \tag{2.1-42}$$

式中共有 5 个材料参数 α 、 β 、 ξ 、 ψ 和 θ 。

在三轴应力状态下，局部应变系数C的表达式为

$$C=\exp\left[-\left(\frac{2}{3}t_c\left(\varepsilon_1-\varepsilon_3\right)\right)^{r_c}\right] \tag{2.1-43}$$

式中共有 2 个材料参数t_c、r_c。

2.1.4 三轴压缩试验结果验证

2.1.4.1 固结排水试验结果验证

胶结元的参数：对于初始均质样以及初始应力结构性土样，取轴向应变的 0.25%来确定其参数，其中$E_{vb}\left(E_{hb}\right)=b_1\ln\left(\sigma_3/p_a\right)+b_2$，$\nu_{hhb}\left(\nu_{vhb}\right)=b_3\left(\sigma_3/p_a\right)^{b_4}$，具体的参数如表 2.1-1 所示。

表 2.1-1 胶结元的参数

E_{vb}		E_{hb}		ν_{vhb}		ν_{hhb}	
b_1	b_2	b_1	b_2	b_3	b_4	b_3	b_4
9.8383	30.37	9.1511	28.61	0.1389	−0.668	0.2134	−0.41

摩擦元的参数：由于摩擦元的参数由重塑样的试验结果确定，因此两种结构性土的参数是相同的，具体如下：弹性部分参数$K=88.797$、$n=0.3425$、$R_f=0.95$、$G=0.242$、$F=0.313$、$D=0.0113$、$c=0$、$\varphi=32.062°$；塑性部分参数$A=0.3535$、$\beta'=0.01$、$\alpha'=r_1\left(\sigma_3/p_a\right)+r_2$，其中$r_1$和$r_2$如表 2.1-2 所示。

结构参数：对于两种结构性土取值为$\psi=1.0$，$\alpha=e_1\left(\sigma_3/p_a\right)^{e_1}$，$t_c=s_1\left(\sigma_3/p_a\right)+s_2$；对于初始均质结构性土$\xi(\theta)=e_1\left(\sigma_3/p_a\right)^{e_2}$、$r_c=1.0$，而对于初始应力各向异性结构性样$\xi(\theta)=e_1\left(\sigma_3/p_a\right)+e_2$，具体数值参见表 2.1-2。

表 2.1-2 塑性部分参数和结构参数

α'		θ		ξ	
$\sigma_3<100$kPa	$\sigma_3\geqslant100$kPa	$\sigma_3<100$kPa	$\sigma_3\geqslant100$kPa	$\sigma_3<100$kPa	$\sigma_3\geqslant100$kPa
$r_1=-14.0$	$r_1=-155.0$	$e_1=0.0$	$e_1=0.0435$	$e_1=40.56$	$e_1=2.535$
$r_2=-10.0$	$r_2=-66.67$	$e_2=0.15$	$e_2=0.325$	$e_2=40.0$	$e_2=100.0$
β		t_c		α	
$\sigma_3<100$kPa	$\sigma_3\geqslant100$kPa	s_1	s_2	e_1	e_2
0.4	0.5	11.859	30.854	105.58	0.1081

图 2.1-9 与图 2.1-10 是计算结果与试验结果的对比，可见该模型可以较好地反映初始应力各向异性结构性土以及初始均质结构性土样在高围压下的应变硬化和低围压下的应变软化特性，也能反映出在高围压下的剪缩和低围压下的剪胀特性。

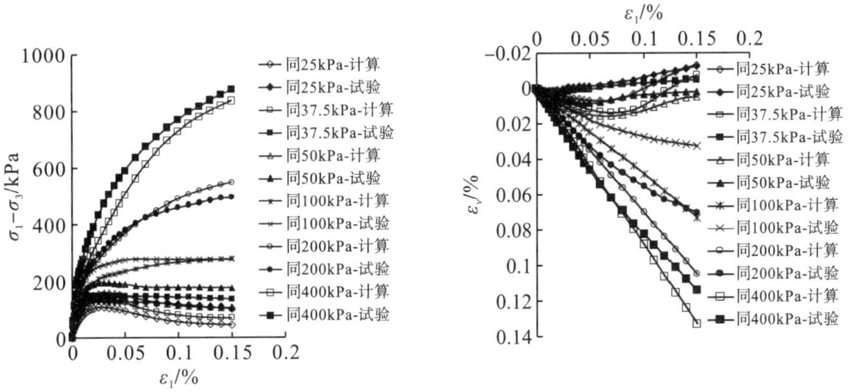

(a)主应力差–轴应变曲线　　(b)体变–轴应变曲线

图 2.1-9　初始均质结构性土的计算与试验结果(CD)

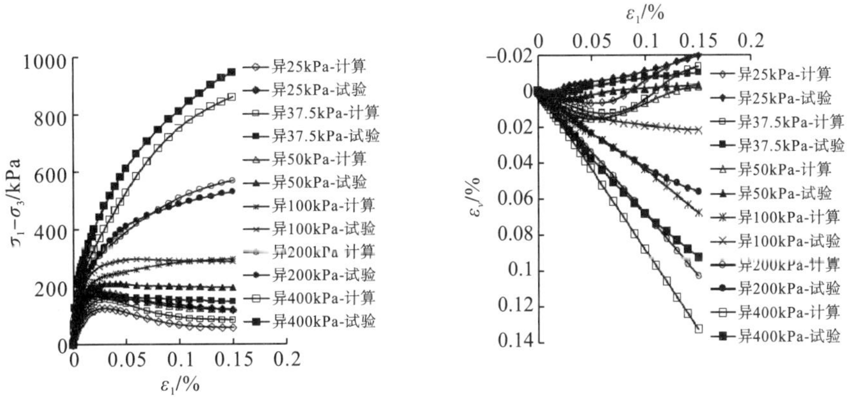

(a)主应力差–轴应变曲线　　(b)体变–轴应变曲线

图 2.1-10　初始应力各向异性结构性土的计算与试验结果(CD)

对于结构性土，颗粒之间的胶结和大孔隙分布的存在，使得其在围压较低时表现为体胀和应变软化，而在围压较高时表现为体缩和应变硬化。结构性土的这一特殊的应力-应变特性使得建立能够合理描述其应力-应变特性的本构模型非常困难。初始应力各向异性又使得结构性土在竖直方向与水平方向的变形特性不同。此处建立的结构性土的二元介质模型是解决这一难题的初步尝试，基本上可以较好地模拟初始应力各向异性结构性土的主要力学特性，但模拟结果还存在一定的误差，在模型的参数确定方面还需做进一步研究。

2.1.4.2　固结不排水试验结果验证

胶结元的参数：取加载初期较小应变范围内的试验结果来确定胶结元的参数。假定初始各向同性结构性土的割线模量、泊松比与初始应力各向异性结构性土在水平面内的割线模量和泊松比相同，经过试算确定出胶结元的割线模量及泊松比，其具体数值见表 2.1-3。

表 2.1-3 胶结元的参数

参数	初始应力各向异性结构性土	各向同性结构性土
E_{vb} /kPa	$9683.4\ln\left(\dfrac{\sigma_c}{p_a}\right)+30520$	$9463.9\ln\left(\dfrac{\sigma_c}{p_a}\right)+29332$
E_{hb} /kPa	$9463.9\ln\left(\dfrac{\sigma_c}{p_a}\right)+29332$	$9463.9\ln\left(\dfrac{\sigma_c}{p_a}\right)+29332$
v_{vhb}	$0.1328\left(\dfrac{\sigma_c}{p_a}\right)^{-0.623}$	$0.2097\left(\dfrac{\sigma_c}{p_a}\right)^{-392}$
v_{hhb}	$0.2097\left(\dfrac{\sigma_c}{p_a}\right)^{-0.392}$	$0.2097\left(\dfrac{\sigma_c}{p_a}\right)^{-392}$

注：σ_c 是围压；$p_a=101.3\text{kPa}$ 。

摩擦元的参数：对于弹性部分参数，考虑到对于重塑土在固结不排水条件下的常规三轴压缩试验，难以计算 Lade-Duncan 模型相关参数，因此，采用 2.1.4.1 节固结排水的参数，即 K=88.797、n=0.3425、R_f=0.95、G=0.242、F=0.313、D=0.0113、c=0、φ=32.062°。摩擦元的塑性部分参数见表 2.1-4。由表 2.1-4 可见：本构模型中 β' 基本为常量，不随结构性的变化而波动。受养护过程中预压作用，初始应力各向异性结构性土结构性强于各向同性结构性土，随着围压的增大，结构性土中结构性逐渐减弱；α 随着围压的增加，在两种结构性土中均逐渐减小；β、θ、ψ、ξ 随着围压的增加逐渐增大，可以推测β、θ、ψ、ξ 随着结构性的减弱而增大；整体上，t_c 呈现与ξ 相似规律；r_c 与 α' 均随着围压的增大而减小，相同围压条件下，两种结构性土的该材料参数相同。因养护方法不同，两种结构性土的结构性存在差异，但此处结构性的差异较相同试样随着围压的增大而产生的结构性差异较小，因而两种结构性土材料参数仅表现为略有差别或无差别。

表 2.1-4 结构性土的塑性部分参数

参数	各向同性结构性土	初始应力各向异性结构性土
α	$47.655\left(\dfrac{\sigma_c}{p_a}\right)^{-0.751}$	$44.623\left(\dfrac{\sigma_c}{p_a}\right)^{-0.567}$
β	$1.8504\left(\dfrac{\sigma_c}{p_a}\right)^{0.1938}$	
ξ	$12.696\ln\left(\dfrac{\sigma_c}{p_a}\right)+27.577$	
ψ	$0.2424\ln\left(\dfrac{\sigma_c}{p_a}\right)+1.0174$	
θ	$0.2034\ln\left(\dfrac{\sigma_c}{p_a}\right)+1.1658$	
t_c	当 $\sigma_c \leqslant 100\text{kPa}$ 时，$t_c=1.0$；当 $\sigma_c>100\text{kPa}$ 时，$t_c=10$	

续表

参数	各向同性结构性土	初始应力各向异性结构性土
r_c	$-0.1111\left(\dfrac{\sigma_c}{p_a}\right)+2.0152$	
α'	$-107.47\left(\dfrac{\sigma_c}{p_a}\right)+1.6087$	
β'	0.01	

注：σ_c 是围压；$p_a=101.3\text{kPa}$ 。

根据上述材料参数计算得到的初始应力各向异性结构性土、各向同性结构性土的主应力差-轴向应变及孔压-轴向应变曲线分别见图 2.1-11 和图 2.1-12。可见，整体而言，试样主应力差、孔压值均随着围压的增大而增大；低围压时，主应力差-轴向应变、孔压-轴向应变曲线出现明显峰值，可以体现结构性土应变软化特性，随着围压增大，试样表现为应变硬化特性，此现象均与结构性土试验曲线规律相同。初始应力各向异性结构性土因养护过程中受到压荷载及三瓣膜的侧向刚性约束，其弹脆性元强度高于各向同性结构性土，因而其主应力差-轴向应变曲线均高于各向同性结构性土；受荷载作用时，初始应力各向异

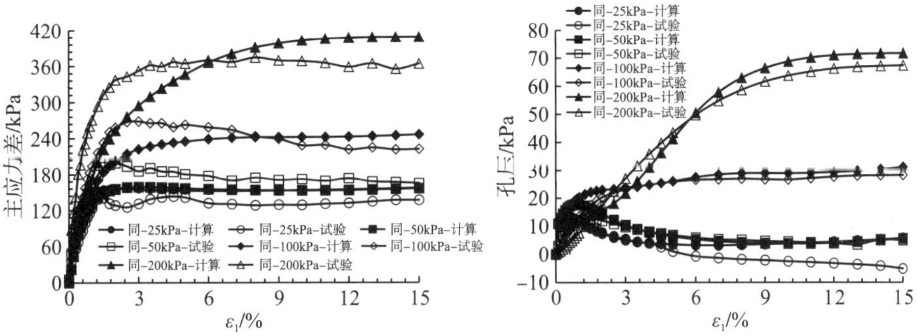

(a)主应力差-轴应变曲线　　(b)孔压-轴应变曲线

图 2.1-11　各向同性结构性土的计算与试验结果(CU)

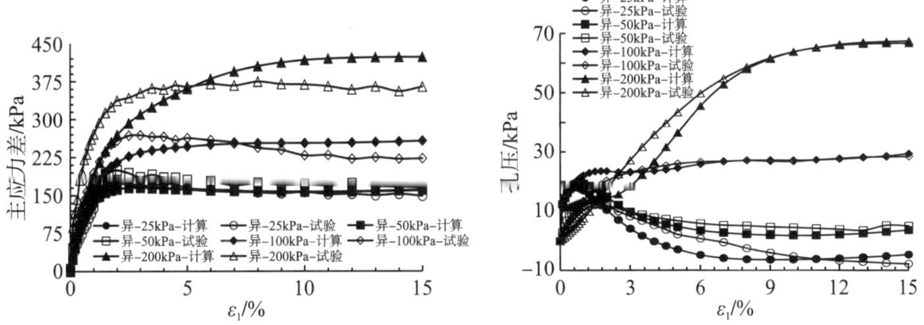

(a)主应力差-轴应变曲线　　(b)主应力差-轴应变曲线

图 2.1-12　初始应力各向异性结构性土的计算与试验结果(CU)

性结构性土土骨架可以承受更多荷载，因而其孔压值小于各向同性结构性土；围压较低时，结构性土中结构破损率较低，随着轴向应变的增大，试样出现剪胀，相对应出现负孔压，主应力差-轴向应变曲线出现峰值；随着围压增大，试样逐渐表现为应变硬化特性，图中曲线规律与试验曲线规律基本一致。

第 2.2 节 胶结混合土的二元介质本构模型

胶结混合土是指颗粒之间具有胶结作用且由粒径相差较大的粗颗粒与细颗粒组成的土，颗粒之间的胶结作用可以是天然形成的(比如中国西南地区坝基的深厚覆盖层土料)，也可以是人工形成的(比如添加胶结材料形成的土料)，这种土料的孔隙比会比较小，胶结砂是其特例。考虑到天然胶结混合土取样易扰动，本节与人工制备胶结混合土的试验结果进行了对比，以验证建立的二元介质本构模型对胶结混合土的适用性。

2.2.1 胶结混合土的破损机理

2.2.1.1 人工制备胶结混合土样的力学特性

为了模拟天然形成的坝基覆盖层中的胶结混合土，以冶勒大坝坝基覆盖层土料为参照，人工制备了胶结混合土(喻豪俊，2019)，将粒径大于 0.1mm 的定义为粗颗粒组，而小于 0.1mm 的定义为细颗粒组，试样内最大颗粒为 20mm，采用 CaO 为胶凝材料制备人工胶结粗细粒混合土，并充填 CO_2 加速胶结，土料的最小干密度为 1.82 g/cm^3，最大干密度为 2.02 g/cm^3。CaO 掺入比为 5%，养护天数为 7 天。对于混合土中的细粒含量，在已有冶勒大坝坝基勘察资料给定的细粒含量(13.34%)基础上，另外选取 30%、50%、70%细粒含量比例制备试样，在同等条件下进行固结排水三轴压缩试验。控制试样的相对密度为 0.8，图 2.2-1～图 2.2-4 为试验结果，其中 C 代表胶结样，R 代表重塑样。在低围压(<100kPa)和低细粒含量(<30%)条件下，胶结粗-细粒混合土的应力应变和体变规律呈现出应变软化和体胀特点；随着围压的升高和细粒含量的增加，逐渐转变为应变硬化和体缩。而重塑试样在所有试验条件下均呈现出应变硬化、体缩的变化规律。在低围压(<100kPa)和低细粒含量(<30%)条件下，胶结粗-细粒混合土试样的破坏形式以伴随剪切带出现的剪切破坏为主；相反，在高围压和高细粒含量下胶结试样的破坏形式以鼓胀破坏为主。对于重塑试样，在不同围压和细粒含量条件下的破坏形式均为鼓胀破坏。

对于三轴试验，在剪切过程初期胶结样的偏差应力增长速率始终大于重塑样偏差应力的增长速率，随着剪切过程的持续，偏差应力差值逐渐减小。相同围压下，细粒含量越大，胶结样和重塑样的偏差应力随应变的增长速率越快。胶结样和重塑样的体变曲线的变化形态较为相似，且低围压下差值不大。胶结样和重塑样力学特性的差异主要原因是 CaO 的加入使得土颗粒间形成了较强的胶结作用，土的黏聚力得到了增强，在试样剪切过程中，首先是黏聚力承担荷载。随着加载过程的持续，一旦土颗粒间的胶结点达到破坏条件，就会局部或完全破坏，逐渐转变成由摩擦力承担荷载。胶结样偏差应力的增长速率在胶结破坏以后逐渐变缓。

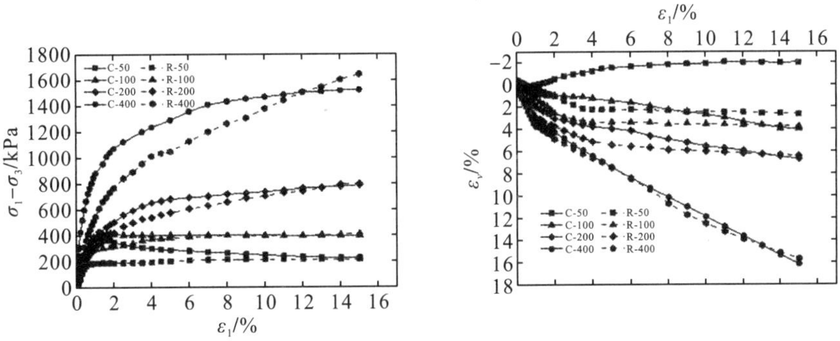

(a)主应力差-轴应变曲线　　(b)体变-轴应变曲线

图 2.2-1　胶结样与重塑样的试验结果(细粒含量 13.34%)

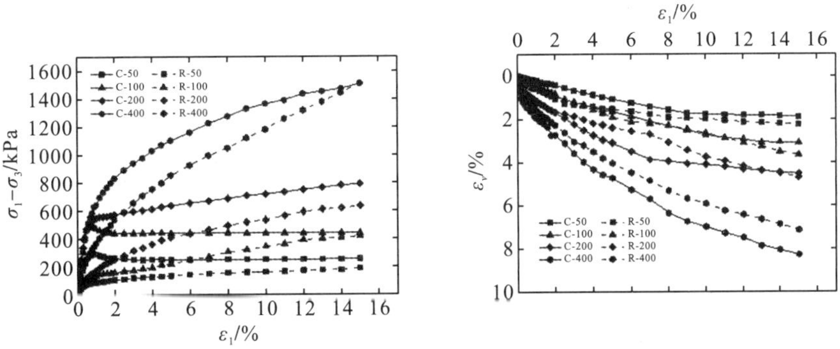

(a)主应力差-轴应变曲线　　(b)体变-轴应变曲线

图 2.2-2　胶结样与重塑样的试验结果(细粒含量 30.00%)

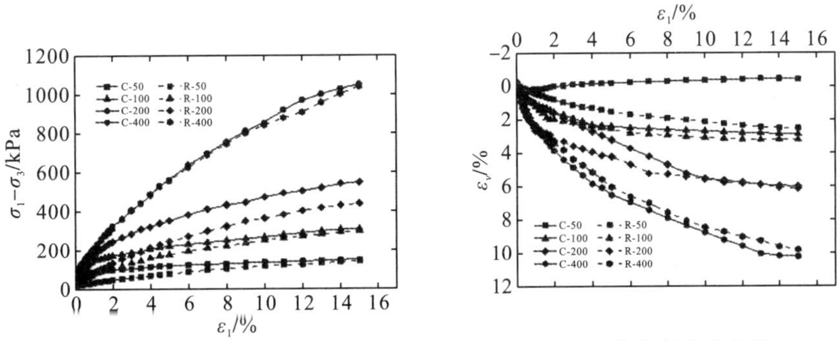

(a)主应力差-轴应变曲线　　(b)体变-轴应变曲线

图 2.2-3　胶结样与重塑样的试验结果(细粒含量 50.00%)

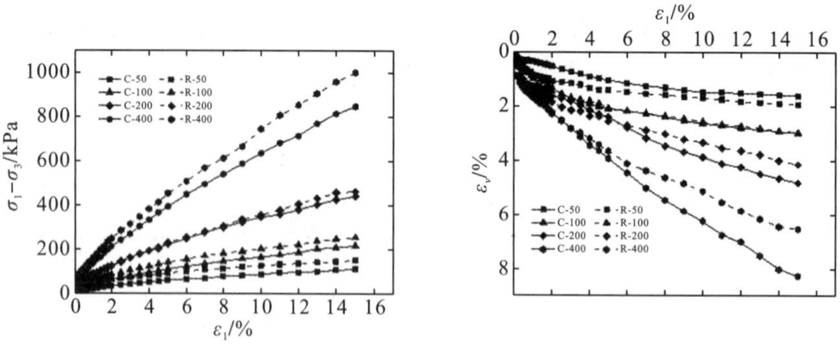

(a)主应力差-轴应变曲线 (b)体变-轴应变曲线

图 2.2-4 胶结样与重塑样的试验结果(细粒含量 70.00%)

2.2.1.2 人工制备胶结混合土样的破损机理与力学抽象

单调加载下的人工胶结粗-细粒混合土的试验结果表明，土体结构性对于其力学特性有一定的影响。对于天然土或胶结性土，土单元总是由黏聚力抗力分量和摩擦力抗力分量来共同承担外荷载。但是在不同应变发展阶段，黏聚力和摩擦力并不是同时发挥作用的。图 2.2-5 给出了黏聚力和摩擦力的应力分担曲线。可以看出，在应变发展初期，黏聚力抗力分量首先发挥作用，承担外荷载，而摩擦力抗力分量基本不发挥作用。此时土处于弹性阶段，应力应变关系呈线性发展(*OA* 段)；随着轴向应变的发展，应力应变关系曲线对应于理想弹性材料呈线性增长(*OAI* 段)。但众所周知，土是弹塑性材料，所以黏聚力抗力分量发挥的作用从 *A* 点开始逐渐减弱，此时摩擦力抗力分量发挥的作用逐渐增强。随着剪切过程的发展，黏聚力抗力分量在应变很小时(图 2.2-5 *B* 点)就达到峰值并逐渐减弱，在剪切结束时降低为 0；相反地，在应变很大时土主要靠摩擦力抗力分量来发挥作用，前者表现出脆性性质，而后者表现出塑性性质。所以，试样的应力应变曲线(*OAEF* 段或者 *OAGH* 段)由 *OABC* 线段和 *ODF* 线段共同组成，代表了黏聚力抗力分量和摩擦力抗力分量来共同承担土单元外荷载。此外，由于在不同试验条件下，剪切过程中土体黏聚力的损失和摩擦力对应的补偿效应不同，试样呈现出不同的压缩特性。线段 *IG* 和 *IE* 代表了试样剪切过程中黏聚力分量损失值和摩擦力分量补偿值之间的差值。具体而言，随着整个过程的持续，如果在应力增长过程中，摩擦力分量的补偿作用大于黏聚力分量的损失作用，意味着其补偿值大于黏聚力的损失值(*IG* 段)，此时试样应力应变关系呈现应变硬化的特点(*OAGH* 段)，否则呈现出应变软化的特点(*OAEF* 段)。点 *E* 和 *H* 分别代表了试样软化和硬化时的峰值强度，意味着此时土体单元中黏聚力抗力分量和摩擦力抗力分量的共同作用达到最大值。

对于本次试验中的胶结试样，CaO 的加入使得土体颗粒间形成了较强的胶结作用，土的黏聚力得到了增强；相比之下，重塑试样是胶结试样剪切完成并击碎烘干后重新制备而成的，颗粒之间已无胶结作用或者是仅存在弱胶结，此时主要是摩擦力在起作用。所以从前述胶结样的三轴试验结果可以看出，在试样剪切过程中，首先是黏聚力分量承担荷载，胶结试样中由于黏聚力作用较强，其偏差应力的增长速率在加载初期要大于重塑样。随着加载过程的持续，一旦土颗粒间的胶结点达到破坏条件，就会局部或完全破坏，逐渐转变成由摩擦力承担荷载。因此可以看出，胶结样偏差应力的增长速率在胶结破坏以后逐渐变缓，偏差应力随轴向应变的增长而增加的趋势趋于平缓，而重塑样的偏差应力仍然随着轴向应变的增长而不断增加。而且由于不同围压和不同细粒含量下，试样中摩擦力分量的补偿程度和黏聚力分量的损失程度不同，造成了不同试验条件下试样应力应变关系呈现应变硬化或应变软化的特点。

由以上分析，并结合二元介质模型的概念，可以把胶结混合土试样内存在的钙质胶结部分看作胶结元，而把胶结破坏后以摩擦为主的部分看作摩擦元，二者共同承担外部荷载，如图 2.2-6 所示。二元介质内部的胶结元由弹簧和胶结杆组成，而摩擦元由塑性滑片和弹簧组成，可见胶结元具有黏聚特性而摩擦元具有摩擦特性，因此图 2.2-1～图 2.2-4 中的胶结样与重塑样表现为不同的力学特性。

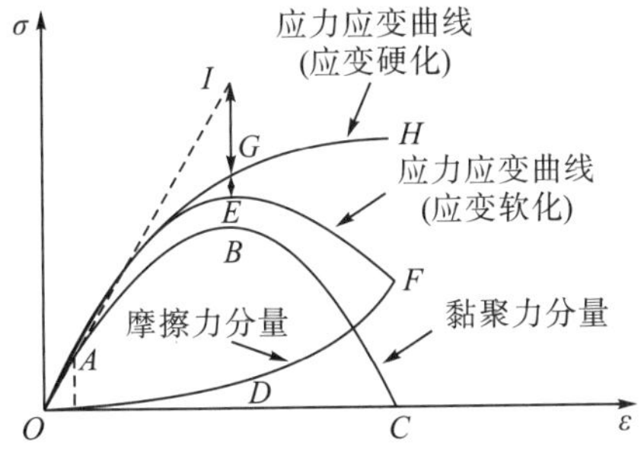

图 2.2-5　黏聚力和摩擦力应力分担曲线

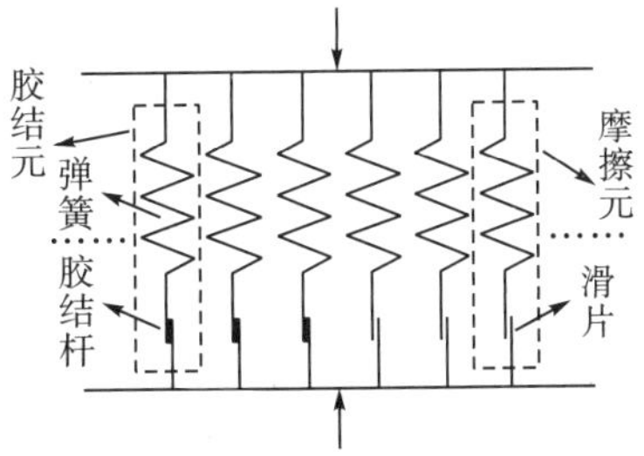

图 2.2-6　二元介质示意图

2.2.2　胶结混合土的二元介质本构模型

2.2.2.1　模型建立

在模型的建立过程中，把二元介质材料中的结构块和软弱带分别称为胶结元和摩擦元，胶结元用下标 b (the bonding elements) 表示，摩擦元用下标 f (the frictional elements) 表示。与 2.1 节不同的是，本节采用应力集中系数来建立胶结混合土的二元介质本构模型。

取一个代表性体积单元 RVE，平均应力和平均应变分别为 σ_{ij}^{rve}、$\varepsilon_{ij}^{\text{rve}}$。以下推导过程与 2.1.2 节的部分相同，完整起见此处作了保留。令总体积中胶结元和摩擦元所占体积分别为 V_b、V_f，并定义局部应力和局部应变为 $\sigma_{ij}^{\text{local}}$、$\varepsilon_{ij}^{\text{local}}$，由非均匀介质的均匀化理论，可进行如下推导得到应力应变关系表达式：

$$\sigma_{ij}^{\text{rve}} = \frac{1}{V_b + V_f}\int \sigma_{ij}^{\text{local}} \mathrm{d}\left(V_b + V_f\right) \tag{2.2-1}$$

$$\varepsilon_{ij}^{\text{rve}} = \frac{1}{V_b + V_f}\int \varepsilon_{ij}^{\text{local}} \mathrm{d}\left(V_b + V_f\right) \tag{2.2-2}$$

定义 σ_{ij}^{b}、ε_{ij}^{b} 分别为胶结元的应力、应变，σ_{ij}^{f}、ε_{ij}^{f} 分别为摩擦元的应力、应变，则应力表达式分别为

$$\sigma_{ij}^{b}=\frac{1}{V_b}\int\sigma_{ij}^{\mathrm{local}}\mathrm{d}V_b \tag{2.2-3}$$

$$\sigma_{ij}^{f}=\frac{1}{V_f}\int\sigma_{ij}^{\mathrm{local}}\mathrm{d}V_f \tag{2.2-4}$$

应变表达式分别为

$$\varepsilon_{ij}^{b}=\frac{1}{V_b}\int\varepsilon_{ij}^{\mathrm{local}}\mathrm{d}V_b \tag{2.2-5}$$

$$\varepsilon_{ij}^{f}=\frac{1}{V_f}\int\varepsilon_{ij}^{\mathrm{local}}\mathrm{d}V_f \tag{2.2-6}$$

把式(2.2-3)和式(2.2-4)代入式(2.2-1)得

$$\sigma_{ij}^{\mathrm{rve}}=\frac{1}{V_b+V_f}\int\sigma_{ij}^{\mathrm{local}}\mathrm{d}\left(V_b+V_f\right)=\frac{V_b}{V_b+V_f}\sigma_{ij}^{b}+\frac{V_f}{V_b+V_f}\sigma_{ij}^{f} \tag{2.2-7}$$

同理把式(2.2-5)和式(2.2-6)代入式(2.2-2)得

$$\varepsilon_{ij}^{\mathrm{rve}}=\frac{1}{V_b+V_f}\int\varepsilon_{ij}^{\mathrm{local}}\mathrm{d}\left(V_b+V_f\right)=\frac{V_b}{V_b+V_f}\varepsilon_{ij}^{b}+\frac{V_f}{V_b+V_f}\varepsilon_{ij}^{f} \tag{2.2-8}$$

令 λ 为应力分担率(体积破损率)，表示为

$$\lambda=\frac{V_f}{V_b+V_f} \tag{2.2-9}$$

其代表胶结元破损后所转化成的摩擦元体积与总体积之比。则式(2.2-7)和式(2.2-8)可表示为

$$\sigma_{ij}^{\mathrm{rve}}=\frac{V_b}{V_b+V_f}\sigma_{ij}^{b}+\frac{V_f}{V_b+V_f}\sigma_{ij}^{f}=\left(1-\lambda\right)\sigma_{ij}^{b}+\lambda\sigma_{ij}^{f} \tag{2.2-10}$$

$$\varepsilon_{ij}^{\mathrm{rve}}=\frac{V_b}{V_b+V_f}\varepsilon_{ij}^{b}+\frac{V_f}{V_b+V_f}\varepsilon_{ij}^{f}=\left(1-\lambda\right)\varepsilon_{ij}^{b}+\lambda\varepsilon_{ij}^{f} \tag{2.2-11}$$

在受力过程中，胶结元逐渐破损，转化为摩擦元。摩擦元所占体积率 λ 不断增大，所以 λ 为应力的函数，即

$$\lambda=f\left(\sigma_{ij}\right) \tag{2.2-12}$$

按照式(2.2-10)和式(2.2-11)的均匀化理论，设 $\Delta\sigma_{ij}^{\mathrm{rve}}$、$\Delta\varepsilon_{ij}^{\mathrm{rve}}$、$\Delta\sigma_{ij}^{b}$、$\Delta\sigma_{ij}^{f}$、$\Delta\varepsilon_{ij}^{b}$、$\Delta\varepsilon_{ij}^{f}$ 为单元体平均应力和平均应变的增量，以及胶结元和摩擦元的应力应变增量。λ 和 $\Delta\lambda$ 分别为初始体积破损率和体积破损率增量。则增量形式的应力应变可表示为

$$\Delta\sigma_{ij}^{\mathrm{rve}}=\left(1-\lambda\right)\Delta\sigma_{ij}^{b}+\lambda\Delta\sigma_{ij}^{f}+\Delta\lambda\left(\sigma_{ij}^{f}-\sigma_{ij}^{b}\right) \tag{2.2-13}$$

$$\Delta\varepsilon_{ij}^{\mathrm{rve}}=\left(1-\lambda\right)\Delta\varepsilon_{ij}^{b}+\lambda\Delta\varepsilon_{ij}^{f}+\Delta\lambda\left(\varepsilon_{ij}^{f}-\varepsilon_{ij}^{b}\right) \tag{2.2-14}$$

令胶结元在转化为摩擦元之前的刚度张量为 D_{ijkl}^{b}，摩擦元的刚度张量为 D_{ijkl}^{f}。因此，对于胶结元有

$$\Delta\varepsilon_{ij}^{b}=\left(D_{ijkl}^{b}\right)^{-1}\Delta\sigma_{kl}^{b} \tag{2.2-15}$$

对于摩擦元有

$$\Delta\varepsilon_{ij}^{f}=\left(D_{ijkl}^{f}\right)^{-1}\Delta\sigma_{kl}^{f} \tag{2.2-16}$$

将式(2.2-13)变形可得

$$\Delta\sigma_{ij}^{f}=\frac{1}{\lambda}\left[\Delta\sigma_{ij}^{\mathrm{rve}}-(1-\lambda)\Delta\sigma_{ij}^{b}-\Delta\lambda\left(\sigma_{ij}^{f}-\sigma_{ij}^{b}\right)\right] \tag{2.2-17}$$

将式(2.2-15)代入式(2.2-14)得

$$\Delta\varepsilon_{ij}^{f}=\frac{1}{\lambda}\left(D_{ijkl}^{f}\right)^{-1}\left[\Delta\sigma_{kl}^{\mathrm{rve}}-(1-\lambda)\Delta\sigma_{kl}^{b}-\Delta\lambda\left(\sigma_{kl}^{f}-\sigma_{kl}^{b}\right)\right] \tag{2.2-18}$$

将式(2.2-18)和式(2.2-15)代入式(2.2-14)中得

$$\begin{aligned}\Delta\varepsilon_{ij}^{\mathrm{rve}}=&(1-\lambda)\left\{\left[\left(D_{ijkl}^{b}\right)^{-1}-\left(D_{ijkl}^{f}\right)^{-1}\right]\Delta\sigma_{kl}^{b}+\left(D_{ijkl}^{f}\right)^{-1}\Delta\sigma_{kl}^{\mathrm{rve}}\right\}\\&-\Delta\lambda\left(D_{ijkl}^{f}\right)^{-1}\left(\sigma_{kl}^{b}-\sigma_{kl}^{f}\right)+\Delta\lambda\left(\varepsilon_{ij}^{f}-\varepsilon_{ij}^{b}\right)\end{aligned} \tag{2.2-19}$$

由于胶结元和摩擦元的变形非均匀性，此时引入局部应力系数张量 A_{ijkl}，它考虑了胶结元的局部应力和平均应力之间的关系，表达式为

$$\sigma_{ij}^{b}=A_{ijkl}\sigma_{kl} \tag{2.2-20}$$

其增量形式为

$$\Delta\sigma_{ij}^{b}=A_{ijkl}\Delta\sigma_{kl}+\Delta A_{ijkl}\sigma_{kl} \tag{2.2-21}$$

式中，A_{ijkl} 为当前局部应力系数张量；ΔA_{ijkl} 为其增量。

将式(2.2-21)代入式(2.2-19)，整理后得到应变增量的一般表达式为

$$\begin{aligned}\Delta\varepsilon_{ij}^{\mathrm{rve}}=&\left[(1-\lambda)\left(\left(D_{ijts}^{b}\right)^{-1}-\left(D_{ijts}^{f}\right)^{-1}\right)A_{tskl}+\left(D_{ijkl}^{f}\right)^{-1}\right]\Delta\sigma_{kl}^{\mathrm{rve}}\\&+\left[(1-\lambda)\left(\left(D_{ijts}^{b}\right)^{-1}-\left(D_{ijts}^{f}\right)^{-1}\right)\Delta A_{tskl}\sigma_{kl}^{\mathrm{rve}}\right]\\&-\Delta\lambda\left(D_{ijkl}^{f}\right)^{-1}\left(\sigma_{kl}^{f}-\sigma_{kl}^{b}\right)+\Delta\lambda\left(\varepsilon_{ij}^{f}-\varepsilon_{ij}^{b}\right)\end{aligned} \tag{2.2-22}$$

将式(2.2-10)和式(2.2-11)变形，解出 σ_{ij}^{f} 和 ε_{ij}^{f}，得

$$\sigma_{ij}^{f}=\frac{\sigma_{ij}^{\mathrm{rve}}-(1-\lambda)\sigma_{ij}^{b}}{\lambda} \tag{2.2-23}$$

$$\varepsilon_{ij}^{f}=\frac{\varepsilon_{ij}^{\mathrm{rve}}-(1-\lambda)\varepsilon_{ij}^{b}}{\lambda} \tag{2.2-24}$$

将式(2.2-23)和式(2.2-24)代入式(2.2-22)中，整理后得到一般应力状态下的应变增量的表达式为

$$\begin{aligned}\Delta\varepsilon_{ij}^{\mathrm{rve}}=&\left[(1-\lambda)\left(\left(D_{ijts}^{b}\right)^{-1}-\left(D_{ijts}^{f}\right)^{-1}\right)A_{tskl}+\left(D_{ijkl}^{f}\right)^{-1}\right]\Delta\sigma_{kl}^{\mathrm{rve}}\\&+\left[(1-\lambda)\left(\left(D_{ijts}^{b}\right)^{-1}-\left(D_{ijts}^{f}\right)^{-1}\right)\Delta A_{tskl}\sigma_{kl}^{\mathrm{rve}}\right]\\&-\frac{\Delta\lambda}{\lambda}\left(D_{ijkl}^{f}\right)^{-1}\left(\sigma_{kl}^{\mathrm{rve}}-\sigma_{kl}^{b}\right)+\frac{\Delta\lambda}{\lambda}\left(\varepsilon_{ij}^{\mathrm{rve}}-\varepsilon_{ij}^{b}\right)\end{aligned} \tag{2.2-25}$$

在加载初始时刻，$\Delta\lambda=0$，$\varepsilon_{ij}^{\mathrm{rve}}=0$，$\varepsilon_{ij}^{b}=0$，$\varepsilon_{ij}^{f}=0$，将这些条件代入式(2.2-25)得到初始应力状态下的应变增量的表达式：

$$\Delta\varepsilon_{ij}^{\mathrm{rve}} = \left[(1-\lambda)\left(\left(D_{ijts}^{b}\right)^{-1} - \left(D_{ijts}^{f}\right)^{-1}\right)A_{tskl} + \left(D_{ijkl}^{f}\right)^{-1}\right]\Delta\sigma_{kl}^{\mathrm{rve}} + \left[(1-\lambda)\left(\left(D_{ijts}^{b}\right)^{-1} - \left(D_{ijts}^{f}\right)^{-1}\right)A_{tskl} + \left(D_{ijkl}^{f}\right)^{-1}\right]\Delta\sigma_{kl}^{\mathrm{rve}} \tag{2.2-26}$$

2.2.2.2 胶结元的本构模型

假定胶结元为理想弹脆性材料，在应力达到强度以前无塑性变形，因此可采用弹性本构模型进行描述。胶结元的应力应变可表示为

$$\begin{pmatrix} \Delta\sigma_x \\ \Delta\sigma_y \\ \Delta\sigma_z \\ \Delta\tau_{xy} \\ \Delta\tau_{yz} \\ \Delta\tau_{zx} \end{pmatrix}_b = \begin{bmatrix} D_{1111} & D_{1122} & D_{1133} & D_{1112} & D_{1123} & D_{1131} \\ D_{2211} & D_{2222} & D_{2233} & D_{2212} & D_{2223} & D_{2231} \\ D_{3311} & D_{3322} & D_{3333} & D_{3312} & D_{3323} & D_{3331} \\ D_{1211} & D_{1222} & D_{1233} & D_{1212} & D_{1223} & D_{1231} \\ D_{2311} & D_{2322} & D_{2333} & D_{2312} & D_{2323} & D_{2331} \\ D_{3111} & D_{1122} & D_{3133} & D_{3112} & D_{3123} & D_{3131} \end{bmatrix} \begin{pmatrix} \Delta\varepsilon_x \\ \Delta\varepsilon_y \\ \Delta\varepsilon_z \\ \Delta\varepsilon_{xy} \\ \Delta\varepsilon_{yz} \\ \Delta\varepsilon_{zx} \end{pmatrix}_b \tag{2.2-27}$$

这里假定土体为各向同性材料，变形服从广义胡克定律，则胶结元的刚度张量为

$$D_{ijkl}^{b} = \left(\frac{E_b}{3(1-2\nu_b)} - \frac{E_b}{3(1+\nu_b)}\right)\delta_{ij}\delta_{kl} + \frac{E_b}{2(1+\nu_b)}\left(\delta_{ik}\delta_{jl} + \delta_{il}\delta_{jk}\right) \tag{2.2-28}$$

式中，δ_{ij} 为 Kronecker 符号；E_b 和 ν_b 为胶结元的切线变形模量和泊松比。

2.2.2.3 摩擦元的本构模型

摩擦元视为各向同性的弹塑性材料，是胶结元局部或完全破损后转化而成的，其变形包含塑性应变，所以采用合适的弹塑性模型进行描述。与 2.1 节的处理方法相同，此处采用 Lade-Duncan 模型来建立摩擦元的本构模型(Lade and Duncan，1975)。Lade-Duncan 模型采用不相适应的流动法则，应变包括弹性应变 ε_{ij}^{e} 和塑性应变 ε_{ij}^{p}，采用增量形式可表示为

$$\Delta\varepsilon_{ij}^{f} = \left\{\Delta\varepsilon_{ij}^{e}\right\}_f + \left\{\Delta\varepsilon_{ij}^{p}\right\}_f \tag{2.2-29}$$

弹性部分的刚度张量表示为

$$\left\{D_{ijkl}^{e}\right\}_f = \left(\frac{E_f}{3(1-2\nu_f)} - \frac{E_f}{3(1+\nu_f)}\right)\delta_{ij}\delta_{kl} + \frac{E_f}{2(1+\nu_f)}\left(\delta_{ik}\delta_{jl} + \delta_{il}\delta_{jk}\right) \tag{2.2-30}$$

式中，E_f 和 ν_f 为摩擦元的切线变形模量和泊松比。

基于弹塑性理论，摩擦元的弹塑性刚度张量可表示为

$$\left\{D_{ijkl}^{ep}\right\}_f = \left\{D_{ijkl}^{e}\right\}_f - \frac{\left\{D_{ijts}^{e}\right\}_f \dfrac{\partial g}{\partial\sigma_{ts}} \dfrac{\partial f}{\partial\sigma_{mn}} \left\{D_{mnkl}^{e}\right\}_f}{-\dfrac{\partial f}{\partial H}\dfrac{\partial H}{\partial\varepsilon_{ij}^{p}}\dfrac{\partial g}{\partial\sigma_{ij}} + \dfrac{\partial f}{\partial\sigma_{ij}}\left\{D_{ijts}^{e}\right\}_f \dfrac{\partial g}{\partial\sigma_{kl}}} = \left\{D_{ijkl}^{e}\right\}_f - \left\{D_{ijkl}^{p}\right\}_f \tag{2.2-31}$$

式中，Lade-Duncan 模型的破坏准则为 $f^{*} = I_1^3 / I_3 = k_f$；屈服函数为 $f = I_1^3 / I_3 = k$；塑性势函数为 $g = I_1^3 - k_2 I_3$；I_1 为应力第一不变量；I_3 为应力第三不变量；H 为硬化模量，可由塑性功确定。有关模型的具体说明参见文献(Lade and Duncan，1975)。

2.2.2.4　结构参数

1. 体积破损率

体积破损率λ作为土的结构性参数，其值与胶结元的破裂强度有关，随着外加荷载的变化而变化。λ的值应从稍大于零的值变化到小于 1 或接近于 1 的某一个值。总的趋势是加荷初期单元体内伴随着少量胶结元的破坏，随着荷载的增加胶结元破坏的比例在增大。根据体积破损率数值的变化趋势，考虑体积破损率与围压、剪应力、初始应力等有关。另外，我们认为试样在固结的过程中，内部胶结即开始有轻微的破损。因此，定义初始破损率来反映固结过程中胶结的破损，但是初始破损率属于试样的细观参数，无法直接测得。所以这里假定一个初始破损率基准值，并认为这种初始破损率随着固结围压的增大而增大。表达式为

$$\lambda = \lambda_0\left(\frac{\sigma_3}{p_a}\right)^{\zeta_1} + \zeta_2\left(\frac{\sigma_1-\sigma_3}{\zeta_3 q_0}\right)^{\zeta_4} \tag{2.2-32}$$

式中，σ_3为周围压力；p_a为大气压强；λ_0为初始破损率基准值；$(\sigma_1-\sigma_3)$为偏差应力；q_0为破损开始扩展时的门槛应力基准值；ζ_1、ζ_2、ζ_3、ζ_4均为试验参数。式(2.2-32)中体积破损率的演化规律如图 2.2-7 所示。

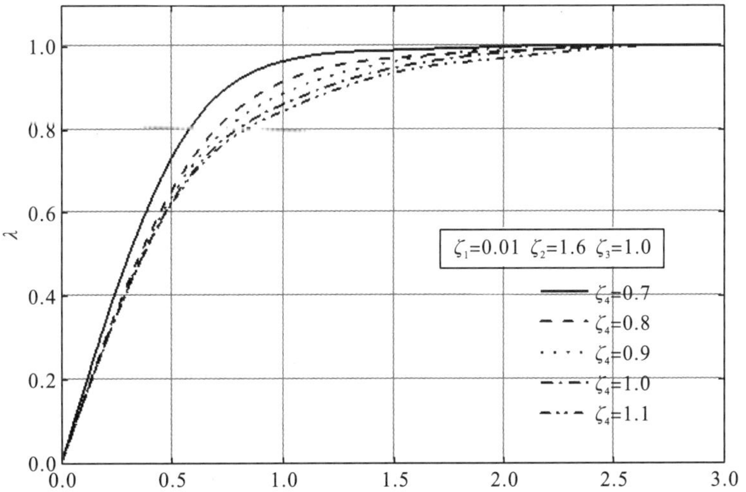

图 2.2-7　二元介质模型体积破损率参数演化规律

2. 局部应力系数

局部应力系数建立了胶结元的应力和代表性单元应力之间的关系。它也是一个不可以宏观量测的内变量，是和试样所受的外部作用和试样自身外部作用的协调能力有关。简化起见，此处假定局部应力系数为标量，且满足当λ=0 时，A=1。所以假设局部应力系数表达式为

$$A = 1-\psi\lambda \tag{2.2-33}$$

式中，ψ 为试验参数。

2.2.3 模型参数确定

在常规三轴应力状态下，竖直方向为大主应力方向，水平方向为小主应力方向。根据这一特定应力状态的约束条件，推导常规三轴试验条件下的胶结元和摩擦元的本构关系。试验参数的确定是根据 2.2.1 节中的试验结果进行的。

2.2.3.1 胶结元的参数

三轴应力状态时胶结元的应力应变关系式为

$$\begin{Bmatrix}\Delta\varepsilon_1\\ \Delta\varepsilon_3\end{Bmatrix}_b=\begin{bmatrix}\dfrac{(1-\nu_b)E_b}{(1+\nu_b)(1-2\nu_b)} & \dfrac{2\nu_b E_b}{(1+\nu_b)(1-2\nu_b)}\\ \dfrac{\nu_b E_b}{(1+\nu_b)(1-2\nu_b)} & \dfrac{E_b}{(1+\nu_b)(1-2\nu_b)}\end{bmatrix}^{-1}\begin{Bmatrix}\Delta\sigma_1\\ \Delta\sigma_3\end{Bmatrix}_b \tag{2.2-34}$$

对于反映胶结元应力应变关系的本构模型，虽然胶结元是脆弹性体，但是考虑到在应变逐渐发展的过程中，胶结元逐步破损，体积破损率的数值逐渐增大，在胶结元完全破坏以前试样的应力应变实际上已经从线性弹性阶段变为非线性弹性阶段。因此，这里采用适用于堆石料、坝基覆盖层等粗粒土的基于 Duncan-Chang 模型(李广信，2004)的非线性弹性模型来描述胶结元的力学特性。

建议偏差应力 $\sigma_1-\sigma_3$ 与轴向应变 ε_1 采用以下关系表示：

$$\ln\left(\frac{\sigma_1-\sigma_3}{p_a}+1\right)=\frac{\varepsilon_1}{a+b\varepsilon_1} \tag{2.2-35}$$

径向应变和轴向应变的关系为

$$-\varepsilon_3=h\varepsilon_1^2+d\varepsilon_1 \tag{2.2-36}$$

式中，h、d 为参数。

参照 Duncan-Chang 模型的建立方法，得到本构模型的参数如下：

$$E_b=K\left(\frac{\sigma_3}{p_a}\right)^n(\sigma_1-\sigma_3+p_a)\left[1-\vartheta/\ln\left(\frac{2c\cos\varphi+2\sigma_3\sin\varphi}{(1-\sin\varphi)p_aR_f}+1\right)\right]^2 \tag{2.2-37}$$

$$\nu_b=\frac{2h\vartheta p_a}{E_i\left\{1-\vartheta/\ln\left[\dfrac{2c\cos\varphi+2\sigma_3\sin\varphi}{(1-\sin\varphi)p_aR_f}+1\right]\right\}}+G-F\lg\left(\frac{\sigma_3}{p_a}\right) \tag{2.2-38}$$

式中，E_b 和 ν_b 的相关参数通过胶结土样的三轴试验进行确定，模型参数的确定方法同 Duncan-Chang 模型，其中 K、n、c、φ、h、G、F 共 7 个参数均可通过三轴试验得到，R_f 根据经验事先确定。

对于胶结样的初始变形模量采用轴向应变为 0.2%时的变形模量来近似。不同细粒含量、不同围压下胶结样的初始模量如表 2.2-1 所示。

表 2.2-1　不同细粒含量(FC)胶结样的参数

FC	K	n	G	F	c	φ	h	R_f
13.34%	299.84	0.0207	0.176	0.14	46.6	34°	0.0035	0.95
30.00%	302.69	0.0033	0.127	0.062	39.4	31°	0.0054	
50.00%	298.40	0.0063	0.113	0.103	17.1	26°	0.0044	
70.00%	296.48	0.0037	0.082	0.095	5.0	21°	0.0021	

2.2.3.2　摩擦元的参数

摩擦元是破损之后的胶结元转化形成的，摩擦元的力学性质和重塑土类似。因此可以用单调加载下重塑土的三轴试验结果来确定摩擦元所需的力学参数。

三轴应力状态下摩擦元的应力应变增量关系为

$$\begin{Bmatrix} \Delta\varepsilon_1 \\ \Delta\varepsilon_3 \end{Bmatrix}_f = \left[D^{ep}\right]_f^{-1} \begin{Bmatrix} \Delta\sigma_1 \\ \Delta\sigma_3 \end{Bmatrix}_f \tag{2.2-39}$$

摩擦元的弹性部分参数（E_f、ν_f）采用重塑土的试验结果进行确定，确定方法与上述胶结元的参数确定方法相同，具体参数数值此处省略。

并令 $m_1 = \dfrac{E_f\left(1-\nu_f\right)}{\left(1+\nu_f\right)\left(1-2\nu_f\right)}$，计算得到摩擦元的弹塑性刚度矩阵为式(2.1-38)。

以上各式中的应力为摩擦元的应力；k_2 和 f_t 两个参数可以通过试验求得，α 和 β 则通过结合试验数据反复试算后确定。

$$k_2 = Af + 27(1-A) \tag{2.2-40}$$

由应力水平 f 和 k_2 之间的函数关系确定的 A 值如下：在细粒含量为 13.34%、30.00%、50.00%、70.00%时分别为 0.2682、0.2790、0.2890、0.2889。

塑性功 W_p 和 f 之间的关系可表示为双曲线，即

$$\left(f-f_t\right) = \frac{W_p}{\alpha' + \beta' W_p} \tag{2.2-41}$$

式中，f 为主应力差趋近于零时的应力水平。由试验结果可知，无论围压为何值，当偏差应力趋于零时，f 值始终约为 27，所以这里取 f_t 为 27。4 组不同细粒含量的重塑样的 $\left(f-f_t\right)$-W_p 关系曲线如图 2.2-8 所示。

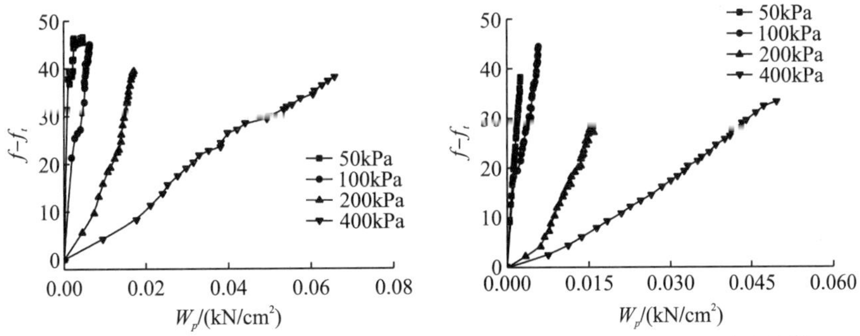

(a)细粒含量13.34%试验数据　　(b)细粒含量30.00%试验数据

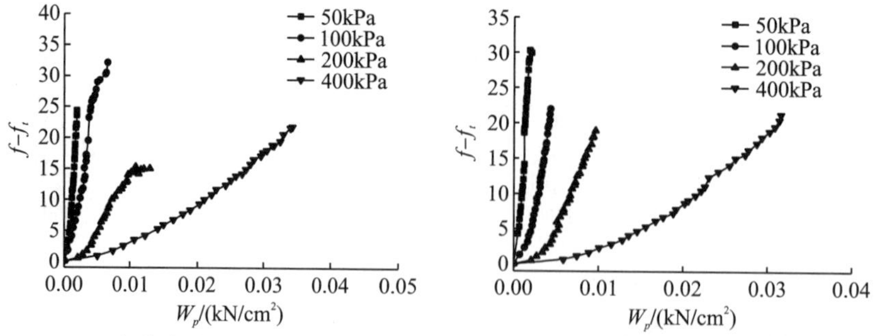

(c)细粒含量50.00%试验数据 (d)细粒含量70.00%试验数据

图 2.2-8 $(f-f_t)$-W_p 关系曲线

2.2.3.3 结构参数的增量表达式

三轴应力状态下结构参数的增量表达式如下：

$$\Delta A=\left\{-\psi\zeta_2\zeta_4\frac{(\sigma_1-\sigma_3)^{\zeta_4-1}}{(\zeta_3 q_0)^{\zeta_4}}\right\}\Delta\sigma_1 \tag{2.2-42}$$

$$\Delta\lambda=\frac{\partial\lambda}{\partial\sigma_1}\Delta\sigma_1=\left\{\zeta_2\zeta_4\frac{(\sigma_1-\sigma_3)^{\zeta_4-1}}{(\zeta_3 q_0)^{\zeta_4}}\right\}\Delta\sigma_1 \tag{2.2-43}$$

2.2.4 模型验证

根据 2.2.1.1 节中胶结混合土的试验结果，得到胶结元的模型参数见表 2.2-1。摩擦元的部分参数见 2.2.3.2 节，破损参数：$\beta=0.01$、$\zeta_1=0.01$、$\psi=0.5$。α'、ζ_2、ζ_3、ζ_4 可以表示为围压和细粒含量的函数，具体如下：在细粒含量为 13.34%时，$\alpha'=-23.5+35.6(\sigma_3/p_a)$、$\zeta_2=2.18-0.51\exp(0.27\sigma_3/p_a)$、$\zeta_3=1.13-0.18\exp(-0.63\sigma_3/p_a)$、$\zeta_4=0.4+0.42\exp(-0.37\sigma_3/p_a)$；在细粒含量为 30.00%时，$\alpha'=-23.67+41.7(\sigma_3/p_a)$、$\zeta_2=0.54-1.64\exp(-0.32\sigma_3/p_a)$、$\zeta_3=2.66-2.11\exp(-0.69\sigma_3/p_a)$、$\zeta_4=-21.46+22.1\exp(-0.0025\sigma_3/p_a)$；在细粒含量为 50.00%时，$\alpha'=-28.5+56.1(\sigma_3/p_a)$、$\zeta_2=2.46-0.67\exp(-0.81\sigma_3/p_a)$、$\zeta_3=2.77-4.87\exp(-1.83\sigma_3/p_a)$、$\zeta_4=0.43+3.64\exp(-3.08\sigma_3/p_a)$；在细粒含量为 70.00%时，$\alpha'=-38.4+71.9(\sigma_3/p_a)$、$\zeta_2=1.94+0.36\exp(0.25\sigma_3/p_a)$、$\zeta_3=2.44-2.42\exp(-0.61\sigma_3/p_a)$、$\zeta_4=0.19+1.68\exp(-1.01\sigma_3/p_a)$。$p_a$ 为标准大气压力。

计算得到不同细粒含量、不同围压下的偏差应力值与体变值，绘制成 $(\sigma_1-\sigma_3)$-ε_1 曲线和 ε_v-ε_1 曲线与试验结果进行对比，分别如图 2.2-9～图 2.2-12 所示。

从图 2.2-9(a)中可以看出，在围压 50kPa 和 100kPa 下计算得到的胶结粗-细粒混合土的应力应变曲线呈现出应变软化特性，和试验结果基本一致，并且应力峰值也非常接近。在围压 200kPa 和 400kPa 下计算得到的胶结粗-细粒混合土的应力应变曲线呈现出应变硬化特性，同样和试验结果基本一致，只是在高围压下计算得到的偏差应力值要大于试验结果。图 2.2-9(b)显示，通过二元介质模型计算得到的不同围压下的体变变化规律与试验结果相近，在低围压 50kPa 时呈现体胀特性，且两者数值差异不明显；在围压为 100～200kPa 时随着应变的发展均呈现体缩特性。围压较高时，计算值和试验值的数值差异比围压较低时的差异略大，但误差仍在一个量级内。

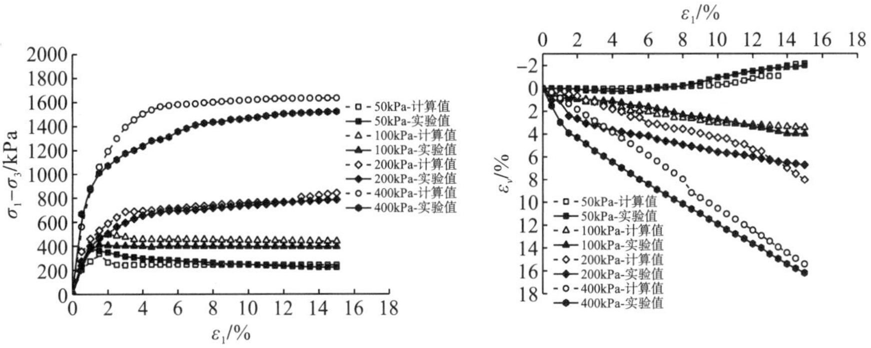

(a)偏差应力-轴向应变关系曲线　　(b)轴向应变-体变关系曲线

图 2.2-9　细粒含量为 13.34%时计算和试验结果对比图

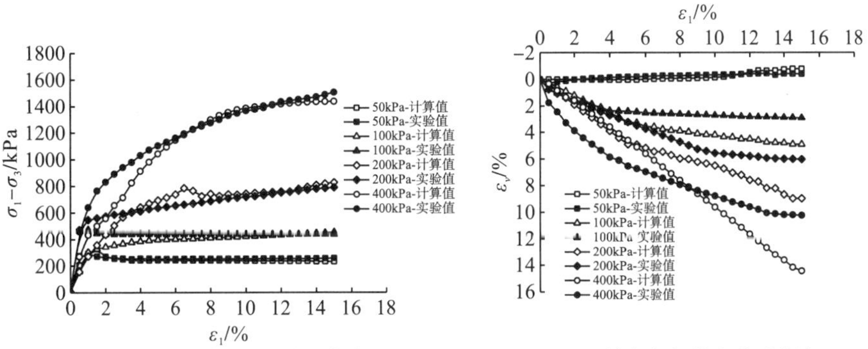

(a)偏差应力-轴向应变关系曲线　　(b)轴向应变-体变关系曲线

图 2.2-10　细粒含量为 30.00%时计算和试验结果对比图

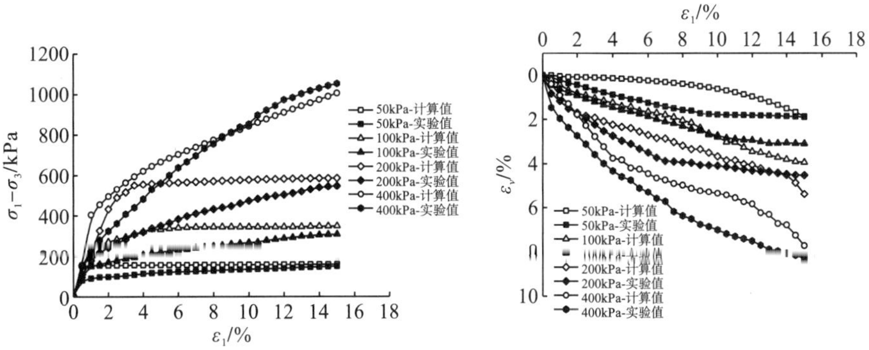

(a)偏差应力-轴向应变关系曲线　　(b)轴向应变-体变关系曲线

图 2.2-11　细粒含量为 50.00%时计算和试验结果对比图

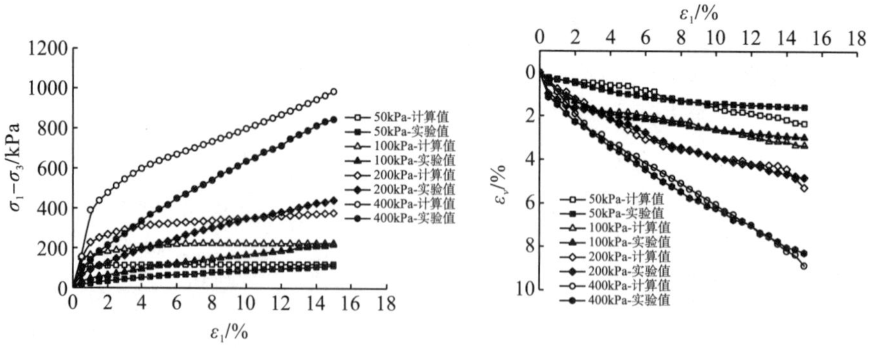

(a)偏差应力-轴向应变关系曲线　　(b)轴向应变-体变关系曲线

图 2.2-12　细粒含量为 70.00%时计算和试验结果对比图

从其他三种细粒含量条件下的计算结果与试验结果的对比图(图 2.2-10～图 2.2-12)来看，计算得到的$(\sigma_1-\sigma_3)$-ε_1曲线和ε_v-ε_1曲线仍然和试验结果有着相近的规律。对于$(\sigma_1-\sigma_3)$-ε_1曲线，当细粒含量较高时，加载初期计算得到的偏差应力增长幅度要大于试验值，并且计算曲线存在一个明显的“拐点”，而试验曲线中的偏差应力值随着应变的增长而均匀增加，或者说不存在明显的“拐点”。对于ε_v-ε_1曲线，相较试验得到的体变曲线可能随着应变的增加而逐渐变得平缓，体变增长幅度越来越小的情况，模型计算得到的体变曲线随着轴向应变的增加而匀速增加，或者说体变增长的幅度没有明显的减小，这和试验结果对比有一定的差异。但总体上不同围压和不同细粒含量下的体胀或体缩的规律和试验结果是相近的。

通过以上对比结果可以看出，虽然在不同围压或者不同细粒含量条件下通过计算得到的结果与室内试验的结果在数值上可能有或大或小的差异，但总体上所提出的二元介质本构模型能够反映出人工制备胶结粗-细粒混合土的变形特性，包括应力应变的软化(硬化)以及体积的剪胀(剪缩)。今后可以通过继续调整部分参数来进一步缩小计算值与试验值之间的差异。

第 2.3 节　多晶冰的二元介质本构模型

2.3.1　多晶冰的应力应变关系

为了描述多晶冰的力学性质，依据试验条件和制样方法(苏雨，2020)，对多晶冰的三轴试验结果进行分析，依据二元介质模型的概念，如图 2.3-1 所示，给出胶结元和摩擦元的定义。在宏观上，冰样是均匀、各向同性材料；在细观上，由制样方法可知，冰试样由骨架冰和孔隙冰组成，并胶结成一个整体，在未受外荷载作用时，表现为胶结元的力学性质，在外荷载作用下，局部孔隙冰发生破碎，失去胶结能力，进而引起局部范围内骨架冰的错动，试样破坏局部表现出松散的冰颗粒的力学特性，将出现破损的局部整体上认为是摩擦元，包括破碎的孔隙冰及周围受扰动而错动的骨架冰。在试验过程中，试样逐渐由胶结元向摩擦元过渡，并在最终全部由摩擦元构成。

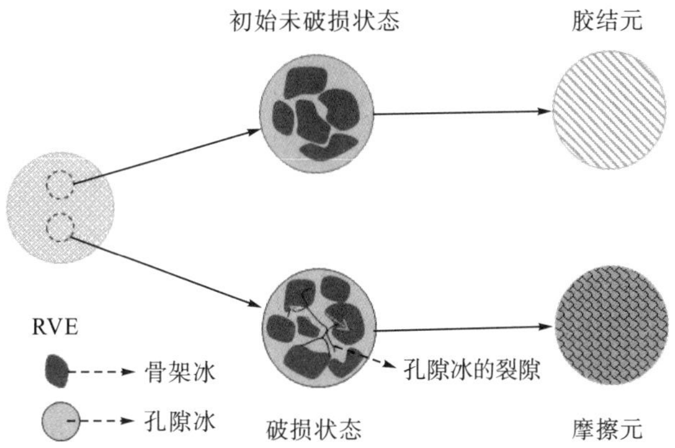

图 2.3-1　多晶冰试样二元介质理论示意图

冰样的剪切强度由黏聚力和内摩擦力组成，在加载过程中，起胶结作用的孔隙冰逐渐破损失去胶结能力，引起骨架冰的错动和嵌挤，使颗粒间接触，补偿丧失的胶结能力。在整个试验过程中，胶结元和摩擦元共同承担外荷载。

取代表性单元 RVE，给出如下的局部应力应变关系：

$$\sigma_{ij}^{\text{local}} = D_{ijkl}^{\text{local}} \varepsilon_{ij}^{\text{local}} \tag{2.3-1}$$

单元体的体积为 V，i 相介质的体积为 V_i，依据均匀化理论给出平均应力和平均应变的表达式如下：

$$\sigma_{ij}^{\text{average}} = \frac{1}{V}\int \sigma_{ij}^{\text{local}} \mathrm{d}V = \frac{1}{V^1}\int \sigma_{ij}^{\text{local}} \mathrm{d}V^1 + \frac{1}{V^2}\int \sigma_{ij}^{\text{local}} \mathrm{d}V^2 + \cdots \tag{2.3-2a}$$

$$\varepsilon_{ij}^{\text{average}} = \frac{1}{V}\int \varepsilon_{ij}^{\text{local}} \mathrm{d}V = \frac{1}{V^1}\int \varepsilon_{ij}^{\text{local}} \mathrm{d}V^1 + \frac{1}{V^2}\int \varepsilon_{ij}^{\text{local}} \mathrm{d}V^2 + \cdots \tag{2.3-2b}$$

在推导过程中，将未破损材料定义为胶结元，将破损材料定义为摩擦元，在接下来的表述中，以角标 b 表示胶结元，以角标 f 表示摩擦元。给出破损率的如下定义：

$$\lambda_v = \frac{V^f}{V} \tag{2.3-3}$$

式中，λ_v 代表破损率；V、V^f 分别代表总体积、摩擦元所占体积。

依据破损率定义，将胶结元、摩擦元的应力、应变与总应力、总应变的关系表示为

$$\sigma_{ij} = (1-\lambda_v)\sigma_{ij}^b + \lambda_v \sigma_{ij}^f \tag{2.3-4a}$$

$$\varepsilon_{ij} = (1-\lambda_v)\varepsilon_{ij}^b + \lambda_v \varepsilon_{ij}^f \tag{2.3-4b}$$

由式(2.3-4)，可以得到应力、应变增量表达式如下：

$$\mathrm{d}\sigma_{ij} = \left(1-\lambda_v^0\right)\mathrm{d}\sigma_{ij}^b + \lambda_v^0 \mathrm{d}\sigma_{ij}^f + \mathrm{d}\lambda_v\left(\sigma_{ij}^{f0} - \sigma_{ij}^{b0}\right) \tag{2.3-5a}$$

$$\mathrm{d}\varepsilon_{ij} = \left(1-\lambda_v^0\right)\mathrm{d}\varepsilon_{ij}^b + \lambda_v^0 \mathrm{d}\varepsilon_{ij}^f + \mathrm{d}\lambda_v\left(\varepsilon_{ij}^{f0} - \varepsilon_{ij}^{b0}\right) \tag{2.3-5b}$$

式中，上角标 0 代表初始状态下的参数数值。

由胶结元和摩擦元的刚度矩阵 D_{ijkl}^{b}、D_{ijkl}^{f}，得到

$$d\sigma_{ij}^{b}=D_{ijkl}^{b}d\varepsilon_{kl}^{b} \tag{2.3-6a}$$

$$d\sigma_{ij}^{f}=D_{ijkl}^{f}d\varepsilon_{kl}^{f} \tag{2.3-6b}$$

由式(2.3-5b)得到摩擦元应变增量表达式为

$$d\varepsilon_{ij}^{f}=\frac{1}{\lambda_{v}^{0}}\left\{d\varepsilon_{ij}-\left(1-\lambda_{v}^{0}\right)d\varepsilon_{ij}^{b}-d\lambda_{v}\left(\varepsilon_{ij}^{f0}-\varepsilon_{ij}^{b0}\right)\right\} \tag{2.3-7}$$

将式(2.3-7)代入式(2.3-6b)可得摩擦元应力增量为

$$d\sigma_{ij}^{f}=D_{ijkl}^{f}d\varepsilon_{ij}^{f}=D_{ijkl}^{f}\frac{1}{\lambda_{v}^{0}}\left\{d\varepsilon_{kl}-\left(1-\lambda_{v}^{0}\right)d\varepsilon_{kl}^{b}-d\lambda_{v}\left(\varepsilon_{kl}^{f0}-\varepsilon_{kl}^{b0}\right)\right\} \tag{2.3-8}$$

将式(2.3-8)代入式(2.3-5a)可得到总应力增量的表达式：

$$d\sigma_{ij}=\left(1-\lambda_{v}^{0}\right)\left(D_{ijkl}^{b}-D_{ijkl}^{f}\right)d\varepsilon_{kl}^{b}+D_{ijkl}^{f}d\varepsilon_{kl}+D_{ijkl}^{f}d\lambda_{v}\left(\varepsilon_{kl}^{f0}-\varepsilon_{kl}^{b0}\right)-d\lambda_{v}\left(\sigma_{ij}^{b0}-\sigma_{ij}^{f0}\right) \tag{2.3-9}$$

引入应变集中系数张量 C_{ijlk}，得到胶结元应变 ε_{ij}^{b} 与总应变 ε_{kl} 的关系如下：

$$\varepsilon_{ij}^{b}=C_{ijkl}\varepsilon_{kl} \tag{2.3-10}$$

由式(2.3-10)给出 ε_{ij}^{b} 的增量形式为

$$d\varepsilon_{ij}^{b}=C_{ijkl}^{0}d\varepsilon_{kl}+\varepsilon_{kl}^{0}dC_{ijlkl} \tag{2.3-11}$$

将式(2.3-10)代入式(2.3-4b)得到应变集中系数表示摩擦元应变的表达式：

$$\varepsilon_{ij}^{f}=A_{ijkl}\varepsilon_{kl} \tag{2.3-12}$$

在式(2.3-12)中，A_{ijkl} 与应变集中系数有关，表达式为

$$A_{ijkl}=\frac{1}{\lambda_{v}}\left[I_{ijkl}-\left(1-\lambda_{v}\right)C_{ijkl}\right] \tag{2.3-13}$$

将式(2.3-11)代入式(2.3-5a)得到 $d\sigma_{ij}$ 的表达式：

$$\begin{aligned}d\sigma_{ij}=&\left[\left(1-\lambda_{v}^{0}\right)\left(D_{ijkl}^{b}-D_{ijkl}^{f}\right)C_{klmn}^{0}+D_{ijmn}^{f}\right]d\varepsilon_{mn}+\left(1-\lambda_{v}^{0}\right)\left(D_{ijkl}^{b}-D_{ijkl}^{f}\right)\varepsilon_{mn}^{0}dC_{klmn}\\&-D_{ijkl}^{f}d\lambda_{v}\left(\varepsilon_{kl}^{f0}-\varepsilon_{kl}^{b0}\right)-d\lambda_{v}\left(\sigma_{ij}^{b0}-\sigma_{ij}^{f0}\right)\end{aligned} \tag{2.3-14}$$

在加载初期，胶结元和摩擦元的模量分别为 D_{ijkl}^{b0}、D_{ijkl}^{f0}，则其应力应变关系为

$$\sigma_{ij}^{b0}=D_{ijkl}^{b0}\varepsilon_{kl}^{b0} \tag{2.3-15a}$$

$$\sigma_{ij}^{f0}=D_{ijkl}^{f0}\varepsilon_{kl}^{f0} \tag{2.3-15b}$$

且对胶结元、摩擦元的局部应变与单元体的应变有如下关系：

$$\varepsilon_{ij}^{b0}=C_{ijkl}^{0}\varepsilon_{kl}^{0} \tag{2.3-15c}$$

$$\varepsilon_{ij}^{f0}=A_{ijkl}^{0}\varepsilon_{kl}^{0} \tag{2.3-15d}$$

对式(2.3-14)进行简化，得到如下应力应变表达式：

$$\begin{aligned}d\sigma_{ij}=&\left[\left(1-\lambda_{v}^{0}\right)\left(D_{ijkl}^{b}-D_{ijkl}^{f}\right)C_{klmn}^{0}+D_{ijmn}^{f}\right]d\varepsilon_{mn}+\left(1-\lambda_{v}^{0}\right)\left(D_{ijkl}^{b}-D_{ijkl}^{f}\right)\varepsilon_{mn}^{0}dC_{klmn}\\&+\left[\left(D_{ijkl}^{f0}-D_{ijkl}^{f}\right)A_{klmn}^{0}+\left(D_{ijkl}^{f}-D_{ijkl}^{b0}\right)C_{klmn}^{0}\right]\varepsilon_{mn}^{0}d\lambda_{v}\end{aligned} \tag{2.3-16}$$

2.3.2　胶结元和摩擦元的应力应变关系

在三轴试验条件下，体应变和剪应变可以简化如下。

体积应变：

$$\varepsilon_v = \varepsilon_{ii} = \varepsilon_1 + \varepsilon_2 + \varepsilon_3 = \varepsilon_1 + 2\varepsilon_3 \tag{2.3-17}$$

广义剪应变：

$$\varepsilon_s = \sqrt{\frac{2}{3}\left(\varepsilon_{ij} - \frac{1}{3}\delta_{ij}\varepsilon_{kk}\right)\left(\varepsilon_{ij} - \frac{1}{3}\delta_{ij}\varepsilon_{kk}\right)} = \frac{\sqrt{2}}{3}\left[\left(\varepsilon_1 - \varepsilon_2\right)^2 + \left(\varepsilon_2 - \varepsilon_3\right)^2 + \left(\varepsilon_3 - \varepsilon_1\right)^2\right]^{\frac{1}{2}} \tag{2.3-18}$$

2.3.2.1　胶结元的本构关系

在试验前及加载初期试样未破损前，试样整体都是胶结元，力学特性表现为线弹性，可以用线弹性本构模型来描述其力学行为，依据线弹性模型，给出：

$$\mathrm{d}\sigma_{ij}^b = D_{ijkl}^b \mathrm{d}\varepsilon_{kl}^b \tag{2.3-19}$$

对式(2.3-19)进行三轴压缩试验化简后的应力应变关系如下：

$$\begin{Bmatrix} \mathrm{d}\sigma_1 \\ \mathrm{d}\sigma_3 \end{Bmatrix}_b = \frac{E_b}{(1+\nu_b)(1-2\nu_b)}\begin{bmatrix} 1-\nu_b & 2\nu_b \\ \nu_b & 1 \end{bmatrix}\begin{Bmatrix} \mathrm{d}\varepsilon_1 \\ \mathrm{d}\varepsilon_3 \end{Bmatrix}_b \tag{2.3-20}$$

式中，ν_b、E_b 分别为胶结元的泊松比和弹性模量，泊松比由前人经验确定，弹性模量可以通过试验初期的试验曲线来确定。

2.3.2.2　摩擦元的本构关系

摩擦元采用理想弹塑性本构模型，屈服准则采用莫尔-库仑屈服准则。在外荷载作用下，胶结元逐渐转换为摩擦元，在胶结元转换为摩擦元之后，根据理想弹塑性本构模型的定义，摩擦元受外荷载作用而未达到屈服时，应力状态表现为线弹性，即有三轴压缩试验简化后的应力应变关系为

$$\begin{Bmatrix} \mathrm{d}\sigma_1 \\ \mathrm{d}\sigma_3 \end{Bmatrix}_f = \frac{E_f}{\left(1+\nu_f\right)\left(1-2\nu_f\right)}\begin{bmatrix} 1-\nu_f & 2\nu_f \\ \nu_f & 1 \end{bmatrix}\begin{Bmatrix} \mathrm{d}\varepsilon_1 \\ \mathrm{d}\varepsilon_3 \end{Bmatrix}_f = D_{ijkl}^f \begin{Bmatrix} \mathrm{d}\varepsilon_1 \\ \mathrm{d}\varepsilon_3 \end{Bmatrix}_f \tag{2.3-21}$$

式中，ν_f、E_f 分别为摩擦元的泊松比和弹性模量，泊松比由前人经验确定，弹性模量可以根据试验获取的试验曲线达到残余强度时的数据取值。

给出莫尔-库仑屈服准则的屈服函数形式如下：

$$f = \frac{1}{2}(\sigma_1 - \sigma_3) - \frac{1}{2}(\sigma_1 + \sigma_3)\sin\varphi - c\cos\varphi \tag{2.3-22}$$

采用非相关联的流动法则，给出塑性势函数形式：

$$g = \frac{1}{2}(\sigma_1 - \sigma_3) - \frac{1}{2}(\sigma_1 + \sigma_3)K_1\sin\varphi - c\cos\varphi \tag{2.3-23}$$

在试验中，胶结元逐渐向摩擦元过渡，在这个过程中，破损率 λ_v 逐渐增大，根据破损率定义，初始破损率为 0，在达到破坏时增长到 1。在试样破坏时，胶结冰失去胶结作

用，摩擦元呈现出松散的冰颗粒的状态，其力学性质类似于无黏性土，表现为塑性流动的趋势，在判断摩擦元的应力应变状态达到屈服后，线弹性阶段的刚度矩阵 D_{ijkl}^{fe} 不再适用，给出屈服后的刚度矩阵形式 D_{ijkl}^{fep} 。

对于理想弹塑性模型，应变增量有如下关系：

$$\mathrm{d}\varepsilon_{ij}^{f}=\mathrm{d}\varepsilon_{ij}^{fe}+\mathrm{d}\varepsilon_{ij}^{fp} \tag{2.3-24}$$

$$\mathrm{d}\sigma_{ij}^{f}=D_{ijkl}^{fe}\mathrm{d}\varepsilon_{kl}^{fe} \tag{2.3-25}$$

$$\mathrm{d}\varepsilon_{ij}^{p}=\mathrm{d}\lambda\frac{\partial g}{\partial\sigma_{ij}} \tag{2.3-26}$$

将式(2.3-24)、式(2.3-26)代入式(2.3-25)，有

$$\mathrm{d}\sigma_{ij}^{f}=D_{ijkl}^{fe}\left(\mathrm{d}\varepsilon_{ij}^{f}-\mathrm{d}\lambda\frac{\partial g}{\partial\sigma_{ij}}\right) \tag{2.3-27}$$

在塑性变形时，应力点保持在屈服面上，给出一致性条件：

$$f\left(\sigma_{ij}+\mathrm{d}\sigma_{ij}\right)=f\left(\sigma_{ij}\right)+\mathrm{d}f\left(\sigma_{ij}\right)=0 \tag{2.3-28}$$

$$\mathrm{d}f=\frac{\partial f}{\partial\sigma_{ij}}D_{ijkl}^{fe}\left(\mathrm{d}\varepsilon_{ij}-\mathrm{d}\lambda\frac{\partial g}{\partial\sigma_{ij}}\right)=0 \tag{2.3-29}$$

由式(2.3-29)得到 $\mathrm{d}\lambda$ 的表达式：

$$\mathrm{d}\lambda=\frac{1}{H}\frac{\partial f}{\partial\sigma_{ij}}D_{ijkl}^{fe}\mathrm{d}\varepsilon_{kl} \tag{2.3-30}$$

其中，

$$H=\frac{\partial f}{\partial\sigma_{ij}}D_{ijkl}^{fe}\frac{\partial g}{\partial\sigma_{kl}} \tag{2.3-31}$$

由式(2.3-27)、式(2.3-30)可以给出摩擦元屈服以后的应力应变关系：

$$\mathrm{d}\sigma_{ij}^{f}=D_{ijkl}^{fep}\mathrm{d}\varepsilon_{kl}^{f} \tag{2.3-32}$$

在式(2.3-32)中 D_{ijkl}^{fep} 为摩擦元屈服后的刚度矩阵，形式如下：

$$D_{ijkl}^{fep}=D_{ijkl}^{fe}-\frac{1}{H}H_{ij}^{*}H_{kl} \tag{2.3-33}$$

其中 H_{ij}^{*}、H_{kl} 的形式为

$$H_{ij}^{*}=D_{ijmn}^{fe}\frac{\partial g}{\partial\sigma_{mn}} \tag{2.3-34}$$

$$H_{kl}=\frac{\partial f}{\partial\sigma_{pq}}D_{pqkl}^{fe} \tag{2.3-35}$$

2.3.3 破损率与应变集中系数

2.3.3.1 破损率

破损率与材料的应变水平有关，即 $\lambda_v=f\left(\varepsilon_v,\ \varepsilon_s\right)$，在试验过程中，胶结元向摩擦元

转化，其变化区间从 0 到 1，破损率函数形式采用经验公式：

$$\lambda_v = 1 - \exp\left[-\left(a_v\varepsilon_v\right)^{r_v} - \left(a_s\varepsilon_s\right)^{r_s}\right] \tag{2.3-36}$$

在三轴压缩试验条件下简化可得

$$\lambda_v = 1 - \exp\left\{-\left\{\left(\varepsilon_1 + 2\varepsilon_3\right)a_v\right\}^{r_v} - \left[\frac{2}{3}\left(\varepsilon_1 - \varepsilon_3\right)a_s\right]^{r_s}\right\} \tag{2.3-37}$$

所需要确定的参数包括a_v、a_s、r_v、r_s。

对式(2.3-37)偏导可得

$$\begin{aligned} \mathrm{d}\lambda_v =& \left[a_v r_v\left(a_v\varepsilon_v\right)^{r_v-1} + \frac{2}{3}a_s r_s\left(a_s\varepsilon_s\right)^{r_s-1}\right]\exp\left[-\left(a_v\varepsilon_v\right)^{r_v} - \left(a_s\varepsilon_s\right)^{r_s}\right]\mathrm{d}\varepsilon_1 \\ &+ \left[2a_v r_v\left(a_v\varepsilon_v\right)^{r_v-1} - \frac{2}{3}a_s r_s\left(a_s\varepsilon_s\right)^{r_s-1}\right]\exp\left[-\left(a_v\varepsilon_v\right)^{r_v} - \left(a_s\varepsilon_s\right)^{r_s}\right]\mathrm{d}\varepsilon_3 \end{aligned} \tag{2.3-38}$$

2.3.3.2　应变集中系数

应变集中系数与材料的应变水平有关，此处简化为一标量，即$C = f\left(\varepsilon_v, \ \varepsilon_s\right)$，它可以表征选取的代表性单元的胶结元应变与总应变的关系，在试验初期，应变集中系数为 1，在受外荷载作用时，逐渐变化，其函数形式采用经验公式：

$$C = \exp\left[-\left(t_v\varepsilon_v\right)^{u_v} - \left(t_s\varepsilon_s\right)^{u_s}\right] \tag{2.3-39}$$

在三轴压缩试验条件下简化可得

$$C = \exp\left\{-\left\{\left(\varepsilon_1 + 2\varepsilon_3\right)t_v\right\}^{u_v} - \left[\frac{2}{3}\left(\varepsilon_1 - \varepsilon_3\right)t_s\right]^{u_s}\right\}. \tag{2.3-40}$$

所需要确定的参数有t_v、t_s、u_v、u_s。

由式(2.3-40)得到其增量表达式为

$$\begin{aligned} \mathrm{d}C =& -\left[t_v u_v\left(t_v\varepsilon_v\right)^{u_v-1} + \frac{2}{3}t_s u_s\left(t_s\varepsilon_s\right)^{u_s-1}\right]\exp\left[-\left(t_v\varepsilon_v\right)^{u_v} - \left(t_s\varepsilon_s\right)^{u_s}\right]\mathrm{d}\varepsilon_1 \\ & -\left[2t_v u_v\left(t_v\varepsilon_v\right)^{u_v-1} - \frac{2}{3}t_s u_s\left(t_s\varepsilon_s\right)^{u_s-1}\right]\exp\left[-\left(t_v\varepsilon_v\right)^{u_v} - \left(t_s\varepsilon_s\right)^{u_s}\right]\mathrm{d}\varepsilon_3 \end{aligned} \tag{2.3-41}$$

2.3.4　模型验证

在以上推导的本构模型中，胶结元的参数为弹性模量 E_b 和泊松比ν_b；摩擦元的参数为弹性模量 E_f、泊松比ν_f、黏聚力 c 和内摩擦角 φ；破损率的参数为 a_v、r_v、a_s、r_s；应变集中系数的参数为 t_s、u_s、t_v、u_v；塑性势函数中的参数为K_1。其中，胶结元、摩擦元的参数由试验结果给出，破损率、应变集中系数等参数通过模拟试验数据得到。

针对−2℃试验条件下多晶冰试样的应力应变曲线和体变曲线(苏雨，2020)，给出围压分别为 0.5MPa、1MPa、3MPa、4MPa 下试验曲线与模拟曲线的对比，如图 2.3.2 所示。本构关系的参数值如表 2.3-1 和表 2.3-2 所示。

表 2.3-1 胶结元和摩擦元的参数

胶结元	
E_b	$18.509(\sigma_3/p_a)^{1.060}+462.137$
ν_b	0.31
摩擦元	
E_f	$0.383(\sigma_3/p_a)^{1.719}+392.209$
ν_f	0.34
c	0.95
φ	0.2°
塑性势函数	
K_1	$16320.287(\sigma_3/p_a)^{-1.004}$

表 2.3-2 结构参数

破损率(breakage ratio)	
a_v	$88.951(\sigma_3/p_a)^{0.223}$
r_v	2.0
a_s	$-41.401(\sigma_3/p_a)^{0.325}+133.383$
r_s	$3.203(\sigma_3/p_a)^{-0.363}$
应变集中系数	
t_s	$159.840(\sigma_3/p_a)^{-0.559}$
u_s	$0.004(\sigma_3/p_a)^{1.851}+2.101$
t_v	$34.181(\sigma_3/p_a)^{0.754}$
u_v	1.0

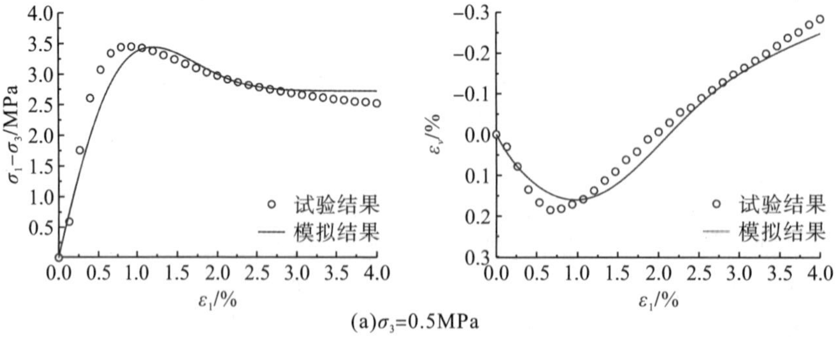

(a)σ_3=0.5MPa

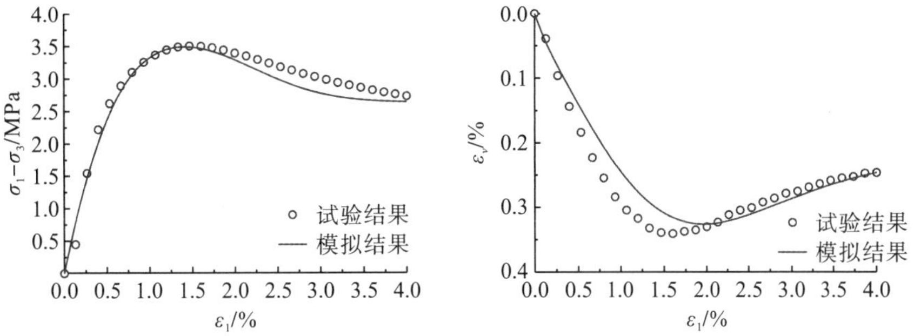

(b)σ_3=1MPa

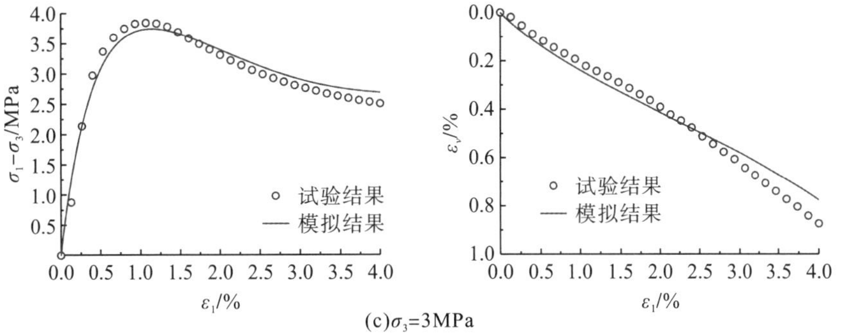

(c)σ_3=3MPa

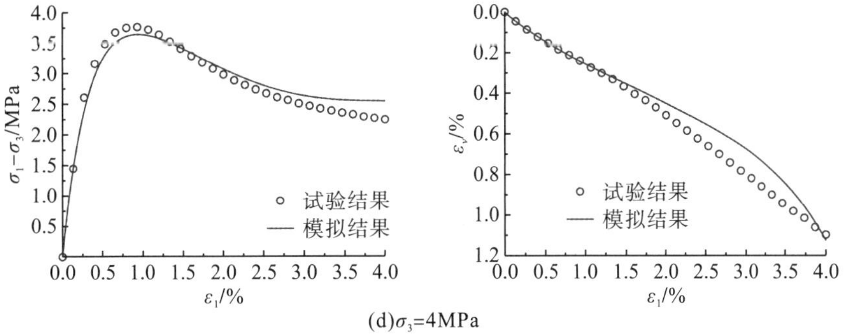

(d)σ_3=4MPa

图 2.3-2　不同围压下试验曲线与计算曲线的对比

通过图 2.3-2 可以发现，试验曲线与模拟曲线具有相似的变化趋势，且峰值相近。在初始阶段，应力应变曲线近似线弹性关系，符合对胶结元的定义，该模型可以很好地模拟出试样的应变软化特性；对于体变曲线，可以模拟出低围压下体积应变从剪缩到剪胀的现象以及高围压下体积应变呈现剪缩的现象。表明所建立的模型的合理性。

以 $\sigma_3=0.5\text{MPa}$ 为例，进行部分参数的敏感性分析，给出随参数变化时模拟曲线的变化趋势如图 2.3-3 所示。

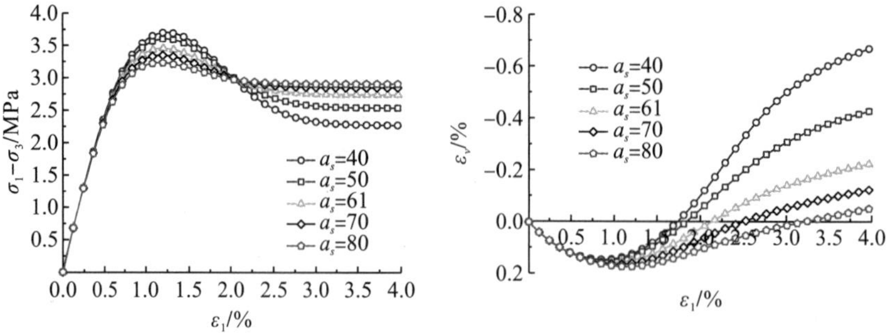

(a)参数a_s对应力应变曲线和体变曲线的影响

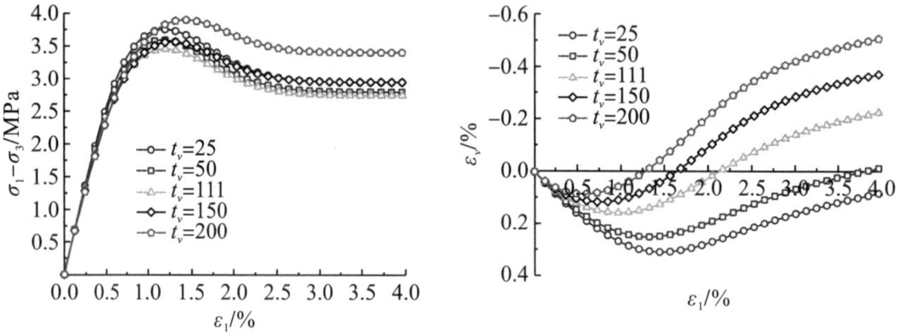

(b)参数t_v对应力应变曲线和体变曲线的影响

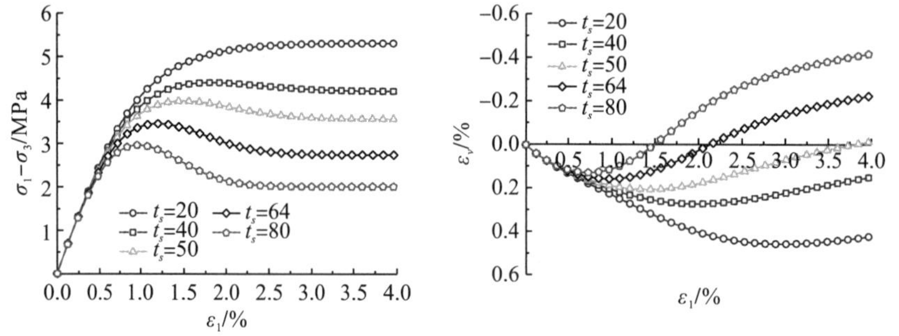

(c)参数t_s对应力应变曲线和体变曲线的影响

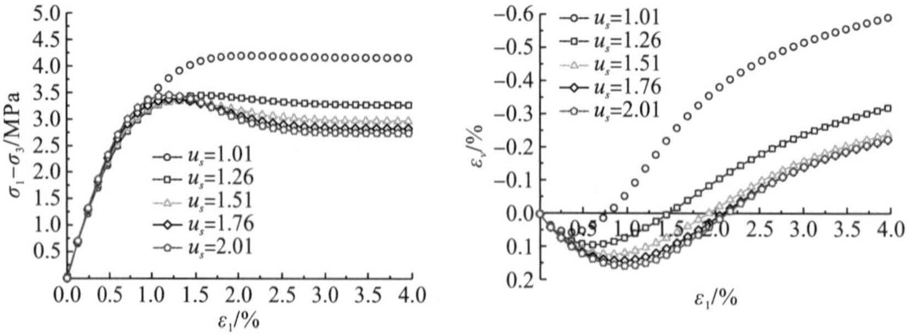

(d)参数u_s对应力应变曲线和体变曲线的影响

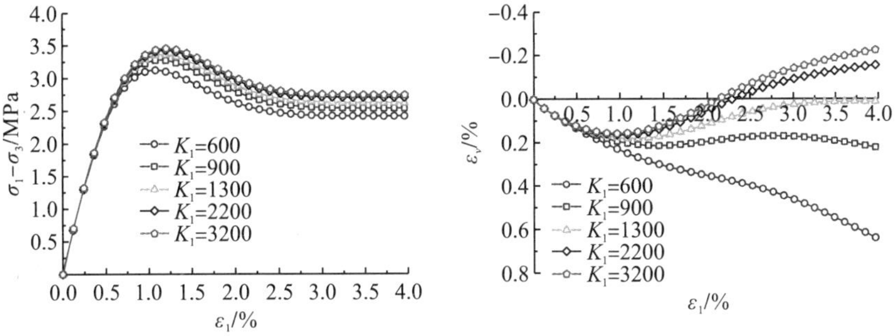

(e)参数K_1对应力应变曲线和体变曲线的影响

图 2.3-3　模型参数的敏感性分析

对参数曲线进行分析：随着 a_s 的增大，应力应变曲线峰值强度降低，残余强度增高，软化程度降低，体变曲线体胀程度下降；t_v 对应力应变曲线影响较小，对体变曲线，在数值较小时整体表现为体缩；随着 t_s 的增大，应力应变曲线由应变硬化转化为应变软化，强度降低，体变曲线体胀趋势增大，体变整体由体缩变为体胀；u_s 的增大会使应力应变曲线软化趋势增加，在较低数值时对峰值强度影响较大，对体变曲线影响较小，曲线表现为先体缩后体胀；K_1 对应力应变曲线影响较小，对体变曲线影响较大，随着数值的减小，体变曲线由先体缩后体胀变为完全体缩。

本节对人工制备的多晶冰在三轴压缩状态下的应力应变关系进行了模拟，更详细的介绍参见文献(Kang et al.，2023)，但是冰具有很强的流变性，本节忽略了流变性的影响。采用考虑黏塑性的二元介质本构模型，可以对该多晶冰的试验结果进行更为合理的描述。

第 2.4 节　岩石的二元介质本构模型

2.4.1　完整岩样的二元介质本构模型

2.4.1.1　双参数形式的二元介质本构模型

二元介质材料是一种非均质材料，取一个代表性体积单元(RVE)，由均匀化理论，经推导可以得到以下的应力和应变的表达式(见 1.4 节)：

$$\{\sigma\}=(1-\lambda)\{\sigma\}_b+\lambda\{\sigma\}_f \tag{2.4-1}$$

$$\{\varepsilon\}=(1-\lambda)\{\varepsilon\}_b+\lambda\{\varepsilon\}_f \tag{2.4-2}$$

其中，$\{\sigma\}$、$\{\varepsilon\}$ 分别为该单元的平均应力和平均应变；$\{\sigma\}_b$、$\{\varepsilon\}_b$ 和 $\{\sigma\}_f$、$\{\varepsilon\}_f$ 分别为胶结元和摩擦元的局部应力和局部应变；λ 为摩擦元所占的体积率。

引入如下定义。

平均应力和广义剪应力分别为

$$\sigma_m=\sigma_{kk}/3，\quad \sigma_s=\sqrt{3s_{ij}s_{ij}/2} \tag{2.4-3}$$

体应变和广义剪应变分别为

$$\varepsilon_v = \varepsilon_{kk}, \quad \varepsilon_s = \sqrt{2e_{ij}e_{ij}/3} \tag{2.4-4}$$

式中，$s_{ij} = \sigma_{ij} - \sigma_{kk}\delta_{ij}$；$e_{ij} = \varepsilon_{ij} - \varepsilon_{kk}\delta_{ij}/3$；$\sigma_{ij}$ 为应力；ε_{ij} 为应变；δ_{ij} 为 kronecker 符号。

下面把应力分解为平均应力和剪应力，相应的应变分解为体应变和剪应变。引入体积破损率 λ_v 和面积破损率 λ_s，胶结元的量用下标 b 表示，摩擦元的量用下标 f 表示，则式(2.4-1)和式(2.4-2)可以改写如下：

$$\sigma_m = (1-\lambda_v)\sigma_{mb} + \lambda_v\sigma_{mf} \tag{2.4-5}$$

$$\varepsilon_v = (1-\lambda_v)\varepsilon_{vb} + \lambda_v\varepsilon_{vf} \tag{2.4-6}$$

$$\sigma_s = (1-\lambda_s)\sigma_{sb} + \lambda_s\sigma_{sf} \tag{2.4-7}$$

$$\varepsilon_s = (1-\lambda_s)\varepsilon_{sb} + \lambda_s\varepsilon_{sf} \tag{2.4-8}$$

令 $\Delta\sigma_m$、$\Delta\sigma_{mb}$、$\Delta\sigma_{mf}$，$\Delta\varepsilon_v$、$\Delta\varepsilon_{vb}$、$\Delta\varepsilon_{vf}$，$\Delta\sigma_s$、$\Delta\sigma_{sb}$、$\Delta\sigma_{sf}$，$\Delta\varepsilon_s$、$\Delta\varepsilon_{sb}$、$\Delta\varepsilon_{sf}$ 和 $\Delta\lambda_v$、$\Delta\lambda_s$ 为相应的增量。假定胶结元有如下的应力应变关系：

$$\Delta\sigma_{mb} = K_{mvb}\Delta\varepsilon_{vb} + K_{msb}\Delta\varepsilon_{sb} \tag{2.4-9}$$

$$\Delta\sigma_{sb} = K_{svb}\Delta\varepsilon_{vb} + K_{ssb}\Delta\varepsilon_{sb} \tag{2.4-10}$$

摩擦元有如下的应力应变关系：

$$\Delta\sigma_{mf} = K_{mvf}\Delta\varepsilon_{vf} + K_{msf}\Delta\varepsilon_{sf} \tag{2.4-11}$$

$$\Delta\sigma_{sf} = K_{svf}\Delta\varepsilon_{vf} + K_{ssf}\Delta\varepsilon_{sf} \tag{2.4-12}$$

其中 K_{mvb}、K_{msb}、K_{svb}、K_{ssb}、K_{mvf}、K_{msf}、K_{svf}、K_{ssf} 可以根据胶结元和摩擦元所服从的变形规律求出。

引入局部应变系数 c_v 和 c_s，则有下式：

$$\varepsilon_{vb} = c_v\varepsilon_v \tag{2.4-13}$$

$$\varepsilon_{sb} = c_s\varepsilon_s \tag{2.4-14}$$

令

$$B_v = c_v^0 + \frac{\partial c_v}{\partial \varepsilon_v}\varepsilon_v^0 \tag{2.4-15}$$

$$B_s = c_s^0 + \frac{\partial c_s}{\partial \varepsilon_s}\varepsilon_s^0 \tag{2.4-16}$$

可得

$$\Delta\varepsilon_{vb} = B_v\Delta\varepsilon_v \tag{2.4-17}$$

$$\Delta\varepsilon_{sb} = B_s\Delta\varepsilon_s \tag{2.4-18}$$

由以上各式，可以推导得到如下应力应变增量表达式：

$$\begin{aligned}\Delta\sigma_m = &[(1-\lambda_v^0)K_{mvb}B_v + K_{mvf} - K_{mvf}(1-\lambda_v^0)B_v]\Delta\varepsilon_v \\ &+[(1-\lambda_v^0)K_{msb}B_s + \frac{\lambda_v^0}{\lambda_s^0}K_{msf} - \frac{\lambda_v^0}{\lambda_s^0}K_{msf}(1-\lambda_s^0)B_s]\Delta\varepsilon_s \\ &-K_{mvf}\Delta\lambda_v\frac{1}{\lambda_v^0}(1-c_v^0)\varepsilon_v^0 - \frac{\lambda_v^0}{\lambda_s^0}\Delta\lambda_s K_{msf}\frac{1}{\lambda_s^0}(1-c_s^0)\varepsilon_s^0 + \frac{\Delta\lambda_v}{\lambda_v^0}(\sigma_m^0 - \sigma_{mb}^0)\end{aligned} \tag{2.4-19}$$

$$\Delta\sigma_s = [(1-\lambda_s^0)K_{svb}B_v + \frac{\lambda_s^0}{\lambda_v^0}K_{svf} - \frac{\lambda_s^0}{\lambda_v^0}K_{svf}(1-\lambda_v^0)B_v]\Delta\varepsilon_v$$

$$+[(1-\lambda_s^0)K_{ssb}B_s + K_{ssf} - K_{ssf}(1-\lambda_s^0)B_s]\Delta\varepsilon_s$$

$$-\frac{\lambda_s^0}{\lambda_v^0}K_{svf}\Delta\lambda_v\frac{1}{\lambda_v^0}(1-c_v^0)\varepsilon_v^0 - \Delta\lambda_s K_{ssf}\frac{1}{\lambda_s^0}(1-c_s^0)\varepsilon_s^0 + \frac{\Delta\lambda_s}{\lambda_s^0}(\sigma_s^0 - \sigma_{sb}^0) \tag{2.4-20}$$

2.4.1.2　模型参数确定

1. 胶结元的参数确定

胶结元的应力应变特性可以假定为理想弹脆性的，即有如下的关系：

$$\Delta\sigma_{mb} = K_b\Delta\varepsilon_{vb} \tag{2.4-21a}$$

$$\Delta\sigma_{sb} = 3G_b\Delta\varepsilon_{sb} \tag{2.4-21b}$$

其中，K_b 和 G_b 为胶结元的体积模量和剪切模量，可以取试样受荷初始的值，即通过没有破损的试样进行测定。

2. 摩擦元的参数确定

摩擦元为胶结元破损后转化来的，其胶结强度已经完全丧失，应力应变特性可以用岩样完全破损后的试样的应力应变特性来描述。此处采用弹塑性的应力应变特性进行描述，具体如下。

屈服面为

$$f_f - \frac{\sigma_{mf}}{\sigma_{sf}} - M_f = 0 \tag{2.4-22}$$

式中，M_f 为临界应力比。

摩擦元的塑性体应变与塑性剪应变的比值为

$$d_f = \frac{\Delta\varepsilon_{vf}^p}{\Delta\varepsilon_{sf}^p} = M_f - \eta_f \tag{2.4-23}$$

式中，$\eta_f = \sigma_{mf} / \sigma_{sf}$，为有效应力比。则可以得到：

$$\Delta\sigma_{mf} = (K_f + A_f K_f^2\eta_f d_f)\Delta\varepsilon_{vf} - 3A_f K_f G_f d_f \Delta\varepsilon_{sf} \tag{2.4-24}$$

$$\Delta\sigma_{sf} = (3A_f K_f G_f \eta_f)\Delta\varepsilon_{vf} + (3G_f + 9A_f G_f^2)\Delta\varepsilon_{sf} \tag{2.4-25}$$

即对应的式(2.4-11)和式(2.4-12)中的

$$K_{mvf} = K_f + A_f K_f^2\eta_f d_f, \quad K_{msf} = -3A_f K_f G_f d_f$$

$$K_{svf} = 3A_f K_f G_f \eta_f, \quad K_{ssf} = 3G_f + 9A_f G_f^2$$

式中，$A_f = 1/(K_f\eta_f d_f - 3G_f - H_{pf})$；$K_f$ 为摩擦元的弹性体积模量；G_f 为摩擦元的弹性剪切模量；H_{pf} 为摩擦元的塑性硬化模量。取 $G_f = p_a G_{0f}(\sigma_c / \sigma_r)^{N_R}(\sigma_{mf} / p_a)^{0.5}$，$K_f = G_f \dfrac{2(1+\nu_f)}{3(1-2\nu_f)}$，$p_a$ 为标准大气压，G_{0f} 和 N_R 为无量纲数，σ_r 为试样的残余强度或残

余偏应力，ν_f 为摩擦元的泊松比。$H_{pf}=h_f G_f\left(\dfrac{M_f}{\eta_f}-1.0\right)^{n_f}$，其中 h_f 和 n_f 为模型参数。

3. 破损率 λ_v 和 λ_s 的确定

破损率随应力水平和应变水平而变化，对于岩样来说，破损率与其加载过程中产生的微裂纹的形成和扩展密切相关。胶结元在破损过程中逐渐转化为摩擦元，所以破损率是从 0 到 1 逐渐变化的。此处采用应变水平来表征破损率的变化规律。

体积破损率采用下式：

$$\lambda_v = 1 - \mathrm{e}^{-a_v \varepsilon_v^{n_v}} \tag{2.4-26}$$

对于变形过程中体积发生膨胀的情况，取膨胀后的体积破损率与刚开始膨胀的相同。由于此时会有破损带出现，剪胀的影响可以由面积破损率反映。

面积破损率采用下式：

$$\lambda_s = 1 - \mathrm{e}^{-a_s \varepsilon_s^{n_s}} \tag{2.4-27}$$

式中，a_v、a_s、n_v、n_s 为模型参数。

式(2.4-26)和式(2.4-27)中体积破损率和面积破损率的演化规律如图 2.4-1(a)和(b)所示。

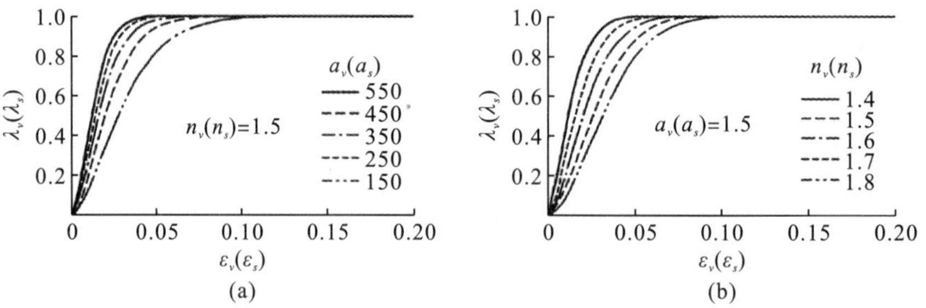

图 2.4-1 破损率演化规律

4. 应变集中系数的确定

应变集中系数建立了代表性单元的应变和胶结元的应变之间的关系，可以通过参数拟合的办法确定。令

$$c_v = \mathrm{e}^{-t_v \varepsilon_v^{r_v}} \tag{2.4-28}$$

$$c_s = \mathrm{e}^{-t_s \varepsilon_s^{r_s}} \tag{2.4-29}$$

其中，t_v、r_v、t_s、r_s 为模型参数，通过曲线拟合确定。

2.4.1.3 试验验证

试验验证的砂岩为细粒泥质胶结，取自汶川地震区附近，微风化，岩样无可见节理，完整性好。砂岩岩样为直径为 50mm、高度为 100mm 的圆柱样，密度为 2.33g/cm^3。试验设备为 MTS-815 岩石与混凝土试验系统，该系统包括加载架、轴向加荷系统和数据处理系统，可以进行三轴静力岩样试验，加载方式采用轴向位移控制，加载速率为 0.005mm/s。

共进行了围压为 2MPa、10MPa 和 40MPa 的三轴试验结果与模型模拟结果的对比。所采用的计算参数如下：$K_b = K_{b0}(\sigma_{3b}/p_a)^{N_K}$，$G_b = G_{b0}(\sigma_{3b}/p_a)^{N_G}$，$K_{b0} = 760.3\text{MPa}$，$G_{b0} = 3893.0\text{MPa}$，$N_K = 0.533$，$N_G = 0.285$，$G_{0f} = 4705$，$N_R = 1.341$，$\nu_f = 0.03$，$h_f = 0.56$，$n_f = 4.2$，$M_f = 2.5$，$a_v = 8.0$，$n_v = 0.97$，$a_s = 180.0$，$n_s = 1.02$，$t_v = 1.0$，$t_s = 0.95$，$r_v = 2.7$，$r_s = 3.25$。计算结果如图 2.4-2 所示，可见建议的模型可以模拟砂岩岩样在不同围压作用时的应力-应变和体积变化特性，即可以模拟岩样在不同围压下的不同程度的应变软化现象以及先体缩后剪胀的体变规律，具体参见文献(刘恩龙等，2012)。

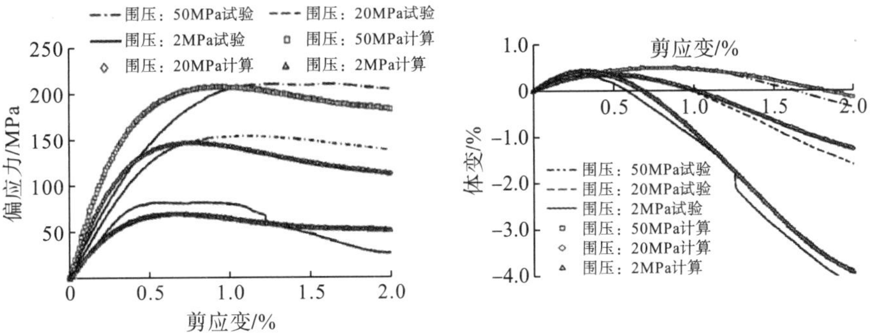

(a)应力-应变关系　(b)体变-应变关系

图 2.4-2　砂岩试验验证

2.4.2　节理岩样的二元介质本构模型

2.4.2.1　泥岩样的破损机理

二元介质的示意图如图 2.4-3 所示，其中胶结元由弹簧(E_b)和胶结杆 b 组成，具有弹脆性力学性质；而摩擦元由弹簧(E_f)和塑料滑片 f 组成，具有弹塑性力学性质。胶结杆在达到一定应力、应变水平后会发生破坏，转变为滑片结构。结构在受荷过程中，弹性胶结元首先受力变形，整体结构表现为弹性性质。随着荷载的增加，胶结元逐渐破坏并转化为摩擦元，两者共同变形并承担荷载，结构表现出弹塑性力学行为。

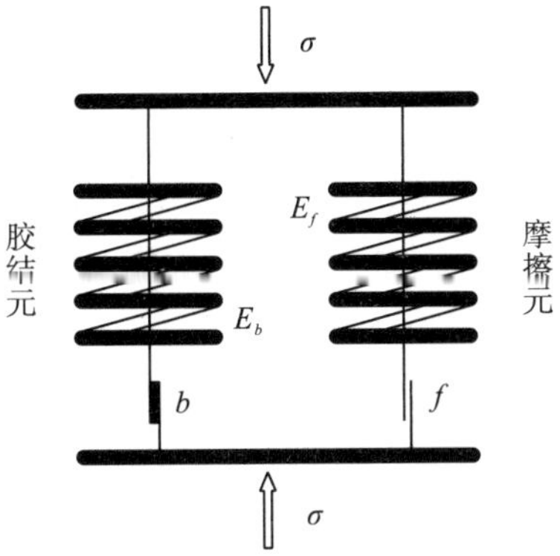

图 2.4-3　二元介质示意图

泥岩通常指弱固结黏土经过一定程度后生作用(如挤压、脱水、重结晶、胶结作用)而形成的岩石，其具有黏土矿物含量高、胶结物丰富、孔隙较为发育的特性。基于上述二元介质概念，将胶结强度大、模量高的局部准连续区域视为胶结元，将胶结作用弱、主要通过摩擦达到抗剪作用的局部区域视为摩擦元。图 2.4-4 给出了单个胶结元以及其相对应摩擦元的示意图，并展示了胶结元破碎、变形和转化的过程。天然岩样中存在着无数个胶结元和摩擦元，同时假定这些细观单元为均匀且随机分布的。

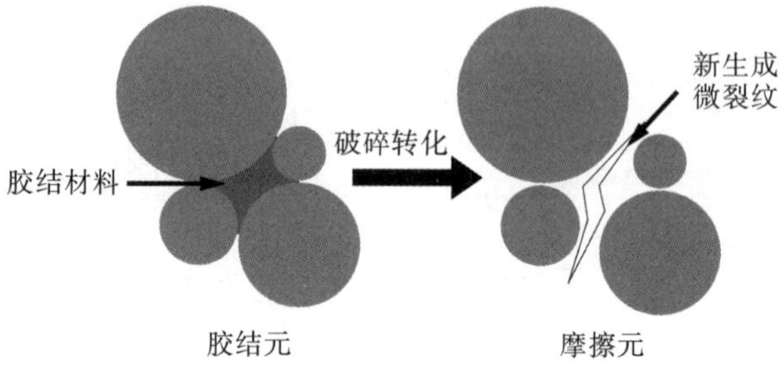

图 2.4-4 胶结元破碎、转化示意图

一般来说，岩石在围压条件下表现出应变软化的特性。岩样在初始加载过程中，首先表现出弹性，此时胶结作用在加载过程中起主导作用。随着应力的增加，局部胶结单元受力达到其胶结强度，导致部分胶结元破碎转化为摩擦元，岩样表现为不断产生新的微裂纹。这也标志着试样进入弹塑性变形阶段。随着外力的持续增加，摩擦元的比例也逐渐增加，由于摩擦元变形模量、强度较低，最终导致补偿应力不足，试样达到最大承载能力。此时岩样表现为微裂纹的扩展、贯通并与宏观裂纹相融合。最后，试样进入应变软化阶段，这一阶段也标志着岩样的完全破坏。在二元介质本构模型中，为建立宏观和细观参数之间的联系，引入破损率来表征胶结元破坏并向摩擦元转化的程度，引入应变集中系数来反映局部应变和宏观应变之间的关系。

2.4.2.2 节理泥岩样的二元介质本构模型

1. 二元介质本构模型

选取一个代表性体积单元(RVE)为研究对象，其局部应力应变关系有

$$\sigma_{ij}^{\text{local}} = D_{ijkl}^{\text{local}} \varepsilon_{ij}^{\text{local}} \tag{2.4-30}$$

其中，$\sigma_{ij}^{\text{local}}$、$\varepsilon_{ij}^{\text{local}}$以及$D_{ijkl}^{\text{local}}$分别代表局部应力、应变以及刚度张量。

为建立代表性单元体(RVE)中局部应力/应变与宏观应力/应变之间的力学关系，引入均匀化理论。均匀化理论是复合材料从微观(细观)向宏观过渡的一种严谨数学方法。采用这种方法，具有高度非均匀性(微观、细观层面)的非均质材料可以通过均质材料来反映。岩样均匀化过程的示意图如图 2.4-5 所示。图 2.4-5(a)为由非均质材料所组成的宏观 RVE，随机选取一个细观区域Ω[图 2.4-5(b)]，该材料内含有不同力学性能的 n 相组分。通过将不同相的力学特性贡献程度与其体积比联系起来，可以用局部均匀材料的力学性质积分来

表达并推导出宏观尺度上的力学性质。图 2.4-5(c)表示均匀化后等效均质材料的任意细观单元。

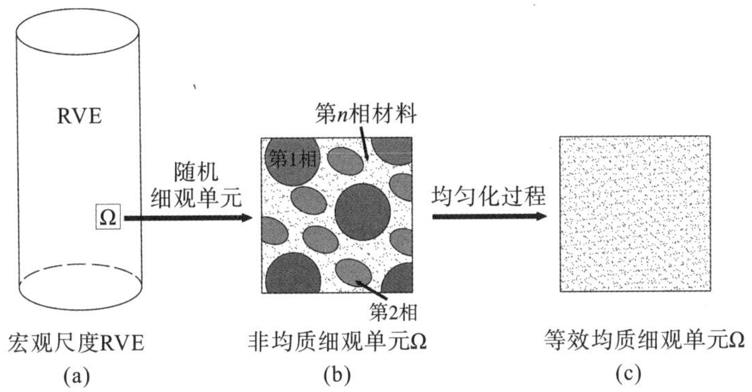

图 2.4-5　岩样的均匀化进程

应用上述均匀化理论，得到多相材料的宏观力学参数有

$$\sigma_{ij}^{\text{average}}=\frac{1}{V}\int\sigma_{ij}^{\text{local}}\mathrm{d}V=\frac{1}{V^1}\int\sigma_{ij}^{1}\mathrm{d}V^1+\frac{1}{V^2}\int\sigma_{ij}^{2}\mathrm{d}V^2+\cdots+\frac{1}{V^n}\int\sigma_{ij}^{n}\mathrm{d}V^n \tag{2.4-31}$$

其中，V 为 RVE 体积；V^i 为第 i 相材料的体积；$\sigma_{ij}^{\text{average}}$ 和 σ_{ij}^{i} 分别表征代表性单元体以及材料 i 的平均应力，其中 $i=1,2,\cdots,n$。

通过对相内材料运用均匀化理论，胶结元的应力及应变如下：

$$\sigma_{ij}^{b}=\frac{1}{V^b}\int\sigma_{ij}^{\text{local}}\mathrm{d}V^b \tag{2.4-32}$$

$$\varepsilon_{ij}^{b}=\frac{1}{V^b}\int\varepsilon_{ij}^{\text{local}}\mathrm{d}V^b \tag{2.4-33}$$

相似地，摩擦元的应力及应变有

$$\sigma_{ij}^{f}=\frac{1}{V^f}\int\sigma_{ij}^{\text{local}}\mathrm{d}V^f \tag{2.4-34}$$

$$\varepsilon_{ij}^{f}=\frac{1}{V^f}\int\varepsilon_{ij}^{\text{local}}\mathrm{d}V^f \tag{2.4-35}$$

式中，σ_{ij}^{b}、σ_{ij}^{f}、ε_{ij}^{b} 以及 ε_{ij}^{f} 分别表示胶结元和摩擦元的平均应力以及应变，上标 b 表征胶结元，上标 f 表征摩擦元；V^b 以及 V^f 分别表示 RVE 中胶结元和摩擦元的占比分数，有 $V=V^b+V^f=1$。

因此，RVE 的应力可以表示为

$$\sigma_{ij}=\frac{V^b}{V}\sigma_{ij}^{b}+\frac{V^f}{V}\sigma_{ij}^{f} \tag{2.4-36}$$

对于应变关系则有

$$\varepsilon_{ij}=\frac{V^b}{V}\varepsilon_{ij}^{b}+\frac{V^f}{V}\varepsilon_{ij}^{f} \tag{2.4-37}$$

这里，引入破损率 χ 来表征 RVE 中胶结元的破坏程度(即胶结元向摩擦元的转化程度)，其定义有 $\chi=\dfrac{V^f}{V}$。将 χ 分别代入式(2.4-36)和式(2.4-37)，有

$$\sigma_{ij}=\left(1-\chi\right)\sigma_{ij}^b+\chi\sigma_{ij}^f \tag{2.4-38}$$

$$\varepsilon_{ij}=\left(1-\chi\right)\varepsilon_{ij}^b+\chi\varepsilon_{ij}^f \tag{2.4-39}$$

基于式(2.4-38)和式(2.4-39)中各组分应力应变的全量关系，相应的增量形式有

$$\mathrm{d}\sigma_{ij}=\left(1-\chi^c\right)\mathrm{d}\sigma_{ij}^b+\chi^c\mathrm{d}\sigma_{ij}^f-\mathrm{d}\chi(\sigma_{ij}^{cb}-\sigma_{ij}^{cf}) \tag{2.4-40}$$

$$\mathrm{d}\varepsilon_{ij}=\left(1-\chi^c\right)\mathrm{d}\varepsilon_{ij}^b+\chi^c\mathrm{d}\varepsilon_{ij}^f-\mathrm{d}\chi(\varepsilon_{ij}^{cb}-\varepsilon_{ij}^{cf}) \tag{2.4-41}$$

其中，σ_{ij}^c、ε_{ij}^c、χ^c 分别表示当前状态的应力、应变以及破损率值；$\mathrm{d}\sigma_{ij}$、$\mathrm{d}\varepsilon_{ij}$、$\mathrm{d}\sigma_{ij}^b$、$\mathrm{d}\varepsilon_{ij}^b$、$\mathrm{d}\sigma_{ij}^f$、$\mathrm{d}\varepsilon_{ij}^f$ 以及 $\mathrm{d}\chi$ 为相应的应力、应变以及破损率的增量值。

首先，胶结元的切线刚度张量由 D_{ijkl}^b 表示，其局部应力应变关系有

$$\mathrm{d}\sigma_{ij}^b=D_{ijkl}^b\mathrm{d}\varepsilon_{kl}^b \tag{2.4-42}$$

类似地，摩擦元的切线刚度张量为 D_{ijkl}^f，其增量应力应变关系为

$$\mathrm{d}\sigma_{ij}^f=D_{ijkl}^f\mathrm{d}\varepsilon_{kl}^f \tag{2.4-43}$$

由式(2.4-40)、式(2.4-41)和式(2.4-43)，得出由平均应变增量以及胶结元应变增量表示的平均应力增量形式如下：

$$\mathrm{d}\sigma_{ij}=\left(1-\chi^c\right)\left(D_{ijkl}^b-D_{ijkl}^f\right)\mathrm{d}\varepsilon_{kl}^b+D_{ijkl}^f\mathrm{d}\varepsilon_{kl}+D_{ijkl}^f\mathrm{d}\chi\left(\varepsilon_{kl}^{cb}-\varepsilon_{kl}^{cf}\right)-\mathrm{d}\chi\left(\sigma_{ij}^{cb}-\sigma_{ij}^{cf}\right) \tag{2.4-44}$$

为建立 RVE 的应变和局部应变(胶结元或摩擦元应变)之间的联系，这里引入胶结元的应变集中系数张量 A_{ijkl}，关系式有

$$\varepsilon_{ij}^b=A_{ijkl}\varepsilon_{kl} \tag{2.4-45}$$

因此，相应的增量关系可表示为

$$\mathrm{d}\varepsilon_{ij}^b=A_{ijkl}^c\mathrm{d}\varepsilon_{kl}+\varepsilon_{kl}^c\mathrm{d}A_{ijkl} \tag{2.4-46}$$

将式(2.4-45)代入式(2.4-39)，可建立摩擦元应变与 RVE 平均应变的关系：

$$\varepsilon_{ij}^f=\frac{1}{\chi}\left[I_{ijkl}-\left(1-\chi\right)A_{ijkl}\right]\varepsilon_{kl} \tag{2.4-47}$$

因此有

$$\varepsilon_{ij}^f=C_{ijkl}^c\varepsilon_{kl} \tag{2.4-48}$$

式中，C_{ijkl}^c 为摩擦元的应变集中系数张量，可直接表示为 $C_{ijkl}^c=\dfrac{1}{\chi}\left[I_{ijkl}-\left(1-\chi\right)A_{ijkl}\right]$。

将式(2.4-46)代入式(2.4-44)，得到 RVE 的应力增量表达：

$$\begin{aligned}\mathrm{d}\sigma_{ij}=&\left[\left(1-\chi^c\right)\left(D_{ijkl}^b-D_{ijkl}^f\right)A_{klmn}^c+D_{ijmn}^f\right]\mathrm{d}\varepsilon_{mn}+\left(1-\chi^c\right)\left(D_{ijkl}^b-D_{ijkl}^f\right)\varepsilon_{mn}^c\mathrm{d}A_{klmn}\\&+D_{ijkl}^f\mathrm{d}\chi\left(\varepsilon_{kl}^{cb}-\varepsilon_{kl}^{cf}\right)-\mathrm{d}\chi(\sigma_{ij}^{cb}-\sigma_{ij}^{cf})\end{aligned} \tag{2.4-49}$$

引入胶结元和摩擦元当前状态的应力应变关系：

$$\sigma_{ij}^{cb}=D_{ijkl}^{cb}\varepsilon_{kl}^{cb} \tag{2.4-50}$$

$$\sigma_{ij}^{cf}=D_{ijkl}^{cf}\varepsilon_{kl}^{cf} \tag{2.4-51}$$

式中，D_{ijkl}^{cb} 是由胶结元当前状态应力与应变之比计算的等效模量；D_{ijkl}^{cf} 为摩擦元的等效模量。

最后，利用式(2.4-50)、式(2.4-51)简化式(2.4-49)后，RVE 的宏观增量本构关系可表示为

$$\begin{aligned}\mathrm{d}\sigma_{ij}=&\left[\left(1-\chi^{c}\right)\left(D_{ijkl}^{b}-D_{ijkl}^{f}\right)A_{klmn}^{c}+D_{ijmn}^{f}\right]\mathrm{d}\varepsilon_{mn}+\left(1-\chi^{c}\right)\left(D_{ijkl}^{b}-D_{ijkl}^{f}\right)\varepsilon_{mn}^{c}\mathrm{d}A_{klmn}\\&+\mathrm{d}\chi\left[\left(D_{ijkl}^{cf}-D_{ijkl}^{f}\right)C_{klmn}^{c}+\left(D_{ijkl}^{f}-D_{ijkl}^{cb}\right)A_{klmn}^{c}\right]\varepsilon_{mn}^{c}\end{aligned}\tag{2.4-52}$$

2. 胶结元和摩擦元的本构关系

由节理泥岩样室内试验结果表明(余笛，2022)，该类材料在压实阶段后表现出近似线弹性的变形特征。因此，在考虑压实特性为可恢复变形的基础上，认为岩样在初始受力变形的过程中由胶结元主导，由此用弹脆性模型来表示胶结元的力学行为，其变形模量和泊松比参数由试验的初始线弹性变形阶段来确定。胶结元的一般增量表达式有

$$\{\mathrm{d}\sigma_b\}=[D_b]\{\mathrm{d}\varepsilon_b\}\tag{2.4-53}$$

其中，$[D_b]$为胶结元的切线弹性刚度矩阵，对于各向同性材料的简化有

$$\begin{Bmatrix}\mathrm{d}\sigma_x\\\mathrm{d}\sigma_y\\\mathrm{d}\sigma_z\\\mathrm{d}\tau_{yz}\\\mathrm{d}\tau_{zx}\\\mathrm{d}\tau_{xy}\end{Bmatrix}_b=\frac{E_b\left(1-\nu_b\right)}{\left(1+\nu_b\right)\left(1-2\nu_b\right)}\begin{bmatrix}1&a&a&0&0&0\\a&1&a&0&0&0\\a&a&1&0&0&0\\0&0&0&b&0&0\\0&0&0&0&b&0\\0&0&0&0&0&b\end{bmatrix}\begin{Bmatrix}\mathrm{d}\varepsilon_x\\\mathrm{d}\varepsilon_y\\\mathrm{d}\varepsilon_z\\\mathrm{d}\varepsilon_{yz}\\\mathrm{d}\varepsilon_{zx}\\\mathrm{d}\varepsilon_{xy}\end{Bmatrix}_b\tag{2.4-54}$$

其中，$a=\dfrac{\nu_b}{1-\nu_b}$；$b=\dfrac{1-2\nu_b}{2\left(1-\nu_b\right)}$；$E_b$ 和 ν_b 分别表示胶结元的切线模量和泊松比。

摩擦元是由胶结元破碎、转化而来的，其胶结作用完全丧失。一般来说，摩擦元的本构关系采用弹塑性模型。其增量应力应变关系有

$$\{\mathrm{d}\sigma_f\}=[D_f]\{\mathrm{d}\varepsilon_f\}\tag{2.4-55}$$

其中，$[D_f]$是摩擦元的切线弹塑性刚度矩阵。

3. 破损率和应变集中系数

破损率作为一个重要结构参数，其演化形式与岩样的材料性质、加载路径、应力应变状态等相关，并随外部应力状态的改变呈单调性变化。在一个代表性单元体中，表征胶结元相对破损程度的破损率通常从一个略大于 0 的值演化到不大于 1 的值。就目前的试验装置而言，其演化形式难以精准确定。对于泥岩试样，破损率的演化形式与加载过程中微裂纹的产生、发展相关，即与岩样变形特征密切相关。基于对破损参数的研究，假定其为应变的指数函数，表达式有

$$\chi=1-\exp\left[-(a_s\varepsilon_s)^{r_1}-(a_v\varepsilon_v)^{r_2}\right]\tag{2.4-56}$$

其中，广义剪应变有 $\varepsilon_s=\sqrt{\dfrac{2}{3}\left(\varepsilon_{ij}-\dfrac{1}{3}\delta_{ij}\varepsilon_{kk}\right)\left(\varepsilon_{ij}-\dfrac{1}{3}\delta_{ij}\varepsilon_{kk}\right)}$；体应变有 $\varepsilon_v=\varepsilon_{ii}$；$a_v$、$a_s$、$r_1$ 及 r_2 为模型参数，由试错法确定。

为减少本构关系中的复杂运算，这里应变集中因子由四阶张量合理简化为一个标量参数，方程如下：

$$A = \exp\left[-(t_s \varepsilon_s)^\beta\right] \tag{2.4-57}$$

其中，t_s 和 β 是模型参数，由试错法确定。

2.4.2.3 模型参数取值

选取半贯通节理岩样的三轴试验结果用作模型验证(余笛，2022)。基于上述二元介质本构关系式，选取合理的岩性参数、模型参数，求得节理岩样在围压为 50kPa、100kPa、200kPa，倾角为 15°、30°、45°的模型计算结果，并与试验曲线进行比对分析。具体参数说明、取值如下。

1. 倾角系数

由半贯通节理泥岩样的三轴压缩试验结果表明，不同倾角、围压条件下岩样的力学性能各不相同。为反映倾角和围压参数对本构曲线的影响，这里引入围压 σ_3 以及岩样节理倾角 θ 参数并将其反映在胶结元模量、破损率以及应变集中系数等变量中。因此，上述变量被考虑为 σ_3 以及 θ 的函数。

为直观考虑节理倾角 θ 的影响，这里引入倾角影响系数，其表达式为

$$K_\theta = 1 + k\tan\theta \tag{2.4-58}$$

上述节理倾角影响系数 K_θ 是由预制节理的几何特征推导而来的。图 2.4-6 为该岩样预制节理端头的轴截面图。这里，考虑节理倾角的影响系数由水平影响系数和垂直影响系数组成，它们各自的影响系数值由节理的投影长度和单位影响系数的取值决定。首先，假定节理倾角的水平投影长度、单位水平长度影响值均为 1，则水平影响系数为 1。然后考虑单位竖直影响值为 k，基于其投影长度 $\tan\theta$，则垂直影响系数为 $k\tan\theta$。因此，倾角影响系数 $K_\theta = 1 + k\tan\theta$，其中参数 k 为单位竖直影响关于单位水平影响的比值，与材料特性相关。基于室内试验结果，该本构模型验证中取这类节理泥岩样的 k 值为 0.49。

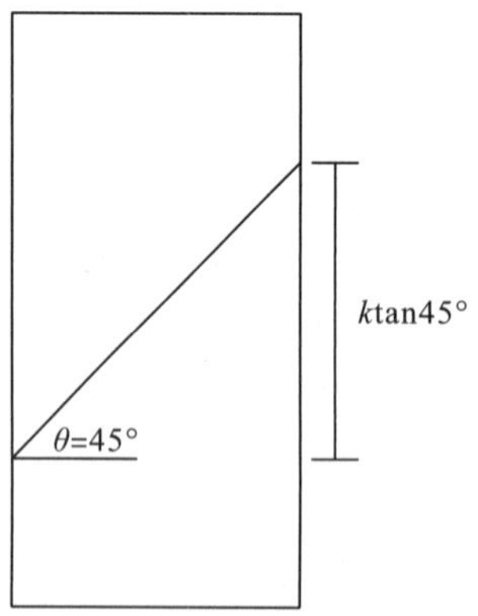

图 2.4-6 节理泥岩样的轴截面图

2. 压实系数

从室内试验结果来看，半贯通节理泥岩样由于天然微孔隙、微裂纹以及预制宏观裂隙的存在，在初始变形过程中有明显的非线性变形行为，具有该变形特性的天然岩样典型应力应变曲线如图 2.4-7 所示。在此二元介质本构模型中，该特性由胶结元(摩擦元)弹性模量在低应变状态下的折减来体现。此处，考虑胶结元为线弹性的，并在岩样初始受力过程中引入压实系数 R 来反映该类可恢复的压实现象。根据试验结果的表观应力-应变特征，假设压实系数为终值为 1 的指数函数，考虑其与试样的变形相关，表达形式为

$$R=\begin{cases}\exp\left[n\cdot\left(\dfrac{\varepsilon_1}{m\cdot\varepsilon_r}-1\right)\right], & \varepsilon_1<m\cdot\varepsilon_r\\ 1, & \varepsilon_1\geqslant m\cdot\varepsilon_r\end{cases}\tag{2.4-59}$$

其中，ε_1 为轴向应变；ε_r 为最大剪应力所对应的轴向应变；m 和 n 为由常规三轴压缩试验结果所确定的参数。通过与试验结果进行对比，经试错法确定压实度参数与围压条件、节理倾角相关，取值有 $m=0.7-0.382\theta$，$n=1.85(\sigma_3/p_a)^{0.12}$，其中 θ 为弧度，p_a 为一个标准大气压，有 $p_a=101.3\text{kPa}$。

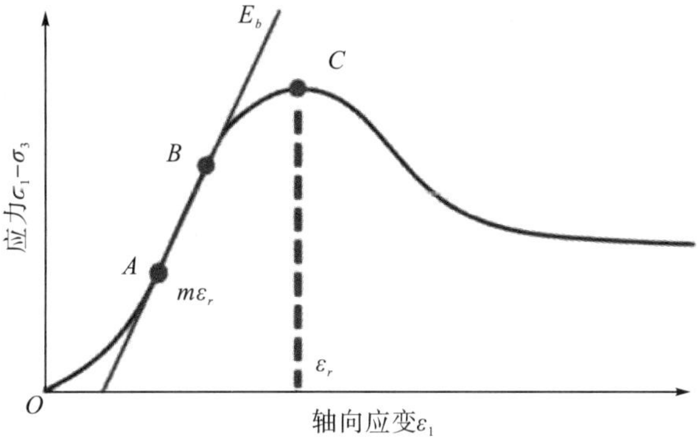

图 2.4-7　天然岩样的典型应力应变曲线

OA 为压实阶段；*AB* 和 *BC* 分别代表峰前的弹性和弹塑性变形阶段

3. 胶结元的参数

本模型中，胶结元采用线弹性本构关系。在考虑压实影响，并基于三轴压缩试验应力状态简化后的增量应力应变关系有

$$\begin{Bmatrix}\mathrm{d}\sigma_1\\ \mathrm{d}\sigma_3\end{Bmatrix}_b=R\frac{E_b}{(1+\nu_b)(1-2\nu_b)}\begin{bmatrix}1-\nu_b & 2\nu_b\\ \nu_b & 1\end{bmatrix}\begin{Bmatrix}\mathrm{d}\varepsilon_1\\ \mathrm{d}\varepsilon_3\end{Bmatrix}_b\tag{2.4-60}$$

其中，R 是上述研究中所提出的压实系数；E_b 和 ν_b 是由三轴试验结果所确定的参数值。这里，采用压实阶段结束后的近似线弹性变形阶段来确定胶结元的弹性模量和泊松比，$E_b=400K_\theta^{-3.04}(\sigma_3/p_a)^{0.61K_\theta-0.39}$，$\nu_b=0.2$，$p_a=101.3\text{kPa}$，其中 E_b 单位为 MPa。

4. 摩擦元的参数

考虑摩擦元为理想弹塑性的，其增量本构关系有

$$\begin{Bmatrix} \mathrm{d}\sigma_1 \\ \mathrm{d}\sigma_3 \end{Bmatrix}_f = \frac{E_f}{(1+\nu_f)(1-2\nu_f)} \begin{bmatrix} 1-\nu_f & 2\nu_f \\ \nu_f & 1 \end{bmatrix} \begin{Bmatrix} \mathrm{d}\varepsilon_1 \\ \mathrm{d}\varepsilon_3 \end{Bmatrix}_f \tag{2.4-61}$$

式中，摩擦元的切线模量 E_f 和泊松比 ν_f 是待确定参数，取值参考了泥岩的经验值。

摩擦元的屈服函数采用莫尔-库仑屈服准则：

$$F_f = \frac{1}{2}(\sigma_{1f}-\sigma_{3f}) - \frac{1}{2}(\sigma_{1f}+\sigma_{3f})\sin\varphi - c\cos\varphi = 0 \tag{2.4-62}$$

式中，c 和 φ 分别表征摩擦材料的黏聚力和内摩擦角。这里考虑利用三轴试验的残余变形状态以及无黏性土的经验值来确定 E_f、ν_f、c 以及 φ 的值。$E_f = 32(\sigma_3/p_a)^{0.6}$、$\nu_f = 0.33$、$c = 0$、$\varphi = 30°$，其中 E_f 单位为 MPa。

5. 破损率和应变集中系数中的参数

在常规三轴试验条件下，式(2.4-56)中破损率的演化形式可以简化为

$$\chi = 1 - \exp\left\{ -\left[\frac{2}{3}(\varepsilon_1-\varepsilon_3)a_s\right]^{r_1} - \left[(\varepsilon_1+2\varepsilon_3)a_v\right]^{r_2} \right\} \tag{2.4-63}$$

其中，a_v、a_s、r_1 以及 r_2 是与围压 σ_3 和节理倾角系数 K_θ 相关的待确定函数，其通过试错法并与三轴试验结果比对确定。

同理，式(2.4-57)中应变集中系数可以写为

$$A = \exp\left\{ -\left[\frac{2}{3}(\varepsilon_1-\varepsilon_3)t_s\right]^{\beta} \right\} \tag{2.4-64}$$

其中，t_s 和 β 为 σ_3 及 K_θ 的函数，其通过三轴试验结果确定。

表 2.4-1 列出了本构模型的具体参数取值。

表 2.4-1 本构模型参数

	破损率
a_v	$50\,K_\theta^{-0.1}(\sigma_3/p_a)^{0.21K_\theta-0.51}$
r_1	$3.962\,K_\theta^{-0.55}(\sigma_3/p_a)^{0.173K_\theta-0.348}$
a_s	$44.5\,(\sigma_3/p_a)^{-0.16}$
r_2	3
	应变集中系数
t_s	$1.617\,K_\theta^{0.138}(\sigma_3/p_a)^{0.045K_\theta+0.05}$
β	$3.243\,K_\theta^{-0.765}(\sigma_3/p_a)^{0.524K_\theta-0.523}$

2.4.2.4　模型验证

图 2.4-8 为模型计算与试验结果的对比图，其中子图左侧为应力-侧向应变曲线，右侧为应力-轴向应变曲线。可以看到，就本构计算曲线而言，虽然存在一定的误差，但模型结果能较好地预测出节理泥岩样的力学特性和变形趋势，同时对岩样在不同围压、倾角条件下的静强度值、残余应力状态等都有着较准确的描述。可以发现，本构模型曲线能较为准确地模拟出与三轴试验结果一致的四个典型变形阶段(压实阶段、线性变形阶段、峰前弹塑性变形阶段和峰后残余变形阶段)。除此之外，该模型也较好地反映材料的弹塑性变形趋势以及应力迅速减小的应变软化过程，与试验结果较为吻合。

对于应力-轴向应变曲线，所有计算曲线都表现出与试验结果相一致的应变软化特征。此外，计算的峰值应力与试验结果也较为接近，且峰值强度所对应的轴向应变也有着相似的值。对于节理倾角为 45°的泥岩样，试验结果和计算结果均呈现出明显的峰后塑性流动阶段，且计算残余应力值与试验结果较为接近。就应力-侧向应变曲线而言，计算结果与试验结果的变化趋势呈一致。在初始加载阶段，侧向应变随应力的增加而稳定增长，但本构模型计算结果在一定程度上高估了岩样的峰前侧向变形。当达到峰值应力并进入应变软化阶段时，模型计算的侧向应变显著增加，其发展形式与试验结果较为接近，预测岩样将发生体积膨胀，具体参见文献(Yu et al.，2020)。

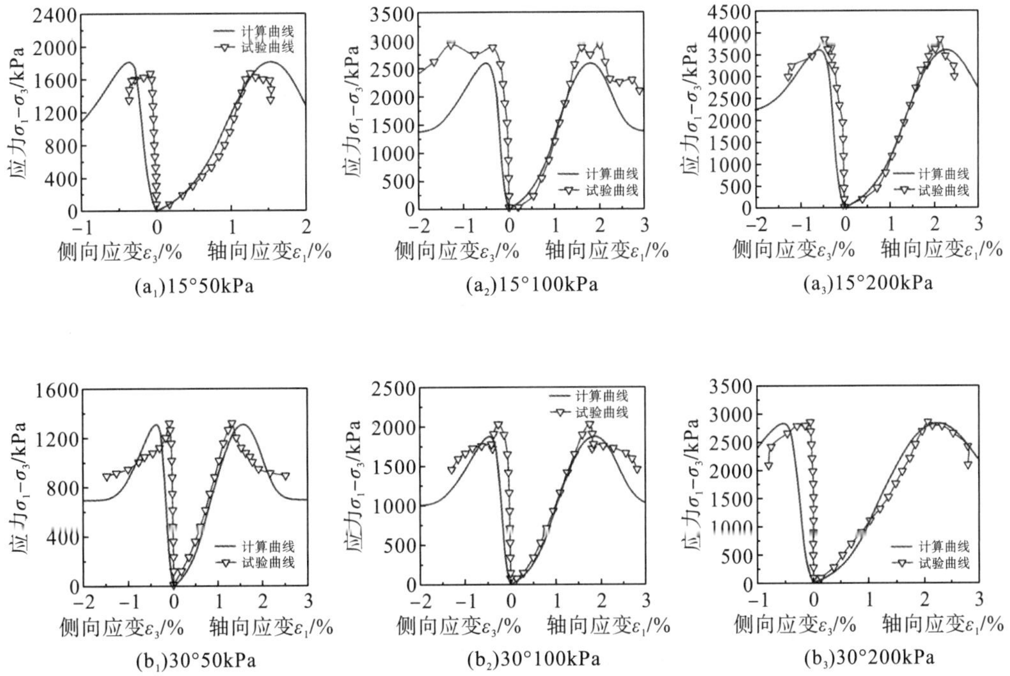

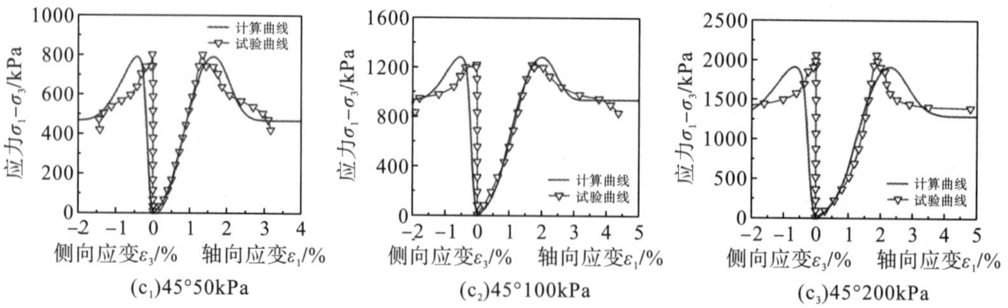

图 2.4-8　模型计算结果与试验结果比对曲线

第 2.5 节　冻土的二元介质本构模型

本节介绍的冻土的二元介质本构模型，已在著作(刘恩龙等，2021)中介绍，为了丰富本章的研究内容，也在本书中进行简略介绍。

2.5.1　二元介质本构模型的建立

二元介质本构模型采用了均匀化理论思想，从岩土材料中取出一个代表性单元 RVE，它的内部包含足够多的组构相，通过等效的原则将真实的多相体系在宏观上可看作是连续均匀的介质，如图 2.5-1 所示。

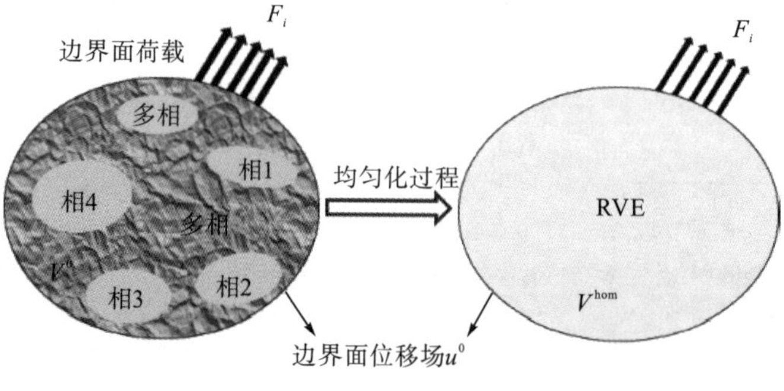

(a)真实多相夹杂体系　　(b)均匀化后的介质

图 2.5-1　代表性单元体的多相组构示意图

图 2.5-1 表示代表性单元 RVE 的均匀化过程。首先，真实多相复合材料内部包含不同的复合相，利用连续介质力学中的概念，即以基体和夹杂为例进行说明，其中：V 代表不同相的体积，V^0 代表基体的体积，V^r 代表夹杂的体积($r=1,2,\cdots,n$)。基体和夹杂共同抵抗外部荷载，各相在代表性单元 RVE 内部所占的体积分数为$\eta^r=V^r/V$，且满足$\sum_{r=0}^{r=n}\eta^r=1$。

以图 2.5-1(a)为研究对象，在边界面上基于荷载等效原则，外部作用力 F_i 可表示为

$$F_i = \int_s \sigma_{ij}^r n_j^r \mathrm{d}A^r = \int_\Omega \sigma_{ij,j}^r \mathrm{d}\Omega^r (r = 0,1,2,\cdots,n) \tag{2.5-1}$$

式中，σ_{ij}^r 表示各相的微观应力；n_j^r 为微观应力 σ_{ij}^r 的方向梯度；A^r，Ω^r 分别为各相的面积和体积分布。

以图 2.5-1(a)为研究对象，边界面的荷载可表示成：

$$F_i = \int_s \sigma_{ij} n_j \mathrm{d}A = \int_\Omega \sigma_{ij,j} \mathrm{d}V = \sigma_{ij,j} V \tag{2.5-2}$$

式中，σ_{ij} 为均匀化后代表性单元 RVE 内的应力场分布。

由于图 2.5-1(a)和图 2.5-1(b)边界面上的应力是相等的，即式(2.5-1)和式(2.5-2)是等效表达式，则

$$\sigma_{ij} = \frac{1}{V}\int_V \sigma_{ij}^r \mathrm{d}V^r (r = 0,1,2,\cdots,n) \tag{2.5-3}$$

当式(2.5-3)中的 $r=0$ 时被视为基体相，$r=1$ 被视为夹杂相，此时代表性单元 RVE 是单夹杂体系。

由于研究对象为冻土，因此，以冻土为例结合二元介质模型，来说明二元介质模型的均匀化过程和局部非均匀变形问题。如图 2.5-2 所示，胶结元代表初始完整应力状态，由土颗粒、冰晶和部分初始未冻水组成，具有弹脆性特点；摩擦元代表完全破损应力状态，由土颗粒、破损后的冰晶和压融或破损产生的未冻水组成，具有弹塑性特点。需要特别说明的是，胶结元和摩擦元的应力(应变)是微观角度上的应力(应变)，为了方便起见，用字母 b 代表胶结元，字母 f 代表摩擦元。

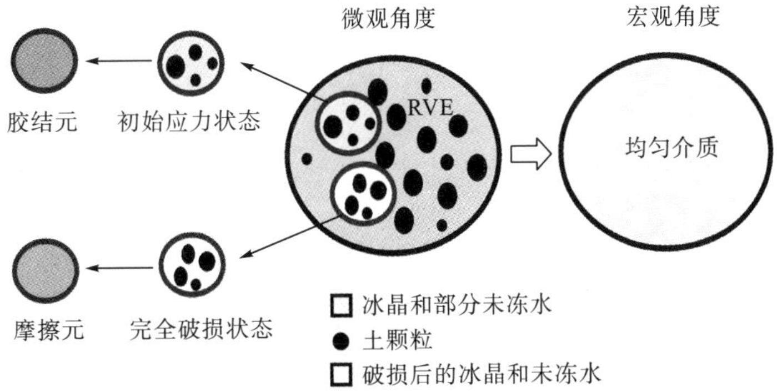

图 2.5-2　冻土的微观分布和宏观均匀化示意图

胶结元和摩擦元上的应力分别为

$$\sigma_{ij}^b = \frac{1}{V^b}\int_{V^b} \sigma_{ij}^{\mathrm{loc}} \mathrm{d}V^b,\quad \sigma_{ij}^f = \frac{1}{V^f}\int_{V^f} \sigma_{ij}^{\mathrm{loc}} \mathrm{d}V^f \tag{2.5-4}$$

式中，$\sigma_{ij}^{\mathrm{loc}}$ 表示代表性单元内部的局部微观应力；V^b、V^f 分别代表胶结元和摩擦元的体积，即 $V = V^b + V^f$。

将式(2.5-4)重新表述成：

$$\sigma_{ij}=\frac{1}{V}\int_{V^b+V^f}\sigma_{ij}^{\mathrm{loc}}\left(x,y,z\right)\mathrm{d}V=\frac{V^b}{V}\frac{1}{V^b}\int_{V^b}\sigma_{ij}^{\mathrm{loc}}\left(x,y,z\right)\mathrm{d}V^b+\frac{V^f}{V}\frac{1}{V^f}\int_{V^f}\sigma_{ij}^{\mathrm{loc}}\left(x,y,z\right)\mathrm{d}V^f \quad (2.5\text{-}5)$$

$$\varepsilon_{ij}=\frac{1}{V}\int_{V^b+V^f}\varepsilon_{ij}^{\mathrm{loc}}\left(x,y,z\right)\mathrm{d}V=\frac{V^b}{V}\frac{1}{V^b}\int_{V^b}\varepsilon_{ij}^{\mathrm{loc}}\left(x,y,z\right)\mathrm{d}V^b+\frac{V^f}{V}\frac{1}{V^f}\int_{V^f}\varepsilon_{ij}^{\mathrm{loc}}\left(x,y,z\right)\mathrm{d}V^f \quad (2.5\text{-}6)$$

将式(2.5-4)代入式(2.5-5)和式(2.5-6)，可得

$$\sigma_{ij}=\frac{V^b}{V}\sigma_{ij}^b+\frac{V^f}{V}\sigma_{ij}^f \quad (2.5\text{-}7)$$

$$\varepsilon_{ij}=\frac{V^b}{V}\varepsilon_{ij}^b+\frac{V^f}{V}\varepsilon_{ij}^f \quad (2.5\text{-}8)$$

式(2.5-7)和式(2.5-8)是体积均匀化方法的结果，即得到了从微观角度到宏观角度应力应变的桥梁。由于摩擦元的变形是非线性弹塑性的，因此，式(2.5-7)、式(2.5-8)并不能模拟实际的应力应变关系，需要用“以直代曲”的方法，即增量型的表达式来表述应力应变关系。

首先定义一个破损参数η，即$\eta=V^f/V$，亦表示摩擦元的体积分数变化规律，这种定义方法与损伤力学中关于损伤变量的定义方法类似。因此，式(2.5-7)和式(2.5-8)可简化为

$$\sigma_{ij}=\left(1-\eta\right)\sigma_{ij}^b+\eta\sigma_{ij}^f \quad (2.5\text{-}9)$$

$$\varepsilon_{ij}=\left(1-\eta\right)\varepsilon_{ij}^b+\eta\varepsilon_{ij}^f \quad (2.5\text{-}10)$$

式中，σ_{ij}、ε_{ij}分别表示宏观应力和应变；σ_{ij}^b、ε_{ij}^b分别表示胶结元的应力和应变；σ_{ij}^f、ε_{ij}^f分别表示摩擦元的应力和应变。以上即为单参数的表达式。对于具体的单参数的冻土的二元介质本构模型，参见著作(刘恩龙等，2021)。以下将介绍冻土的双参数的二元介质本构模型。

由于某些“单一”状态参数无法描述实际代表性单元内部的变形机制，需要对这些“单一”状态进行改进，比如，岩体类材料破坏主要是沿着剪切带而发生的，这种破坏形式是面-面破坏，因此需要对这种“单一”形式进行改进，同时考虑体积破损和剪切破坏，这种方法被称为双参数二元介质模型(沈珠江等，2005)。

岩土材料的变形并不都是均匀分布在整个试样内，其变形局部化效应非常明显，尤其是对于岩石和结构性土，破坏模式往往是劈裂或者剪切破坏，胶结元的破损主要是沿着某一个剪切弱面而发生的。因此，像岩石和多裂隙土等材料，破坏主要沿剪切带发生，裂隙贯通将引起结构破坏，仅采用单一的体积破损率无法体现岩土材料的局部化变形效应，也不能准确地反映其破坏特性。为了解决这个问题，需要考虑偏差应力导致的“剪切带”的形成，因此，将应力和应变分解成球应力分量和偏应力分量，应变分解成体积应变和剪切应变，然后建立球应力相关和偏应力相关的增量型应力应变关系，这种方法也被称为“双参数”二元介质本构模型。在该模型中，破损率函数被分成体积破损率和面积破损率两部分，同时，应变集中系数被分成体积应变集中系数和面积应变集中系数，这样建立的本构

模型物理解释更充分，也能更全面地反映结构性岩土材料的变形机理和破坏特征。

双参数二元介质模型的基本思路就是将应力和应变分别进行分解。首先，将应力分成球应力分量和偏应力分量，即平均应力和广义剪应力；将应变分解成体积应变和剪切应变；然后，以局部应变集中系数为纽带，结合胶结元和摩擦元的变形规律建立一个增量的应力应变关系。

将式(2.5-9)和式(2.5-10)进行应力和应变的分解，即

$$\sigma_m=\left(1-\eta_v\right)\sigma_m^b+\eta_v\sigma_m^f,\quad \sigma_s=\left(1-\eta_s\right)\sigma_s^b+\eta_s\sigma_s^f \tag{2.5-11}$$

$$\varepsilon_v=\left(1-\eta_v\right)\varepsilon_v^b+\eta_v\varepsilon_v^f,\quad \varepsilon_s=\left(1-\eta_s\right)\varepsilon_s^b+\eta_s\varepsilon_s^f \tag{2.5-12}$$

将与球应力和平均应变分量有关的式子进行微分，得到增量表达式如下：

$$\mathrm{d}\sigma_m=\left(1-\eta_v^0\right)\mathrm{d}\sigma_m^b+\eta_v^0\mathrm{d}\sigma_m^f+\mathrm{d}\eta_v\left(\sigma_m^{f0}-\sigma_m^{b0}\right) \tag{2.5-13}$$

$$\mathrm{d}\varepsilon_v=\left(1-\eta_v^0\right)\mathrm{d}\varepsilon_v^b+\eta_v^0\mathrm{d}\varepsilon_v^f+\mathrm{d}\eta_v\left(\varepsilon_v^{f0}-\varepsilon_v^{b0}\right) \tag{2.5-14}$$

同理，将与偏分量有关的式子进行微分，得

$$\mathrm{d}\sigma_s=\left(1-\eta_s^0\right)\mathrm{d}\sigma_s^b+\eta_s^0\mathrm{d}\sigma_s^f+\mathrm{d}\eta_s\left(\sigma_s^{f0}-\sigma_s^{b0}\right) \tag{2.5-15}$$

$$\mathrm{d}\varepsilon_s=\left(1-\eta_s^0\right)\mathrm{d}\varepsilon_s^b+\eta_s^0\mathrm{d}\varepsilon_s^f+\mathrm{d}\eta_s\left(\varepsilon_s^{f0}-\varepsilon_s^{b0}\right) \tag{2.5-16}$$

胶结元的本构关系可表示为

$$\mathrm{d}\sigma_m^b=K^b\mathrm{d}\varepsilon_v^b,\quad \mathrm{d}\sigma_s^b=3G^b\mathrm{d}\varepsilon_s^b \tag{2.5-17}$$

由于土颗粒之间的滑动、旋转和滚动作用致使摩擦元在荷载下的响应表现为非线性特征，因此，摩擦元的球应力或偏应力增量是体积应变和偏应变的耦合关系，即摩擦元的本构关系为

$$\mathrm{d}\sigma_m^f=C_{mm}^f\mathrm{d}\varepsilon_v^f+C_{ms}^f\mathrm{d}\varepsilon_s^f \tag{2.5-18}$$

$$\mathrm{d}\sigma_s^f=C_{sm}^f\mathrm{d}\varepsilon_v^f+C_{ss}^f\mathrm{d}\varepsilon_s^f \tag{2.5-19}$$

式中，C_{mm}^f、C_{ms}^f、C_{sm}^f 和 C_{ss}^f 分别为摩擦元的刚度矩阵分量。

将式(2.5-17)～式(2.5-19)代入式(2.5-13)和式(2.5-15)中，得

$$\mathrm{d}\sigma_m=\left(1-\eta_v^0\right)K^b\mathrm{d}\varepsilon_v^b+\eta_v^0\left(C_{mm}^f\mathrm{d}\varepsilon_v^f+C_{ms}^f\mathrm{d}\varepsilon_s^f\right)+\mathrm{d}\eta_v\left(\sigma_m^{f0}-\sigma_m^{b0}\right) \tag{2.5-20}$$

$$\mathrm{d}\sigma_s=\left(1-\eta_s^0\right)3G^b\mathrm{d}\varepsilon_s^b+\eta_s^0\left(C_{sm}^f\mathrm{d}\varepsilon_v^f+C_{ss}^f\mathrm{d}\varepsilon_s^f\right)+\mathrm{d}\eta_s\left(\sigma_s^{f0}-\sigma_s^{b0}\right) \tag{2.5-21}$$

通过考虑代表性单元 RVE 内部的非均匀变形问题，引入体积集中系数 c_v 和面积集中系数 c_s，它们分别表达为

$$\varepsilon_v^b=c_v\varepsilon_v,\quad \varepsilon_s^b=c_s\varepsilon_s \tag{2.5-22}$$

对式(2.5-22)求全微分，可得

$$\mathrm{d}\varepsilon_v^b=\varepsilon_v^0\mathrm{d}c_v+c_v^0\mathrm{d}\varepsilon_v=B_v\mathrm{d}\varepsilon_v \tag{2.5-23}$$

$$\mathrm{d}\varepsilon_s^b=\varepsilon_s^0\mathrm{d}c_s+c_s^0\mathrm{d}\varepsilon_s=B_s\mathrm{d}\varepsilon_s \tag{2.5-24}$$

式中，$B_v=c_v^0+\dfrac{\partial c_v}{\partial\varepsilon_v}\varepsilon_v^0$；$B_s=c_s^0+\dfrac{\partial c_s}{\partial\varepsilon_s}\varepsilon_s^0$。

同理，引入体积破损率 η_v 和面积破损率 η_s 来分别描述结构块和软弱带的破损特性，其表达式为

$$\eta_v = f_1(\varepsilon_v),\quad \eta_s = f_2(\varepsilon_s) \tag{2.5-25}$$

式中，f_1是体积应变有关的函数；f_2是剪切应变有关的函数。

对式(2.5-25)求全微分，可得

$$\mathrm{d}\eta_v = \frac{\partial f_1}{\partial \varepsilon_v}\mathrm{d}\varepsilon_v = \chi_v \mathrm{d}\varepsilon_v \tag{2.5-26}$$

$$\mathrm{d}\eta_s = \frac{\partial f_2}{\partial \varepsilon_s}\mathrm{d}\varepsilon_s = \chi_s \mathrm{d}\varepsilon_s \tag{2.5-27}$$

为了简化推导过程，下面仅列出一些重要的中间计算步骤，表达式如下：

$$\mathrm{d}\varepsilon_v^f = \frac{1}{\eta_v^0}\left\{\mathrm{d}\varepsilon_v - \left(1-\eta_v^0\right)\mathrm{d}\varepsilon_v^b - \mathrm{d}\eta_v\left(\varepsilon_v^{f0} - \varepsilon_v^{b0}\right)\right\} \tag{2.5-28}$$

$$\mathrm{d}\varepsilon_s^f = \frac{1}{\eta_s^0}\left\{\mathrm{d}\varepsilon_s - \left(1-\eta_s^0\right)\mathrm{d}\varepsilon_s^b - \mathrm{d}\eta_s\left(\varepsilon_s^{f0} - \varepsilon_s^{b0}\right)\right\} \tag{2.5-29}$$

$$\sigma_m^{f0} - \sigma_m^{b0} = \frac{1}{\eta_v^0}\left(\sigma_m^0 - \sigma_m^{b0}\right) \tag{2.5-30}$$

$$\varepsilon_v^{f0} - \varepsilon_v^{b0} = \frac{1}{\eta_v^0}\left(1 - c_v^0\right)\varepsilon_v^0 \tag{2.5-31}$$

$$\sigma_s^{f0} - \sigma_s^{b0} = \frac{1}{\eta_s^0}\left(\sigma_s^0 - \sigma_s^{b0}\right) \tag{2.5-32}$$

$$\varepsilon_s^{f0} - \varepsilon_s^{b0} = \frac{1}{\eta_s^0}\left(1 - c_s^0\right)\varepsilon_s^0 \tag{2.5-33}$$

最终得到“双参数”二元介质本构模型的增量应力应变表达式为

$$\mathrm{d}\sigma_m = A_1\mathrm{d}\varepsilon_v + B_1\mathrm{d}\varepsilon_s \tag{2.5-34}$$

$$\mathrm{d}\sigma_s = A_2\mathrm{d}\varepsilon_v + B_2\mathrm{d}\varepsilon_s \tag{2.5-35}$$

式中参数 $A_1 \sim B_2$ 表示如下：

$$A_1 = \left(1-\eta_v^0\right)K^b B_v + C_{mm}^f\left\{1 - \left(1-\eta_v^0\right)B_v - \frac{1-c_v^0}{\eta_v^0}\chi_v\varepsilon_v^0\right\} \tag{2.5-36}$$

$$B_1 = \frac{\eta_v^0}{\eta_s^0}C_{ms}^f\left\{1 - \left(1-\eta_s^0\right)B_s - \frac{1-c_s^0}{\eta_s^0}\chi_s\varepsilon_s^0\right\} \tag{2.5-37}$$

$$A_2 = \frac{\eta_s^0}{\eta_v^0}C_{sm}^f\left\{1 - \left(1-\eta_v^0\right)B_v - \frac{1-c_v^0}{\eta_v^0}\chi_v\varepsilon_v^0\right\} \tag{2.5-38}$$

$$B_2 = \left(1-\eta_s^0\right)3G^b B_s + C_{ss}^f\left\{1 - \left(1-\eta_s^0\right)B_s - \frac{1-c_s^0}{\eta_s^0}\chi_s\varepsilon_s^0\right\} + \left(\sigma_s^{f0} - \sigma_s^{b0}\right)\frac{\chi_s}{\eta_s^0} \tag{2.5-39}$$

2.5.2 模型参数确定

在双参数二元介质本构模型中，需要确定的参数包括胶结元、摩擦元本构关系中的参数，破损率以及局部应变集中系数中内部状态参数，它们的具体确定方法如下。

1. 胶结元的本构关系

胶结元的本构模型的确定方法与单参数均匀化理论类似，其刚度张量为

$$C_{ijkl}^{b}=\frac{1}{3}\left(3K^{b}-2G^{b}\right)\delta_{ij}\delta_{kl}+G^{b}\left(\delta_{il}\delta_{jk}+\delta_{ik}\delta_{jl}\right) \tag{2.5-40}$$

式中，K^b 、G^b 分别为胶结元的体积模量和剪切模量。

2. 摩擦元的本构关系

由于摩擦元的变形是非线性或弹塑性的，需要采用弹塑性理论来解决这类问题(郑颖人和孔亮，2010)，因此利用一个适用性广的双硬化本构模型来模拟摩擦元的硬化、软化现象、剪缩以及剪胀特征，其屈服函数 f 的表达式为(Liu and Xing，2009)：

$$f^{f}=\frac{\sigma_{m}^{f}}{1-\left(\eta^{f}/\alpha\right)^{n}}-H \tag{2.5-41}$$

式中，上标 f 表示摩擦元；H 为摩擦元的硬化参数。ε_v^{pf} 和 ε_s^{pf} 分别表示摩擦元的塑性体积应变和塑性剪切应变，α_0、c_1、c_2、H_0 和 β 为与摩擦元有关的模型状态参数，定义如下：

$$\eta^{f}=\frac{\sigma_{m}^{f}}{\sigma_{s}^{f}} \tag{2.5-42a}$$

$$\sigma_{m}^{f}=\frac{1}{3}\left(\sigma_{1}^{f}+\sigma_{2}^{f}+\sigma_{3}^{f}\right) \tag{2.5-42b}$$

$$\sigma_{s}^{f}=\sqrt{0.5\left[\left(\sigma_{1}^{f}-\sigma_{2}^{f}\right)^{2}+\left(\sigma_{1}^{f}-\sigma_{3}^{f}\right)^{2}+\left(\sigma_{2}^{f}-\sigma_{3}^{f}\right)^{2}\right]} \tag{2.5-42c}$$

$$\alpha=\alpha_{0}\left[1.0-c_{1}\exp\left(-\frac{\varepsilon_{s}^{pf}}{c_{2}}\right)\right] \tag{2.5-42d}$$

$$H=H_{0}\exp\left(\beta\varepsilon_{v}^{pf}\right) \tag{2.5-42e}$$

为了更好地反映摩擦元的变形特征，采用非关联流动法则，屈服函数与塑性势函数不等，即 $f\neq g$，塑性势函数采用如下表达式：

$$g^{f}=\frac{\sigma_{m}^{f}}{1-\left(\eta^{f}/\alpha\right)^{n_1}}-H \tag{2.5-43}$$

运用正交流动法则，摩擦元的增量塑性体积应变($\mathrm{d}\varepsilon_v^{pf}$)和剪切应变($\mathrm{d}\varepsilon_s^{pf}$)可表示为

$$\mathrm{d}\varepsilon_{v}^{pf}=\mathrm{d}\Lambda\frac{\partial g^{f}}{\partial\sigma_{m}^{f}},\quad \mathrm{d}\varepsilon_{s}^{pf}=\mathrm{d}\Lambda\frac{\partial g^{f}}{\partial\sigma_{s}^{f}} \tag{2.5-44}$$

式中，$\mathrm{d}\Lambda$ 为非负的塑性乘子($\mathrm{d}\Lambda>0$)。

针对式(2.5-42)采用一致性条件，即 $\mathrm{d}f=0$，可得

$$\frac{\partial f^{f}}{\partial\sigma_{m}^{f}}\mathrm{d}\sigma_{m}^{f}+\frac{\partial f^{f}}{\partial\sigma_{s}^{f}}\mathrm{d}\sigma_{s}^{f}+\frac{\partial f^{f}}{\partial\alpha}\frac{\partial\alpha}{\partial\varepsilon_{s}^{pf}}\mathrm{d}\varepsilon_{s}^{pf}+\frac{\partial f^{f}}{\partial H}\frac{\partial H}{\partial\varepsilon_{v}^{pf}}\mathrm{d}\varepsilon_{v}^{pf}=0 \tag{2.5-45}$$

因此，可得塑性乘子 $\mathrm{d}\Lambda$ 和硬化参数 h：

$$\mathrm{d}\Lambda=\frac{1}{h}\left(\frac{\partial f^f}{\partial\sigma_m^f}\mathrm{d}\sigma_m^f+\frac{\partial f^f}{\partial\sigma_s^f}\mathrm{d}\sigma_s^f\right) \tag{2.5-46}$$

$$\begin{aligned}h&=-\frac{\partial f^f}{\partial\alpha}\frac{\partial\alpha}{\partial\varepsilon_s^{pf}}\frac{\partial g}{\partial\sigma_s^f}-\frac{\partial f^f}{\partial H}\frac{\partial H}{\partial\varepsilon_v^{pf}}\frac{\partial g^f}{\partial\sigma_m^f}\\&=\frac{n\sigma_m^f\left(\eta^f/\alpha\right)^n}{\alpha\left[1-\left(\eta^f/\alpha\right)^n\right]^2}\frac{c_1}{c_2}\alpha_0\exp\left(-\frac{\varepsilon_s^{pf}}{c_2}\right)\frac{\partial g^f}{\partial\sigma_s^f}+H_0\beta\exp\left(\beta\varepsilon_v^{pf}\right)\frac{\partial g^f}{\partial\sigma_m^f}\end{aligned} \tag{2.5-47}$$

最终得到摩擦元的增量本构关系为

$$\mathrm{d}\sigma_m^f=C_{mm}^f\mathrm{d}\varepsilon_v^f+C_{ms}^f\mathrm{d}\varepsilon_s^f，\ \mathrm{d}\sigma_s^f=C_{sm}^f\mathrm{d}\varepsilon_v^f+C_{ss}^f\mathrm{d}\varepsilon_s^f \tag{2.5-48}$$

其中摩擦元的刚度矩阵分量C_{mm}^f、C_{ms}^f、C_{sm}^f和C_{ss}^f分别表示成：

$$C_{mm}^f=\frac{1}{M}\left(\frac{1}{3G^f}+\frac{1}{h}\frac{\partial f^f}{\partial\sigma_s^f}\frac{\partial g^f}{\partial\sigma_s^f}\right)，\ C_{ms}^f=-\frac{1}{Mh}\frac{\partial f^f}{\partial\sigma_s^f}\frac{\partial g^f}{\partial\sigma_m^f} \tag{2.5-49a}$$

$$C_{sm}^f=-\frac{1}{Mh}\frac{\partial f^f}{\partial\sigma_m^f}\frac{\partial g^f}{\partial\sigma_s^f}，\ C_{ss}^f=\frac{1}{M}\left(\frac{1}{K^f}+\frac{1}{h}\frac{\partial f^f}{\partial\sigma_m^f}\frac{\partial g^f}{\partial\sigma_m^f}\right) \tag{2.5-49b}$$

$$M=\frac{1}{3G^fK^f}+\frac{1}{K^fh}\frac{\partial f^f}{\partial\sigma_s^f}\frac{\partial g^f}{\partial\sigma_s^f}+\frac{1}{3G^fh}\frac{\partial f^f}{\partial\sigma_m^f}\frac{\partial g^f}{\partial\sigma_m^f} \tag{2.5-49c}$$

$$\frac{\partial f^f}{\partial\sigma_m^f}=\frac{1+(n-1)\left(\eta^f/\alpha\right)^n}{\left[1-\left(\eta^f/\alpha\right)^n\right]^2} \tag{2.5-49d}$$

$$\frac{\partial f^f}{\partial\sigma_s^f}=\frac{n\eta^f\left(\eta^f/\alpha\right)^n}{\left[1-\left(\eta^f/\alpha\right)^n\right]^2} \tag{2.5-49e}$$

$$\frac{\partial g^f}{\partial\sigma_m^f}=\frac{1+(n_1-1)\left(\eta^f/\alpha\right)^{n_1}}{\left[1-\left(\eta^f/\alpha\right)^{n_1}\right]^2} \tag{2.5-49f}$$

$$\frac{\partial g^f}{\partial\sigma_s^f}=\frac{n_1\eta^f\left(\eta^f/\alpha\right)^{n_1}}{\left[1-\left(\eta^f/\alpha\right)^{n_1}\right]^2} \tag{2.5-49g}$$

3. 破损率参数

由前面定义可知，由球应力引起的破损为体积破损率η_v，由偏差应力引起的破损为面积破损率η_s，假设式(2.5-25)中的η_v和η_s表达式采用如下形式：

$$\eta_v=1-\rho_v\exp\left\{-k_v\left(\varepsilon_v\right)^{\theta_v}\right\} \tag{2.5-50}$$

$$\eta_s=1-\rho_s\exp\left\{-\zeta_s\left(\varepsilon_s\right)^{r_s}\right\} \tag{2.5-51}$$

对式(2.5-50)和式(2.5-51)进行微分，得

$$\mathrm{d}\eta_v=\rho_vk_v\theta_v\left(\varepsilon_v\right)^{\theta_v-1}\exp\left\{-k_v\left(\varepsilon_v\right)^{\theta_v}\right\} \tag{2.5-52}$$

$$d\eta_s = \rho_s \zeta_s r_s (\varepsilon_s)^{r_s - 1} \exp\left\{-\zeta_s (\varepsilon_s)^{r_s}\right\} \tag{2.5-53}$$

4. 局部应变集中系数状态参数

局部应变集中系数可分为体积应变集中系数 c_v 和面积应变集中系数 c_s，它们的表达式采用如下形式：

$$c_v = \exp\left\{-\alpha_v (\varepsilon_v)^{m_v}\right\} \tag{2.5-54}$$

$$c_s = \exp\left\{-\beta_s (\varepsilon_s)^{n_s}\right\} \tag{2.5-55}$$

B_v 和 B_s 的表达式分别为

$$B_v = c_v^0 - \varepsilon_v^0 \alpha_v m_v (\varepsilon_v)^{m_v - 1} \exp\left\{-\alpha_v (\varepsilon_v)^{m_v}\right\} \tag{2.5-56a}$$

$$B_s = c_s^0 - \varepsilon_s^0 \beta_s n_s (\varepsilon_s)^{n_s - 1} \exp\left\{-\beta_s (\varepsilon_s)^{n_s}\right\} \tag{2.5-56b}$$

2.5.3　模型验证

利用冻结砂土在−6℃时的三轴试验结果分别确定胶结元和摩擦元中的基本参数，随后基于三轴试验结果反演确定内部状态变量，在不同围压下的双参数二元介质模型的参数确定结果如下。胶结元参数：$K_b = 6531 p_a (\sigma_3 / p_a)^{0.542}$ MPa，$G_b = 13280 p_a (\sigma_3 / p_a)^{0.2213}$ MPa；摩擦元参数：$K_f = 950.2 p_a (\sigma_3 / p_a)^{0.231}$ MPa，$G_f = 666 p_a (\sigma_3 / p_a)^{0.2446}$ MPa，$n = 0.1$，$n_1 = 0.2$，$c_1 = 0.6$，$c_2 = 10$，$\alpha_0 = 1.837(\sigma_3 / p_a)^{0.544}$，$\beta = 40$，$h_0 = 350$；结构状态参数：$\alpha_v = 1.0$，$m_v = 2.0$，$\beta_s = 1.0$，$n_s = 2.0$，$\theta_v = 2$，$\zeta_s = 120$，$r_s = 1.2$，$\rho_v = 6.85 \times 10^{-5} (\sigma_3 / p_a)^2 - 0.0001995 \sigma_3 / p_a + 0.0159$，$\rho_s = 0.000421(\sigma_3 / p_a)^2 - 0.01256 \sigma_3 / p_a + 0.152$，当 $\sigma_3 \leqslant 0.8$MPa 时 $k_v = 1$ 和当 $\sigma_3 > 0.8$MPa 时 $k_v = 2$。利用双参数二元介质的应力应变表达式，对试验结果进行预测，如图 2.5-3 所示。从图中可以看出，预测结果与三轴试验结果吻合较好，尤其是能模拟应变软化和体积剪胀现象。

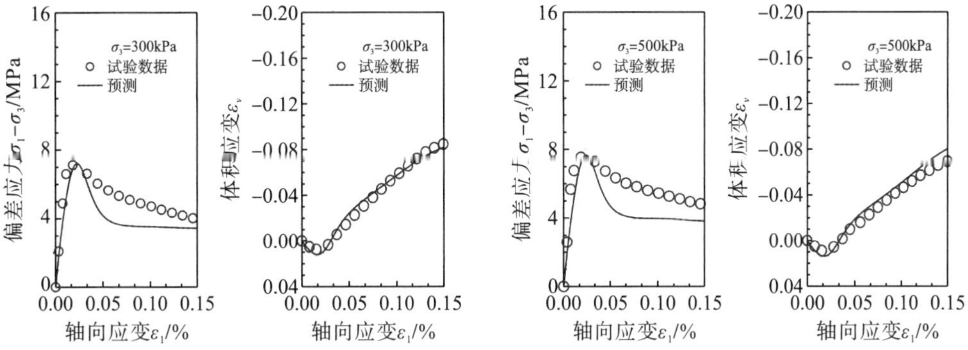

(a)　　　　　　　　　　(b)

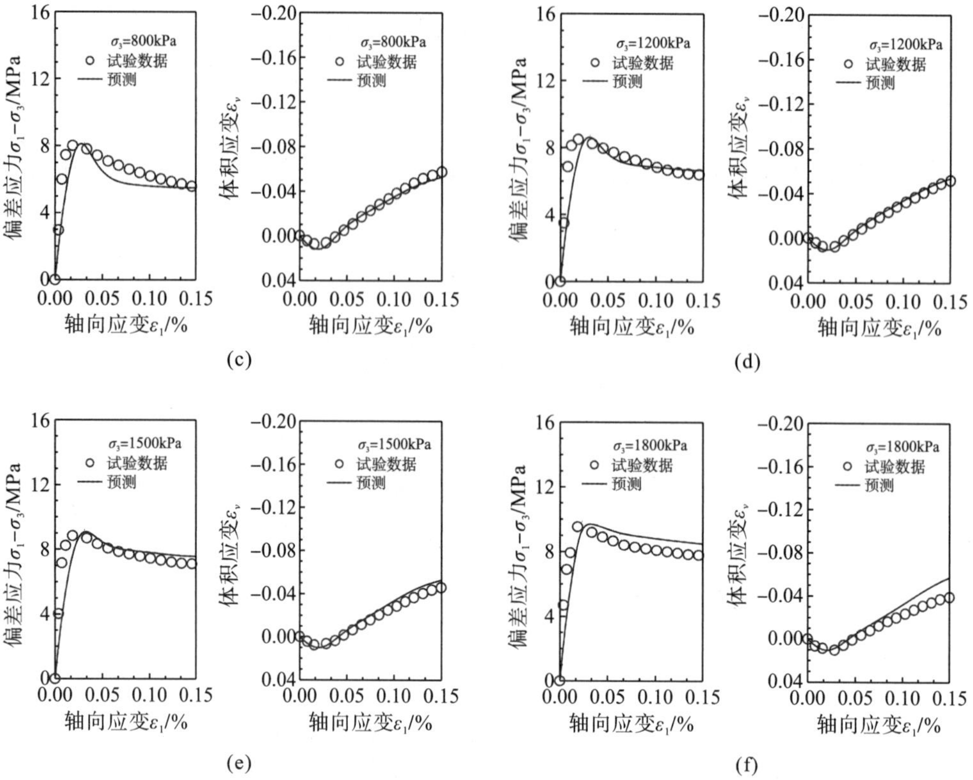

图 2.5-3　双参数二元介质模型冻砂的预测结果(温度为−6℃)

第3章　宏-细观二元介质本构模型

在二元介质模型中，考虑单元体中胶结元和摩擦元的相互作用时，就需要从细观破坏机理出发来建立本构关系。由于高阶尺度的特性取决于低阶尺度的特性，因此建立多尺度的二元介质本构模型可以反映二元介质材料的实际物理变形机理，赋予参数明确的物理意义。本章对考虑细观变形机理的二元介质本构模型进行介绍，主要包括尾矿料、冻土、人工制备结构性黏土、多孔岩石的宏-细观二元介质本构模型。

第3.1节　考虑细观变形机理的冻融尾矿料的二元介质本构模型

3.1.1　尾矿料细观变形机制

与一般岩土材料相比，尾矿料的矿物成分复杂，常含较多的活性氧化物，例如二氧化硅(SiO_2)、三氧化二铝(Al_2O_3)、氧化铁(Fe_2O_3)和氧化钙(CaO)等。活性氧化物在水中生成具有一定强度和硬度的胶凝物质，通过将黏土或者碎屑的土颗粒黏结在一起，形成较大的颗粒聚集体，使得尾矿料具有一定的黏聚力。本节研究的云贵高原某高海拔的铅锌多金属矿的尾矿料中还含有大量的强胶结物质——半水硫酸钙($CaSO_4\cdot 2H_2O$)，极大地增强了尾矿料的黏聚力(刘友能，2021)。图3.1-1为尾矿料试样的电镜扫描图像。另一方面，尾矿料中还含有一定量的结晶水和不稳定化合物，具有明显的弹脆性，当骨架持续受荷时，颗间接触点晶格会发生变形和歪曲，结晶水和不稳定化合物破坏。结晶水、不稳定化合物和胶结体与尾矿颗粒等共同构成了弹脆性的胶结结构(或大颗粒聚集体)，在加载过程中，大颗粒聚集体遭到破损，胶结破坏，结晶水和不稳定化合物发生物理分解，使得尾矿料的黏聚力逐渐减弱，颗粒间的摩擦作用逐渐发挥作用，尾矿料的摩擦成分逐步增强。

(a)N_{FT}=0　(b)N_{FT}=1　(c)N_{FT}=5　(d)N_{FT}=15

图3.1-1　尾矿料试样的电镜扫描图像(N_{FT}表示冻融次数；扫描放大倍数：2000)

尾矿料的抗剪强度由黏聚力成分和摩擦力成分共同组成，在不同的应变(应力)水平下，二者的发挥程度不同。黏聚力和摩擦力在变形过程中的演化模式如图 3.1-2 所示，图中给出了尾矿料两种典型的应力-应变关系曲线。其中，图 3.1-2(a)为应变硬化型关系曲线，图 3.1-2(b)为应变软化型关系曲线，两种类型曲线都分别可以分成三个特征阶段。在 *OA* 段，应变水平较小时，结晶水、不稳定化合物和胶结结构破损量很小，尾矿料试样中摩擦力成分贡献很小，试样的强度主要由黏聚力成分控制，两种类型的曲线都呈现出线弹性的应力-应变关系，变形模量很大。

随着变形的发展，尾矿料试样应力-应变关系曲线进入 *AB* 段，此时两种类型曲线都表现出非线性行为，以弹塑性变形为主，试样的割线模量逐渐降低。在此阶段，由于应力集中，胶结元内部产生初始损伤，并逐渐在包含结晶水、不稳定化合物和胶结体的胶结结构内发展，这加剧了胶结元的“胶结杆”断裂。因此，随着应变的增加，胶结结构逐渐破损，尾矿料试样的黏聚力逐渐损失，破损后的颗粒转变为以粒间摩擦的形式承担外荷载，因此试样的摩擦力对抗剪强度的贡献逐渐增大。由于破损而导致的黏聚力损失会因新生成的摩擦力而得到补偿。但是，因为摩擦力补偿的强弱差异，最终会导致尾矿料表现出应变硬化或者应变软化现象，分别如图 3.1-2(a)和(b)中 *BC* 所示。此外，尾矿料的应变硬化行为通常伴随着剪缩现象同时出现，而应变软化行为则通常伴随着体积初始压缩，而后逐渐膨胀的现象。

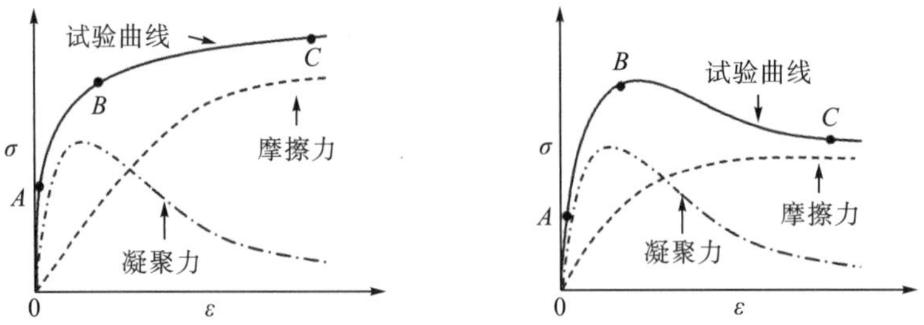

图 3.1-2　尾矿料抗剪强度演化示意图

相对于制样过程中的人工碾碎工序，在尾矿料的三轴压缩试验过程中，试样承受了较高的应力水平，导致尾矿料试样中的胶结结构几乎全部破坏，此时试样的强度完全由颗粒间摩擦强度承担，正因如此，尾矿料试样和重塑样几乎表现出相同的残余强度。对于重塑后得到的重塑样，其外荷载主要由分散的土颗粒之间的摩擦强度承担。由于黏聚力的强度远远大于摩擦力的强度，所以经过三轴压缩试验后重塑得到的重塑样，其强度相对于尾矿料试样较低，其体缩的现象也更加明显。

在冻融条件下，冻结过程中冰晶首先在大孔隙开始生成，随后逐渐发育至小孔隙，在尾矿料内部产生高应力状态，挤压土颗粒以获得生长空间，尾矿料产生不可逆的塑性变形。当孔隙冰的生长使得应力和应变发展到一定程度时，尾矿料的胶结结构发生局部破坏，胶结元的黏聚力下降，导致尾矿料的强度降低。值得注意的是，相对于三轴压缩试验而言，在冻融循环过程中，尾矿料的变形相对较小，尾矿颗粒间的结晶水、不稳定化合物及胶结体等并未完全破损，以至于在接下来的三轴压缩试验或下一个冻融循环的过程中，依然有胶结元的存在，但其强度较冻融前要低。

3.1.2　尾矿料二元介质本构模型

3.1.2.1　尾矿料的二元介质抽象

为考虑尾矿料应力-应变的非均匀性，此处引入细观力学的分析方法(黄克智和黄永刚，1999)。在细观力学分析中，通常考虑材料的宏观和细观两种尺度。宏观尺度认为材料是连续介质，由许多物质点组成，与宏观物质点相对应的空间被称为代表性体积单元(RVE)。在宏观尺度上，RVE 尺寸的选取需要足够小，以至于可以视为一个物质点来处理，RVE 中的应力场与应变场具有宏观上的均匀性；在细观尺度上，RVE 尺寸的选取需要足够大，能包含大量的细观元素与细观结构信息，使得 RVE 满足局部连续性和统计平均性。将尾矿料视为准连续介质，如图 3.1-3 所示，图中尾矿料的试样尺寸用 L 表示，从尾矿料试样中提取一个代表性体积单元，其尺寸用 l 表示。

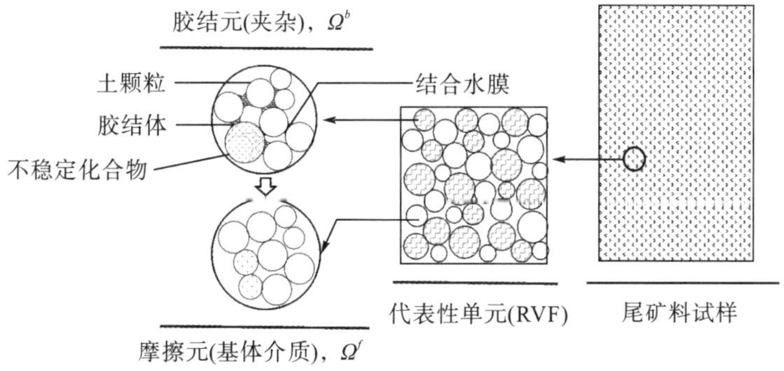

图 3.1-3　尾矿料二元介质结构示意图

根据第 1 章的岩土破损力学概念，将尾矿料中含有结晶水、结合水膜、不稳定化合物及胶结体的胶结结构(大颗粒聚集体)视为胶结元 Ω^b，其具有很强的黏聚力，表现弹脆性的性质。在加载过程中，胶结元逐渐破损，转变为分散的土颗粒和碎屑体，即摩擦元 Ω^f，其强度主要由颗粒间的摩擦作用体现。将胶结元与摩擦元的特征尺度 d 选取为细观尺度，由图 3.1-1 尾矿料的细观结构分析可知，尾矿料的 RVE 可以同时满足在宏观尺度上足够小，而在细观尺度上又足够大的双重尺度性，即 $d \ll l \ll L$。

3.1.2.2　局部应变集中张量

1. 胶结元与摩擦元的本构关系

为简化书写，除非特殊说明，本节中后文中出现的应力均表示有效应力；胶结元和摩擦元的相关变量分别记为带上标 b 和 f 的形式；采用笛卡儿坐标系下的张量记法 $\left(X_j, j=x,y,z\right)$。

将尾矿料代表性单元中胶结元与摩擦元理想化为球形颗粒，如图 3.1-3 所示。在尾矿料试样中取一个代表性单元，根据复合材料细观力学理论，代表性单元的基体由许多的摩擦元颗粒组成，其中的夹杂则由胶结元颗粒表示，许多夹杂颗粒无序地分布于基体当中，构成了准连续介质结构。在加载过程中，摩擦元表现出弹塑性性质，其本构关系表示为

$$\mathrm{d}\sigma_{ij}^{f} = D_{ijkl}^{f}\mathrm{d}\varepsilon_{kl}^{f} \tag{3.1-1}$$

$$D_{ijkl}^{f} = D_{ijkl}^{fe} - \frac{D_{ijmn}^{fe}\dfrac{\partial g}{\partial \sigma_{mn}}\dfrac{\partial \phi}{\partial \sigma_{pq}}D_{pqkl}^{fe}}{H + \dfrac{\partial \phi}{\partial \sigma_{ij}}D_{ijkl}^{fe}\dfrac{\partial g}{\partial \sigma_{kl}}} \tag{3.1-2}$$

式中，D_{ijkl}^{f} 为摩擦元的刚度张量；$\mathrm{d}\sigma_{ij}^{f}$、$\mathrm{d}\varepsilon_{kl}^{f}$、$\phi$、$g$ 和 H 分别为代表性单元中所有摩擦元的应力增量的平均值、应变增量的平均值、屈服函数、塑性势函数和硬化模量；D_{ijkl}^{fe} 可表示为

$$D_{ijkl}^{fe} = \frac{1}{3}\left(3K^{fe} - 2G^{fe}\right)\delta_{ij}\delta_{kl} + G^{fe}\left(\delta_{ik}\delta_{jl} + \delta_{il}\delta_{jk}\right) \tag{3.1-3}$$

式中，K^{fe} 和 G^{fe} 分别表示摩擦元的体积模量与剪切模量。在经典弹塑性理论中，弹塑性应变增量 $\mathrm{d}\varepsilon_{ij}^{f}$ 通常分解为

$$\mathrm{d}\varepsilon_{ij}^{f} = \mathrm{d}\varepsilon_{ij}^{fe} + \mathrm{d}\varepsilon_{ij}^{fp} \tag{3.1-4}$$

式中，$\mathrm{d}\varepsilon_{ij}^{fe}$ 和 $\mathrm{d}\varepsilon_{ij}^{fp}$ 分别表示弹性应变增量和塑性应变增量。

另一方面，胶结元为弹脆性体，具有很强的黏聚力，其应力-应变关系采用弹性本构关系进行描述：

$$\mathrm{d}\sigma_{ij}^{b} = D_{ijkl}^{b}\mathrm{d}\varepsilon_{kl}^{b} \tag{3.1-5}$$

$$D_{ijkl}^{b} = \frac{1}{3}\left(3K^{b} - 2G^{b}\right)\delta_{ij}\delta_{kl} + G^{b}\left(\delta_{ik}\delta_{jl} + \delta_{il}\delta_{jk}\right) \tag{3.1-6}$$

式中，D_{ijkl}^{b} 为胶结元的弹性刚度张量；K^{b} 和 G^{b} 分别为胶结元的体积模量和剪切模量；σ_{ij}^{b} 和 ε_{kl}^{b} 分别表示 RVE 中所有胶结元的应力的平均值和应变的平均值；δ_{ij} 为克罗内克符号，当 $i=j$ 时，$\delta_{ij}=1$；当 $i \neq j$ 时，$\delta_{ij}=0$。在加载过程中，假定 D_{ijkl}^{b}、D_{ijkl}^{f} 及 D_{ijkl}^{fe} 具有增量线性特性。为了简洁考虑，以下推导中所涉及的摩擦元和胶结元的应力、应变，除非特殊说明，均指在代表性单元体中该组分应力、应变的平均值；所涉及的代表性单元(RVE)的应力和应变，除非特殊说明，均指代表性单元的宏观应力和应变，它们是相对于局部应力和局部应变的物理量。

2. 局部应变集中张量的确定

以下通过复合材料细观力学理论，介绍考虑弹塑性基体的 Eshelby 张量的建立方法。假定一个参考代表性单元，完全由弹性的参考胶结元 Ω^{fe} 组成，如图 3.1-4(b) 所示，其中，参考胶结元 Ω^{fe} 具有与摩擦元 Ω^{f} 完全相同的弹性性质，其弹性刚度张量可用 D_{ijkl}^{fe} 表示。

在该参考 RVE 中，一个椭球区域 Ω 发生特征应变 $\mathrm{d}\varepsilon_{ij}^{*}$，则基体会产生与之相应的扰动应变 $\mathrm{d}\varepsilon_{ij}^{tfe}$，可表示为(Eshelby，1957；1959)：

$$\mathrm{d}\varepsilon_{ij}^{tfe}=S_{ijkl}\,\mathrm{d}\varepsilon_{kl}^{*} \tag{3.1-7}$$

其中，S_{ijkl} 为弹性基体条件下的 Eshelby 张量。为了简化，我们考虑特征应变区域为球形区域，同理，下文中的胶结元与摩擦元均考虑为球形颗粒，因此，使用格林函数对球形区域进行积分，可求得 Eshelby 张量为

$$S_{ijkl}=\chi\delta_{ij}\delta_{kl}+\psi\left(\delta_{ik}\delta_{jl}+\delta_{il}\delta_{jk}-\frac{2}{3}\delta_{ij}\delta_{kl}\right) \tag{3.1-8}$$

$$\chi=\frac{(1+\nu^{re})}{[9(1-\nu^{re})]},\quad \psi=\frac{(4-5\nu^{re})}{[15(1-\nu^{re})]} \tag{3.1-9}$$

其中，δ_{ij} 为克罗内克符号；ν^{re} 为参考摩擦元的泊松比，它与摩擦元的泊松比 ν^{fe} 等价。

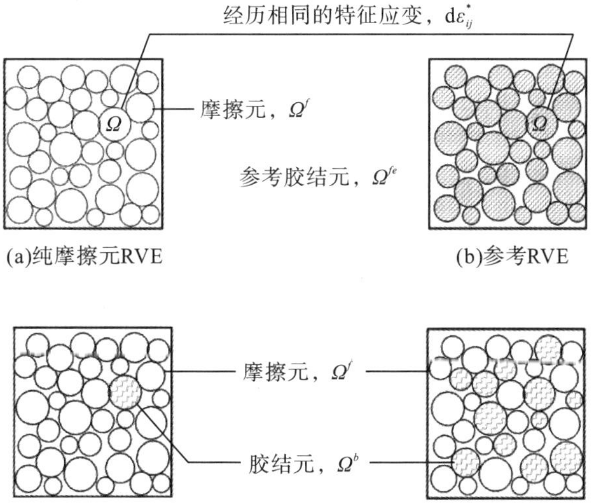

(a)纯摩擦元RVE　(b)参考RVE

(c)单胶结元夹杂的摩擦元RVE　(d)多胶结元夹杂的摩擦元RVE

图 3.1-4　不同类型的代表性单元 RVE

对于弹塑性基体的情况，假设有一个不含夹杂，完全由摩擦元构成的代表性单元体，在其中一个球形区域Ω发生了与参考 RVE 完全相同的特征应变 $\mathrm{d}\varepsilon_{ij}^{*}$，如图 3.1-4(a)所示，则基体会产生一个相应的扰动应变 $\mathrm{d}\varepsilon_{ij}^{tf}$，可借鉴式(3.1-7)，将其表示为

$$\mathrm{d}\varepsilon_{ij}^{tf}=S_{ijkl}^{ep}\mathrm{d}\varepsilon_{kl}^{*} \tag{3.1-10}$$

式中，S_{ijkl}^{ep} 表示弹塑性基体情况下的 Eshelby 张量，它可用如下公式计算(Peng et al., 2016)：

$$S_{ijkl}^{ep}=[(D_{ijmn}^{fe})^{-1}D_{mnop}^{f}]^{-1}S_{opqr}\left[(D_{qrst}^{fe})^{-1}D_{stkl}^{f}\right] \tag{3.1-11}$$

其中，S_{opqr} 为参考 RVE 的 Eshelby 张量。值得注意的是，无论是参考 RVE 的 Eshelby 张量 S_{opqr} 还是弹塑性基体的 Eshelby 张量 S_{ijkl}^{ep}，它们均与特征应变 $\mathrm{d}\varepsilon_{ij}^{*}$ 的大小无关，而由基体材料的弹性特性及特征应变区域的几何形状等确定。

将图 3.1-4(a)中特征应变区域替换成一个胶结元颗粒Ω^b，得到以摩擦元为基体，以单个胶结元为夹杂材料的代表性单元，如图 3.1-4(c)所示。等效夹杂原理很好地解释了弹性基体中包含一个弹性夹杂的情况，而对于摩擦元基体含有单个弹性夹杂的情况，其平衡方程、边界条件和一致性条件的形式与前者一致，因此，在给定边界条件的情况下，等效夹杂原理仍然适用，唯一需要调整的仅是将基体的弹性刚度替换成摩擦元的弹塑性刚度。因此，基于等效夹杂原理可得

$$D_{ijkl}^{f}\left(\mathrm{d}\varepsilon_{kl}^{frve}+\mathrm{d}\varepsilon_{kl}^{tf}-\mathrm{d}\varepsilon_{kl}^{*}\right)=D_{ijkl}^{b}\left(\mathrm{d}\varepsilon_{kl}^{frve}+\mathrm{d}\varepsilon_{kl}^{tf}\right) \tag{3.1-12}$$

其中，$\mathrm{d}\varepsilon_{kl}^{frve}$为图 3.1-4(c)中所示含有单个胶结元夹杂的摩擦元 RVE 的宏观应变。将式(3.1-10)和式(3.1-11)代入式(3.1-12)计算得到$\mathrm{d}\varepsilon_{kl}^{*}$，并利用$\mathrm{d}\varepsilon_{kl}^{b}=\mathrm{d}\varepsilon_{kl}^{frve}+\mathrm{d}\varepsilon_{kl}^{tf}$可得

$$\mathrm{d}\varepsilon_{ij}^{b}=[I_{ijkl}+S_{ijmn}^{ep}(D_{mnop}^{f})^{-1}(D_{opkl}^{b}-D_{opkl}^{f})]^{-1}\mathrm{d}\varepsilon_{kl}^{frve} \tag{3.1-13}$$

其中，$I_{ijkl}=\dfrac{1}{2}(\delta_{ik}\delta_{jl}+\delta_{il}\delta_{jk})$。

在加载过程中，尾矿料代表性单元内的摩擦元(基体)与胶结元(夹杂)的组分是一个动态演化的过程。在大多数情况下，RVE 中含有许多胶结元颗粒，如图 3.1-4(d)所示，在变形过程中每个夹杂均会对周围基体产生一定扰动，进而影响 RVE 的变形特性。因此，为了进一步考虑多个夹杂之间的相互作用，图 3.1-4(d)中摩擦元的应变与胶结元的应变采用 Mori-Tanaka 均匀化方法(Mori and Tanaka，1973)计算：

$$\mathrm{d}\varepsilon_{ij}^{b}=A_{ijkl}\mathrm{d}\varepsilon_{kl}^{f} \tag{3.1-14}$$

$$A_{ijkl}=[I_{ijkl}+S_{ijmn}^{ep}(D_{mnop}^{f})^{-1}(D_{opkl}^{b}-D_{opkl}^{f})]^{-1} \tag{3.1-15}$$

其中，A_{ijkl}为局部应变集中张量。

3.1.2.3 二元介质本构方程的推导

为了考虑剪切过程中尾矿料的破损程度，引入一个破损率函数R_V，将其定义为尾矿料代表性单元(RVE)中摩擦元的体积分数，其表达式如下：

$$R_V=\frac{V^f}{V}=\frac{\left(V-V^b\right)}{V} \tag{3.1-16}$$

式中，V、V^f和V^b分别为 RVE 的体积、摩擦元的体积和胶结元的体积。在宏观尺度上，代表性单元可视为尾矿料试样中的一个质点，试样的应力、应变在宏观上均匀分布。根据均匀化理论(Wang et al.，2002)，RVE 的宏观应变表示为

$$\sigma_{ij}^{\mathrm{rve}}=\left(1/V\right)\int\sigma_{ij}^{\mathrm{loc}}\mathrm{d}V \tag{3.1-17}$$

其中带上标 loc 表示该参数为局部参数。同理，胶结元的应力σ_{ij}^{b}和摩擦元的应力σ_{ij}^{f}表示为

$$\sigma_{ij}^{b}=\left(1/V^b\right)\int\sigma_{ij}^{\mathrm{loc}}\mathrm{d}V^b \tag{3.1-18}$$

$$\sigma_{ij}^{f}=\left(1/V^f\right)\int\sigma_{ij}^{\mathrm{loc}}\mathrm{d}V^f \tag{3.1-19}$$

联立式(3.1-17)～式(3.1-19)，得到 RVE 的宏观应力$\sigma_{ij}^{\mathrm{rve}}$，表示为

$$\sigma_{ij}^{\mathrm{rve}}=\left(1/V\right)\int\sigma_{ij}^{\mathrm{loc}}\mathrm{d}V=\left(V^b/V\right)\sigma_{ij}^{b}+\left(V^f/V\right)\sigma_{ij}^{f} \tag{3.1-20}$$

类似上述推导，RVE 的宏观应变 $\varepsilon_{ij}^{\text{rve}}$ 可以表示为

$$\varepsilon_{ij}^{\text{rve}}=\left(1/V\right)\int\varepsilon_{ij}^{\text{loc}}\mathrm{d}V=\left(V^{b}/V\right)\varepsilon_{ij}^{b}+\left(V^{f}/V\right)\varepsilon_{ij}^{f}\tag{3.1-21}$$

式中，ε_{ij}^{b} 为胶结元的应变；ε_{ij}^{f} 为摩擦元的应变，将式(3.1-16)分别代入式(3.1-20)和式(3.1-21)，得到 RVE 与胶结元和摩擦元之间应力、应变的全量关系：

$$\sigma_{ij}^{\text{rve}}=\left(1-R_V\right)\sigma_{ij}^{b}+R_V\sigma_{ij}^{f}\tag{3.1-22}$$

$$\varepsilon_{ij}^{\text{rve}}=\left(1-R_V\right)\varepsilon_{ij}^{b}+R_V\varepsilon_{ij}^{f}\tag{3.1-23}$$

分别对式(3.1-22)及式(3.1-23)求增量，得到 RVE 的宏观应力与应变的增量：

$$\mathrm{d}\sigma_{ij}^{\text{rve}}=\mathrm{d}\sigma_{ij}^{b}+R_V(\mathrm{d}\sigma_{ij}^{f}-\mathrm{d}\sigma_{ij}^{b})+\mathrm{d}R_V\left(\sigma_{ij}^{f}-\sigma_{ij}^{b}\right)\tag{3.1-24}$$

$$\mathrm{d}\varepsilon_{ij}^{\text{rve}}=\mathrm{d}\varepsilon_{ij}^{b}+R_V(\mathrm{d}\varepsilon_{ij}^{f}-\mathrm{d}\varepsilon_{ij}^{b})+\mathrm{d}R_V\left(\varepsilon_{ij}^{f}-\varepsilon_{ij}^{b}\right)\tag{3.1-25}$$

式中，$\mathrm{d}R_V$ 为破损率的增量。将摩擦元的本构关系式(3.1-1)及胶结元的本构关系式(3.1-5)代入式(3.1-24)可得

$$\mathrm{d}\sigma_{ij}^{\text{rve}}=D_{ijkl}^{b}\mathrm{d}\varepsilon_{kl}^{b}+R_V\left(D_{ijkl}^{f}\mathrm{d}\varepsilon_{kl}^{f}-D_{ijkl}^{b}\mathrm{d}\varepsilon_{kl}^{b}\right)+\mathrm{d}R_V\left(\sigma_{ij}^{f}-\sigma_{ij}^{b}\right)\tag{3.1-26}$$

通过整理式(3.1-25)，将摩擦元的应变增量 $\mathrm{d}\varepsilon_{ij}^{f}$ 表示为

$$\mathrm{d}\varepsilon_{ij}^{f}=\frac{1}{R_V}\left[\mathrm{d}\varepsilon_{ij}^{\text{rve}}-\mathrm{d}\varepsilon_{ij}^{b}-\mathrm{d}R_V\left(\varepsilon_{ij}^{f}-\varepsilon_{ij}^{b}\right)\right]+\mathrm{d}\varepsilon_{ij}^{b}\tag{3.1-27}$$

联立式(3.1-25)～式(3.1-27)可得

$$\mathrm{d}\sigma_{ij}^{\text{rve}}=D_{ijkl}^{f}\mathrm{d}\varepsilon_{kl}^{\text{rve}}-\left(1-R_V\right)\left(D_{ijkl}^{f}-D_{ijkl}^{b}\right)\mathrm{d}\varepsilon_{kl}^{b}-\mathrm{d}R_V D_{ijkl}^{f}\left(\varepsilon_{kl}^{f}-\varepsilon_{kl}^{b}\right)+\mathrm{d}R_V\left(\sigma_{ij}^{f}-\sigma_{ij}^{b}\right)\tag{3.1-28}$$

在加载过程中，达到强度极限时胶结元的“胶结杆”会发生破损，胶结元转变为摩擦元。随着变形的持续发展，胶结元不断破损，摩擦元的数量逐渐增加。因此，可以假定破损率为代表性单元宏观应变的函数 $R_V=R_V\left(\varepsilon_{ij}^{\text{rve}}\right)$，其增量形式表示为

$$\mathrm{d}R_V=\left\{\frac{\partial R_V}{\partial\varepsilon_{kl}^{\text{rve}}}\right\}^{\mathrm{T}}\mathrm{d}\varepsilon_{kl}^{\text{rve}}\tag{3.1-29}$$

将式(3.1-14)代入式(3.1-27)，可得胶结元应变与 RVE 应变之间的关系表达式为

$$\mathrm{d}\varepsilon_{ij}^{b}=B_{ijkl}\mathrm{d}\varepsilon_{kl}^{\text{rve}}\tag{3.1-30}$$

式中，B_{ijkl} 为胶结元对应的总体应变集中张量：

$$B_{ijkl}=L_{ijmn}\left[I_{mnkl}-\frac{1}{R_V}\left(\varepsilon_{mn}^{\text{rve}}-\varepsilon_{mn}^{b}\right)\left\{\frac{\partial R_V}{\partial\varepsilon_{kl}^{\text{rve}}}\right\}^{\mathrm{T}}\right]\tag{3.1-31}$$

$$L_{ijkl}=A_{ijmn}[R_V I_{mnkl}+\left(1-R_V\right)A_{mnkl}]^{-1}\tag{3.1-32}$$

联立(3.1-5)、式(3.1-28)和式(3.1-30)得

$$\begin{aligned}\mathrm{d}\sigma_{ij}^{\text{rve}}=&D_{ijkl}^{f}\mathrm{d}\varepsilon_{kl}^{\text{rve}}-\left(1-R_V\right)\left(D_{ijmn}^{f}-D_{ijmn}^{b}\right)B_{mnop}\mathrm{d}\varepsilon_{op}^{\text{rve}}\\&-\left[D_{ijkl}^{f}\left(\varepsilon_{kl}^{f}-\varepsilon_{kl}^{b}\right)-\left(\sigma_{ij}^{f}-D_{ijmn}^{b}\varepsilon_{mn}^{b}\right)\right]\left\{\frac{\partial R_V}{\partial\varepsilon_{kl}^{\text{rve}}}\right\}^{\mathrm{T}}\mathrm{d}\varepsilon_{kl}^{\text{rve}}\end{aligned}\tag{3.1-33}$$

式(3.1-22)与式(3.1-23)可分别化为

$$\sigma_{ij}^{f}-\sigma_{ij}^{b}=\frac{1}{R_V}\left(\sigma_{ij}^{\text{rve}}-\sigma_{ij}^{b}\right) \tag{3.1-34}$$

$$\varepsilon_{ij}^{f}-\varepsilon_{ij}^{b}=\frac{1}{R_V}\left(\varepsilon_{ij}^{\text{rve}}-\varepsilon_{ij}^{b}\right) \tag{3.1-35}$$

因此使用式(3.1-34)和式(3.1-35)，对式(3.1-33)进行简化，得到尾矿料宏-细观二元介质本构模型，表示如下：

$$\mathrm{d}\sigma_{ij}^{\text{rve}}=C_{ijkl}\mathrm{d}\varepsilon_{kl}^{\text{rve}} \tag{3.1-36}$$

式中，C_{ijkl} 为 RVE 的等效刚度张量，其表达式如下：

$$\begin{aligned}C_{ijkl}&=\left(1-R_V\right)B_{mnkl}D_{ijmn}^{b}+\left[1+\left(1-R_V\right)B_{mnkl}\right]D_{ijmn}^{f}\\&+\frac{1}{R_V}\left[\left(\sigma_{ij}^{\text{rve}}-D_{ijmn}^{b}\varepsilon_{mn}^{b}\right)-D_{ijmn}^{f}\left(\varepsilon_{mn}^{\text{rve}}-\varepsilon_{mn}^{b}\right)\right]\left\{\frac{\partial R_V}{\partial\varepsilon_{kl}^{\text{rve}}}\right\}^{\mathrm{T}}\end{aligned} \tag{3.1-37}$$

由式(3.1-37)可以看出，RVE 的宏观应力增量可以分解成三个部分：第一部分表示 RVE 中胶结元(夹杂)的贡献；第二部分表示 RVE 中摩擦元(基体)的贡献；最后一部分表示部分胶结元结构破损(即 $\mathrm{d}R_V$)影响。

在开放环境下，反复的冻融作用破坏了尾矿料内部的细观结构，尾矿料的孔隙结构调整，孔隙分布趋于均匀。结晶水、不稳定化合物和胶结物质因尾矿料试样内部应力、应变分布不均而导致局部破坏，造成部分胶结元的强度丧失。但是，尾矿料在低围压下的常规三轴压缩试验数据显示(Liu et al.，2020)，冻融循环后的尾矿料依然存在因胶结元的大量破坏而造成的应变软化的现象。基于此，可以认为在冻融循环过程中尾矿颗粒间的结晶水、不稳定化合物和胶结物质并未完全发生破损，在冻融次数较低时，冻融对尾矿料力学性质的影响主要受局部胶结结构破坏控制；而当冻融次数较多时，其主要由孔隙结构的调整支配。因此，尽管冻融循环过程中发生局部破损及孔隙变化，但依然可以选取一个更小或更大球形区域，将其视为胶结元和摩擦元。即使胶结元与摩擦元在颗粒尺寸和刚度上与冻融前不同，其变形机制上依然可以采用细观力学方法和岩土破损力学理论进行描述。由胶结元的总体应变集中张量 B_{ijkl} 的定义可知，Eshelby 张量不受胶结元与摩擦元颗粒大小的影响，仅与二者的刚度有关。因此，在所提本构模型中，将冻融循环的影响宏观上考虑为冻融导致胶结元和摩擦元的刚度变化是合适的。

3.1.2.4 二元介质本构模型的具体表达式

平均应力 σ_m 和广义剪应力 σ_s 表达如下：

$$\sigma_m=\frac{1}{3}\sigma_{kk} \tag{3.1-38}$$

$$\sigma_s=\sqrt{\frac{3}{2}s_{ij}s_{ij}},\quad s_{ij}=\sigma_{ij}-\sigma_{kk}\delta_{ij} \tag{3.1-39}$$

相应的，体应变 ε_v 与广义剪应变 ε_s 表示为

$$\varepsilon_v=\varepsilon_{kk} \tag{3.1-40}$$

$$\varepsilon_s=\sqrt{\frac{3}{2}e_{ij}e_{ij}},\quad e_{ij}=\varepsilon_{ij}-\frac{1}{3}\varepsilon_{kk}\delta_{ij} \tag{3.1-41}$$

因此尾矿料的二元介质本构关系式(3.1-36)、式(3.1-37)可简化为如下的矩阵形式：

$$\begin{Bmatrix} \mathrm{d}\sigma_m^{\mathrm{rve}} \\ \mathrm{d}\sigma_s^{\mathrm{rve}} \end{Bmatrix} = \left[C_{xy}\right] \begin{Bmatrix} \mathrm{d}\varepsilon_v^{\mathrm{rve}} \\ \mathrm{d}\varepsilon_s^{\mathrm{rve}} \end{Bmatrix} \tag{3.1-42}$$

$$\begin{aligned} \left[C_{xy}\right] &= \left(1-R_V^0\right)\left[B_{xy}\right]\left[D_{xy}^b\right] + \left(1+\left(1-R_V^0\right)\left[B_{xy}\right]\right)\left[D_{xy}^f\right] \\ &+ \frac{1}{R_V^0}\left\{\left(\begin{Bmatrix} \sigma_m^{\mathrm{rve}} \\ \sigma_s^{\mathrm{rve}} \end{Bmatrix} - \left[D_{xy}^b\right]\begin{Bmatrix} \varepsilon_v^b \\ \varepsilon_s^b \end{Bmatrix}\right) - \left[D_{xy}^f\right]\left(\begin{Bmatrix} \varepsilon_v^{\mathrm{rve}} \\ \varepsilon_s^{\mathrm{rve}} \end{Bmatrix} - \begin{Bmatrix} \varepsilon_v^b \\ \varepsilon_s^b \end{Bmatrix}\right)\right\}\begin{Bmatrix} \partial R_V / \partial \varepsilon_v^{\mathrm{rve}} \\ \partial R_V / \partial \varepsilon_s^{\mathrm{rve}} \end{Bmatrix}^{\mathrm{T}} \end{aligned} \tag{3.1-43}$$

式中，$\left[C_{xy}\right]$、$\left[B_{xy}\right]$、$\left[D_{xy}^b\right]$、$\left[D_{xy}^f\right]$分别为四阶张量C_{ijkl}、B_{ijkl}、D_{ijkl}^b及D_{ijkl}^f所对应的 2 × 2 阶矩阵形式，下标$x=m$、s和$y=v$、s在这里不遵从爱因斯坦求和约定。

在三轴应力状态下，尾矿料的本构关系式(3.1-42)、式(3.1-43)包含了胶结元的刚度矩阵$\left[D_{xy}^b\right]$、摩擦元的刚度矩阵$\left[D_{xy}^f\right]$、破损率R_V及胶结元所对应的总体应变集中系数矩阵$\left[B_{xy}\right]$，共四组参数。其中，$\left[D_{xy}^b\right]$与$\left[D_{xy}^f\right]$可通过试验确定；破损率R_V为 RVE 应变的函数，通过试验结果反演得到；$\left[B_{xy}\right]$可以由$\left[D_{xy}^b\right]$、$\left[D_{xy}^f\right]$及R_V计算得到。此外，RVE 与胶结元的当前应力及应变可由迭代进行更新。

3.1.3　模型参数确定

3.1.3.1　胶结元参数的确定

1. 胶结元本构关系的选择

胶结元中含有结晶水、不稳定化合物和胶结体等物质，具有较高的黏聚力。假定每个胶结元中的应力场与应变场各向同性且均匀分布，则胶结元的本构关系式(3.1-5)及式(3.1-6)可采用广义胡克定律表示：

$$\begin{Bmatrix} \mathrm{d}\sigma_m^b \\ \mathrm{d}\sigma_s^b \end{Bmatrix} = \begin{bmatrix} D_{mv}^b & D_{ms}^b \\ D_{sv}^b & D_{ss}^b \end{bmatrix} \begin{Bmatrix} \mathrm{d}\varepsilon_v^b \\ \mathrm{d}\varepsilon_s^b \end{Bmatrix} = \begin{bmatrix} K^b & 0 \\ 0 & 3G^b \end{bmatrix} \begin{Bmatrix} \mathrm{d}\varepsilon_v^b \\ \mathrm{d}\varepsilon_s^b \end{Bmatrix} \tag{3.1-44}$$

式中，K^b与G^b分别为胶结元的体积模量与剪切模量。在加载的初始阶段，应力、应变发展水平较低，胶结元中尚未因应力集中而产生损伤，代表性单元几乎全部由胶结元构成。

2. 胶结元刚度参数的取值

采用尾矿料的常规三轴排水压缩试验结果，基于初始加载阶段，对胶结元的刚度参数进行确定。具体的，根据试验数据分别绘制平均应力-体应变关系曲线和剪应力-剪应变关系曲线，选取广义剪应变$\varepsilon_s=0.4\%$为基准，分别计算出K^b值和G^b值，所得结果见图 3.1-5 与图 3.1-6，图中K与G即胶结元的体积模量K^b与剪切模量G^b。考虑到在不同围压下，尾矿料的体积模量与剪切模量随着冻融循环次数N_{FT}的变化趋势大致相同，采用两个衰减函数来描述其随冻融循环次数的变化规律，计算公式如下：

$$K^b = X_1\left(-\frac{N_{FT}}{t_1}\right)+Y_1 \tag{3.1-45}$$

$$G^b = X_2\left(-\frac{N_{FT}}{t_2}\right)+Y_2 \tag{3.1-46}$$

式中，N_{FT} 为冻融循环次数；X_1、Y_1、X_2、Y_2 及 t_1 和 t_2 为材料常数，需根据试验结果确定。对于本试验，在不同围压 $\sigma_3=50\text{kPa}$、100kPa、200kPa 及 300kPa 条件下，材料常数对应取值分别为：$X_1=22912.80$、22004.05、18725.92 及 17973.74，$t_1=1.35$、1.31、1.24 及 1.19，$Y_1=4090.77$、5449.33、9424.85 及 11092.08，$X_2=17556.45$、17434.15、17261.43 及 16681.79，$t_2=0.90$、1.74、1.78 及 1.85，以及 $Y_2=3545.62$、4615.12、12204.60 及 15793.85。根据上述参数取值，拟合出体积模量 K^b 与剪切模量 G^b，如图 3.1-5 与图 3.1-6 所示，由图可知，拟合结果与试验结果吻合较好。在相同围压下，随着冻融循环次数的增加，拟合参数呈现出单调性的规律变化。

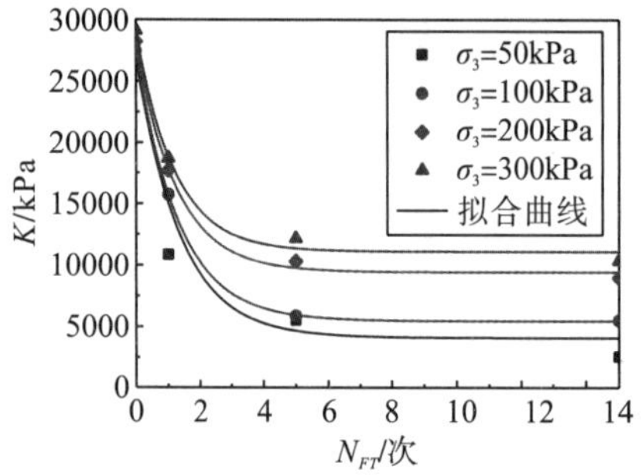

图 3.1-5 尾矿料的排水体积模量

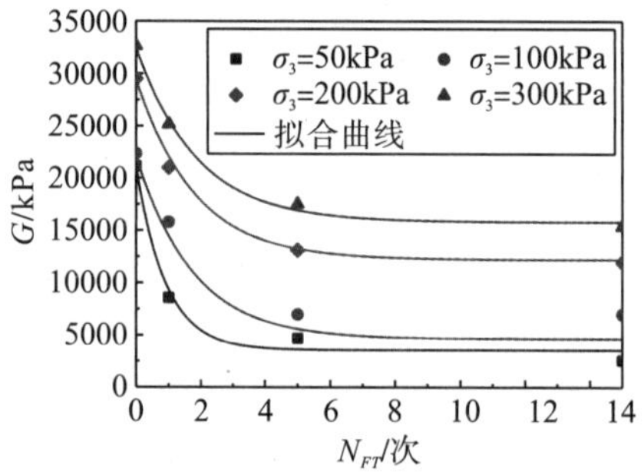

图 3.1-6 尾矿料的排水剪切模量

3.1.3.2 摩擦元参数的确定

1. 摩擦元的本构关系

摩擦元由胶结元经历“胶结杆”破损之后转变而来，其强度主要由颗粒间的摩擦作用提供，具有弹塑性性质。因此，采用双硬化本构模型对摩擦元的本构关系进行描述。根据经典塑性理论，将摩擦元的应力、应变分解成弹性部分与塑性部分，表示为

$$\begin{Bmatrix} \mathrm{d}\varepsilon_v^f \\ \mathrm{d}\varepsilon_s^f \end{Bmatrix} = \begin{Bmatrix} \mathrm{d}\varepsilon_v^{fe} \\ \mathrm{d}\varepsilon_s^{fe} \end{Bmatrix} + \begin{Bmatrix} \mathrm{d}\varepsilon_v^{fp} \\ \mathrm{d}\varepsilon_s^{fp} \end{Bmatrix} \tag{3.1-47a}$$

摩擦元的弹性应变采用广义胡克定律计算，式(3.1-5)修改为

$$\begin{Bmatrix} \mathrm{d}\varepsilon_v^{fe} \\ \mathrm{d}\varepsilon_s^{fe} \end{Bmatrix} = \begin{bmatrix} D_{mv}^{fe} & D_{ms}^{fe} \\ D_{sv}^{fe} & D_{ss}^{fe} \end{bmatrix}^{-1} \begin{Bmatrix} \mathrm{d}\sigma_m^f \\ \mathrm{d}\sigma_s^f \end{Bmatrix} = \begin{bmatrix} K^{fe} & 0 \\ 0 & 3G^{fe} \end{bmatrix}^{-1} \begin{Bmatrix} \mathrm{d}\sigma_m^f \\ \mathrm{d}\sigma_s^f \end{Bmatrix} \tag{3.1-47b}$$

式中，K^{fe} 与 G^{fe} 分别为摩擦元的弹性体积模量与弹性剪切模量，可通过常规三轴排水试验确定。

双硬化本构模型同时采用塑性体应变 ε_v^{fp} 和塑性剪应变 ε_s^{fp} 作为硬化参数，其屈服面假定为

$$\phi = \frac{\sigma_m^f}{1 - \left(\dfrac{\eta}{\Gamma_\phi}\right)^n} - \Theta \tag{3.1-48}$$

式中，η 为应力比，$\eta = \sigma_s^f / \sigma_m^f$；$n$ 为模型参数，根据围压的不同取不同值；Γ_ϕ 和 Θ 为硬化参数，分别表示为塑性体应变与塑性剪应变的函数：

$$\Theta = \Theta\left(\varepsilon_v^{fp}\right) = p_0 \exp\left(\frac{\varepsilon_v^{fp}}{c_c - c_d}\right) \tag{3.1-49a}$$

$$\Gamma_\phi = \Gamma_\phi\left(\varepsilon_s^{fp}\right) = \alpha_\phi - \left(\alpha_\phi - \alpha_{\phi 0}\right)\exp\left(\varepsilon_s^{fp}\right) \tag{3.1-49b}$$

式中，p_0 为参考压力，通常取为有效围压；c_c、c_d、α_ϕ 及 $\alpha_{\phi 0}$ 为材料参数，由加卸载试验及三轴压缩试验得到。

采用非相关联的流动法则，假定塑性势函数与屈服函数具有相同的形式：

$$g = \frac{\sigma_m^f}{1 - \left(\dfrac{\eta}{\Gamma_g}\right)^w} - \Theta \tag{3.1-50}$$

式中，w 是随着围压变化的模型参数；Γ_g 为硬化参数，其表达式如下：

$$\Gamma_g = \Gamma_g\left(\varepsilon_s^{fp}\right) = \alpha_g - \left(\alpha_g - \alpha_{g0}\right)\exp\left(\varepsilon_s^{fp}\right) \tag{3.1-51}$$

其中，α_g 和 α_{g0} 为材料常数，通过常规三轴试验确定。为了进一步揭示该双硬化模型的性能，图 3.1-7 给出了模型屈服面与塑性势面示意图，可以看出，经过相同塑性应变状态 B 时，屈服面与塑性势面具有不同的外法线方向。如果选取 $\alpha_{\phi 0} = \alpha_\phi$ 及 $\alpha_{g0} = \alpha_g$，则双硬化模型可以退化为经典的单硬化参数的本构模型。由图 3.1-7 可知，随着硬化参数的变化，模型屈服面的几何形态可以发生变化。模型塑性势面与屈服面形状相似。根据应力状态位于模型外突点 A 的左端或者右端，模型能够反映材料的体胀和体缩特性。因此，针对重塑样在低围压下表现出轻微应变软化的行为，采用该双硬化本构模型能更准确地反映其力学特性。

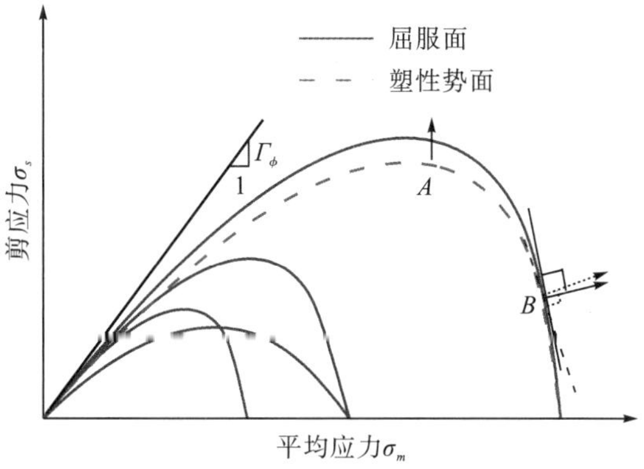

图 3.1-7　双硬化本构模型的屈服面与塑性势面

为了方便计算，将上述摩擦元的本构关系式(3.1-1)整理成较为通用的矩阵形式：

$$\begin{Bmatrix} \mathrm{d}\sigma_m^f \\ \mathrm{d}\sigma_s^f \end{Bmatrix} = \begin{bmatrix} D_{mv}^f & D_{ms}^f \\ D_{sv}^f & D_{ss}^f \end{bmatrix} \begin{Bmatrix} \mathrm{d}\varepsilon_v^f \\ \mathrm{d}\varepsilon_s^{f)} \end{Bmatrix}$$

$$= \left[\begin{bmatrix} K^{fe} & 0 \\ 0 & 3G^{fe} \end{bmatrix} - \frac{\begin{bmatrix} K^{fe} & 0 \\ 0 & 3G^{fe} \end{bmatrix} \begin{Bmatrix} \dfrac{\partial g}{\partial \sigma} \end{Bmatrix} \begin{Bmatrix} \dfrac{\partial \phi}{\partial \sigma} \end{Bmatrix}^{\mathrm{T}} \begin{bmatrix} K^{fe} & 0 \\ 0 & 3G^{fe} \end{bmatrix}}{H + \begin{Bmatrix} \dfrac{\partial \phi}{\partial \sigma} \end{Bmatrix}^{\mathrm{T}} \begin{bmatrix} K^{fe} & 0 \\ 0 & 3G^{fe} \end{bmatrix} \begin{Bmatrix} \dfrac{\partial g}{\partial \sigma} \end{Bmatrix}} \right] \begin{Bmatrix} \mathrm{d}\varepsilon_v^f \\ \mathrm{d}\varepsilon_s^f \end{Bmatrix} \tag{3.1-52}$$

式中，H 表示硬化模量，

$$H = -\frac{\partial \phi}{\partial \Gamma_\phi} \frac{\partial \Gamma_\phi}{\partial \varepsilon_s^{fp}} \frac{\partial g}{\partial \sigma_s^f} - \frac{\partial \phi}{\partial \Theta} \frac{\partial \Theta}{\partial \varepsilon_v^{fp}} \frac{\partial g}{\partial \sigma_m^f} = -\left[\frac{n\sigma_m^f \eta^n \left(\alpha_\phi - \Gamma_\phi\right)}{\Gamma_\phi^{(n+1)} \left[1 - \left(\eta / \Gamma_\phi\right)^n\right]^2} \right] \left[\frac{w\eta^{(w-1)}}{\Gamma_g^w \left[1 - \left(\eta / \Gamma_g\right)^w\right]^2} \right]$$

$$- \frac{\Theta}{c_c - c_d} \left[\frac{w\eta^w}{\Gamma_g^w \left[1 - \left(\eta / \Gamma_g\right)^w\right]^2} - \frac{1}{1 - \left(\eta / \Gamma_g\right)^w} \right] \tag{3.1-53}$$

2. 摩擦元刚度参数取值

待尾矿料试样的常规三轴排水压缩试验完成，将尾矿料试样土经人工碾碎、烘干，过 1mm 筛，新获得的饱和试样称为重塑样(刘友能，2021；Liu and Liu，2020)。对重塑样开展常规三轴固结排水压缩试验，分析可知，在三轴压缩过程中，尾矿料试样中的结晶水、不稳定化合物及胶结体等物质大量破坏，黏聚力大幅降低，因此，在加载结束阶段，尾矿料试样与重塑样具有非常接近的残余强度。基于此，可以认为，在经历了三轴压缩试验之后，尾矿料中的胶结结构几乎全部破损，导致黏聚力丧失。剪切后再次重塑所得到的重塑样完全由摩擦元组成，它的抗剪强度主要由尾矿颗粒间的摩擦力提供。所以，摩擦元的刚度参数可以采用重塑样的试验结果进行确定。

以剪应变 $\varepsilon_s = 0.4\%$ 为标准，在重塑样的平均应力-体应变关系曲线和剪应力-剪应变关系曲线上，计算 0 次冻融循环条件下摩擦元的弹性体积模量 K^{fe} 和弹性剪切模量 G^{fe}，如图 3.1-8 所示。式(3.1-48)与剑桥模型具有相似的形式，其中 p_0 为参考围压，取塑性体应变 $\varepsilon_v^{fp} = 0$ 时的有效围压；模型参数 c_c 由 $c_c = \lambda / (1 + e_0)$ 进行确定，式中 λ 为正常固结曲线 ε_v^f - $\ln p^f$ 的斜率，e_0 为初始孔隙比；c_d 由 $c_d = M\left[\kappa / (1 + e_0)\right]\exp(-Z\sigma_3 / p_a)$ 进行确定，式中 κ 为回弹曲线 ε_v^f - $\ln p^f$ 的斜率，M 和 Z 为材料参数，p_a 表示标准大气压：$p_a = 101.3\text{kPa}$。对于式(3.1-58)，模型参数 $\alpha_\phi = \sqrt[n]{1 + n\sin\varphi_r}$，式中 φ_r 为残余内摩擦角，模型参数 $n = -a_1 \ln(\sigma_3) + b_1$；$\alpha_{\phi 0}$ 反映了广义剪应变的贡献，由 $\alpha_{\phi 0} = \Lambda_\phi \alpha_\phi$ 进行确定，其中 Λ_ϕ 为材料常数，范围在 0～1 之间取值。在式(3.1-51)中，α_g 与 α_{g0} 分别取为 $\alpha_g = \sqrt[w]{1 + w\sin\varphi_r}$ 和 $\alpha_{g0} = \Lambda_g \alpha_g$，式中 Λ_g 为材料参数：$0 \leqslant \Lambda_g \leqslant 1$，$w$ 是围压的函数：$w = -a_2 \ln(\sigma_3 / \sigma_0) + b_2$，此外，$a_1$、$a_2$、$b_1$ 及 b_2 均为模型参数，由试验结果反演得到。

未经历冻融循环作用的重塑样，在围压 $\sigma_3 = 50\text{kPa}$、100kPa、200kPa 及 300kPa 条件

下，其弹性体积模量分别对应为 $K^{fe}=33243\text{kPa}$、32624kPa、33869kPa 及 33981kPa；弹性剪切模量取值分别对应为 $G^{fe}=9303\text{kPa}$、12373kPa、3704kPa 及 18417kPa。正常固结曲线斜率 $\lambda=0.123$，回弹曲线斜率 $\kappa=0.025$，初始孔隙比 $e_0=1.1$，残余内摩擦角取值为 $\varphi_r=32°$。

对于冻融循环次数 $N_{FT}=1$、5 和 15 的重塑样，其参数取值以 $N_{FT}=0$ 条件下参数的取值为基准，通过强度折减得到。类似胶结元弹性体积模量与剪切模量的获得方法，不同冻融循环次数下重塑样的弹性体积模量 K^{fe} 与弹性剪切模量 G^{fe} 分别为：$K^{fe}=X_3\left(-N/t_3\right)+Y_3$，$G^{fe}=X_4\left(-N/t_4\right)+Y_4$，如图 3.1-8 所示，它们均随着冻融循环次数的增加而衰减。在不同围压 $\sigma_3=50\text{kPa}$、100kPa、200kPa 及 300kPa 条件下，拟合参数取值分别为 $X_3=29626.89$、28419.62、27799.90 及 27527.19；$t_3=1.14$、1.40、1.86 及 2.07；$Y_3=3615.80$、4203.98、6068.90 及 6454.12；$X_4=8150.17$、9754.30、10224.40 及 12893.71；$t_4=1.28$、1.58、2.59 及 2.85；$Y_4=1152.60$、2618.87、3479.30 及 5523.45。

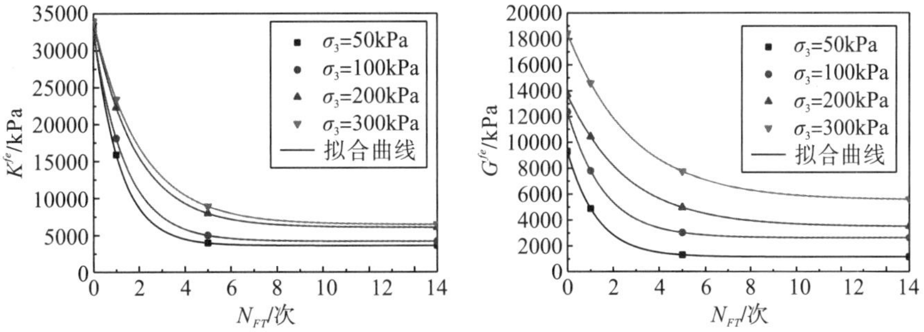

(a)弹性体积模量　　(b)弹性剪切模量

图 3.1-8 摩擦元的弹性体积模量与弹性剪切模量

不同冻融循环次数下，摩擦元的部分参数取值方法与弹性体积模量和剪切模量类似，以 0 次冻融循环为基准，由考虑冻融次数影响的经验公式获得，$\lambda=-0.010\exp\left(-N_{FT}/-0.139\right)+0.136$，$\kappa=0.012\exp\left(-N_{FT}/1.692\right)+0.013$，$\varphi_r=7.95\left(-N_{FT}/2.19\right)+23.63$，$e_0=-0.29\cdot\left(-N_{FT}/2.76\right)+1.39$。此外，在围压 $\sigma_3=50\text{kPa}$、1000kPa、2000kPa 及 3000kPa 条件下，材料参数分别取：$M=4.263$、5.62、8.49 及 8.83；$Z=0.06$、0.21、0.39 及 0.82；$a_1=-1.13$、-0.88、-0.54 及 -0.52；$a_2=3.62$、3.61、3.54 及 3.41；$b_1=8.4$、7.2、5.5 及 5.0。其余的模型参数在不同冻融循环次数和围压条件下取常量：$b_2=0.002$、$\Lambda_\phi=0.8$ 及 $\Lambda_g=0.72$。

3.1.3.3 破损参数的确定

破损参量 R_V 定义为代表性单元中摩擦元的体积分数。在加载过程中，胶结元逐渐破损，转变为摩擦元，R_V 逐渐增大。破损率 R_V 为尾矿料的结构性参数，属于内变量，与土的类型、应力及应变水平、加载历史和应力路径等密切相关，需要通过细观结构测试的方法获得。

可以通过类比塑性理论中硬化参数或者损伤力学中损伤因子的获得方法，根据破损参量的定义，假定破损率服从如下规律：在加载的初始阶段，胶结元几乎没有破坏，此时

$R_V \to 0$；在加载结束阶段，尾矿料中应变水平较高，胶结元几乎全部破损，代表性单元主要由摩擦元组成，此时 $R_V \to 1$；在加载的过程中，随着变形的发展，胶结元逐步破损，转变为摩擦元，破损率从 0 逐渐增长到 1。基于此，假定破损率是代表性单元体应变和剪应变的函数，其表达式如下：

$$R_V = 1 - \exp\left(-\beta\left|\varepsilon_v^{\mathrm{rve}}\right|^{\psi} - \zeta\left|\varepsilon_s^{\mathrm{rve}}\right|^{\varpi}\right) \tag{3.1-54}$$

式中，$|x|$ 为变量 x 的绝对值；β、ζ、ψ 及 ϖ 均为模型参数。破损率的增量式(3.1-29)矩阵表达为

$$\mathrm{d}R_V = \begin{Bmatrix} \partial R_V / \partial\varepsilon_v^{\mathrm{rve}} \\ \partial R_V / \partial\varepsilon_s^{\mathrm{rve}} \end{Bmatrix}^{\mathrm{T}} \begin{Bmatrix} \mathrm{d}\varepsilon_v^{\mathrm{rve}} \\ \mathrm{d}\varepsilon_s^{\mathrm{rve}} \end{Bmatrix} \tag{3.1-55}$$

式中，

$$\begin{aligned} \partial R_V / \partial\varepsilon_v^{\mathrm{rve}} &= \left(\beta\psi\left|\varepsilon_v^{\mathrm{rve}}\right|^{\psi-1}\right)\exp\left[-\beta\left|\varepsilon_v^{\mathrm{rve}}\right|^{\psi} - \zeta\left|\varepsilon_s^{\mathrm{rve}}\right|^{\varpi}\right] \\ \partial R_V / \partial\varepsilon_s^{\mathrm{rve}} &= \left(\zeta\varpi\left|\varepsilon_s^{\mathrm{rve}}\right|^{\varpi-1}\right)\exp\left[-\beta\left|\varepsilon_v^{\mathrm{rve}}\right|^{\psi} - \zeta\left|\varepsilon_s^{\mathrm{rve}}\right|^{\varpi}\right] \end{aligned} \tag{3.1-56}$$

围压对试样有压密作用，随着围压的增大，尾矿料试样密实程度增加，胶结元的刚度提高，从而减缓胶结元的破损速率。因此，将围压对破损率的影响考虑到破损参数 β、ζ、ϖ 及 ψ 当中，模型参数的表达式可分别假定为：$\beta = \beta_0\sigma_3^{\gamma}$、$\zeta = \zeta_0\sigma_3 + o$、$\varpi = \varpi_0\ln\left(\sigma_3/\sigma_0\right) + \theta$ 及 $\psi = \psi_0$，式中 β_0、γ、o 及 ψ_0 为材料常数，由试验结果反演得到。破损参数的敏感性分析如图 3.1-9 所示。由图可知，不同参数对破损率的影响较为类似，以图 3.1-9(a)

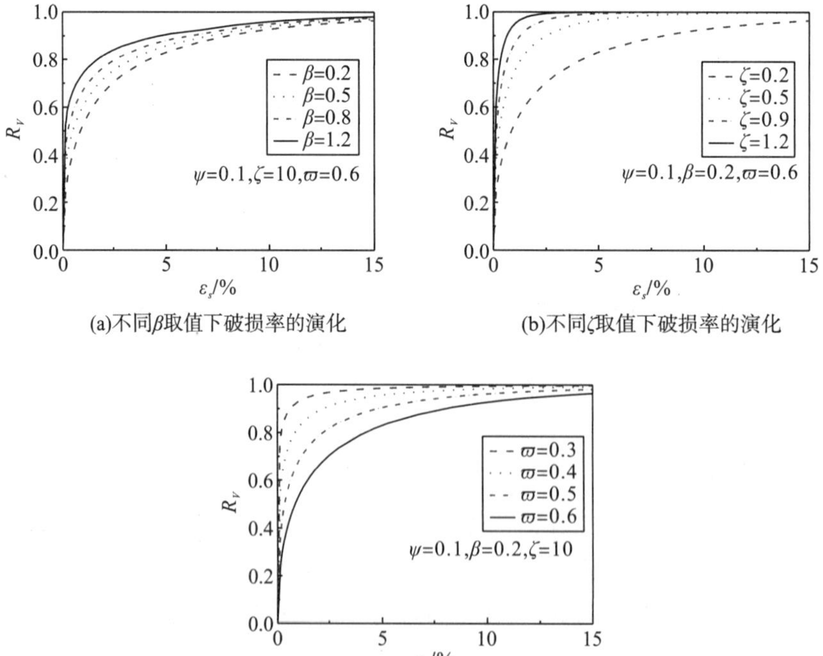

(a)不同β取值下破损率的演化 (b)不同ζ取值下破损率的演化

(c)不同ϖ取值下破损率的演化

图 3.1-9　不同参数取值下破损率 R_V 与广义剪应变 ε_s 关系

为例，在加载初期阶段，破损率增长较快，这可能是初始损伤在胶结元中生成后得到迅速发展，很小的变形就能够使得大量的胶结元发生破坏。随着加载的继续进行，破损率保持增长，但其增长速率逐渐衰减，直到加载结束。此时，破损率接近等于 1，这符合对加载结束时试样中胶结元几乎完全破损，并全部转换为摩擦元的认识。

根据常规三轴排水压缩试验结果，在不同冻融循环次数 $N_{FT}=0$、1、5 及 15 的条件下，对应的材料常数取值分别为：$\beta_0=0.074$、0.103、0.105 及 0.180；$\gamma=0.54$、0.52、0.45 及 0.44；$o=45$、25、15 及 44；$\psi_0=0.030$、0.037、0.048 及 0.050。材料常数 ζ_0、ϖ_0 和 θ 不受冻融循环次数的影响：$\zeta_0=0.03$、$\varpi_0=-0.213$ 及 $\theta=1.5$。

3.1.3.4　胶结元总体应变集中系数矩阵的确定

胶结元总体应变集中系数张量 B_{ijkl} 建立了 RVE 应变增量与胶结元应变增量之间的联系，其矩阵形式 $\left[B_{xy}\right]$ 可表示为

$$\left[B_{xy}\right]=\left[L_{xy}\right]\left[\left[I_{xy}\right]-\frac{1}{R_V}\left(\begin{Bmatrix}\varepsilon_v^{\mathrm{rve}}\\ \varepsilon_s^{\mathrm{rve}}\end{Bmatrix}-\begin{Bmatrix}\varepsilon_v^{b}\\ \varepsilon_s^{b}\end{Bmatrix}\right)\begin{Bmatrix}\partial R_V/\partial\varepsilon_v^{\mathrm{rve}}\\ \partial R_V/\partial\varepsilon_s^{\mathrm{rve}}\end{Bmatrix}^{\mathrm{T}}\right] \tag{3.1-57}$$

$$\left[L_{xy}\right]=\left[A_{xy}\right]\left(R_V\left[I_{xy}\right]+\left(1-R_V\right)\left[A_{xy}\right]\right)^{-1} \tag{3.1-58}$$

式中局部应变集中系数矩阵 $\left[A_{xy}\right]$ 建立了摩擦元应变增量与胶结元应变增量之间的联系，其矩阵形式表达式为

$$\left[A_{xy}\right]=\left(\left[I_{xy}\right]+\left[S_{xy}^{ep}\right]\left[D_{xy}^{f}\right]^{-1}\left(\left[D_{xy}^{b}\right]-\left[D_{xy}^{f}\right]\right)\right)^{-1} \tag{3.1-59}$$

其中，$\left[S_{xy}^{ep}\right]$ 为以摩擦元为基体的 Eshelby 张量：

$$\left[S_{xy}^{ep}\right]=\left(\left[D_{xy}^{fe}\right]^{-1}\left[D_{xy}^{f}\right]\right)^{-1}\left[S_{xy}\right]\left(\left[D_{xy}^{fe}\right]^{-1}\left[D_{xy}^{f}\right]\right) \tag{3.1-60}$$

式中，$\left[S_{xy}\right]$ 为参考 RVE 的 Eshelby 张量，其表达式为

$$\begin{gathered}\left[S_{xy}\right]=\begin{bmatrix}3\chi & 0\\ 0 & 2\psi\end{bmatrix}\\ \chi=\frac{(1+\nu^{fe})}{[9(1-\nu^{fe})]},\quad \psi=\frac{(4-5\nu^{fe})}{[15(1-\nu^{fe})]}\end{gathered} \tag{3.1-61}$$

式中，ν^{fe} 为摩擦元的泊松比。由式(3.1-57)～式(3.1-61)可知，胶结元的总体应变集中矩阵可以由胶结元刚度矩阵 $\left[D_{xy}^{b}\right]$、摩擦元刚度矩阵 $\left[D_{xy}^{f}\right]$、破损率参量 R_V 以及代表性单元(RVE)和胶结元的当前应变确定，其中，$\left[D_{xy}^{b}\right]$、$\left[D_{xy}^{f}\right]$ 及 R_V 在上文中已由试验确定，而 RVE 和胶结元的当前应变值在计算中可通过迭代进行更新。

3.1.4　三轴应力状态下二元介质本构模型的具体表达式

三轴应力状态下，应力 σ_m、σ_s 及应变 ε_v、ε_s 可表示为

$$\sigma_m = \frac{1}{3}(\sigma_1 + 2\sigma_3),\quad \sigma_s = \sigma_1 - \sigma_3,\quad \varepsilon_v = \varepsilon_1 + 2\varepsilon_3,\quad \varepsilon_s = \frac{2}{3}(\varepsilon_1 - \varepsilon_3) \tag{3.1-62}$$

因此式(3.1-56)可以表示为

$$\begin{cases} \partial R_V / \partial \varepsilon_v^{\text{rve}} = \left(\beta\psi\left|\left(\varepsilon_1^{\text{rve}} + 2\varepsilon_3^{\text{rve}}\right)\right|^{\psi-1}\right)\exp\left[-\beta\left|\left(\varepsilon_1^{\text{rve}} + 2\varepsilon_3^{\text{rve}}\right)\right|^{\psi} - \zeta\left|\frac{2}{3}\left(\varepsilon_1^{\text{rve}} - \varepsilon_3^{\text{rve}}\right)\right|^{\varpi}\right] \\ \partial R_V / \partial \varepsilon_s^{\text{rve}} = \left(\zeta\varpi\left|\frac{2}{3}\left(\varepsilon_1^{\text{rve}} - \varepsilon_3^{\text{rve}}\right)\right|^{\varpi-1}\right)\exp\left[-\beta\left|\left(\varepsilon_1^{\text{rve}} + 2\varepsilon_3^{\text{rve}}\right)\right|^{\psi} - \zeta\left|\frac{2}{3}\left(\varepsilon_1^{\text{rve}} - \varepsilon_3^{\text{rve}}\right)\right|^{\varpi}\right] \end{cases} \tag{3.1-63}$$

相应地，尾矿料的二元介质本构关系式(3.1-36)、式(3.1-37)可进一步整理为

$$\begin{Bmatrix} \frac{1}{3}\left(\mathrm{d}\sigma_1^{\text{rve}} + 2\mathrm{d}\sigma_3^{\text{rve}}\right) \\ \mathrm{d}\sigma_1^{\text{rve}} - \mathrm{d}\sigma_3^{\text{rve}} \end{Bmatrix} = \left[C_{xy}\right] \begin{Bmatrix} \mathrm{d}\left(\varepsilon_1^{\text{rve}} + 2\varepsilon_3^{\text{rve}}\right) \\ \frac{2}{3}\mathrm{d}\left(\varepsilon_1^{\text{rve}} - \varepsilon_3^{\text{rve}}\right) \end{Bmatrix} \tag{3.1-64}$$

$$\left[C_{xy}\right] = \begin{bmatrix} C_{mv} & C_{ms} \\ C_{sv} & C_{ss} \end{bmatrix} \tag{3.1-65}$$

式中，RVE 的等效刚度矩阵$\left[C_{xy}\right]$的各元素由式(3.1-43)确定。进一步整理得

$$\mathrm{d}\sigma_1^{\text{rve}} = \left(C_{mv} + \frac{2}{3}C_{sv} + \frac{2}{3}C_{ms} + \frac{4}{9}C_{ss}\right)\mathrm{d}\varepsilon_1^{\text{rve}} + \left(2C_{mv} + \frac{4}{3}C_{sv} - \frac{2}{3}C_{ms} - \frac{4}{9}C_{ss}\right)\mathrm{d}\varepsilon_3^{\text{rve}} \tag{3.1-66}$$

$$\mathrm{d}\sigma_3^{\text{rve}} = \left(C_{mv} - \frac{1}{3}C_{sv} + \frac{2}{3}C_{ms} - \frac{2}{9}C_{ss}\right)\mathrm{d}\varepsilon_1^{\text{rve}} + \left(2C_{mv} - \frac{2}{3}C_{sv} - \frac{2}{3}C_{ms} + \frac{2}{9}C_{ss}\right)\mathrm{d}\varepsilon_3^{\text{rve}} \tag{3.1-67}$$

3.1.5 模型计算结果与分析

根据模型参数取值，代入本构关系式(3.1-66)、式(3.1-67)对尾矿料的常规三轴排水压缩试验结果进行验证(刘友能，2021)。图 3.1-10 给出了模型计算结果与试验结果的对比，图中，N_{FT} 为冻融循环次数，T-x kPa 与 C-x kPa 分别表示围压 $\sigma_3 = x$kPa 条件下的试验结果与模型计算结果。

如图 3.1-10(a)所示，虽然在数值上存在一定误差，但模型的计算结果能较好地描述尾矿料剪应力的发展趋势。以冻融循环次数 $N_{FT} = 0$ 为例，在低围压，如 $\sigma_3 = 50$kPa、100kPa 及 200kPa 条件下，模型计算结果与试验结果基本一致，二者都表现出应变软化现象，并且二者的峰值强度与残余强度都较为接近，在 $\sigma_3 = 50$kPa 时计算结果的应力峰值相对滞后，强度相对较低一些。围压越大，尾矿料的抗剪强度越大，计算结果与试验结果吻合程度越高。随着围压的增大，计算曲线与试验曲线都由应变软化型逐渐过渡到应变硬化型，$\sigma_3 = 300$kPa 时应变软化现象完全消失。

未经冻融循环的尾矿料试样，在低围压条件下，如 $\sigma_3 = 50$kPa 和 100kPa，表现出先剪缩后剪胀的现象，但是体胀程度并不大，如图 3.1-10(b)所示，虽然在 $\sigma_3 = 50$kPa 时计算值与试验值存在一定差异，但模型能够总体上反映低围压下尾矿料的剪胀特性。随着围压的增大，尾矿料的剪胀性逐渐消失，在加载过程中呈现持续压缩的现象，高围压下模型的计算结果与试验结果吻合较好，发展趋势基本一致。

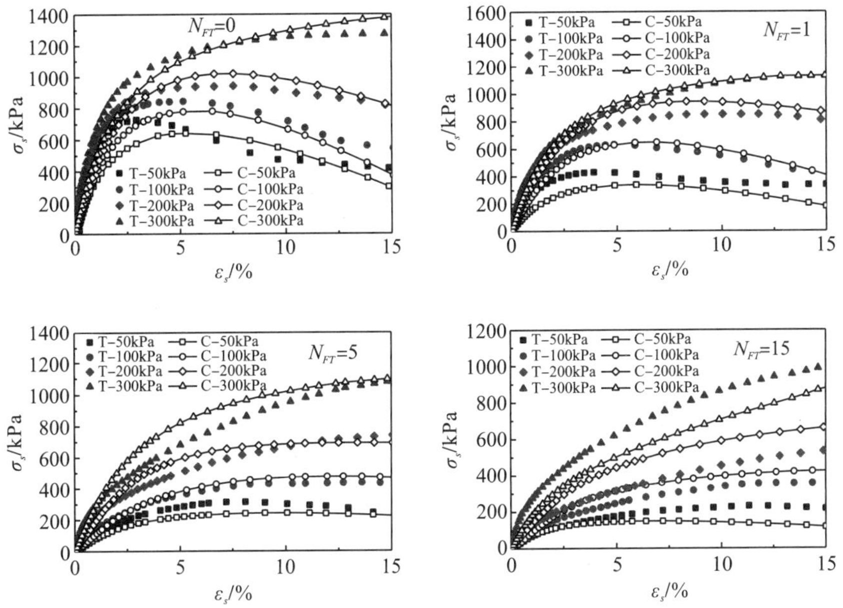

(a)剪应力-剪应变关系曲线

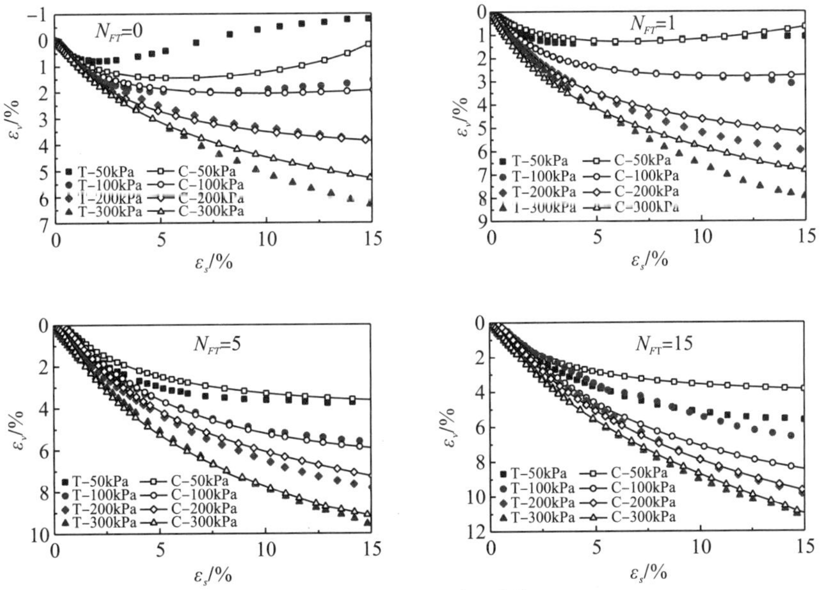

(b)体应变-剪应变关系曲线

图 3.1-10　试验结果与模型计算结果比对图

对经历冻融循环之后的尾矿料，计算所得的 σ_s-ε_s 曲线、ε_v-ε_s 曲线和试验结果之间仍然存在着 0 次冻融循环条件下相似的规律。对于 σ_s-ε_s 曲线，试验和计算结果吻合度较高，在相同围压下，随着冻融循环次数的增加，尾矿料的抗剪强度明显降低，低围压下的应变软化现象也逐渐减弱并消失。对于 ε_v-ε_s 曲线，试验与计算结果基本吻合。随着冻融循环次数的增加，在低围压下，试验结果与计算结果表现出的体胀现象越来越不明显，甚至消失；而在高围压条件下，二者都表现出体积持续压缩的现象，压缩量随着冻融循环次数的增加而增大。在相同冻融循环次数下，随着围压的增大，试验和计算所得的体缩量都相应增大。

总而言之，在不同的试验条件下，虽然计算结果与试验结果之间存在或大或小的差异，但是总体上来说，二元介质本构模型既能反映尾矿料的应变软化和体胀现象，也能很好地描述尾矿料的应变硬化与体缩特性。同时，通过考虑冻融循环对胶结元与摩擦元刚度的弱化作用，所提模型也可以反映冻融循环对尾矿料力学和变形特性的影响。今后可以通过更好地控制试验条件与优化材料参数来缩小预测值与试验值之间的差异。

第 3.2 节　冻土的宏-细观二元介质本构模型

本节在 2.5 节的基础上，考虑冻土的细观变形机理，建立冻土的宏-细观二元介质本构模型。首先，利用体积均匀化方法和细观理论中的 Mori-Tanaka 方法建立从微观应变到宏观应变的定量关系，即局部应变集中张量的理论表达式；然后，把二元介质中的胶结元当作线性弹脆性体，而摩擦元当作弹塑性变形体；最后，建立基于细观变形机制的二元介质本构模型。

3.2.1　宏-细观二元介质本构模型的建立

冻土代表性单元 RVE 是由多组构材料组成的，本节以体积胞元的组合形式进行考虑。在 2.5 节已详细介绍了用二元介质概念来解释冻土的破坏机理，这里不再赘述。胶结元的弹脆性特性是由冰晶的胶结作用引起的，而摩擦元的弹塑性变形机制主要由土颗粒的剪切滑移导致。

由于冻土的多相组构特征，以及各材料相之间具有不同的力学特性，比如土颗粒的剪切滑移特性、冰晶的胶结特性和高围压下的压融现象，因此在建立考虑细观变形机理的二元介质模型之前，需要考虑这些特性，同时需要做出如下假设：①在初始加载条件下，假定冻土的代表性单元体为完全饱和，仅由土颗粒、冰晶和部分未冻水组成，不考虑孔隙气体的影响；②认为夹杂与基体的界面充分黏结在一起，同时基体和夹杂内部的微观变形不协调，即二者之间的应变不相等；③基体和夹杂均是均质且各向同性的，基体具有弹脆性特征，而夹杂具有弹塑性特征。

基于连续介质力学中的均匀化方法和岩土破损力学理论，采用单参数二元介质模型方法，得到冻土代表性单元内部胶结元或摩擦元的应变与宏观角度上的应力应变关系如下：

$$\sigma_{ij}^{\mathrm{ave}}=(1-\eta)\sigma_{ij}^{b}+\eta\sigma_{ij}^{f}\,,\quad \varepsilon_{ij}^{\mathrm{ave}}=(1-\eta)\varepsilon_{ij}^{b}+\eta\varepsilon_{ij}^{f} \tag{3.2-1}$$

对式(3.2-1)进行全微分，得

$$\mathrm{d}\sigma_{ij}^{\mathrm{ave}}=\left(1-\eta^{0}\right)\mathrm{d}\sigma_{ij}^{b}+\eta^{0}\mathrm{d}\sigma_{ij}^{f}+\mathrm{d}\eta\left(\sigma_{ij}^{f0}-\sigma_{ij}^{b0}\right) \tag{3.2-2}$$

$$\mathrm{d}\varepsilon_{ij}^{\mathrm{ave}}=\left(1-\eta^{0}\right)\mathrm{d}\varepsilon_{ij}^{b}+\eta^{0}\mathrm{d}\varepsilon_{ij}^{f}+\mathrm{d}\eta\left(\varepsilon_{ij}^{f0}-\varepsilon_{ij}^{b0}\right) \tag{3.2-3}$$

其中胶结元和摩擦元的增量本构关系为

$$\mathrm{d}\sigma_{ij}^{b}=C_{ijkl}^{b}\mathrm{d}\varepsilon_{kl}^{b}\text{，}\quad \mathrm{d}\sigma_{ij}^{f}=C_{ijkl}^{f}\mathrm{d}\varepsilon_{kl}^{f} \tag{3.2-4}$$

式中，C_{ijkl}^{b}、C_{ijkl}^{f} 分别为胶结元和摩擦元的刚度张量，它们的表达式分别为

$$C_{ijkl}^{b}=\left(3K^{b}-2G^{b}\right)\frac{1}{3}\delta_{ij}\delta_{kl}+2G^{b}I_{ijkl} \tag{3.2-5}$$

$$C_{ijkl}^{f}=\left\{C_{ijkl}^{e}\right\}^{f}-\frac{\left\{C_{ijmn}^{e}\right\}^{f}\left\{\dfrac{\partial f^{f}}{\partial\sigma_{mn}}\right\}^{\mathrm{T}}\left\{\dfrac{\partial g^{f}}{\partial\sigma_{pq}}\right\}\left\{C_{pqkl}^{e}\right\}^{f}}{H+\left\{\dfrac{\partial f^{f}}{\partial\sigma_{ij}}\right\}^{\mathrm{T}}\left\{C_{ijmn}^{e}\right\}^{f}\left\{\dfrac{\partial g^{f}}{\partial\sigma_{mn}}\right\}} \tag{3.2-6}$$

式中，K^{b}、G^{b} 分别为胶结元的体积模量和剪切模量，由冻土在加载初期应变较小范围(如 0.5%)的三轴试验结果确定；f^{f} 和 g^{f} 是摩擦元的屈服函数和塑性势函数；H 为摩擦元的硬化参数；C_{ijkl}^{f} 根据摩擦元的三轴试验结果确定。

此处认为摩擦元的变形就是夹杂的变形，即 $\varepsilon_{ij}^{\mathrm{inc}}=\varepsilon_{ij}^{f}$，引入一个局部应变集中系数张量 A_{ijkl}，代表局部微观应变和宏观应变之间的关系，如下：

$$\varepsilon_{ij}^{f}=A_{ijkl}\varepsilon_{kl}^{\mathrm{ave}} \tag{3.2-7}$$

对式(3.2-7)求全微分，即

$$\mathrm{d}\varepsilon_{ij}^{f}=\mathrm{d}A_{ijkl}\varepsilon_{kl}^{\mathrm{ave\text{-}0}}+A_{ijkl}^{0}\mathrm{d}\varepsilon_{kl}^{\mathrm{ave}}=\chi_{ijkl}\mathrm{d}\varepsilon_{kl}^{\mathrm{ave}} \tag{3.2-8}$$

式中，$\chi_{ijkl}=\dfrac{\partial A_{ijmn}}{\partial\varepsilon_{mn}}\varepsilon_{kl}^{\mathrm{ave\text{-}0}}+A_{ijkl}^{0}$；$\varepsilon_{kl}^{\mathrm{ave\text{-}0}}$ 是代表性单元当前的宏观应变。

为了得到局部应变集中系数张量 A_{ijkl} 的具体表达式，利用细观力学进行具体分析。下面主要探讨代表性单元中胶结元和摩擦元共存的情况下，二者的相互作用机理及微观应变关系。在连续介质力学中，进行复合材料多相组分分析时，主要是以基体相和夹杂相进行区分，如图 3.2-1 所示。从试样中取一个代表性单元 RVE，总的体积为 V，基体的体积为 V^{mat}，夹杂的体积为 V^{inc}，基体和夹杂的体积分数分别为 $c^{\mathrm{mat}}=V^{\mathrm{mat}}/V$ 和 $c^{\mathrm{inc}}=V^{\mathrm{inc}}/V$。假

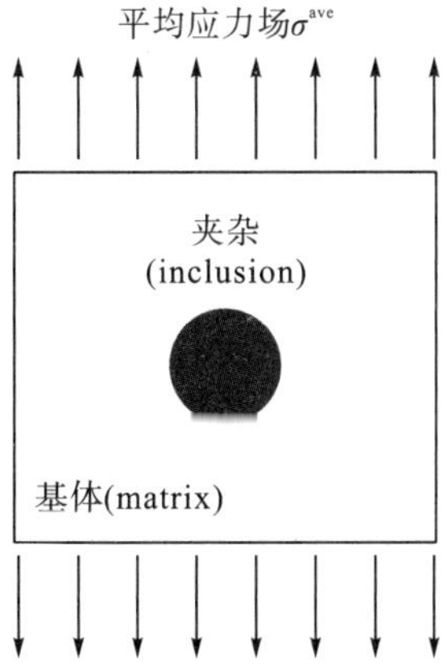

图 3.2-1　代表性单元内的基体和夹杂相示意图

设单元体 RVE 受到无限远处均匀的应力场 σ_{ij}^{ave} 和应变场 $\varepsilon_{ij}^{\text{ave}}$ 作用，当图 3.2-1 中夹杂不存在时，此时认为基体为均匀的各向同性材料，因此，内部的应力应变场是均匀的；如果在基体中嵌入一个力学特性不同的夹杂时，基体内的应力应变场将发生重新分布，同时夹杂也会受到基体的约束作用力(Eshelby，1959；Mori and Tanaka，1973)。下面对基体和夹杂之间的相互作用进行具体分析。

在基体中如果不考虑夹杂的存在，即在远场应力作用下，代表性单元的应力应变关系为

$$\sigma_{ij}^{\text{ave}} = C_{ijkl}^{\text{mat}} \varepsilon_{kl}^{\text{ave}} \tag{3.2-9}$$

式中，σ_{ij}^{ave}、$\varepsilon_{kl}^{\text{ave}}$ 为单元体受到的无限远处均匀的应力场和应变场；C_{ijkl}^{mat} 为基体的刚度张量。

由于一个不同物理力学特性夹杂的嵌入，基体和夹杂内均会产生一个扰动应力 $\tilde{\sigma}_{ij}$ 和扰动应变 $\tilde{\varepsilon}_{ij}$，同时，由于夹杂受到基体的约束作用将会产生一个约束应力 $\sigma_{ij}^{\text{inc}'}$ 和约束应变 $\varepsilon_{ij}^{\text{inc}'}$，因此，基体和夹杂中的应力场和变形场将会重新分布。对基体而言，其应力表达式为 $\sigma_{ij}^{\text{ave}} + \tilde{\sigma}_{ij}$，应变为 $\varepsilon_{ij}^{\text{ave}} + \tilde{\varepsilon}_{ij}$；对夹杂而言，其应力为 $\sigma_{ij}^{\text{inc}} = \sigma_{ij}^{\text{ave}} + \tilde{\sigma}_{ij} + \sigma_{ij}^{\text{inc}'}$，应变为 $\varepsilon_{ij}^{\text{inc}} = \varepsilon_{ij}^{\text{ave}} + \tilde{\varepsilon}_{ij} + \varepsilon_{ij}^{\text{inc}'}$。为了考虑基体和夹杂之间的相互作用，采用如下方法来建立二者之间的关系。基体的应力应变表达式为

$$\sigma_{ij}^{\text{mat}} = \sigma_{ij}^{\text{ave}} + \tilde{\sigma}_{ij} = C_{ijkl}^{\text{mat}} \left(\varepsilon_{kl}^{\text{ave}} + \tilde{\varepsilon}_{kl} \right) \tag{3.2-10}$$

夹杂的应力应变表达式为

$$\sigma_{ij}^{\text{inc}} = \sigma_{ij}^{\text{ave}} + \tilde{\sigma}_{ij} + \sigma_{ij}^{\text{inc}'} = C_{ijkl}^{\text{inc}} \left(\varepsilon_{kl}^{\text{ave}} + \tilde{\varepsilon}_{kl} + \varepsilon_{kl}^{\text{inc}'} \right) \tag{3.2-11}$$

式中，$\tilde{\sigma}_{ij}$、$\tilde{\varepsilon}_{kl}$ 分别为扰动应力和扰动应变；$\sigma_{ij}^{\text{inc}'}$、$\varepsilon_{kl}^{\text{inc}'}$ 分别为约束应力和约束应变；C_{ijkl}^{mat}、C_{ijkl}^{inc} 分别为基体和夹杂的刚度张量。

基体和夹杂在二者边界面满足应力连续条件，即

$$C_{ijkl}^{\text{inc}} \left(\varepsilon_{kl}^{\text{ave}} + \tilde{\varepsilon}_{kl} + \varepsilon_{kl}^{\text{inc}'} \right) = C_{ijkl}^{\text{mat}} \left(\varepsilon_{kl}^{\text{ave}} + \tilde{\varepsilon}_{kl} + \varepsilon_{kl}^{\text{inc}'} - \varepsilon_{kl}^{*} \right) \tag{3.2-12}$$

式中，ε_{kl}^{*} 是由热膨胀或者相变引起的特征应变。

为了解决特征应变 ε_{ij}^{*} 和夹杂上约束应变 $\varepsilon_{ij}^{\text{inc}'}$ 的关系，引入 Eshelby 等效夹杂理论(Eshelby，1957，1959)，即二者满足如下关系：

$$\varepsilon_{ij}^{\text{inc}'} = S_{ijkl} \varepsilon_{kl}^{*} \tag{3.2-13}$$

式中，S_{ijkl} 为 Eshelby 张量，根据夹杂的形状而定。

扰动应力可表示为

$$\tilde{\sigma}_{ij} = C_{ijkl}^{\text{mat}} \tilde{\varepsilon}_{kl} \tag{3.2-14}$$

根据式(3.2-10)～式(3.2-12)，得到夹杂上的约束应力为

$$\sigma_{ij}^{\text{inc}'} = C_{ijmn}^{\text{mat}} \left(S_{mnkl} - I_{mnkl} \right) \varepsilon_{kl}^{*} \tag{3.2-15}$$

式中，I_{ijkl} 为四阶单位张量。

根据基体和夹杂的体积分数的定义关系，基体 c^{mat} 和夹杂 c^{inc} 总的体积分数为 1，满足：

$$c^{\text{inc}} + c^{\text{mat}} = 1 \tag{3.2-16}$$

运用 Mori-Tanaka 方法来描述基体或夹杂与宏观角度上应力之间的相互作用关系(Benveniste，1987；Mura，1987)，即

$$\sigma_{ij}^{\text{ave}}=\left(1-c^{\text{inc}}\right)\sigma_{ij}^{\text{mat}}+c^{\text{inc}}\sigma_{ij}^{\text{inc}} \tag{3.2-17}$$

将基体上的应力 $\sigma_{ij}^{\text{mat}}=\sigma_{ij}^{\text{ave}}+\tilde{\sigma}_{ij}$ 和夹杂上的应力 $\sigma_{ij}^{\text{inc}}=\sigma_{ij}^{\text{ave}}+\tilde{\sigma}_{ij}+\sigma_{ij}^{\text{inc}\prime}$ 代入式(3.2-17)，可得

$$\sigma_{ij}^{\text{ave}}=\left(1-c^{\text{inc}}\right)\left(\sigma_{ij}^{\text{ave}}+\tilde{\sigma}_{ij}\right)+c^{\text{inc}}\left(\sigma_{ij}^{\text{ave}}+\tilde{\sigma}_{ij}+\sigma_{ij}^{\text{inc}\prime}\right) \tag{3.2-18}$$

由于夹杂的存在而产生的扰动应力和应变分别为

$$\tilde{\sigma}_{ij}=-c^{\text{inc}}C_{ijmn}^{\text{mat}}\left(S_{mnkl}-I_{mnkl}\right)\varepsilon_{kl}^{*} \tag{3.2-19}$$

$$\tilde{\varepsilon}_{ij}=-c^{\text{inc}}\left(S_{ijkl}-I_{ijkl}\right)\varepsilon_{kl}^{*} \tag{3.2-20}$$

特征应变和平均应变的关系式为

$$\left(C_{ijkl}^{\text{inc}}-C_{ijkl}^{\text{mat}}\right)\varepsilon_{kl}^{\text{ave}}=-\left\{\left[\left(1-c^{\text{inc}}\right)S_{ijmn}+c^{\text{inc}}I_{ijmn}\right]\left(C_{mnkl}^{\text{inc}}-L_{mnkl}^{\text{mat}}\right)+C_{mnkl}^{\text{mat}}\right\}\varepsilon_{kl}^{*} \tag{3.2-21}$$

引入中间变量，即 $\varepsilon_{ij}^{*}=B_{ijkl}\varepsilon_{kl}^{\text{ave}}$ ，因此，中间变量 B_{ijkl} 可表示为

$$B_{ijkl}=-\left\{\left[\left(1-c^{\text{inc}}\right)S_{ijmn}+c^{\text{inc}}I_{ijmn}\right]\left(C_{mnpq}^{\text{inc}}-C_{mnpq}^{\text{mat}}\right)+C_{mnpq}^{\text{mat}}\right\}^{-1}\left(C_{pqkl}^{\text{inc}}-C_{pqkl}^{\text{mat}}\right) \tag{3.2-22}$$

将扰动应变 $\tilde{\varepsilon}_{kl}$ 和约束应变 $\varepsilon_{kl}^{\text{inc}\prime}$ 代入夹杂的应变 $\varepsilon_{ij}^{\text{inc}}=\varepsilon_{kl}^{\text{ave}}+\tilde{\varepsilon}_{kl}+\varepsilon_{kl}^{\text{inc}\prime}$ 中，可得

$$\varepsilon_{ij}^{\text{inc}}=\left\{I_{ijmn}+B_{ijmn}\left[\left(1-c^{\text{inc}}\right)S_{mnkl}+c^{\text{inc}}I_{mnkl}\right]\right\}\varepsilon_{kl}^{\text{ave}} \tag{3.2-23}$$

为了简化和方便后文理论推导，令 $\varepsilon_{ij}^{\text{inc}}=A_{ijkl}\varepsilon_{kl}^{\text{ave}}$ ，因此， A_{ijkl} 被称为局部应变集中系数张量，表示代表性单元体内部的非均匀变形和宏观应变之间的关系，即

$$\begin{aligned}A_{ijkl}=I_{ijkl}-&\left\{\left(C_{ijpq}^{\text{inc}}-C_{ijpq}^{\text{mat}}\right)\left[\left(1-c^{\text{inc}}\right)S_{pqmn}+c^{\text{inc}}I_{pqmn}\right]+C_{ijmn}^{\text{mat}}\right\}^{-1}\\&\cdot\left(C_{mnrs}^{\text{inc}}-C_{mnrs}^{\text{mat}}\right)\left[\left(1-c^{\text{inc}}\right)S_{rskl}+c^{\text{inc}}I_{rskl}\right]\end{aligned} \tag{3.2-24}$$

借鉴破损率的定义， $\eta=V^{f}/V$ ，即随着外荷载的增加，破损率 η 逐渐增大并趋于定值 1.0；同时从它的定义方式来看，破损率 η 类似于损伤力学中关于损伤变量的定义方法，经常使用韦布尔(Weibull)分布函数来描述损伤变量。基于第 1 章和第 2 章的研究结果，此处将破损率函数 η 定义如下：

$$\eta=F\left(\varepsilon_{v}^{\text{ave}},\varepsilon_{s}^{\text{ave}}\right) \tag{3.2-25}$$

式中， $\varepsilon_{v}^{\text{ave}}$ 、 $\varepsilon_{s}^{\text{ave}}$ 是代表性单元宏观角度的体积应变和剪切应变。

为了方便进行应力应变关系的推导，将式(3.2-25)表述成函数形式，即

$$\eta=1-\exp\left[-\alpha_{v}\left(\varepsilon_{v}^{\text{ave}}\right)^{m_{v}}-\beta_{s}\left(\varepsilon_{s}^{\text{ave}}\right)^{n_{s}}\right] \tag{3.2-26}$$

式中， α_{v} 、 m_{v} 、 β_{s} 和 n_{s} 是内部状态参数，利用试验结果反演确定。

对式(3.2-26)求全微分，得

$$\mathrm{d}\eta=\left\{\frac{\partial F\left(\varepsilon_{v}^{\text{ave}},\varepsilon_{s}^{\text{ave}}\right)}{\partial\varepsilon_{ij}^{\text{ave}}}\right\}^{\mathrm{T}}\mathrm{d}\varepsilon_{ij}^{\text{ave}}=\rho_{ij}^{\mathrm{T}}\mathrm{d}\varepsilon_{ij}^{\text{ave}} \tag{3.2-27}$$

整理式(3.2-25)和式(3.2-27)，在三轴压缩应力条件下 $\mathrm{d}\eta$ 可重新表述成：

$$\mathrm{d}\eta=\rho_{ij}^{\mathrm{T}}\mathrm{d}\varepsilon_{ij}^{\text{ave}}=\zeta\mathrm{d}\varepsilon_{11}^{\text{ave}}+\omega\mathrm{d}\varepsilon_{33}^{\text{ave}} \tag{3.2-28a}$$

其中，

$$\rho_{ij}^{\mathrm{T}}=\{\zeta \quad \omega\} \tag{3.2-28b}$$

$$\zeta=\left[\alpha_v m_v\left(\varepsilon_v^{\text{ave}}\right)^{m_v-1}+\frac{2}{3}\beta_s n_s\left(\varepsilon_s^{\text{ave}}\right)^{n_s-1}\right]\exp\left[-\alpha_v\left(\varepsilon_v^{\text{ave}}\right)^{m_v}-\beta_s\left(\varepsilon_s^{\text{ave}}\right)^{n_s}\right] \tag{3.2-28c}$$

$$\omega=\left[2\alpha_v m_v\left(\varepsilon_v^{\text{ave}}\right)^{m_v-1}-\frac{2}{3}\beta_s n_s\left(\varepsilon_s^{\text{ave}}\right)^{n_s-1}\right]\exp\left[-\alpha_v\left(\varepsilon_v^{\text{ave}}\right)^{m_v}-\beta_s\left(\varepsilon_s^{\text{ave}}\right)^{n_s}\right] \tag{3.2-28d}$$

因此，最终可得基于细观变形机制的增量应力应变关系为

$$\mathrm{d}\sigma_{ij}^{\text{ave}}=C_{ijkl}^{b}\mathrm{d}\varepsilon_{kl}^{\text{ave}}+\eta^{0}\left(C_{ijmn}^{f}-C_{ijmn}^{b}\right)\chi_{mnkl}\mathrm{d}\varepsilon_{kl}^{\text{ave}}+\left[\sigma_{ij}^{f0}-\sigma_{ij}^{b0}-C_{ijmn}^{b}\left(\varepsilon_{mn}^{f0}-\varepsilon_{mn}^{b0}\right)\right]\rho_{kl}^{\mathrm{T}}\mathrm{d}\varepsilon_{kl}^{\text{ave}} \tag{3.2-29}$$

式(3.2-29)便是细观机制下的二元介质应力应变表达式，仅需确定胶结元的刚度张量 C_{ijkl}^{b}，摩擦元的刚度张量 C_{ijkl}^{f}，以及根据试验结果反演确定破损率函数 η 中的内部状态参数。因此，仅需确定 C_{ijkl}^{b} 和 C_{ijkl}^{f} 便可利用式(3.2-29)来预测冻土的应力应变关系和体积变化规律。下面来介绍胶结元、摩擦元参数的确定方法，以及局部应变集中张量的解析表达式具体求解方法。

3.2.2 模型参数确定

在确定胶结元和摩擦元各自本构关系前，先对模型进行简化，即将三维条件下的本构方程简化到常规三轴状态下。在三维条件下，式(3.2-29)可以表示为

$$\begin{Bmatrix}\mathrm{d}\sigma_{11}\\ \mathrm{d}\sigma_{22}\\ \mathrm{d}\sigma_{33}\\ \mathrm{d}\sigma_{23}\\ \mathrm{d}\sigma_{32}\\ \mathrm{d}\sigma_{31}\\ \mathrm{d}\sigma_{13}\\ \mathrm{d}\sigma_{12}\\ \mathrm{d}\sigma_{21}\end{Bmatrix}=\begin{Bmatrix}C_{1111} & C_{1122} & C_{1133} & C_{1123} & C_{1132} & C_{1131} & C_{1113} & C_{1112} & C_{1121}\\ C_{2211} & C_{2222} & C_{2233} & C_{2223} & C_{2232} & C_{2231} & C_{2213} & C_{2212} & C_{2221}\\ C_{3311} & C_{3322} & C_{3333} & C_{3323} & C_{3332} & C_{3331} & C_{3313} & C_{3312} & C_{3321}\\ C_{2311} & C_{2322} & C_{2333} & C_{2323} & C_{2332} & C_{2331} & C_{2313} & C_{2312} & C_{2321}\\ C_{3211} & C_{3222} & C_{3233} & C_{3223} & C_{3232} & C_{3231} & C_{3213} & C_{3212} & C_{3221}\\ C_{3111} & C_{3122} & C_{3133} & C_{3123} & C_{3132} & C_{3131} & C_{3113} & C_{3112} & C_{3121}\\ C_{1311} & C_{1322} & C_{1333} & C_{1323} & C_{1332} & C_{1331} & C_{1313} & C_{1312} & C_{1321}\\ C_{1211} & C_{1222} & C_{1233} & C_{1223} & C_{1232} & C_{1231} & C_{1213} & C_{1212} & C_{1221}\\ C_{2111} & C_{2122} & C_{2133} & C_{2123} & C_{2132} & C_{2131} & C_{2113} & C_{2112} & C_{2121}\end{Bmatrix}\begin{Bmatrix}\mathrm{d}\varepsilon_{11}\\ \mathrm{d}\varepsilon_{22}\\ \mathrm{d}\varepsilon_{33}\\ \mathrm{d}\varepsilon_{23}\\ \mathrm{d}\varepsilon_{32}\\ \mathrm{d}\varepsilon_{31}\\ \mathrm{d}\varepsilon_{13}\\ \mathrm{d}\varepsilon_{12}\\ \mathrm{d}\varepsilon_{21}\end{Bmatrix} \tag{3.2-30}$$

在常规三轴压缩试验条件下，即 $\sigma_{11}>\sigma_{22}=\sigma_{33}$ 和 $\varepsilon_{22}=\varepsilon_{33}$，式(3.2-30)可简为

$$\mathrm{d}\sigma_{ij}^{\text{ave}}=C_{ijkl}\mathrm{d}\varepsilon_{kl}^{\text{ave}}\xrightarrow{\text{CTC}}\begin{Bmatrix}\mathrm{d}\sigma_{11}^{\text{ave}}\\ \mathrm{d}\sigma_{33}^{\text{ave}}\end{Bmatrix}=\begin{Bmatrix}C_{1111} & C_{1133}\\ C_{3311} & C_{3333}\end{Bmatrix}\begin{Bmatrix}\mathrm{d}\varepsilon_{11}^{\text{ave}}\\ \mathrm{d}\varepsilon_{33}^{\text{ave}}\end{Bmatrix} \tag{3.2-31}$$

式中，$C_{1111}\sim C_{3333}$ 表示宏观角度上的刚度矩阵，为胶结元和摩擦元的组合函数形式。在细观角度上，胶结元表现为弹脆性，而摩擦元表现为弹塑性，因此需要分别利用胶结元和摩擦元的三轴试验结果确定相关刚度张量。

1. 胶结元的参数确定

由于胶结元是弹脆性的，根据线性胡克定律，胶结元的增量矩阵为

$$\begin{Bmatrix} \mathrm{d}\sigma_{11}^b \\ \mathrm{d}\sigma_{33}^b \end{Bmatrix} = \begin{Bmatrix} C_{1111}^b & C_{1133}^b \\ C_{3311}^b & C_{3333}^b \end{Bmatrix} \begin{Bmatrix} \mathrm{d}\varepsilon_{11}^b \\ \mathrm{d}\varepsilon_{33}^b \end{Bmatrix} \tag{3.2-32}$$

式中，$C_{1111} \sim C_{3333}$ 分别表示为

$$C_{1111}^b = K^b + \frac{4}{3}G^b，\quad C_{1133}^b = 2K^b - \frac{4}{3}G^b \tag{3.2-33a}$$

$$C_{3311}^b = K^b - \frac{2}{3}G^b，\quad C_{3333}^b = 2K^b + \frac{2}{3}G^b \tag{3.2-33b}$$

因此，仅需根据初始加载时在应变较小范围内(如 0.5%)的应力应变曲线便可确定体积模量 K^b 和剪切模量 G^b。

2. 摩擦元的参数确定

摩擦元具有弹塑性特性，利用弹塑性力学结合三轴试验结果确定模型中的参数。为了使屈服函数适用性广，更具一般性，引入双硬化本构模型(Liu and Xing，2009)，它既能模拟应力硬化和应变硬化，又能模拟体缩和体胀规律，屈服函数表达式为

$$f^f = \frac{\sigma_m^f}{1-\left(\eta^f / \xi_s\right)^n} - \xi_v \tag{3.2-34}$$

式中，σ_m^f 为摩擦元的球应力分量；ξ_s 是与塑性剪切应变有关的硬化参量，可表示为 $\xi_s = \gamma_0\left[1.0 - c_1\exp\left(-\frac{\varepsilon_s^{pf}}{c_2}\right)\right]$；$\xi_v$ 是与塑性体积应变有关的硬化参量，$\xi_v = h_0\exp\left(\kappa\varepsilon_v^{pf}\right)$；$\gamma_0$、$c_1$、$c_2$、$h_0$ 和 κ 是材料参数，由摩擦元的试验结果确定。

另外，式中的参数定义如下：

$$\eta^f = \frac{\sigma_s^f}{\sigma_m^f} \tag{3.2-35a}$$

$$\sigma_m^f = \frac{1}{3}\left(\sigma_{11}^f + \sigma_{22}^f + \sigma_{33}^f\right) \tag{3.2-35b}$$

$$\varepsilon_v^f = \varepsilon_{11}^f + \varepsilon_{22}^f + \varepsilon_{33}^f \tag{3.2-35c}$$

$$\varepsilon_s^{pf} = \left\{\varepsilon_s^p\right\}^f = \varepsilon_s^f - \left\{\varepsilon_s^e\right\}^f \tag{3.2-35d}$$

$$\sigma_s^f = \frac{1}{\sqrt{2}}\sqrt{\left(\sigma_{11}^f - \sigma_{22}^f\right)^2 + \left(\sigma_{11}^f - \sigma_{33}^f\right)^2 + \left(\sigma_{22}^f - \sigma_{33}^f\right)^2} \tag{3.2-35e}$$

$$\varepsilon_s^f = \frac{\sqrt{2}}{3}\sqrt{\left[\left(\varepsilon_{11}^f - \varepsilon_{22}^f\right)^2 + \left(\varepsilon_{11}^f - \varepsilon_{33}^f\right)^2 + \left(\varepsilon_{22}^f - \varepsilon_{33}^f\right)^2\right]} \tag{3.2-35f}$$

式中，上角标 e 和 p 分别表示摩擦元的弹性变形和塑性变形；σ_s^f 为摩擦元的偏应力分量；ε_v^f 为摩擦元的体应变。

利用塑性应变梯度方向与塑性势函数的垂直特性，采用非关联流动法则，根据塑性势函数 g^f 的表达式：

$$g^f = \frac{\sigma_m^f}{1-\left(\eta^f / \xi_s\right)^{n_1}} - \xi_v \tag{3.2-36}$$

得到塑性体积应变 $d\varepsilon_v^{pf}$ 和塑性剪切应变 $d\varepsilon_s^{pf}$ 的表达式为

$$d\varepsilon_v^{pf} = d\Lambda \frac{\partial g^f}{\partial \sigma_m^f},\quad d\varepsilon_s^{pf} = d\Lambda \frac{\partial g^f}{\partial \sigma_s^f} \tag{3.2-37}$$

式中，$d\Lambda$ 为塑性乘子。

利用一致性条件，即 $df^f = 0$，得

$$\frac{\partial f^f}{\partial \sigma_m^f} d\sigma_m^f + \frac{\partial f^f}{\partial \sigma_s^f} d\sigma_s^f + \frac{\partial f^f}{\partial \xi_s}\frac{\partial \xi_s}{\partial \varepsilon_s^{pf}} d\varepsilon_s^{pf} + \frac{\partial f^f}{\partial \xi_v}\frac{\partial \xi_v}{\partial \varepsilon_v^{pf}} d\varepsilon_v^{pf} = 0 \tag{3.2-38}$$

推导可得

$$d\Lambda = \frac{1}{h}\left(\frac{\partial f^f}{\partial \sigma_m^f} d\sigma_m^f + \frac{\partial f^f}{\partial \sigma_s^f} d\sigma_s^f\right) \tag{3.2-39}$$

$$\begin{aligned} h &= -\frac{\partial f^f}{\partial \xi_s}\frac{\partial \xi_s}{\partial \varepsilon_s^{pf}}\frac{\partial g}{\partial \sigma_s^f} - \frac{\partial f^f}{\partial \xi_v}\frac{\partial \xi_v}{\partial \varepsilon_v^{pf}}\frac{\partial g^f}{\partial \sigma_m^f} \\ &= \frac{n\sigma_m^f\left(\eta^f/\xi_s\right)^n}{\xi_s\left[1-\left(\eta^f/\xi_s\right)^n\right]^2}\frac{c_1}{c_2}\gamma_0 \exp\left(-\frac{\varepsilon_s^{pf}}{c_2}\right)\frac{\partial g^f}{\partial \sigma_s^f} + \kappa h_0 \exp\left(\kappa \varepsilon_v^{pf}\right)\frac{\partial g^f}{\partial \sigma_m^f} \end{aligned} \tag{3.2-40}$$

因此，摩擦元的增量关系可表示成：

$$d\sigma_m^f = C_{mm}^f d\varepsilon_v^f + C_{ms}^f d\varepsilon_s^f,\quad d\sigma_s^f = C_{sm}^f d\varepsilon_v^f + C_{ss}^f d\varepsilon_s^f \tag{3.2-41}$$

其中，

$$C_{mm}^f = \frac{1}{M}\left(\frac{1}{3G^f} + \frac{1}{h}\frac{\partial f^f}{\partial \sigma_s^f}\frac{\partial g^f}{\partial \sigma_s^f}\right) \tag{3.2-42a}$$

$$C_{ms}^f = -\frac{1}{Mh}\frac{\partial f^f}{\partial \sigma_s^f}\frac{\partial g^f}{\partial \sigma_m^f} \tag{3.2-42b}$$

$$C_{sm}^f = -\frac{1}{Mh}\frac{\partial f^f}{\partial \sigma_m^f}\frac{\partial g^f}{\partial \sigma_s^f} \tag{3.2-42c}$$

$$C_{ss}^f = \frac{1}{M}\left(\frac{1}{K^f} + \frac{1}{h}\frac{\partial f^f}{\partial \sigma_m^f}\frac{\partial g^f}{\partial \sigma_m^f}\right) \tag{3.2-42d}$$

$$M = \frac{1}{3G^f K^f} + \frac{1}{K^f h}\frac{\partial f^f}{\partial \sigma_s^f}\frac{\partial g^f}{\partial \sigma_s^f} + \frac{1}{3G^f h}\frac{\partial f^f}{\partial \sigma_m^f}\frac{\partial g^f}{\partial \sigma_m^f} \tag{3.2-42e}$$

$$\frac{\partial f^f}{\partial \sigma_m^f} = \frac{1-(n+1)\left(\eta^f/\xi_s\right)^n}{\left[1-\left(\eta^f/\xi_s\right)^n\right]^2} \tag{3.2-42f}$$

$$\frac{\partial f^f}{\partial \sigma_s^f} = \frac{n\left(\eta^f/\xi_s\right)^{n-1}}{\xi_s\left[1-\left(\eta^f/\xi_s\right)^n\right]^2} \tag{3.2-42g}$$

$$\frac{\partial g^f}{\partial \sigma_m^f} = \frac{1-(n_1+1)\left(\eta^f/\xi_s\right)^{n_1}}{\left[1-\left(\eta^f/\xi_s\right)^{n_1}\right]^2} \tag{3.2-42h}$$

$$\frac{\partial g^f}{\partial \sigma_s^f}=\frac{n_1\left(\eta^f/\xi_s\right)^{n_1-1}}{\xi_s\left[1-\left(\eta^f/\xi_s\right)^{n_1}\right]^2} \tag{3.2-42i}$$

类似于表达式(3.2-32)，在三轴条件下，摩擦元的增量关系可表示成：

$$\begin{Bmatrix} \mathrm{d}\sigma_{11}^f \\ \mathrm{d}\sigma_{33}^f \end{Bmatrix}=\begin{Bmatrix} C_{1111}^f & C_{1133}^f \\ C_{3311}^f & C_{3333}^f \end{Bmatrix}\begin{Bmatrix} \mathrm{d}\varepsilon_{11}^f \\ \mathrm{d}\varepsilon_{33}^f \end{Bmatrix} \tag{3.2-43}$$

式中，

$$C_{1111}^f=C_{mm}^f+\frac{2}{3}C_{sm}^f+\frac{2}{3}C_{ms}^f+\frac{4}{9}C_{ss}^f \tag{3.2-44a}$$

$$C_{1133}^f=2C_{mm}^f+\frac{4}{3}C_{sm}^f-\frac{2}{3}C_{ms}^f-\frac{4}{9}C_{ss}^f \tag{3.2-44b}$$

$$C_{3311}^f=C_{mm}^f-\frac{1}{3}C_{sm}^f+\frac{2}{3}C_{ms}^f-\frac{2}{9}C_{ss}^f \tag{3.2-44c}$$

$$C_{3333}^f=2C_{mm}^f-\frac{2}{3}C_{sm}^f-\frac{2}{3}C_{ms}^f+\frac{2}{9}C_{ss}^f \tag{3.2-44d}$$

3. 局部应变集中系数的确定

根据局部应变集中系数的定义方式，它的取值范围随着应力/应变水平变化。同时胶结元和摩擦元的变形并不是同时发挥作用的，胶结元在较小应变条件下发挥作用，而摩擦元在相对较大变形下才发挥作用，二者共同抵抗外部荷载作用。根据前文局部应变集中系数的确定方法，重新表述成：

$$\begin{aligned} A_{ijkl}=I_{ijkl}-&\left\{\left(C_{ijpq}^{\text{inc}}-C_{ijpq}^{\text{mat}}\right)\left[\eta S_{pqmn}+(1-\eta)I_{pqmn}\right]+C_{ijmn}^{\text{mat}}\right\}^{-1} \\ &\cdot\left(C_{mnrs}^{\text{inc}}-C_{mnrs}^{\text{mat}}\right)\left[\eta S_{rskl}+(1-\eta)I_{rskl}\right] \end{aligned} \tag{3.2-45}$$

式中，C_{ijmn}^b、C_{ijmn}^f、η 均可用函数形式表示出来，因此，仅需将增量 S_{ijkl} 表示出来，局部张量 A_{ijkl} 便可确定。

基于 Eshelby 等效夹杂理论(Eshelby，1957；1959)，假设夹杂为椭球形，则 S_{ijkl} 的表达式为

$$S_{ijkl}=\left(\bar{\alpha},\bar{\beta}\right)=\left(\bar{\alpha}-\bar{\beta}\right)\frac{1}{3}\delta_{ij}\delta_{kl}+\bar{\beta}I_{ijkl} \tag{3.2-46}$$

其中，

$$\bar{\alpha}=\frac{3K^b}{3K^b+4G^b} \tag{3.2-47a}$$

$$\beta=\frac{6}{5}\frac{K^b+2G^b}{3K^b+4G^b} \tag{3.2-47b}$$

因此在常规三轴压缩条件下，S_{ijkl} 可简化为

$$S_{ijkl}=\begin{Bmatrix} \dfrac{\bar{\alpha}+2\bar{\beta}}{3} & \dfrac{\bar{\alpha}-\bar{\beta}}{3} \\ \dfrac{\bar{\alpha}-\bar{\beta}}{3} & \dfrac{\bar{\alpha}+2\bar{\beta}}{3} \end{Bmatrix} \tag{3.2-48}$$

将C_{ijmn}^b、C_{ijmn}^f、η和S_{ijkl}的表达式代入式(3.2-45)中，最终得到三轴条件下A_{ijkl}的具体表达式，即

$$A_{ijkl}=\begin{Bmatrix} a_{1111} & a_{1133} \\ a_{3311} & a_{3333} \end{Bmatrix} \tag{3.2-49}$$

其中，

$$a_{1111}=1-\frac{1}{m_1m_4-m_2m_3}\left[m_4\left(m_1-C_{11}^b\right)-m_2\left(m_3-C_{31}^b\right)\right] \tag{3.2-50a}$$

$$a_{1133}=1-\frac{1}{m_1m_4-m_2m_3}\left[m_4\left(m_2-C_{13}^b\right)-m_2\left(m_4-C_{33}^b\right)\right] \tag{3.2-50b}$$

$$a_{3311}=1-\frac{1}{m_1m_4-m_2m_3}\left[-m_3\left(m_1-C_{11}^b\right)+m_1\left(m_3-C_{31}^b\right)\right] \tag{3.2-50c}$$

$$a_{3333}=1-\frac{1}{m_1m_4-m_2m_3}\left[-m_3\left(m_2-C_{13}^b\right)+m_1\left(m_4-C_{33}^b\right)\right] \tag{3.2-50d}$$

$$m_1=C_{1111}^b+\left(C_{1111}^f-C_{1111}^b\right)\left(1-\eta+\frac{\bar{\alpha}+2\bar{\beta}}{3}\eta\right)+\frac{\bar{\alpha}-\bar{\beta}}{3}\eta\left(C_{1133}^f-C_{1133}^b\right) \tag{3.2-50e}$$

$$m_2=C_{1133}^b+\frac{\bar{\alpha}-\bar{\beta}}{3}\eta\left(C_{1111}^f-C_{1111}^b\right)+\left(C_{1133}^f-C_{1133}^b\right)\left(1-\eta+\frac{\bar{\alpha}+2\bar{\beta}}{3}\eta\right) \tag{3.2-50f}$$

$$m_3=C_{3311}^b+\left(C_{3311}^f-C_{3311}^b\right)\left(1-\eta+\frac{\bar{\alpha}+2\bar{\beta}}{3}\eta\right)+\frac{\bar{\alpha}-\bar{\beta}}{3}\eta\left(C_{3333}^f-C_{3333}^b\right) \tag{3.2-50g}$$

$$m_4=C_{3333}^b+\frac{\bar{\alpha}-\bar{\beta}}{3}\eta\left(C_{3311}^f-C_{3311}^b\right)+\left(C_{3333}^f-C_{3333}^b\right)\left(1-\eta+\frac{\bar{\alpha}+2\bar{\beta}}{3}\eta\right) \tag{3.2-50h}$$

下面列出了一些比较繁琐的中间步骤，用中间变量进行替代，即

$$\chi_{ijkl}\mathrm{d}\varepsilon_{kl}^{\mathrm{ave}}=\begin{Bmatrix} \chi_{1111} & \chi_{1133} \\ \chi_{3311} & \chi_{333} \end{Bmatrix}\begin{Bmatrix} \mathrm{d}\varepsilon_{11}^{\mathrm{ave}} \\ \mathrm{d}\varepsilon_{33}^{\mathrm{ave}} \end{Bmatrix} \tag{3.2-51}$$

其中，

$$\chi_{1111}=\bar{\chi}_{1111}\varepsilon_{11}^{\text{ave-0}}+\bar{\chi}_{1133}\varepsilon_{33}^{\text{ave-0}}+a_{1111}^0 \tag{3.2-52a}$$

$$\chi_{1133}=\bar{\chi}_{1111}\varepsilon_{11}^{\text{ave-0}}+\bar{\chi}_{1133}\varepsilon_{33}^{\text{ave-0}}+a_{1133}^0 \tag{3.2-52b}$$

$$\chi_{3311}=\bar{\chi}_{3311}\varepsilon_{11}^{\text{ave-0}}+\bar{\chi}_{3333}\varepsilon_{33}^{\text{ave-0}}+a_{3311}^0 \tag{3.2-52c}$$

$$\chi_{3333}=\bar{\chi}_{3311}\varepsilon_{11}^{\text{ave-0}}+\bar{\chi}_{3333}\varepsilon_{33}^{\text{ave-0}}+a_{3333}^0 \tag{3.2-52d}$$

$$\begin{aligned}\bar{\chi}_{1111}=&\frac{\left[m_4\left(m_1-C_{1111}^b\right)-m_2\left(m_3-C_{3311}^b\right)\right]\left(m_4z_1+z_4m_1-m_3z_2-m_2z_3\right)}{\left(m_1m_4-m_2m_3\right)^2}\\&-\frac{\left[z_4\left(m_1-C_{1111}^b\right)+m_4z_1-z_2\left(m_3-C_{3311}^b\right)-m_2z_3\right]}{m_1m_4-m_2m_3}\end{aligned} \tag{3.2-52e}$$

$$\bar{\chi}_{1133}=\frac{\left[m_4\left(m_2-C_{1133}^b\right)-m_2\left(m_4-C_{3333}^b\right)\right]\left(m_4z_1+z_4m_1-m_3z_2-m_2z_3\right)}{\left(m_1m_4-m_2m_3\right)^2}-\frac{\left[z_4\left(m_2-C_{1133}^b\right)+m_4z_2-z_2\left(m_4-L_{3333}^b\right)-m_2z_4\right]}{m_1m_4-m_2m_3} \tag{3.2-52f}$$

$$\bar{\chi}_{3311}=\frac{\left[-m_3\left(m_1-C_{1111}^b\right)+m_1\left(m_3-C_{3311}^b\right)\right]\left(m_4z_1+z_4m_1-m_3z_2-m_2z_3\right)}{\left(m_1m_4-m_2m_3\right)^2}-\frac{\left[-z_3\left(m_1-C_{1111}^b\right)-m_3z_1+z_1\left(m_3-C_{3311}^b\right)+m_1z_3\right]}{m_1m_4-m_2m_3} \tag{3.2-52g}$$

$$\bar{\chi}_{3333}=\frac{\left[-m_3\left(m_2-C_{1111}^b\right)+m_1\left(m_4-C_{3333}^b\right)\right]\left(m_4z_1+z_4m_1-m_3z_2-m_2z_3\right)}{\left(m_1m_4-m_2m_3\right)^2}-\frac{\left[-z_3\left(m_2-C_{1111}^b\right)-m_3z_2+z_1\left(m_4-C_{3333}^b\right)+m_1z_4\right]}{m_1m_4-m_2m_3} \tag{3.2-52h}$$

$$z_1=\frac{\bar{\alpha}+2\bar{\beta}-3}{3}\left(C_{1111}^f-C_{1111}^b\right)+\frac{\bar{\alpha}-\bar{\beta}}{3}\left(C_{1133}^f-C_{1133}^b\right) \tag{3.2-52i}$$

$$z_2=\frac{\bar{\alpha}-\bar{\beta}}{3}\left(C_{1111}^f-C_{1111}^b\right)+\frac{\bar{\alpha}+2\bar{\beta}-3}{3}\left(C_{1133}^f-C_{1133}^b\right) \tag{3.2-52j}$$

$$z_3=\frac{\bar{\alpha}+2\bar{\beta}-3}{3}\left(C_{3311}^f-C_{3311}^b\right)+\frac{\bar{\alpha}-\bar{\beta}}{3}\left(C_{3333}^f-C_{3333}^b\right) \tag{3.2-52k}$$

$$z_4=\frac{\bar{\alpha}-\bar{\beta}}{3}\left(C_{3311}^f-C_{3311}^b\right)+\frac{\bar{\alpha}+2\beta-3}{3}\left(C_{3333}^f-C_{3333}^b\right) \tag{3.2-52l}$$

因此，最终的增量应力应变表达式为

$$\begin{Bmatrix}\mathrm{d}\sigma_{11}^{\mathrm{ave}}\\ \mathrm{d}\sigma_{33}^{\mathrm{ave}}\end{Bmatrix}=\begin{Bmatrix}C_{1111} & C_{1133}\\ C_{3311} & C_{3333}\end{Bmatrix}\begin{Bmatrix}\mathrm{d}\varepsilon_{11}^{\mathrm{ave}}\\ \mathrm{d}\varepsilon_{33}^{\mathrm{ave}}\end{Bmatrix} \tag{3.2-53a}$$

其中，

$$C_{1111}=C_{1111}^b+\left(C_{1111}^f-C_{1111}^b\right)\chi_{1111}+\left(C_{1133}^f-C_{1133}^b\right)\chi_{3311}+\zeta\left(\sigma_{11}^{f0}-\sigma_{11}^{b0}-\varepsilon_{11}^{f0}+\varepsilon_{11}^{b0}\right) \tag{3.2-53b}$$

$$C_{1133}=C_{1133}^b+\left(C_{1111}^f-C_{1111}^b\right)\chi_{1133}+\left(C_{1133}^f-C_{1133}^b\right)\chi_{3333}+\omega\left(\sigma_{11}^{f0}-\sigma_{11}^{b0}-\varepsilon_{11}^{f0}+\varepsilon_{11}^{b0}\right) \tag{3.2-53c}$$

$$C_{3311}=C_{3311}^b+\left(C_{3311}^f-C_{3311}^b\right)\chi_{1111}+\left(C_{3333}^f-C_{3333}^b\right)\chi_{3311}+\zeta\left(\sigma_{33}^{f0}-\sigma_{33}^{b0}-\varepsilon_{33}^{f0}+\varepsilon_{33}^{b0}\right) \tag{3.2-53d}$$

$$C_{3333}=C_{3333}^b+\left(C_{3311}^f-C_{3311}^b\right)\chi_{1133}+\left(C_{3333}^f-C_{3333}^b\right)\chi_{3333}+\omega\left(\sigma_{33}^{f0}-\sigma_{33}^{b0}-\varepsilon_{33}^{f0}+\varepsilon_{33}^{b0}\right) \tag{3.2-53e}$$

3.2.3 模型验证

为了验证以上的本构模型，确定了模型参数，如表 3.2-1 所示，模型的预测结果如图 3.2-2 所示。表 3.2-1 中模型参数是随围压变化而变化的，可以表达为围压的函数。

表 3.2-1 模型参数

参数确定		参数值
摩擦元	n	2.0
	n_1	2.0
	c_1	2.0
	c_2	1.0
	α_0	$3.4396\ln\left(\frac{\sigma_c}{p_a}\right)+3.7861$
	β	$-38.05\ln\left(\frac{\sigma_c}{p_a}\right)+130.77$
	h_0	0.2
内部状态变量	α_v	$7.8502\ln\left(\frac{\sigma_c}{p_a}\right)-1.5806$
	m_v	2.0
	β_s	1.4
	n_s	0.2
胶结元体积模量/MPa	K_b	$3.4396\ln\left(\frac{\sigma_c}{p_a}\right)+3.7861$
胶结元剪切模量/MPa	G_b	$94.145\ln\left(\frac{\sigma_c}{p_a}\right)+348.02$
摩擦元体积模量/MPa	K_f	$3.2636\left(\frac{\sigma_c}{p_a}\right)+99.445$
摩擦元剪切模量/MPa	G_f	$2.9035\left(\frac{\sigma_c}{p_a}\right)+134.72$

注：σ_c 是围压；$p_a = 101.3\text{kPa}$。

从图 3.2-2 中可以看出，考虑细观变形机制建立的二元介质本构模型能较好模拟冻土的应力应变特性，尤其在低围压条件下，能很好地模拟应变软化和体积膨胀现象；在较高围压下，亦能模拟软化和剪胀现象，但模拟结果有待进一步优化。总的来说，与单参数和双参数二元介质模拟相比(张德，2019)，利用细观力学建立的模拟参数明显减少，预测结果相对较好。

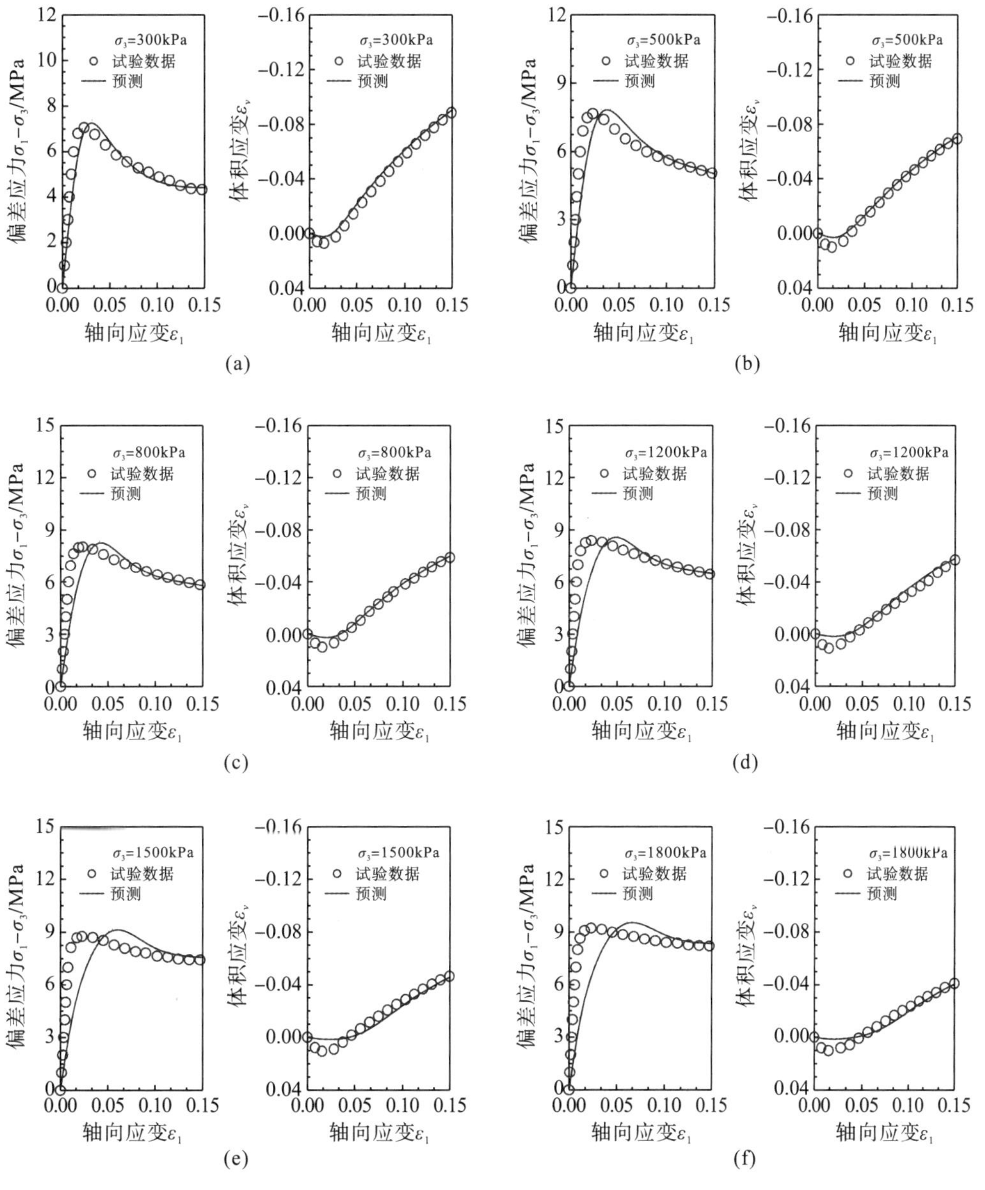

图 3.2-2　冻结砂土的模型预测与试验结果对比

第 3.3 节　结构性土的宏-细观二元介质本构模型

本节在 2.1 节建立的结构性土的二元介质本构模型的基础上，基于细观力学方法推导了应变集中张量的表达式，并验证人工制备结构性土的三轴压缩固结排水和固结不排水试验结果(孙艺，2023)。

3.3.1 二元介质本构模型

为了便于阅读和内容完整，本节介绍结构性土的二元介质本构模型的建立过程。

3.3.1.1 均匀化理论

由于代表性单元(RVE)中含有足够多的细观组构相，因此在宏观上可将其等效为连续均匀的介质，如图 3.3-1 所示。在本节中，如无特殊解释，所有应力都为有效应力，应力、应变与刚度等均采用张量记法表示，b 是胶结元的代表符号，f 是摩擦元的代表符号。令 $\sigma_{ij}^{\text{local}}$ 、$\varepsilon_{ij}^{\text{local}}$ 表示 RVE 的局部应力张量、局部应变张量，则宏观的平均应力 σ_{ij} 与平均应变 ε_{ij} 为

$$\sigma_{ij}=\frac{1}{V}\int\sigma_{ij}^{\text{local}}\mathrm{d}V \tag{3.3-1}$$

$$\varepsilon_{ij}=\frac{1}{V}\int\varepsilon_{ij}^{\text{local}}\mathrm{d}V \tag{3.3-2}$$

式中，V 为单元体的体积，分别以 V^b 、V^f 表示胶结元、摩擦元的体积，则 $V=V^b+V^f$ 。

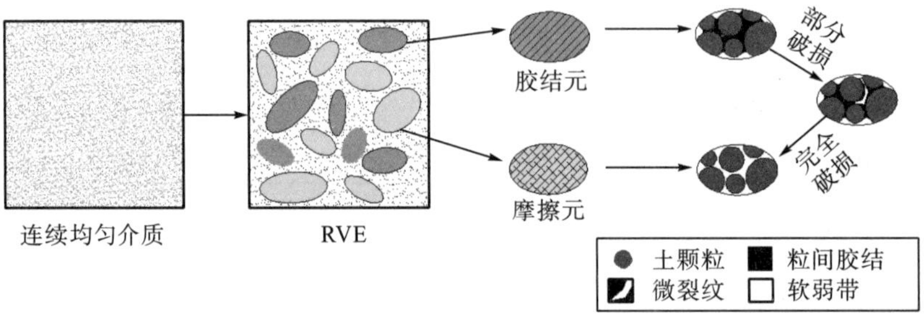

图 3.3-1 结构性土的细观组成示意图

式(3.3-1)、式(3.3-2)可重新写为

$$\sigma_{ij}=\frac{1}{V}\int_{V^b+V^f}\sigma_{ij}^{\text{local}}\mathrm{d}V=\frac{V^b}{V}\frac{1}{V^b}\int_{V^b}\sigma_{ij}^{\text{local}}\mathrm{d}V^b+\frac{V^f}{V}\frac{1}{V^f}\int_{V^f}\sigma_{ij}^{\text{local}}\mathrm{d}V^f \tag{3.3-3}$$

$$\varepsilon_{ij}=\frac{1}{V}\int_{V^b+V^f}\varepsilon_{ij}^{\text{local}}\mathrm{d}V=\frac{V^b}{V}\frac{1}{V^b}\int_{V^b}\varepsilon_{ij}^{\text{local}}\mathrm{d}V^b+\frac{V^f}{V}\frac{1}{V^f}\int_{V^f}\varepsilon_{ij}^{\text{local}}\mathrm{d}V^f \tag{3.3-4}$$

可得

$$\sigma_{ij}=\frac{V^b}{V}\sigma_{ij}^b+\frac{V^f}{V}\sigma_{ij}^f \tag{3.3-5}$$

$$\varepsilon_{ij}=\frac{V^b}{V}\varepsilon_{ij}^b+\frac{V^f}{V}\varepsilon_{ij}^f \tag{3.3-6}$$

式中，σ_{ij}^b 与 σ_{ij}^f 为胶结元和摩擦元的应力；ε_{ij}^b 与 ε_{ij}^f 为胶结元和摩擦元的应变。

式(3.3-5)、式(3.3-6)给出了 RVE 的应力、应变与细观胶结元和摩擦元的应力、应变

之间的关系，从而搭建起细观与宏观层面的应力应变桥梁，基于此，后文进一步推导了增量型的应力应变关系式。

3.3.1.2　二元介质本构关系式

考虑到单元体内胶结元的破损量，定义破损率为 RVE 中摩擦元的体积分数，即 $\lambda = \dfrac{V^f}{V}$，因此式(3.3-5)与式(3.3-6)可简化为

$$\sigma_{ij} = (1-\lambda)\sigma_{ij}^b + \lambda\sigma_{ij}^f \tag{3.3-7}$$

$$\varepsilon_{ij} = (1-\lambda)\varepsilon_{ij}^b + \lambda\varepsilon_{ij}^f \tag{3.3-8}$$

由于 RVE 的破损率随着荷载和变形的改变而逐渐增大，则可以通过应力或应变的变化来确定破损率的数值：

$$\lambda = f(\sigma_{ij}) = f(\varepsilon_{ij}) \tag{3.3-9}$$

式(3.3-7)、式(3.3-8)为 RVE 与胶结元、摩擦元的应力、应变之间的全量关系，将其写成增量形式可得

$$\mathrm{d}\sigma_{ij} = (1-\lambda^0)\mathrm{d}\sigma_{ij}^b + \lambda^0\mathrm{d}\sigma_{ij}^f + \mathrm{d}\lambda(\sigma_{ij}^{f0} - \sigma_{ij}^{b0}) \tag{3.3-10}$$

$$\mathrm{d}\varepsilon_{ij} = (1-\lambda^0)\mathrm{d}\varepsilon_{ij}^b + \lambda^0\mathrm{d}\varepsilon_{ij}^f + \mathrm{d}\lambda(\varepsilon_{ij}^{f0} - \varepsilon_{ij}^{b0}) \tag{3.3-11}$$

式中，上标 0 表示此增量阶段的应力、应变或破损率的初始状态；σ_{ij}^{b0}、σ_{ij}^{f0} 分别为当前阶段胶结元、摩擦元的应力初始值；ε_{ij}^{b0}、ε_{ij}^{f0} 分别为当前阶段胶结元、摩擦元的应变初始值；$\mathrm{d}\sigma_{ij}$、$\mathrm{d}\varepsilon_{ij}$ 分别表示单元体的应力、应变增量；$\mathrm{d}\sigma_{ij}^b$、$\mathrm{d}\sigma_{ij}^f$ 分别为胶结元、摩擦元的应力增量；$\mathrm{d}\varepsilon_{ij}^b$、$\mathrm{d}\varepsilon_{ij}^f$ 分别为胶结元、摩擦元的应变增量；λ^0、$\mathrm{d}\lambda$ 分别表示 RVE 破损率的初始值、增量。

胶结元与摩擦元的增量应力应变关系表达式分别为

$$\mathrm{d}\sigma_{ij}^b = D_{ijkl}^b\mathrm{d}\varepsilon_{kl}^b \tag{3.3-12}$$

$$\mathrm{d}\sigma_{ij}^f = D_{ijkl}^f\mathrm{d}\varepsilon_{kl}^f \tag{3.3-13}$$

式中，D_{ijkl}^b、D_{ijkl}^f 分别为胶结元、摩擦元的刚度张量。

将式(3.3-10)变换得到：

$$\mathrm{d}\sigma_{ij}^f = \frac{1}{\lambda^0}\left[\mathrm{d}\sigma_{ij} - (1-\lambda^0)\mathrm{d}\sigma_{ij}^b - \mathrm{d}\lambda(\sigma_{ij}^{f0} - \sigma_{ij}^{b0})\right] \tag{3.3-14}$$

代入式(3.3-12)，得到胶结元的应变增量 $\mathrm{d}\varepsilon_{ij}^b$：

$$\mathrm{d}\varepsilon_{ij}^b = (D_{ijkl}^b)^{-1}\mathrm{d}\sigma_{kl}^b = \frac{1}{\lambda^0}(D_{ijkl}^b)^{-1}\left[\mathrm{d}\sigma_{kl} - (1-\lambda^0)\mathrm{d}\sigma_{kl}^b - \mathrm{d}\lambda(\sigma_{kl}^{f0} - \sigma_{kl}^{b0})\right] \tag{3.3-15}$$

先假定局部应变集中张量为 C_{ijkl}，因此可得到胶结元与单元体的应变之间的关系式：

$$\varepsilon_{ij}^b = C_{ijkl}\varepsilon_{kl} \tag{3.3-16}$$

由式(3.3-16)可得到胶结元与单元体的应变增量关系式：

$$\mathrm{d}\varepsilon_{ij}^b = C_{ijkl}^0\mathrm{d}\varepsilon_{kl} + \mathrm{d}C_{ijkl}\varepsilon_{kl}^0 \tag{3.3-17}$$

式中，C_{ijkl}^0、$\mathrm{d}C_{ijkl}$ 分别表示应变集中张量的初始值、增量。

将式(3.3-15)、式(3.3-17)代入式(3.3-11)并进行变换，最终可以得到 RVE 的增量应力应变关系表达式：

$$\begin{aligned}\mathrm{d}\sigma_{ij}&=\left\{D_{ijkl}^{f}+\left(1-\lambda^{0}\right)\left[D_{ijmn}^{b}-D_{ijmn}^{f}\right]C_{mnkl}^{0}\right\}\mathrm{d}\varepsilon_{kl}+\left(1-\lambda^{0}\right)\left[D_{ijmn}^{b}-D_{ijmn}^{f}\right]\mathrm{d}C_{mnkl}\varepsilon_{kl}^{0}\\&+\frac{\mathrm{d}\lambda}{\lambda^{0}}\left(\sigma_{ij}^{0}-\sigma_{ij}^{b0}\right)-\frac{\mathrm{d}\lambda}{\lambda^{0}}D_{ijkl}^{f}\left(\varepsilon_{kl}^{0}-\varepsilon_{kl}^{b0}\right)\end{aligned} \tag{3.3-18}$$

在初始加载条件下，$\varepsilon_{ij}^{0}=\varepsilon_{ij}^{f0}=\varepsilon_{ij}^{b0}=0$，因此，初始时刻的增量应力应变关系式为

$$\begin{aligned}\mathrm{d}\sigma_{ij}&=\left\{D_{ijkl}^{f}+\left(1-\lambda^{0}\right)\left[D_{ijmn}^{b}-D_{ijmn}^{f}\right]C_{mnkl}^{0}\right\}\mathrm{d}\varepsilon_{kl}\\&+\left(1-\lambda^{0}\right)\left[D_{ijmn}^{b}-D_{ijmn}^{f}\right]\mathrm{d}C_{mnkl}\varepsilon_{kl}^{0}\end{aligned} \tag{3.3-19}$$

该模型涉及破损率、应变集中张量、胶结元和摩擦元的应力应变关系四个部分，需要确定的为胶结元和摩擦元的刚度矩阵、破损率和应变集中张量的变化规律，下面分别对相关的确定方法进行具体介绍。

3.3.2 胶结元、摩擦元的本构关系及模型参数

3.3.2.1 胶结元的本构关系与模型参数

在天然土的形成过程中，其力学特性在水平和垂直方向上存在差异，表现为水平方向各向同性。由前文对胶结元的定义可知，胶结元的力学特性为弹脆性，因此，可以假设胶结元在破损之前的应力应变关系为线弹性或非线性弹性。设定垂直方向即 z 轴为对称轴，水平方向上以 x 轴与 y 轴为对称轴，则可以得到胶结元的刚度矩阵如下：

$$\begin{Bmatrix}\mathrm{d}\varepsilon_{x}\\\mathrm{d}\varepsilon_{y}\\\mathrm{d}\varepsilon_{z}\\\mathrm{d}\varepsilon_{yz}\\\mathrm{d}\varepsilon_{zx}\\\mathrm{d}\varepsilon_{xy}\end{Bmatrix}_{b}=\begin{bmatrix}D_{11}&D_{12}&D_{13}&0&0&0\\D_{12}&D_{11}&D_{13}&0&0&0\\D_{13}&D_{13}&D_{33}&0&0&0\\0&0&0&D_{44}&0&0\\0&0&0&0&D_{44}&0\\0&0&0&0&0&\dfrac{D_{11}-D_{12}}{2}\end{bmatrix}_{b}^{-1}\begin{Bmatrix}\mathrm{d}\sigma_{x}\\\mathrm{d}\sigma_{y}\\\mathrm{d}\sigma_{z}\\\mathrm{d}\sigma_{yz}\\\mathrm{d}\sigma_{zx}\\\mathrm{d}\sigma_{xy}\end{Bmatrix}_{b} \tag{3.3-20}$$

式中参数说明见 2.1.2.2 节。

假定胶结元与摩擦元均为各向同性材料，胶结元的应力应变关系可通过广义胡克定律描述：

$$\begin{Bmatrix}\mathrm{d}\varepsilon_{v}^{b}\\\mathrm{d}\varepsilon_{s}^{b}\end{Bmatrix}=\begin{bmatrix}\dfrac{1}{K_{b}}&0\\0&\dfrac{1}{G_{b}}\end{bmatrix}\begin{Bmatrix}\mathrm{d}\sigma_{m}^{b}\\\mathrm{d}\sigma_{s}^{b}\end{Bmatrix} \tag{3.3-21}$$

式中，K_{b} 和 G_{b} 分别为胶结元的弹性体积模量和剪切模量，采用胶结元的弹性模量 E_{b} 与泊松比 ν_{b} 换算得到：

$$K_{b}=\frac{E_{b}}{3\left(1-2\nu_{b}\right)} \tag{3.3-22}$$

$$G_b = \frac{E_b}{2\left(1+\nu_b\right)} \tag{3.3-23}$$

本节选择的对照试验为聂青(2014)、何淼(2017)的结构性土在固结排水与不排水条件下的常规三轴压缩试验。假定结构性土在加载初期时主要由胶结元承担荷载，表现为线弹性，因此分别取$\varepsilon_a = 0.3\%$时的割线模量与割线泊松比作为胶结元的弹性模量与泊松比，并将最终确定的模型参数取值列于表 3.3-1 中。

表 3.3-1　胶结元的本构模型参数

E_b	$104.44 p_a \left[\ln\left(\frac{\sigma_3}{p_a}\right) + 2.83\right]$
ν_b	$-0.113\ln\left(\frac{\sigma_3}{p_a}\right) + 0.2165$

注：p_a为标准大气压(101.325kPa)。

3.3.2.2　摩擦元的本构关系与模型参数

摩擦元是由加载过程中的胶结元受力破损所形成的，那么其力学性质可以认为等同于各向同性的重塑土，即相关参数可以用重塑土的应力、应变或孔隙水压力等试验结果来确定。由于摩擦元的力学特性为弹塑性，因此，此处其本构模型采用多屈服面模型(沈珠江，1990，1993)。

采用的屈服函数为体积压缩变形对应的 f_1 和剪切变形对应的 f_2，表达式为

$$f_1\left(\sigma_{ij}^f, H_v\right) = \sigma_m^f + \frac{\left(r\sigma_s^f\right)^2}{\sigma_m^f} - \sigma_m^{f0} H_v \tag{3.3-24}$$

$$f_2\left(\sigma_{ij}^f, H_s\right) = \frac{\left(\sigma_s^f\right)^2}{\sigma_m^f} - \sigma_m^{f0} H_s \tag{3.3-25}$$

式中，r 为模型参数，可通过重塑土的曲线拟合得到；H_v 与 H_s 为体积硬化参数与剪切硬化参数，其表达式分别为

$$H_v = \exp\left(-\gamma_1 \varepsilon_v^{fp1}\right) \tag{3.3-26}$$

$$H_s = \gamma_2 - \left(\gamma_2 - \gamma_3\right)\exp\left(\gamma_4 \varepsilon_s^{fp2}\right) \tag{3.3-27}$$

式中，ε_v^{fp1} 为对应于体积屈服面的塑性体应变；ε_s^{fp2} 为对应于剪切屈服面的塑性剪应变；γ_1、γ_2、γ_3、γ_4 为材料参数。

σ_m^f 和 σ_s^f 分别为摩擦元的平均主应力和剪应力，计算式如下：

$$\sigma_m^f = \frac{1}{3}\left(\sigma_1^f + \sigma_2^f + \sigma_3^f\right) \tag{3.3-28}$$

$$\sigma_s^f = \frac{1}{\sqrt{2}}\sqrt{(\sigma_1^f - \sigma_2^f)^2 + (\sigma_2^f - \sigma_3^f)^2 + (\sigma_3^f - \sigma_1^f)^2} \tag{3.3-29}$$

式中，σ_1^f、σ_2^f 和 σ_3^f 为摩擦元的主应力。

对 f_1、f_2 分别求导得

$$\frac{\partial f_1}{\partial \sigma_m^f}=1-\frac{\left(r\sigma_s^f\right)^2}{\left(\sigma_m^f\right)^2} \tag{3.3-30}$$

$$\frac{\partial f_1}{\partial \sigma_s^f}=\frac{2r^2\sigma_s^f}{\sigma_m^f} \tag{3.3-31}$$

$$\frac{\partial f_2}{\partial \sigma_m^f}=-\frac{\left(\sigma_s^f\right)^2}{\left(\sigma_m^f\right)^2} \tag{3.3-32}$$

$$\frac{\partial f_2}{\partial \sigma_s^f}=\frac{2\sigma_s^f}{\sigma_m^f} \tag{3.3-33}$$

采用非相关联流动法则，假定塑性势函数的形式与屈服函数相同，但相关参数不同：

$$g_1\left(\sigma_{ij}^f,H_v\right)=\sigma_m^f+\frac{\left(r\sigma_s^f\right)^2}{\psi_v\sigma_m^f}-\sigma_m^{f0}H_v \tag{3.3-34}$$

$$g_2\left(\sigma_{ij}^f,H_s\right)=\frac{\left(\sigma_s^f\right)^2}{\sigma_m^f+\psi_s\sigma_m^{f0}}-\sigma_m^{f0}H_s \tag{3.3-35}$$

式中，ψ_v、ψ_s 为剪胀系数：

$$\psi_v=\psi_{va}-\left(\psi_{va}-\psi_{vb}\right)\exp\left(-\varepsilon_s^{fp}\right) \tag{3.3-36}$$

$$\psi_s=\psi_{sa}-\left(\psi_{sa}-\psi_{sb}\right)\exp\left(-\varepsilon_s^{fp}\right) \tag{3.3-37}$$

式中，ψ_{va}、ψ_{vb}、ψ_{sa} 与 ψ_{sb} 为剪胀参数。

在加载过程中，摩擦元会产生相应的塑性体积变形与剪切变形，体积应变和剪应变由压缩屈服和剪切屈服引起，通过正交流动法则，相应的塑性应变增量 $\mathrm{d}\varepsilon^{fp1}$、$\mathrm{d}\varepsilon^{fp2}$ 可由下式计算：

$$\left[\mathrm{d}\varepsilon^{fp1}\right]=\mathrm{d}A_1\left[\frac{\partial g_1}{\partial \sigma^f}\right] \tag{3.3-38}$$

$$\left[\mathrm{d}\varepsilon^{fp2}\right]=\mathrm{d}A_2\left[\frac{\partial g_2}{\partial \sigma^f}\right] \tag{3.3-39}$$

式中，$\mathrm{d}A_1$、$\mathrm{d}A_2$ 为塑性乘子。

采用一致性条件，即 $\mathrm{d}f_1=0$、$\mathrm{d}f_2=0$ 可写出 f_1 与 f_2 的增量式 $\mathrm{d}f_1$、$\mathrm{d}f_2$ 如下：

$$\mathrm{d}f_1=\left[\frac{\partial f_1}{\partial \sigma^f}\right]^{\mathrm{T}}\left[\mathrm{d}\sigma^f\right]+\frac{\partial f_1}{\partial H_v}\mathrm{d}H_v=0 \tag{3.3-40}$$

$$\mathrm{d}f_2=\left[\frac{\partial f_2}{\partial \sigma^f}\right]^{\mathrm{T}}\left[\mathrm{d}\sigma^f\right]+\frac{\partial f_2}{\partial H_s}\mathrm{d}H_s=0 \tag{3.3-41}$$

即

$$\left[\frac{\partial f_1}{\partial \sigma^f}\right]^{\mathrm{T}}\left[\mathrm{d}\sigma^f\right]+\left[\frac{\partial f_1}{\partial H_v}\frac{\partial H_v}{\partial \varepsilon^{fp1}}\right]^{\mathrm{T}}\left[\mathrm{d}\varepsilon^{fp1}\right]=0 \tag{3.3-42}$$

$$\left[\frac{\partial f_2}{\partial \sigma^f}\right]^{\mathrm{T}}\left[\mathrm{d}\sigma^f\right]+\left[\frac{\partial f_2}{\partial H_s}\frac{\partial H_s}{\partial \varepsilon^{fp2}}\right]^{\mathrm{T}}\left[\mathrm{d}\varepsilon^{fp2}\right]=0 \tag{3.3-43}$$

因此，可得塑性乘子 $\mathrm{d}A_1$、$\mathrm{d}A_2$ 的表达式为

$$\mathrm{d}A_1=-\frac{\left[\dfrac{\partial f_1}{\partial \sigma^f}\right]^{\mathrm{T}}\left[\mathrm{d}\sigma^f\right]}{\left[\dfrac{\partial f_1}{\partial \varepsilon^{fp1}}\right]^{\mathrm{T}}\left[\dfrac{\partial g_1}{\partial \sigma^f}\right]}=h_v\left[\frac{\partial f_1}{\partial \sigma^f}\right]^{\mathrm{T}}\left[\mathrm{d}\sigma^f\right]=h_v\left(\frac{\partial f_1}{\partial \sigma_m^f}\mathrm{d}\sigma_m^f+\frac{\partial f_1}{\partial \sigma_s^f}\mathrm{d}\sigma_s^f\right) \tag{3.3-44}$$

$$\mathrm{d}A_2=-\frac{\left[\dfrac{\partial f_2}{\partial \sigma^f}\right]^{\mathrm{T}}\left[\mathrm{d}\sigma^f\right]}{\left[\dfrac{\partial f_2}{\partial \varepsilon^{fp2}}\right]^{\mathrm{T}}\left[\dfrac{\partial g_2}{\partial \sigma^f}\right]}=h_s\left[\frac{\partial f_2}{\partial \sigma^f}\right]^{\mathrm{T}}\left[\mathrm{d}\sigma^f\right]=h_s\left(\frac{\partial f_2}{\partial \sigma_m^f}\mathrm{d}\sigma_m^f+\frac{\partial f_2}{\partial \sigma_s^f}\mathrm{d}\sigma_s^f\right) \tag{3.3-45}$$

$$h_v=-\frac{1}{\left[\dfrac{\partial f_1}{\partial \varepsilon^{fp1}}\right]^{\mathrm{T}}\left[\dfrac{\partial g_1}{\partial \sigma^f}\right]}=-\frac{1}{\dfrac{\partial f_1}{\partial H_v}\dfrac{\partial H_v}{\partial \varepsilon_v^{fp1}}\dfrac{\partial g_1}{\partial \sigma_m^f}}=-\frac{1}{\dfrac{\partial f_1}{\partial \varepsilon_v^{fp1}}\dfrac{\partial g_1}{\partial \sigma_m^f}} \tag{3.3-46}$$

$$h_s=-\frac{1}{\left[\dfrac{\partial f_2}{\partial \varepsilon^{fp2}}\right]^{\mathrm{T}}\left[\dfrac{\partial g_2}{\partial \sigma^f}\right]}=-\frac{1}{\dfrac{\partial f_2}{\partial H_s}\dfrac{\partial H_s}{\partial \varepsilon_s^{fp2}}\dfrac{\partial g_2}{\partial \sigma_s^f}}=-\frac{1}{\dfrac{\partial f_2}{\partial \varepsilon_s^{fp2}}\dfrac{\partial g_2}{\partial \sigma_s^f}} \tag{3.3-47}$$

最终可整理得摩擦元的本构关系为

$$\begin{Bmatrix}\mathrm{d}\varepsilon_v^f\\ \mathrm{d}\varepsilon_s^f\end{Bmatrix}=\begin{bmatrix}D_{mv}^f & D_{ms}^f\\ D_{sv}^f & D_{ss}^f\end{bmatrix}^{-1}\begin{Bmatrix}\mathrm{d}\sigma_m^f\\ \mathrm{d}\sigma_s^f\end{Bmatrix}$$

$$=\begin{bmatrix}\dfrac{1}{K_f}+h_v\dfrac{\partial g_1}{\partial \sigma_m^f}\dfrac{\partial f_1}{\partial \sigma_m^f}+h_s\dfrac{\partial g_2}{\partial \sigma_m^f}\dfrac{\partial f_2}{\partial \sigma_m^f} & h_v\dfrac{\partial g_1}{\partial \sigma_m^f}\dfrac{\partial f_1}{\partial \sigma_s^f}+h_s\dfrac{\partial g_2}{\partial \sigma_m^f}\dfrac{\partial f_2}{\partial \sigma_s^f}\\ h_v\dfrac{\partial g_1}{\partial \sigma_s^f}\dfrac{\partial f_1}{\partial \sigma_m^f}+h_s\dfrac{\partial g_2}{\partial \sigma_s^f}\dfrac{\partial f_2}{\partial \sigma_m^f} & \dfrac{1}{3G_f}+h_v\dfrac{\partial g_1}{\partial \sigma_s^f}\dfrac{\partial f_1}{\partial \sigma_s^f}+h_s\dfrac{\partial g_2}{\partial \sigma_s^f}\dfrac{\partial f_2}{\partial \sigma_s^f}\end{bmatrix}\begin{Bmatrix}\mathrm{d}\sigma_m^f\\ \mathrm{d}\sigma_s^f\end{Bmatrix} \tag{3.3-48}$$

式中，K_f 与 G_f 分别为摩擦元的弹性体积模量、剪切模量，采用摩擦元的弹性模量 E_f 与泊松比 ν_f 换算得到：

$$K_f=\frac{E_f}{3\left(1-2\nu_f\right)} \tag{3.3-49}$$

$$G_f=\frac{E_f}{2\left(1+\nu_f\right)} \tag{3.3-50}$$

参考文献(沈珠江，1990)中的参数确定方式，摩擦元的弹性模量与泊松比由重塑土的加载-卸载试验确定，与摩擦元本构关系相关的模型参数 r、硬化参数 $\gamma_1\sim\gamma_4$、剪胀参数 $\psi_{va}\sim\psi_{sb}$，主要通过结构性土的试验结果反演试算确定，其取值列于表 3.3-2 中。

表 3.3-2 摩擦元的本构模型参数

	排水试验	不排水试验
E_f	$332.9p_a\left(\frac{\sigma_3}{p_a}\right)^{0.3425}$	
ν_f	$-0.131\ln\left(\frac{\sigma_3}{p_a}\right)+0.225$	
r	2	2
γ_1	$464.02\ln\left(\frac{\sigma_3}{p_a}\right)+47.287$	$-170.2\ln\left(\frac{\sigma_3}{p_a}\right)+188.76$
γ_2	1	1
γ_3	$-2.807\ln\left(\frac{\sigma_3}{p_a}\right)-4.269$	$-0.144\ln\left(\frac{\sigma_3}{p_a}\right)-0.302$
γ_4	$4.789\ln\left(\frac{\sigma_3}{p_a}\right)-8.007$	$137.06\ln\left(\frac{\sigma_3}{p_a}\right)-98.196$
ψ_{va}	−0.5	−0.5
ψ_{vb}	−2	−2
ψ_{sa}	−6	−6
ψ_{sb}	$272.68\ln\left(\frac{\sigma_3}{p_a}\right)+36.747$	$85.985\ln\left(\frac{\sigma_3}{p_a}\right)-41.068$

注：排水试验和不排水试验的试验结果分别来自聂青(2014)和何淼(2017)。

3.3.3 破损率

由前文的定义，破损率λ为 RVE 中摩擦元的体积分数，在加载过程中，胶结元逐渐破损并转化为摩擦元，因此λ在此过程中逐渐增大，并最终接近于 1。由于在实际试验中，试样的破损与相应的发展规律观测十分困难，此处假定破损率满足 Weibull 分布函数，其演化规律为与剪应变相关的表达式，即

$$\lambda=1-\exp\left\{-\left(\alpha\varepsilon_s\right)^\beta\right\} \tag{3.3-51}$$

式中，α与β为材料参数，通过试验结果试算调整确定，最终确定的数值见表 3.3-3。

表 3.3-3 破损率参数取值

破损率参数	排水试验	不排水试验
λ_0	$0.043\ln\left(\frac{\sigma_3}{p_a}\right)+0.077$	
α	$29.608\left(\frac{\sigma_3}{p_a}\right)+26.513$	$30.486\left(\frac{\sigma_3}{p_a}\right)+43.043$
β	$-0.06\ln\left(\frac{\sigma_3}{p_a}\right)+0.693$	$-0.052\ln\left(\frac{\sigma_3}{p_a}\right)+0.531$

3.3.4　局部应变集中张量的确定

在结构性土的二元介质本构模型中，代表性单元体抽象为由胶结元和摩擦元组成的复合体。在初始加载阶段，变形较小，胶结元为外部荷载的主要承担部分，随着外部荷载的变化，胶结元逐渐破损，最终转化为摩擦元，而摩擦元承担的外部荷载比例也逐渐增加。在此前的研究中，胶结元与摩擦元的应变或应力集中系数与破损率的演化规律多数为人为假设。此处，采用夹杂理论，基于材料内部的细观变形机制推导单元体的破损率与应变或应力集中张量的表达式。

3.3.4.1　Eshelby 相变应变

如图 3.3-2 所示，在无限大的均质介质中，存在一有限区域Ω，Ω内发生的变形可以是由温度变化、破裂或不均匀性等原因引起的。由于Ω明显受周围介质的约束，其变形并非自由变形，Ω内材料的变形必然受到周围介质的限制，从而产生周围介质作用在Ω内材料上的力。因此，Mura (1987) 将不受约束的区域Ω内由相变或温度变化引起的自由变形称为特征应变 $\boldsymbol{\varepsilon}^t$，而周围介质的约束作用会限制Ω内材料的应变，黄克智和黄永刚 (1999) 将区域Ω内产生的实际应变称为约束应变 $\boldsymbol{\varepsilon}^*$。因此，可以将图 3.3-2 (a) 中的材料分为自由变形的区域Ω与含孔的无限大介质进行分析，如图 3.3-2 (b) 与图 3.3-2 (c) 所示。

(a)无限大介质　　(b)Ω自由　　(c)含孔的无限大介质

图 3.3-2　Eshelby 相变应变问题（区域Ω产生相变应变 $\boldsymbol{\varepsilon}^t$）（黄克智和黄永刚，1999）

3.3.4.2　Eshelby 张量

Eshelby 通过研究证明：假设介质为线弹性，当区域Ω的形状为椭球体，其特征应变 $\boldsymbol{\varepsilon}^t$ 是一个常张量，在区域Ω内不随位置改变，则约束应变 $\boldsymbol{\varepsilon}^*$ 也为常张量，即

$$\boldsymbol{\varepsilon}^* = \boldsymbol{S} : \boldsymbol{\varepsilon}^t \tag{3.3-52}$$

此处 $\boldsymbol{S}$ 为四阶张量，称为 Eshelby 张量，可通过弹性力学求出，与介质的弹性性质以及椭球的形状、取向有关。当介质为各向同性弹性介质，且区域Ω为圆球形时，Eshelby 张量为

$$\boldsymbol{S} = (\varpi - \chi)\frac{1}{3}\delta\delta + \chi \boldsymbol{I} \tag{3.3-53}$$

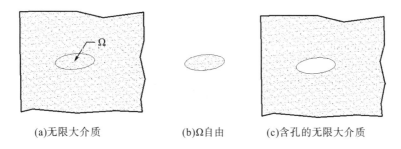

$$S_{ijkl}=(\varpi-\chi)\frac{1}{3}\delta_{ij}\delta_{kl}+\chi\frac{1}{2}\left(\delta_{ik}\delta_{jl}+\delta_{il}\delta_{jk}\right) \tag{3.3-54}$$

式中，

$$\varpi=\frac{3K}{3K+4G}=\frac{1+\nu}{3(1-\nu)} \tag{3.3-55}$$

$$\chi=\frac{6(K+2G)}{5(3K+4G)}=\frac{2(4-5\nu)}{15(1-\nu)} \tag{3.3-56}$$

其中，K 为体积模量；G 为剪切模量；ν 为泊松比。

3.3.4.3 弹性约束张量

在图 3.3-2 中，区域Ω(可称为内域)变形过程中会受到图 3.3-2(c)所示的含孔的无限大介质(可称为外域)的约束，导致内域材料的实际变形为 $\boldsymbol{\varepsilon}^*$ 而非自由变形 $\boldsymbol{\varepsilon}^t$，以 $\boldsymbol{\sigma}^*$ 表示内域的应力，则由 $\boldsymbol{\sigma}^*$ 产生的应变为 $\boldsymbol{\varepsilon}^*-\boldsymbol{\varepsilon}^t$。根据式(3.3-52)得：$\boldsymbol{\varepsilon}^t=\boldsymbol{S}^{-1}\boldsymbol{\varepsilon}^*$，因此，由弹性本构关系可得出 $\boldsymbol{\sigma}^*$ 与 $\boldsymbol{\varepsilon}^t$、$\boldsymbol{\varepsilon}^*$ 的关系式：

$$\boldsymbol{\sigma}^*=\boldsymbol{L}\left(\boldsymbol{\varepsilon}^*-\boldsymbol{\varepsilon}^t\right)=-\boldsymbol{L}(\boldsymbol{S}^{-1}-\boldsymbol{I})\boldsymbol{\varepsilon}^*=-\boldsymbol{L}^*\boldsymbol{\varepsilon}^* \tag{3.3-57}$$

式中，$\boldsymbol{L}^*$ 为弹性约束刚度张量；$\boldsymbol{I}$ 为四阶单位等同张量；$\boldsymbol{L}$ 为介质的弹性刚度张量。可以得出弹性约束刚度张量 $\boldsymbol{L}^*$ 的表达式为

$$\boldsymbol{L}^*=\boldsymbol{L}(\boldsymbol{S}^{-1}-\boldsymbol{I}) \tag{3.3-58}$$

$$I_{ijkl}=\frac{1}{2}\left(\delta_{ik}\delta_{jl}+\delta_{jk}\delta_{il}\right) \tag{3.3-59}$$

$$L_{ijkl}=(3K-2G)\frac{1}{3}\delta_{ij}\delta_{kl}+2GI_{ijkl} \tag{3.3-60}$$

另一方面，式(3.3-57)也可写作：

$$\boldsymbol{\varepsilon}^*=-\boldsymbol{H}^*\boldsymbol{\sigma}^* \tag{3.3-61}$$

式中，$\boldsymbol{H}^*$ 为弹性约束柔度张量，其表达式为

$$\boldsymbol{H}^*=\boldsymbol{L}^{*-1}=(\boldsymbol{S}^{-1}-\boldsymbol{I})^{-1}\boldsymbol{H} \tag{3.3-62}$$

式中，$\boldsymbol{H}$ 为介质的弹性柔度张量：

$$H_{ijkl}=\left(\frac{1}{3K}-\frac{1}{2G}\right)\frac{1}{3}\delta_{ij}\delta_{kl}+\frac{1}{2G}I_{ijkl} \tag{3.3-63}$$

$\boldsymbol{L}^*$ 与 $\boldsymbol{H}^*$ 统称为弹性约束张量。结合前文，若介质为各向同性弹性体，且区域Ω为圆球形时，将式(3.3-53)的 Eshelby 张量代入式(3.3-58)与式(3.3-62)，则可得到它们的分量形式表达式如下：

$$L^*_{ijkl}=4G\frac{1}{3}\delta_{ij}\delta_{kl}+\frac{G(9K+8G)}{3(K+2G)}I_{ijkl}=\frac{4G}{3}\delta_{ij}\delta_{kl}+\frac{G(9K+8G)}{3(K+2G)}I_{ijkl} \tag{3.3-64}$$

$$H^*_{ijkl}=\frac{1}{4G}\frac{1}{3}\delta_{ij}\delta_{kl}+\frac{3(K+2G)}{G(9K+8G)}I_{ijkl}=\frac{1}{12G}\delta_{ij}\delta_{kl}+\frac{3(K+2G)}{G(9K+8G)}I_{ijkl} \tag{3.3-65}$$

3.3.4.4　应变与应力集中张量

在结构性土中，存在着土颗粒间的胶结，受到外力作用之后，胶结会破损，土颗粒之间由于相互作用力产生摩擦，代表性单元体内同时存在胶结与破损颗粒。此处主要基于胶结元与摩擦元的变形特性以及相互作用机理，对代表性单元体的应变与应力集中张量进行推导。

1. 夹杂问题

假设一个初始的代表性单元体是仅由胶结元组成的均匀介质，在加载过程中胶结元不断破损转化为摩擦元。因此，设胶结元为基体，而摩擦元是嵌入基体的夹杂，代表性单元体是包含基体相和夹杂相的复合材料，则由胶结元与摩擦元组成的结构性土的应变与应力集中张量可通过细观理论分析得出。夹杂的增加与嵌入会使整个基体的应变与应力分布发生改变，而夹杂的变形也将受到基体的约束。

结合 3.3.4.1 节介绍的内容，夹杂所占的区域为内域，由摩擦元组成，基体为外域，由胶结元组成。当复合体受到无限远的边界处的加载或者变形作用时，内域与外域的变形特性并不相同，产生的应变与应力也不是均匀分布的。当基体中不含夹杂时，在无限远处应力作用下，其弹性本构关系为

$$\sigma_{ij}^{\mathrm{rve}} = D_{ijkl}^{\mathrm{mat}} \varepsilon_{kl}^{\mathrm{rve}} \tag{3.3-66}$$

式中，$\sigma_{ij}^{\mathrm{rve}}$ 与 $\varepsilon_{kl}^{\mathrm{rve}}$ 为单元体受到的宏观应力场与应变场；D_{ijkl}^{mat} 为基体的弹性刚度张量。

基体与夹杂特性的不同使得单元体宏观力学特性发生变化，因此，需要分别给出基体与夹杂的应力应变表达式，并结合变形协调条件与应力连续条件，建立这两种介质的应变与应力之间的关系，最终得到夹杂的应变与应力集中张量，即夹杂的应变、应力与单元体的应变、应力之间的联系。

基体对夹杂的约束作用会导致约束应力 σ_{ij}^{*} 与约束应变 ε_{ij}^{*} 的产生，夹杂材料的应变 ε_{ij}^{c} 为

$$\varepsilon_{ij}^{c} = \varepsilon_{ij}^{\mathrm{rve}} + \varepsilon_{ij}^{*} \tag{3.3-67}$$

则基体材料的应变 ε_{ij}^{m} 为

$$\varepsilon_{ij}^{m} = \varepsilon_{ij}^{\mathrm{rve}} \tag{3.3-68}$$

为了得到特征应变 ε_{kl}^{t} 与约束应变 ε_{ij}^{*} 的关系，引入 Eshelby 张量 S_{ijkl}，则二者的关系为

$$\varepsilon_{ij}^{*} = S_{ijkl} \varepsilon_{kl}^{t} \tag{3.3-69}$$

因此可得夹杂的应力 σ_{ij}^{c} 为

$$\sigma_{ij}^{c} = L_{ijkl}^{c} \left(\varepsilon_{kl}^{\mathrm{rve}} + \varepsilon_{kl}^{*} \right) \tag{3.3-70}$$

式中，L_{ijkl}^{c} 为夹杂的刚度张量。

基体的应力 σ_{ij}^{m} 为

$$\sigma_{ij}^{m} = L_{ijkl}^{m} \varepsilon_{kl}^{\mathrm{rve}} \tag{3.3-71}$$

式中，L_{ijkl}^{m} 为基体的刚度张量。

根据夹杂与基体在边界面处的应力连续条件可得

$$L_{ijkl}^{c}\left(\varepsilon_{kl}^{\text{rve}}+\varepsilon_{kl}^{*}\right)=L_{ijkl}^{m}\left(\varepsilon_{kl}^{\text{rve}}+\varepsilon_{kl}^{*}-\varepsilon_{kl}^{t}\right) \tag{3.3-72}$$

2. 应变集中张量

根据式(3.3-69)～式(3.3-72)可得夹杂的应变与单元体应变之间的关系：

$$\varepsilon_{ij}^{c}=A_{ijkl}^{c}\varepsilon_{kl}^{\text{rve}} \tag{3.3-73}$$

式中，A_{ijkl}^{c} 称作应变集中张量，其表达式如下：

$$A_{ijkl}^{c}=\left\{I_{ijkl}+S_{ijmn}H_{mnst}\left(L_{stkl}^{c}+L_{stkl}^{m}\right)\right\}^{-1} \tag{3.3-74}$$

3. 应力集中张量

同式(3.3-73)，可得夹杂的应力与单元体应力之间的关系：

$$\sigma_{ij}^{c}=B_{ijkl}^{c}\sigma_{kl}^{\text{rve}} \tag{3.3-75}$$

式中，B_{ijkl}^{c} 为应力集中张量，其表达式为

$$B_{ijkl}^{c}=\left\{I_{ijkl}+T_{ijmn}L_{mnst}^{m}\left(H_{stkl}^{c}-H_{stkl}^{m}\right)\right\}^{-1} \tag{3.3-76}$$

式中，H_{stkl}^{c}、H_{stkl}^{m} 分别为夹杂、基体的柔度张量；T_{ijkl} 为与 S_{ijkl} 相对偶的张量：

$$T_{ijkl}=L_{ijmn}^{*}S_{mnst}H_{stkl}=L_{ijmn}^{*}\left(L_{mnkl}^{*}+L_{mnkl}^{m}\right)^{-1}=\left(H_{ijmn}^{*}+H_{ijmn}^{m}\right)^{-1}H_{mnkl}^{m} \tag{3.3-77}$$

假设初始的单元体仅由胶结元组成，即初始条件下单元体内仅含基体材料。随着加载进行，胶结元的破裂数目不断增加，摩擦元开始产生并且所占比例不断增大。基体与夹杂分别由单元体的胶结元与摩擦元构成，夹杂与基体材料刚度(柔度)张量分别为摩擦元与胶结元的刚度(柔度)张量，即

$$L_{ijkl}^{c}=H_{ijkl}^{c\ -1}=D_{ijkl}^{f} \tag{3.3-78}$$

$$L_{ijkl}^{m}=H_{ijkl}^{m\ -1}=D_{ijkl}^{b} \tag{3.3-79}$$

4. 增量应变集中张量

由于本节针对结构性土的增量二元介质本构关系式进行了推导，而前文均是对夹杂与基体的应力应变关系的推导，因此需要基于前文内容，对结构性土内胶结元与摩擦元的应力增量的关系进行推导。根据局部应力集中张量的定义方式，并结合已提出的弹塑性复合材料的 Eshelby 张量确定方法(Peng et al.，2016)，可提出在结构性土中，摩擦元的约束应变增量 $\mathrm{d}\varepsilon^{*}$ 与特征应变增量 $\mathrm{d}\varepsilon^{t}$ 的关系为

$$\mathrm{d}\varepsilon_{ij}^{*}=S_{ijkl}^{ep}\mathrm{d}\varepsilon_{kl}^{t} \tag{3.3-80}$$

式中，S_{ijkl}^{ep} 为弹塑性介质的 Eshelby 张量，其表达式为

$$S_{ijkl}^{ep}=\left[\left(D_{ijrp}^{be}\right)^{-1}D_{rpmn}^{b}\right]^{-1}S_{mnop}\left[\left(D_{opst}^{be}\right)^{-1}D_{stkl}^{b}\right] \tag{3.3-81}$$

将胶结元作为基体，因此，式中 D_{ijrp}^{be} 与 D_{rpmn}^{b} 分别为胶结元的弹性模量张量与切线弹塑性模量张量，由于胶结元为线弹性，因此，$D_{rpmn}^{b}=D_{ijrp}^{be}$，则 $S_{ijkl}^{ep}=S_{ijkl}$。

将结构性土的代表性单元体定义为两相材料(胶结元与摩擦元)的复合体，复合体外部所受的应力增量与应变增量分别为$\mathrm{d}\sigma_{ij}^{0}$、$\mathrm{d}\varepsilon_{ij}^{0}$。考虑到介质的相互作用，复合体内摩擦元被胶结元包围，摩擦元嵌于胶结元内，胶结元所受到的平均应力增量并非$\mathrm{d}\sigma_{ij}^{0}$，而是胶结元的平均应力增量$\mathrm{d}\sigma_{ij}^{b}$，胶结元与摩擦元通过平均应力增量$\mathrm{d}\sigma_{ij}^{\mathrm{ave}}$相互作用。假定胶结元与摩擦元按平均的应力增量$\mathrm{d}\sigma_{ij}^{\mathrm{ave}}$等于外部作用的应力增量$\mathrm{d}\sigma_{ij}^{0}$，摩擦元的体积分数为$c^{vf}$，则胶结元的体积分数为$1-c^{vf}$。根据前文二元介质本构模型中对于应力的增量表达式，即式(3.3-10)，并结合 Mori-Tanaka 方法描述胶结元与摩擦元的应力增量之间的关系：

$$\mathrm{d}\sigma_{ij}^{\mathrm{ave}}=\mathrm{d}\sigma_{ij}^{0}=c^{vf}\mathrm{d}\sigma_{ij}^{f}+(1-c^{vf})\mathrm{d}\sigma_{ij}^{b} \tag{3.3-82}$$

式中，$\mathrm{d}\sigma_{ij}^{f}$ 为摩擦元的应力增量。

由给定的边界条件，胶结元与摩擦元在边界面的平衡条件、边界条件与变形的协调条件不变，则由变形协调性条件可得：

$$\mathrm{d}\varepsilon_{ij}^{f}=\mathrm{d}\varepsilon_{ij}^{b}+\mathrm{d}\varepsilon_{ij}^{*} \tag{3.3-83}$$

式中，$\mathrm{d}\varepsilon_{ij}^{*}$ 为约束应变增量。

摩擦元的应力应变增量表达式为

$$\mathrm{d}\sigma_{ij}^{f}=D_{ijkl}^{f}\mathrm{d}\varepsilon_{kl}^{f}=D_{ijkl}^{f}\left(\mathrm{d}\varepsilon_{kl}^{b}+\mathrm{d}\varepsilon_{kl}^{*}\right) \tag{3.3-84}$$

胶结元的应力应变增量表达式为

$$\mathrm{d}\sigma_{ij}^{b}=D_{ijkl}^{b}\mathrm{d}\varepsilon_{kl}^{b}=D_{ijkl}^{b}\mathrm{d}\varepsilon_{kl}^{b} \tag{3.3-85}$$

当摩擦元为椭球体时，约束应变增量为

$$\mathrm{d}\varepsilon_{ij}^{*}=-\left(D_{ijkl}^{*}\right)^{-1}\left(\mathrm{d}\sigma_{kl}^{f}-\mathrm{d}\sigma_{kl}^{b}\right) \tag{3.3-86}$$

式中，D_{ijkl}^{*} 为弹性约束刚度张量，根据式(3.3-80)可得

$$\mathrm{d}\varepsilon_{ij}^{t}=\left(S_{ijkl}^{ep}\right)^{-1}\mathrm{d}\varepsilon_{kl}^{*} \tag{3.3-87}$$

根据 Eshelby 相变问题中的弹性本构关系，即式(3.3-57)，可得约束应力增量$\mathrm{d}\sigma_{ij}^{*}$与约束应变增量$\mathrm{d}\varepsilon_{ij}^{*}$的关系：

$$\mathrm{d}\sigma_{ij}^{*}=D_{ijkl}^{b}\left(\mathrm{d}\varepsilon_{kl}^{*}-\mathrm{d}\varepsilon_{kl}^{t}\right)=-D_{ijkl}^{b}\left[\left(S_{klmn}^{ep}\right)^{-1}-I_{klmn}\right]\mathrm{d}\varepsilon_{mn}^{*}=-D_{ijkl}^{*}\mathrm{d}\varepsilon_{kl}^{*} \tag{3.3-88}$$

则可得 D_{ijkl}^{*} 的表达式：

$$D_{ijkl}^{*}=D_{ijmn}^{b}\left[\left(S_{mnkl}^{ep}\right)^{-1}-I_{mnkl}\right] \tag{3.3-89}$$

结合式(3.3-83)、式(3.3-86)可得

$$\mathrm{d}\varepsilon_{ij}^{f}=\mathrm{d}\varepsilon_{ij}^{b}-\left(D_{ijkl}^{*}\right)^{-1}\left(\mathrm{d}\sigma_{kl}^{f}-\mathrm{d}\sigma_{kl}^{b}\right) \tag{3.3-90}$$

$$D_{ijkl}^{*}\left(\mathrm{d}\varepsilon_{ij}^{f}-\mathrm{d}\varepsilon_{ij}^{b}\right)=-\left(\mathrm{d}\sigma_{kl}^{f}-\mathrm{d}\sigma_{kl}^{b}\right) \tag{3.3-91}$$

由式(3.3-84)、式(3.3-85)可得$\mathrm{d}\sigma_{kl}^{b}=D_{ijkl}^{b}\mathrm{d}\varepsilon_{ij}^{b}$，$\mathrm{d}\sigma_{kl}^{f}=D_{ijkl}^{f}\mathrm{d}\varepsilon_{ij}^{f}$，将其代入式(3.3-90)，可得

$$\mathrm{d}\varepsilon_{ij}^{f}=C_{ijkl}^{fb}\mathrm{d}\varepsilon_{kl}^{b} \tag{3.3-92}$$

式中，C_{ijkl}^{fb} 反映了胶结元与摩擦元的局部应变增量关系，其表达式为

$$C_{ijkl}^{fb}=\left\{I_{ijkl}+S_{ijmn}^{ep}\left(D_{mnst}^{b}\right)^{-1}\left(D_{stkl}^{f}-D_{stkl}^{b}\right)\right\}^{-1} \tag{3.3-93}$$

将式(3.3-92)代入式(3.3-11)即可得胶结元的应变增量 $\mathrm{d}\varepsilon_{ij}^{b}$ 与代表性单元体的平均应变增量 $\mathrm{d}\varepsilon_{ij}$ 的关系为

$$\mathrm{d}\varepsilon_{ij}^{b}=R_{ijkl}^{a}\left[\mathrm{d}\varepsilon_{kl}-\frac{\mathrm{d}\lambda}{\lambda^{0}}\left(\varepsilon_{kl}^{0}-\varepsilon_{kl}^{b0}\right)\right]=\left[\left(1-\lambda^{0}\right)I_{ijkl}+\lambda^{0}C_{ijkl}^{fb}\right]^{-1}\left[\mathrm{d}\varepsilon_{kl}-\frac{\mathrm{d}\lambda}{\lambda^{0}}\left(\varepsilon_{kl}^{0}-\varepsilon_{kl}^{b0}\right)\right] \tag{3.3-94}$$

将式(3.3-92)、式(3.3-94)代入式(3.3-10)并结合式(3.3-12)、式(3.3-13)推导可得代表性单元体的增量应力-应变关系式：

$$\begin{aligned}&\mathrm{d}\sigma_{ij}-\frac{\mathrm{d}\lambda}{\lambda^{0}}\left(\sigma_{ij}^{0}-\sigma_{ij}^{b0}\right)\\&=\left\{D_{ijkl}^{f}+\left(1-\lambda^{0}\right)\left[D_{ijmn}^{b}-D_{ijmn}^{f}\right]R_{mnkl}^{a}\right\}\left[\mathrm{d}\varepsilon_{kl}-\frac{\mathrm{d}\lambda}{\lambda^{0}}\left(\varepsilon_{kl}^{0}-\varepsilon_{kl}^{b0}\right)\right]\end{aligned} \tag{3.3-95}$$

在初始条件下：

$$\mathrm{d}\sigma_{ij}=\left\{D_{ijkl}^{f}+\left(1-\lambda^{0}\right)\left[D_{ijmn}^{b}-D_{ijmn}^{f}\right]R_{mnkl}^{a}\right\}\mathrm{d}\varepsilon_{kl} \tag{3.3-96}$$

3.3.5 宏-细观二元介质本构模型验证与分析

在常规三轴应力状态下，单元体的应力与应变状态为：$\mathrm{d}\sigma_2=\mathrm{d}\sigma_3$、$\mathrm{d}\varepsilon_2=\mathrm{d}\varepsilon_3$。考虑到排水与不排水试验的边界条件并不相同，验证固结排水试验时，采用侧限压力增量为 0，即 $\mathrm{d}\sigma_3=0$ 的控制条件；验证固结不排水试验时，采用体变增量为 0，即 $\mathrm{d}\varepsilon_v=0$ 的控制条件。将前文确定的模型参数代入二元介质本构模型，即式(3.3-95)中，进行计算，并与结构性土的常规三轴压缩试验进行对比验证。图 3.3-3 与图 3.3-4 分别给出了排水试验与不排水试验和计算结果的对比。

可见，基于细观变形机制构建的二元介质本构模型的计算结果能较好地模拟结构性土在不同排水条件下的力学行为：在排水试验中，低围压下的应变软化与先体缩后体胀行为，高围压下的应变硬化与体缩行为；在不排水试验中，低围压下的应变软化与孔压先增高后降低的现象，高围压下的应变软化与孔压增高的现象。总的来说，虽然计算值与试验结果略有差异，但该本构模型可以很好地预测结构性土在不同排水条件下的力学与变形特性。

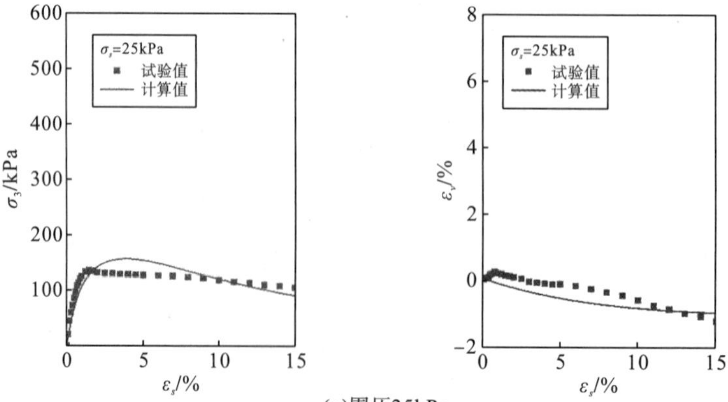

(a)围压25kPa

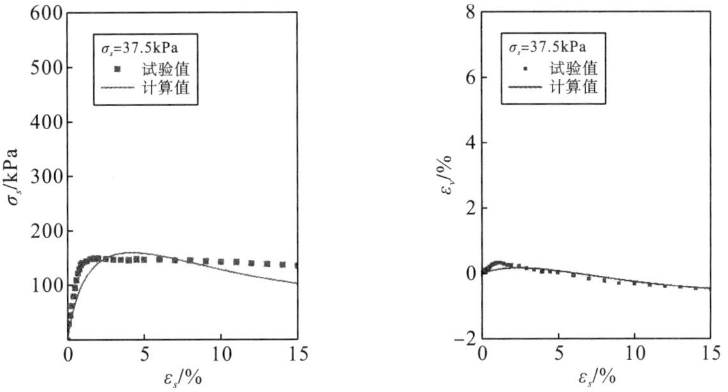

(b)围压37.5kPa

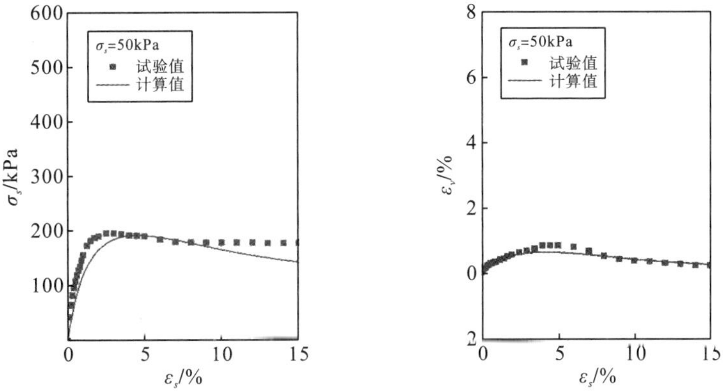

(c)围压50kPa

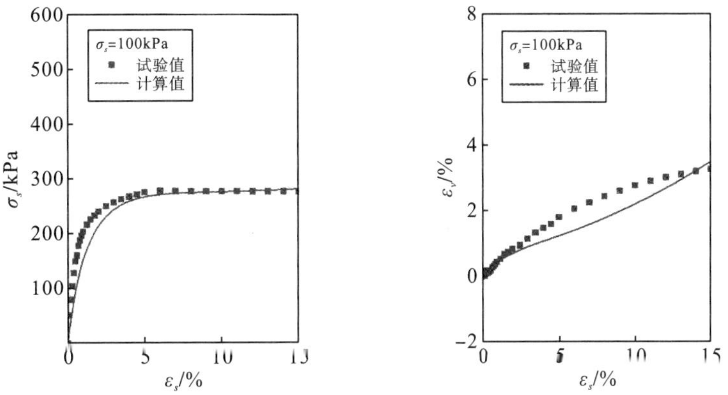

(d)围压100kPa

图 3.3-3　固结排水静力三轴试验结果与计算结果对比

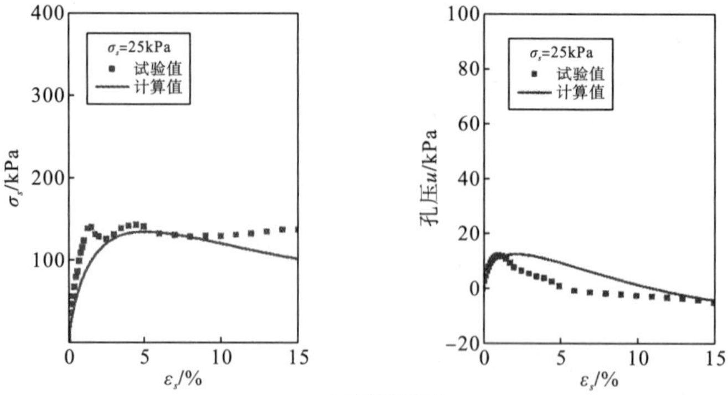

(a)围压25kPa

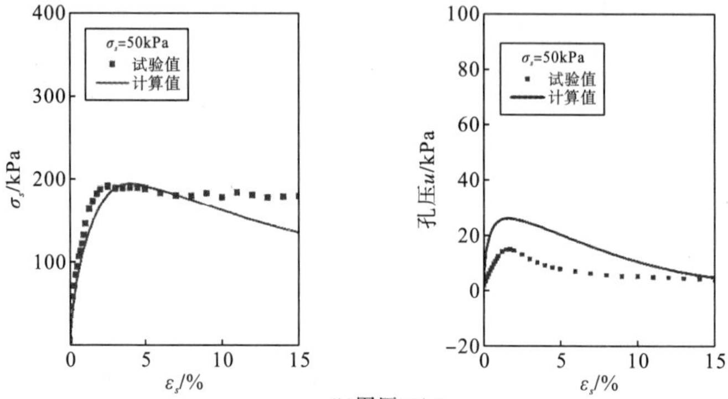

(b)围压50kPa

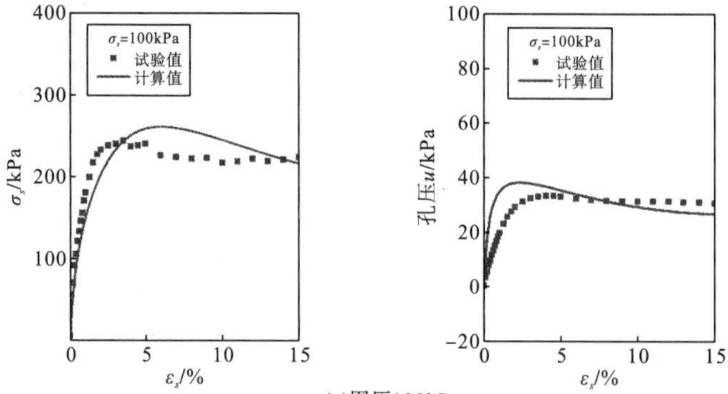

(c)围压100kPa

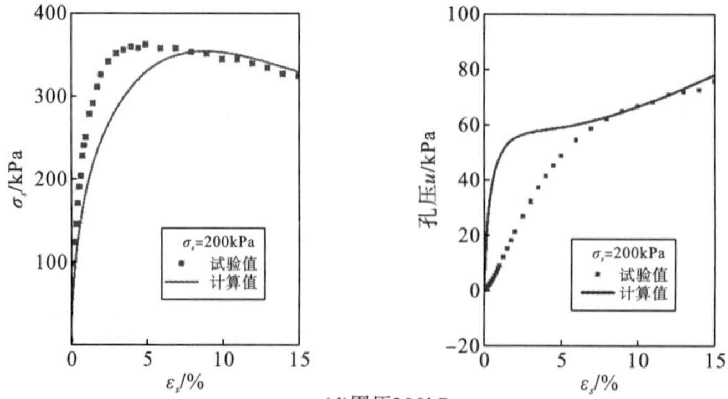

(d)围压200kPa

图 3.3-4　固结不排水静力三轴试验结果与计算结果对比

第 3.4 节　多孔隙岩石的宏-细观二元介质本构模型

本节在细观力学的框架下，提出了一个多孔隙岩石的二元介质本构模型，给出了二元介质均匀化程序的数值算法和胶结元的隐式积分方法，推导了应力积分中的一致性切线模量，并将提出的模型应用于描述珊瑚礁石灰岩的宏观力学行为。

3.4.1　多孔岩石的二元介质模型

3.4.1.1　二元介质本构模型关系式

在二元介质模型的框架下，视多孔岩石在细观尺度为一种两相材料，命名为二元介质材料。通常情况下，二元介质材料包括一个较硬但较脆的胶结元相和一个以摩擦作用为主的摩擦元相。当黏结介质的一个微观单元由于微裂纹的增长而失效时，它并非完全失去其强度，而是仍然可以承受一定程度的外部载荷。失效(或破损)的微观单元通常将承受摩擦作用，因而它们被定义为摩擦元。因此，这两种细观介质都对刚度和承载力有协同的贡献。这种现象被称为破损效应，以区别于经典的损伤概念。二元介质模型认为二元介质RVE(代表体积单元)内的胶结元在破损效应下逐渐转变为摩擦元，而这种破损机制由一个破损演化规律反映。

对于准脆性或脆性岩石，由微裂缝的产生和增长引起的渐进结构破坏被认为是主要的破坏机制。当扩展的微裂缝弱化了材料的一个区域时，这个区域的变形将由裂缝面的摩擦滑动主导。因此，本书将微裂缝行为导致的胶结阻力逐步转化为摩擦阻力视为多孔岩石的破坏机制。在后文的描述中，考虑一个在受压状态下的多孔岩石 RVE。岩石在成岩过程中产生的孔隙被称为初始孔隙，而诱发裂隙则与受力诱发的微裂缝开展效应有关(图 3.4-1)。未开裂的细观区域主要通过内聚力和胶结来抵抗外部载荷，抽象为胶结元。由于明显的摩擦耗散，裂隙开展的细观区域理想化为摩擦元。通过引入均匀化方法，多孔岩石的 RVE 在细观尺度假定为由胶结元基体内嵌摩擦元夹杂物。为了简化推导，夹杂物被假定为球形且随机分布，因此 RVE 宏观行为可以被看作是各向同性的。

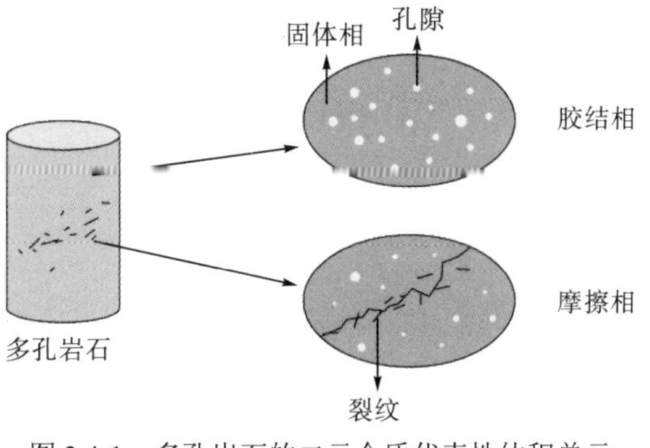

图 3.4-1　多孔岩石的二元介质代表性体积单元

在时刻t，宏观场与介观场的关系表示为

$$\boldsymbol{\Sigma}=(1-\lambda)\boldsymbol{\sigma}^{b}+\lambda\boldsymbol{\sigma}^{f} \tag{3.4-1}$$

$$\boldsymbol{E}=(1-\lambda)\boldsymbol{\epsilon}^{b}+\lambda\boldsymbol{\epsilon}^{f} \tag{3.4-2}$$

其中，$\boldsymbol{\Sigma}$和$\boldsymbol{E}$是宏观应力和应变；$\boldsymbol{\sigma}^{r}$和$\boldsymbol{\epsilon}^{r}(r=b,f)$是细观应力和应变，上标$b$和$f$分别表示胶结元和摩擦元；变量$\lambda$是摩擦元的体积分数，也表示破损的程度，因此称为破损率。

一般来说，破损率λ认为是宏观应变$\boldsymbol{E}$的非递减标量函数，从初始破损率$\lambda_0\geqslant 0$向其上界$\sup\lambda=1$演化。本节采用Weibull分布来描述破损率的演化，并对其进行了一定的修正：

$$\lambda=1-(1-\lambda_0)\exp\left[-\left(\frac{\bar{E}_{\max}}{\alpha}\right)^{\beta}\right] \tag{3.4-3}$$

式中，$\bar{E}_{\max}$是历史上最大的宏观等效应变，定义为

$$\bar{E}_{\max}=\max_{\tau\leqslant t}\sqrt{\frac{2}{3}\boldsymbol{E}(\tau):\boldsymbol{K}:\boldsymbol{E}(\tau)} \tag{3.4-4}$$

式中，$\boldsymbol{K}$是四阶偏张量，定义为$\boldsymbol{K}=\boldsymbol{I}-\boldsymbol{J}$，其中$I_{ijkl}=(\delta_{ik}\delta_{jl}+\delta_{il}\delta_{jk})/2$, $J_{ijkl}=\delta_{ij}\delta_{kl}/3$。而$\alpha$和$\beta$分别为Weibull分布的尺度和形状参数。由此，破损率的率表示为

$$\dot{\lambda}=\frac{\partial\lambda}{\partial\boldsymbol{E}}:\dot{\boldsymbol{E}}=\boldsymbol{\eta}:\dot{\boldsymbol{E}} \tag{3.4-5}$$

式中，$\boldsymbol{\eta}$是λ关于宏观应变$\boldsymbol{E}$的梯度张量，定义为$\boldsymbol{\eta}=\dfrac{\partial\lambda}{\partial\boldsymbol{E}}$。

考虑式(3.4-1)和式(3.4-2)的率表达式：

$$\dot{\boldsymbol{\Sigma}}=(1-\lambda)\dot{\boldsymbol{\sigma}}^{b}+\lambda\dot{\boldsymbol{\sigma}}^{f}+\dot{\lambda}\left(\boldsymbol{\sigma}^{f}-\boldsymbol{\sigma}^{b}\right) \tag{3.4-6}$$

$$\dot{\boldsymbol{E}}=(1-\lambda)\dot{\boldsymbol{\epsilon}}^{b}+\lambda\dot{\boldsymbol{\epsilon}}^{f}+\dot{\lambda}\left(\boldsymbol{\epsilon}^{f}-\boldsymbol{\epsilon}^{b}\right) \tag{3.4-7}$$

可以发现宏观场的率不仅与两种介质的细观场的率有关，而且还与它们的体积分数的变化有关，即与破损率的率相关。两细观相的本构关系由率表达式给出：

$$\dot{\boldsymbol{\sigma}}^{b}=\boldsymbol{C}^{b}:\dot{\boldsymbol{\epsilon}}^{b} \tag{3.4-8}$$

$$\dot{\boldsymbol{\sigma}}^{f}=\boldsymbol{C}^{f}:\dot{\boldsymbol{\epsilon}}^{f} \tag{3.4-9}$$

式中，$\boldsymbol{C}^{b}$和$\boldsymbol{C}^{f}$分别为胶结元和摩擦元的切线模量。类似地，宏观应力和应变关系的率表达式可以表示为

$$\dot{\boldsymbol{\Sigma}}=\boldsymbol{C}^{\text{hom}}:\dot{\boldsymbol{E}} \tag{3.4-10}$$

可以证明 Mori-Tanaka(MT)方法中关于夹杂体和基质的应变场关系的结果对二元介质模型仍然适用(Chen et al., 2023)：

$$\dot{\boldsymbol{\epsilon}}^{f}=\boldsymbol{A}:\dot{\boldsymbol{\epsilon}}^{b} \tag{3.4-11}$$

式中，

$$\boldsymbol{A}=\left[\boldsymbol{I}-\boldsymbol{S}:\left(\boldsymbol{C}^{b}\right)^{-1}:\left(\boldsymbol{C}^{b}-\boldsymbol{C}^{f}\right)\right]^{-1} \tag{3.4-12}$$

其中，$\boldsymbol{S}$是内Eshelby张量，其依赖于基质的模量和夹杂体的几何形状。通常，对于非线性基质，Eshelby张量的数值求解需要借助于各向同性化方法，然而这个方法是缺乏物理意义的。Peng等(2016)提出了一个新的确定Eshelby张量的方法，这个方法假定基质具有

均质弹塑性，根据经典 Eshelby 问题的求解方法，得到了新的 Eshelby 张量表达式：

$$\boldsymbol{S}=\left[\left(\boldsymbol{C}^{be}\right)^{-1}:\boldsymbol{C}^{b}\right]^{-1}:\boldsymbol{S}^{e}:\left[\left(\boldsymbol{C}^{be}\right)^{-1}:\boldsymbol{C}^{b}\right] \tag{3.4-13}$$

式中，$\boldsymbol{C}^{be}$ 为基质弹性刚度张量；$\boldsymbol{S}^{e}$ 则是由基质的弹性常数和夹杂体几何形状所确定的 Eshelby 张量。值得注意的是，式(3.4-13)所给出的 Eshelby 张量具有清晰的物理意义，并且其计算效率更高。基于这些优点，本节采用这个方法计算 Eshelby 张量，应用于 MT 均匀化方法中。

将式(3.4-5)和式(3.4-11)代入式(3.4-7)，可以得到如下应变集中关系：

$$\dot{\boldsymbol{\epsilon}}^{f}=\left[(1-\lambda)\boldsymbol{A}^{-1}+\lambda\boldsymbol{I}\right]^{-1}:\left[\boldsymbol{I}-\left(\boldsymbol{\epsilon}^{f}-\boldsymbol{\epsilon}^{b}\right)\otimes\boldsymbol{\eta}\right]:\dot{\boldsymbol{E}}=\boldsymbol{P}:\dot{\boldsymbol{E}} \tag{3.4-14}$$

式中，四阶张量 $\boldsymbol{P}$ 为应变集中张量。由式(3.4-14)以及应力应变关系式(3.4-8)～式(3.4-10)，可以从式(3.4-6)和式(3.4-7)推导出宏观连续切线模量(见附录 3.I)：

$$\boldsymbol{C}^{\text{hom}}=\boldsymbol{C}^{b}+\lambda\left(\boldsymbol{C}^{f}-\boldsymbol{C}^{b}\right):\boldsymbol{P}+\boldsymbol{\varsigma}\otimes\boldsymbol{\eta} \tag{3.4-15}$$

式中，二阶张量 $\boldsymbol{\varsigma}$ 具有应力的量纲，定义为

$$\boldsymbol{\varsigma}=\left(\boldsymbol{\sigma}^{f}-\boldsymbol{\sigma}^{b}\right)-\boldsymbol{C}^{b}:\left(\boldsymbol{\epsilon}^{f}-\boldsymbol{\epsilon}^{b}\right) \tag{3.4-16}$$

3.4.1.2　胶结元的细观特性

为了反映孔隙率对胶结元细观特性的影响，本节采用了从微观到细观的升尺度方法。在微观尺度上，孔隙被认为是随机分布在固体基体中的球形夹杂。胶结元的孔隙率表示为 ϕ。在岩石受压之前，初始孔隙率为 ϕ_0，ϕ_0 可以直接从岩石样品的实验室测试中获得，也可以间接从现场测试技术(如 P 波速度测试)中获得。然而，间接方法需要事先在孔隙率和测试数据之间建立经验或曲线拟合关系。本节对这两种方法都进行了研究。

根据黏结介质的基质形态，采用各向同性材料的 Hashin-Shtrikman(HS)上限解(Hashin and Shtrikman，1963)来确定胶结元的有效弹性体积模量 k^b 和剪切模量 μ^b：

$$k^{b}=k^{s}\frac{4(1-\phi)\mu^{s}}{4\mu^{s}+3\phi k^{s}},\quad \mu^{b}=\mu^{s}\frac{(1-\phi)\left(9k^{s}+8\mu^{s}\right)}{(9+6\phi)k^{s}+(8+12\phi)\mu^{s}} \tag{3.4-17}$$

式中，k^s 和 μ^b 为固相的弹性体积模量和剪切模量。

假定固相基质服从 Drucker-Prager(DP)屈服准则：

$$f^{s}=q^{s}-T\left(p^{s}+h\right)\leqslant 0 \tag{3.4-18}$$

式中，q^s 为 von Mises 应力，定义为 $q^{s}=\sqrt{\frac{3}{2}\boldsymbol{s}^{s}:\boldsymbol{s}^{s}}$，其中 $\boldsymbol{s}^{s}=\boldsymbol{K}:\boldsymbol{\sigma}^{s}$；$p^{s}=-\text{tr}\boldsymbol{\sigma}^{s}/3$，为平均应力；参数 T 和 h 分别表示摩擦系数和平均拉伸强度。基于修正割线法，Maghous 等(2009)推导了一个考虑 DP 基质和孔隙夹杂的升尺度(这里为微观到细观尺度)的强度准则，

$$\mathcal{F}^{b}=\frac{1+2\phi/3}{T^{2}}\left(q^{b}\right)^{2}+\left(\frac{9\phi}{4T^{2}}-1\right)\left(p^{b}\right)^{2}-2(1-\phi)hp^{b}-(1-\phi)^{2}h^{2}\leqslant 0 \tag{3.4-19}$$

式中，q^b 和 p^b 分别为胶结元的 von Mises 应力和平均应力。式(3.4-19)与 Maghous 等提出的形式有所不同，这是由于反映应力的偏斜和球状部分的标量定义不同，但是两者在物理机制上保持一致。由式(3.4-19)所得的屈服面的大小和形状受摩擦系数 T 和孔隙率 ϕ 的影

响，其影响可见于图 3.4-2 和图 3.4-3。可见 DP 固相所导致的压力敏感性亦可以通过屈服面的拉压不对称性反映出来。得益于这些特性，本节将式(3.4-19)的屈服准则用于胶结元的描述，并引入后文所述的两类硬化机制。

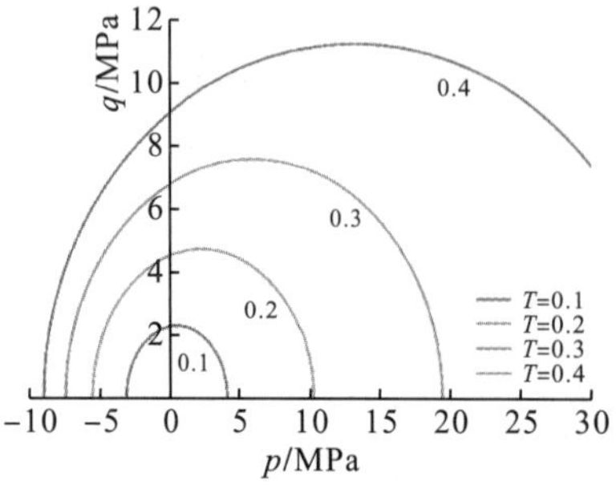

图 3.4-2　摩擦系数 T 对式(3.4-19)屈服面的影响（ϕ=0.2，h=30MPa 保持不变）

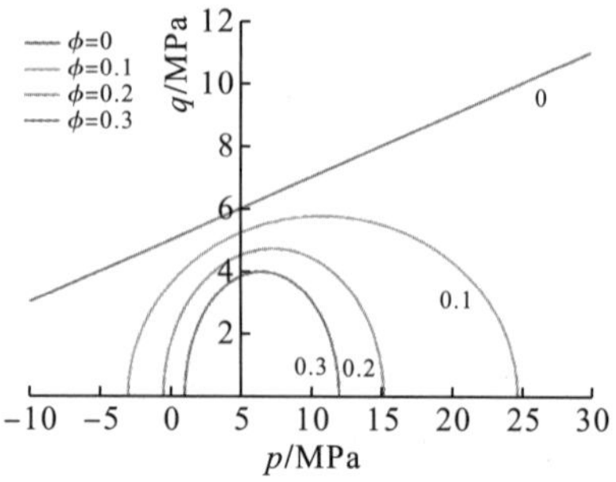

图 3.4-3　孔隙率ϕ对式(3.4-19)屈服面的影响（T=0.2，h=30MPa 保持不变）

试验研究表明多孔岩石的塑性硬化通常归因于两个方面：①固相内的颗粒接触增加；②孔隙坍塌。针对前者，可以引入一个指数法则描述摩擦系数的演化：

$$T = T_m - \left(T_m - T_0\right)\exp\left(-b_T \bar{\epsilon}^{s,p}\right) \tag{3.4-20}$$

式中，参数 T_0 和 T_m 表示硬化函数的起始和收敛值；b_T 为尺度参数；内变量 $\bar{\epsilon}^{s,p}$ 是固相的等效塑性应变。根据 Gurson 的等效塑性功条件，$\bar{\epsilon}^{s,p}$ 可以根据下列等式计算：

$$\bar{\epsilon}^{s,p} = \frac{\boldsymbol{\sigma}^b : \dot{\boldsymbol{\epsilon}}^{b,p}}{\left(1-\phi\right)Th} \tag{3.4-21}$$

对于孔隙坍塌，可以考虑孔隙率的演化，根据质量守恒定律可以推导得(Zeng et al., 2019)：

$$\dot{\phi} = \left(1-\phi\right)\left(\dot{\epsilon}_v^{b,p} - T\dot{\epsilon}^{s,p}\right) \tag{3.4-22}$$

式中，$\epsilon_v^{b,p} = \mathrm{tr}\boldsymbol{\epsilon}^{b,p}$ 为胶结元的塑性体应变。

将式(3.4-20)代入式(3.4-22)，可以得到一个可解的常微分方程：

$$\frac{\mathrm{d}\phi}{1-\phi} = \mathrm{d}\epsilon_v^{b,p} - \left[T_m - \left(T_m - T_0\right)\exp\left(-b_T\bar{\epsilon}^{s,p}\right)\right]\mathrm{d}\bar{\epsilon}^{s,p} \tag{3.4-23}$$

利用初始条件 $\phi|_{t=0} = \phi_0$，$\epsilon_v^{b,p}|_{t=0} = 0$ 和 $\bar{\epsilon}^{s,p}|_{t=0} = 0$，求解孔隙率为

$$\phi = 1 - \left(1-\phi_0\right)\exp\left[-\epsilon_v^{b,p} + T_m\bar{\epsilon}^{s,p} + \frac{T_m - T_0}{b_T}\exp\left(-b_T\bar{\epsilon}^{s,p}\right) - \frac{T_m - T_0}{b_T}\right] \tag{3.4-24}$$

采用非相关联流动法则，塑性应变率表示为

$$\dot{\boldsymbol{\epsilon}}^{b,p} = \dot{\gamma}\frac{\partial \mathcal{G}^b}{\partial \boldsymbol{\sigma}^b} \tag{3.4-25}$$

式中，$\dot{\gamma}$ 为塑性乘子；塑性势函数 $\mathcal{G}^b$ 定义为

$$\mathcal{G}^b = \frac{1+2\phi/3}{Tt}\left(q^b\right)^2 + \left(\frac{9\phi}{4Tt} - 1\right)\left(p^b\right)^2 - 2\left(1-\phi\right)hp^b - \left(1-\phi\right)^2 h^2 \leqslant 0 \tag{3.4-26}$$

其中，t 为剪胀系数，假定其服从

$$t = t_m - (t_m - t_0)\exp\left(-b_t \bar{\epsilon}^{s,p}\right) \tag{3.4-27}$$

其中，参数 t_0 和 t_m 分别表示硬化函数的起始和收敛值；b_t 为尺度参数。假定加卸载条件满足 Kuhn-Tucker 条件：

$$\dot{\gamma} \geqslant 0,\ \mathcal{F}^b \leqslant 0,\ \dot{\gamma}\mathcal{F}^b = 0 \tag{3.4-28}$$

并且规定 $\dot{\gamma}$ 满足一致性条件 $\dot{\gamma}\dot{\mathcal{F}}^b = 0$。

3.4.1.3　摩擦元的细观特性

作用于微裂缝平面的摩擦滑动主导了摩擦元的强度特性。因此，本节采用一个无黏聚力型的莫尔-库仑(Mohr-Coulomb)准则来描述摩擦元的强度：

$$\mathcal{F}^f = \left(\sigma_1^f - \sigma_3^f\right) + \left(\sigma_1^f + \sigma_3^f\right)\sin\varphi \leqslant 0 \tag{3.4-29}$$

3.4.2　模型的数值实施

本节介绍所提出的本构模型的数值积分方法。二元介质模型的均匀化步骤是通过不动点法实现的。对于局部应力积分，则采用返回映射算法。由于摩擦元的本构特性简单明了，这里只介绍胶结元的积分算法。

3.4.2.1　二元介质模型的不动点法

考虑时段 $\Delta t = t_{n+1} - t_n$，宏观几何构型作用应变增量 $\Delta\boldsymbol{E}$，使得应变状态更新为 $\boldsymbol{E}_{n+1} = \boldsymbol{E}_n + \Delta\boldsymbol{E}$。假定 t_n 时刻的状态变量均为已知，当前目标为获得 $n+1$ 步的宏观应力状态及有效切线模量 $\boldsymbol{C}^{\text{hom}}$。本节的不动点迭代方法如下：

- 初始化

  a) 根据 $\boldsymbol{E}_{n+1}$ 计算破损比 λ_{n+1}，梯度项 $\boldsymbol{\eta}_{n+1}$，以及破损比增量 $\Delta\lambda = \boldsymbol{\eta}_{n+1} : \Delta\boldsymbol{E}$；

  b) 设定迭代步 $i = 0$。试探步设定摩擦元的应变等于宏观应变：$\Delta\epsilon_i^f = \Delta\boldsymbol{E}$。

- 宏-细观几何协调的不动点法(以下略去时步下标)

  a) 设定迭代步 $j = 0$ 以及胶结元试应变增量 $\Delta\boldsymbol{\epsilon}_j^b = \Delta\boldsymbol{E}$；

  b) 迭代求解 $\Delta\epsilon^b$：

  $$\Delta\boldsymbol{\epsilon}_{j+1}^b = \frac{\Delta\boldsymbol{E} - \lambda\Delta\boldsymbol{\epsilon}_i^f - \Delta\lambda\left(\boldsymbol{\epsilon}^f + \Delta\boldsymbol{\epsilon}_i^f - \boldsymbol{\epsilon}^b - \Delta\boldsymbol{\epsilon}_j^b\right)}{1-\lambda};$$

  若残值 $R_1 = \|\Delta\boldsymbol{\epsilon}_{j+1}^b - \Delta\boldsymbol{\epsilon}_j^b\| / \|\Delta\boldsymbol{\epsilon}_j^b\| \leqslant \text{TOL}_1$，则结束关于 $\Delta\boldsymbol{\epsilon}^b$ 的循环；

  $j = j+1$，继续循环；

  c) 由子程序计算胶结元的切线模量 $\boldsymbol{C}^b$ 及解相关的状态变量；

  d) 由子程序计算摩擦元的切线模量 $\boldsymbol{C}^f$ 及解相关的状态变量；

  e) 由式(3.4-13)计算 Eshelby 张量；

  f) 由式(3.4-14)计算应变集中张量 $\boldsymbol{P}$；

  g) 计算更新的应变增量 $\Delta\boldsymbol{\epsilon}_{i+1}^f = \boldsymbol{P} : \Delta\boldsymbol{E}$；

h) 若残值 $R_2 = \|\Delta\boldsymbol{\epsilon}_{i+1}^f - \Delta\boldsymbol{\epsilon}_i^f\| / \|\Delta\boldsymbol{\epsilon}_i^f\| \leqslant \mathrm{TOL}_2$，则结束关于宏-细观几何协调的循环；$i = i+1$，继续循环。

- 获得结果

a) 更新胶结元和摩擦元的应力和应变：

$$\boldsymbol{\epsilon}_{n+1}^b = \boldsymbol{\epsilon}_n^b + \Delta\boldsymbol{\epsilon}^b$$

$$\boldsymbol{\epsilon}_{n+1}^f = \boldsymbol{\epsilon}_n^f + \Delta\boldsymbol{\epsilon}^f$$

$$\boldsymbol{\sigma}_{n+1}^b = \boldsymbol{\sigma}_n^b + \boldsymbol{C}^b : \Delta\boldsymbol{\epsilon}^b$$

$$\boldsymbol{\sigma}_{n+1}^f = \boldsymbol{\sigma}_n^f + \boldsymbol{C}^f : \Delta\boldsymbol{\epsilon}^f$$

b) 由式(3.4-15)计算宏观切线模量 $\boldsymbol{C}^{\mathrm{hom}}$；

c) 更新宏观应力 $\boldsymbol{\Sigma}_{n+1} = \boldsymbol{\Sigma}_n + \boldsymbol{C}^{\mathrm{hom}} : \Delta\boldsymbol{E}$ 。

上述算法中所用的符号 $\|\cdot\|$ 表示 Frobenius 范数。

3.4.2.2 胶结元的返回映射算法

Aravas(1987)提出了一种针对压力依赖性弹塑性材料的无条件稳定积分算法，并将其应用于 Gurson 模型，这种隐式积分方法后续由一些学者进一步发展(Lee and Zhang，1991；Zeng et al.，2020)。本节的算法大体基于上述研究，并引入了切平面算法(Ortiz and Simo，1986)来加速积分迭代的收敛。

1. 积分方法

对于时段 $[t_n, t_{n+1}]$ 所给定的应变增量 $\Delta\boldsymbol{\epsilon}$，应力积分首先考虑弹性预测(这里略去示意胶结元的上标和示意时步的下标)：

$$\boldsymbol{\sigma}^{\mathrm{trial}} = \boldsymbol{C}^e : \boldsymbol{\epsilon}^{\mathrm{trial}} = \boldsymbol{C}^e : \left(\boldsymbol{\epsilon}_n + \Delta\boldsymbol{\epsilon} - \boldsymbol{\epsilon}_n^p\right) \tag{3.4-30}$$

式中，trial 表示弹性试探状态；$\boldsymbol{C}^e$ 为弹性刚度。弹性刚度 $\boldsymbol{C}^e$ 在每一积分时步的初始根据式(3.4-17)重新计算。经过塑性修正过程后，得到 $n+1$ 步的应力状态为

$$\boldsymbol{\sigma} = \boldsymbol{\sigma}^{\mathrm{trial}} - \boldsymbol{C}^e : \Delta\boldsymbol{\epsilon}^p \tag{3.4-31}$$

上式中的量由以下关于屈服函数、流动法则和等效塑性功条件的约束求解获得

$$\mathcal{F} = \mathcal{F}\left(p, q, \boldsymbol{\epsilon}^p, \bar{\epsilon}^{s,p}\right) = 0 \tag{3.4-32}$$

$$\Delta\boldsymbol{\epsilon}^p = \frac{1}{3}\Delta\epsilon_v^p \boldsymbol{\delta} + \Delta\bar{\epsilon}^p \boldsymbol{n} \tag{3.4-33}$$

$$\Delta\epsilon_v^p = -\Delta\gamma \frac{\partial\mathcal{G}}{\partial p} \tag{3.4-34}$$

$$\Delta\bar{\epsilon}^p = \Delta\gamma \frac{\partial\mathcal{G}}{\partial q} \tag{3.4-35}$$

$$\boldsymbol{n} = \frac{3\boldsymbol{s}}{2q} \tag{3.4-36}$$

$$\Delta\bar{\epsilon}^{s,p} = \frac{q\Delta\bar{\epsilon}^p - p\Delta\epsilon_v^p}{(1-\phi)Th} \tag{3.4-37}$$

并注意到孔隙率 ϕ 由解析解式(3.4-24)给出。根据式(3.4-30)和弹性刚度 $\boldsymbol{C}^e = 3k\boldsymbol{J} + 2\mu\boldsymbol{K}$ 的各向同性性质，式(3.4-31)可以改写为

$$\boldsymbol{\sigma} = \boldsymbol{\sigma}^{\text{trial}} - k\Delta\epsilon_v^p\boldsymbol{\delta} - 2\mu\Delta\overline{\epsilon}^p\boldsymbol{n} \tag{3.4-38}$$

在偏斜应力空间，由式(3.4-38)可得

$$\boldsymbol{s} = \boldsymbol{s}^{\text{trial}} - 2\mu\Delta\overline{\epsilon}^p\boldsymbol{n} \tag{3.4-39}$$

这个等式说明 $\boldsymbol{s}$ 和 $\boldsymbol{s}^{\text{trial}}$ 在空间上共轴，于是有

$$\boldsymbol{n} = \frac{3\boldsymbol{s}^{\text{trial}}}{2q^{\text{trial}}} \tag{3.4-40}$$

将式(3.4-31)投影到 $\boldsymbol{\delta}$ 和 $\boldsymbol{n}$ 可得

$$\begin{aligned} p &= p^{\text{trial}} + k\Delta\epsilon_v^p \\ q &= q^{\text{trial}} - 3\mu\Delta\overline{\epsilon}^p \end{aligned} \tag{3.4-41}$$

将塑性乘子 $\Delta\gamma$ 从式(3.4-34)和式(3.4-35)消去可得流动法则约束的的替代形式:

$$\Delta\epsilon_v^p\frac{\partial\mathcal{G}}{\partial q} + \Delta\overline{\epsilon}^p\frac{\partial\mathcal{G}}{\partial p} = 0 \tag{3.4-42}$$

塑性修正实现是通过 Newton-Raphson 方法求解下列非线性方程组的未知数 $\Delta\epsilon_v^p$、$\Delta\overline{\epsilon}^p$ 和 $\Delta\overline{\epsilon}^{s,p}$：

$$\begin{cases} r_1 = \mathcal{F}\left(p, q, \boldsymbol{\epsilon}^p, \overline{\epsilon}^{s,p}\right) = 0 \\ r_2 = \Delta\epsilon_v^p\dfrac{\partial\mathcal{G}}{\partial q} + \Delta\overline{\epsilon}^p\dfrac{\partial\mathcal{G}}{\partial p} = 0 \\ r_3 = \Delta\overline{\epsilon}^{s,p}(1-\phi)Th - \left(q\Delta\epsilon^p - p\Delta\epsilon_v^p\right) = 0 \end{cases} \tag{3.4-43}$$

令 $[y] = \left[\Delta\epsilon_v^p, \Delta\overline{\epsilon}^p, \Delta\overline{\epsilon}^{s,p}\right]$ 为目标解向量，且 $[r] = [r_1, r_2, r_3]$，则方程组的雅克比矩阵为 $\left[J_{ij}\right] = \left[\dfrac{\partial r_i}{\partial y_j}\right]$。根据 Newton-Raphson 方法，每一迭代步通过下列线性方程组的解修正目标解向量 $[y]$：

$$[J][\delta y] = -[r] \tag{3.4-44}$$

尽管此迭代方法的收敛速度很快，但其可以通过在第一次塑性修正时引入 CPA 来进一步加快。做法为第一次塑性修正时，如下计算塑性乘子的修正值：

$$\delta\Delta\gamma^{(0)} = \frac{\mathcal{F}^{(0)}}{\left(\dfrac{\partial\mathcal{F}}{\partial\boldsymbol{\sigma}} : \boldsymbol{C}^e : \dfrac{\partial\mathcal{G}}{\partial\boldsymbol{\sigma}} - \dfrac{\partial\mathcal{F}}{\partial\epsilon_v^p}\cdot\dfrac{\partial\mathcal{G}}{\partial q} - \dfrac{\partial\mathcal{F}}{\partial\overline{\epsilon}^{s,p}}\cdot m\right)^{(0)}} \tag{3.4-45}$$

式中，上标(0)表示迭代步，且

$$m = \frac{1}{(1-\phi)Th}\left(q\frac{\partial\mathcal{G}}{\partial q} - p\frac{\partial\mathcal{G}}{\partial p}\right) \tag{3.4-46}$$

因此，目标解更新为

$$
\begin{aligned}
\Delta\epsilon_v^{p,(1)} &= \Delta\epsilon_v^{p,(0)} - \delta\Delta\gamma^{(0)}\left(\frac{\partial\mathcal{G}}{\partial p}\right)^{(0)} \\
\Delta\bar{\epsilon}^{p,(1)} &= \Delta\bar{\epsilon}^{p,(0)} + \delta\Delta\gamma^{(0)}\left(\frac{\partial\mathcal{G}}{\partial q}\right)^{(0)} \\
\Delta\epsilon^{s,p,(1)} &= \Delta\epsilon^{s,p,(0)} + \delta\Delta\gamma^{(0)}\boldsymbol{m}^{(0)}
\end{aligned}
\tag{3.4-47}
$$

随后得到更新后的应力状态，所有迭代步(1)的状态变量作为前述 Newton-Raphson 方法的输入值做后续求解。这种采用 CPA 加速的方法降低了花费在计算雅克比矩阵和求解线性方程组的时间成本，类似的做法可以在相关文献中找到。

2. 确定一致性切线模量

一致性切线模量定义为

$$
\boldsymbol{C}^{\text{alg}} = \left(\frac{\partial\boldsymbol{\sigma}}{\partial\boldsymbol{\epsilon}}\right)_{n+1} = \frac{\partial\boldsymbol{\sigma}}{\partial\boldsymbol{\epsilon}^{\text{trial}}} \tag{3.4-48}
$$

式中，“alg”表示$\boldsymbol{C}^{\text{alg}}$是与有限元法中在算法上相一致的算子。将式(3.4-48)进行微分，可得

$$
\boldsymbol{C}^{\text{alg}} = \boldsymbol{C}^{e} - k\frac{\partial\Delta\epsilon_v^p}{\partial\boldsymbol{\epsilon}^{\text{trial}}}\otimes\boldsymbol{\delta} - 2\mu\frac{\partial\Delta\bar{\epsilon}^p}{\partial\boldsymbol{\epsilon}^{\text{trial}}}\otimes\boldsymbol{n} - 2\mu\Delta\bar{\epsilon}^p\frac{\partial\boldsymbol{n}}{\partial\boldsymbol{\epsilon}^{\text{trial}}} \tag{3.4-49}
$$

将式(3.4-43)的方程组进行微分，可得

$$
[J]\begin{bmatrix}\mathrm{d}\Delta\epsilon_v^p \\ \mathrm{d}\Delta\bar{\epsilon}^p \\ \mathrm{d}\Delta\bar{\epsilon}^{s,p}\end{bmatrix} = -\begin{bmatrix}\Delta\bar{\epsilon}^p\dfrac{\partial^2\mathcal{G}}{\partial p^2}\mathrm{d}p^{\text{trial}} + \Delta\epsilon_v^p\dfrac{\partial^2\mathcal{G}}{\partial q^2}\mathrm{d}q^{\text{trial}} \\ \dfrac{\partial\mathcal{F}}{\partial p}\mathrm{d}p^{\text{trial}} + \dfrac{\partial\mathcal{F}}{\partial q}\mathrm{d}q^{\text{trial}} \\ \Delta\epsilon_v^p\mathrm{d}p^{\text{trial}} - \Delta\bar{\epsilon}^p\mathrm{d}q^{\text{trial}}\end{bmatrix} \tag{3.4-50}
$$

令

$$
\begin{aligned}
[\alpha_1] &= \left[\Delta\bar{\epsilon}^p\frac{\partial^2\mathcal{G}}{\partial p^2}, \frac{\partial\mathcal{F}}{\partial p}, \Delta\epsilon_v^p\right] \\
[\alpha_2] &= \left[\Delta\epsilon_v^p\frac{\partial^2\mathcal{G}}{\partial q^2}, \frac{\partial\mathcal{F}}{\partial q}, -\Delta\bar{\epsilon}^p\right]
\end{aligned}
\tag{3.4-51}
$$

则有

$$
\begin{bmatrix}\Delta\epsilon_v^p \\ \Delta\bar{\epsilon}^p \\ \Delta\bar{\epsilon}^{s,p}\end{bmatrix} = -[J]^{-1}[\alpha_1]\mathrm{d}p^{\text{trial}} - [J]^{-1}[\alpha_2]\mathrm{d}q^{\text{trial}} = [\beta_1]\mathrm{d}p^{\text{trial}} + [\beta_2]\mathrm{d}q^{\text{trial}} \tag{3.4-52}
$$

因此，$\Delta\epsilon_v^p$和$\Delta\bar{\epsilon}^p$可以由试探应力线性表示：

$$
\begin{aligned}
\Delta\epsilon_v^p &= \beta_{1,1}\mathrm{d}p^{\text{trial}} + \beta_{2,1}\mathrm{d}q^{\text{trial}} \\
\Delta\bar{\epsilon}^p &= \beta_{1,2}\mathrm{d}p^{\text{trial}} + \beta_{2,2}\mathrm{d}q^{\text{trial}}
\end{aligned}
\tag{3.4-53}
$$

式中，$\beta_{i,j}$ 是向量$[\beta_i]$的第 j 个分量。将式(3.4-31)投影到 $\boldsymbol{\delta}$ 和 $\boldsymbol{n}$ 可得

$$\begin{aligned} \mathrm{d}p^{\text{trial}} &= -k\boldsymbol{\delta}:\mathrm{d}\boldsymbol{\epsilon}^{\text{trial}} \\ \mathrm{d}q^{\text{trial}} &= 2\mu\boldsymbol{n}:\mathrm{d}\boldsymbol{\epsilon}^{\text{trial}} \end{aligned} \tag{3.4-54}$$

利用式(3.4-53)和式(3.4-54)，可以得到

$$\begin{aligned} \frac{\partial\Delta\epsilon_v^p}{\partial\boldsymbol{\epsilon}^{\text{trial}}} &= -k\beta_{1,1}\boldsymbol{\delta} + 2\mu\beta_{2,1}\boldsymbol{n} \\ \frac{\partial\Delta\bar{\epsilon}^p}{\partial\boldsymbol{\epsilon}^{\text{trial}}} &= -k\beta_{1,2}\boldsymbol{\delta} + 2\mu\beta_{2,2}\boldsymbol{n} \end{aligned} \tag{3.4-55}$$

由链式法则，有

$$\frac{\partial\boldsymbol{n}}{\partial\boldsymbol{\epsilon}^{\text{trial}}} = \frac{\partial\boldsymbol{n}}{\partial\boldsymbol{s}^{\text{trial}}}\frac{\partial\boldsymbol{s}^{\text{trial}}}{\partial\boldsymbol{\epsilon}^{\text{trial}}} = \frac{2\mu}{q^{\text{trial}}}\left(\frac{3}{2}\boldsymbol{K} - \boldsymbol{n}\otimes\boldsymbol{n}\right) \tag{3.4-56}$$

综上，可得一致性切线模量为

$$\begin{aligned} \boldsymbol{C}^{\text{alg}} = \boldsymbol{C}^e &+ k^2\beta_{1,1}\boldsymbol{\delta}\otimes\boldsymbol{\delta} - 2k\mu\beta_{2,1}\boldsymbol{n}\otimes\boldsymbol{\delta} + 2k\mu\beta_{1,2}\boldsymbol{\delta}\otimes\boldsymbol{n} \\ &- 4\mu^2\beta_{2,2}\boldsymbol{n}\otimes\boldsymbol{n} - \frac{4\mu^2\Delta\bar{\epsilon}^p}{q^{\text{trial}}}\left(\frac{3}{2}\boldsymbol{K} - \boldsymbol{n}\otimes\boldsymbol{n}\right) \end{aligned} \tag{3.4-57}$$

可以发现 $\boldsymbol{C}^{\text{alg}}$ 即便是在采用相关联流动法则时，也通常是不对称的。

尽管上述的返回映射方案在提供正确定位在屈服面的修正状态变量方面是十分有效的，但当试探应力加载路径与屈服面相交时，所述的一致性切线模量不能进行自我修正。这里所说的与屈服面相交发生在 $\mathcal{F}_n < 0$ 和 $\mathcal{F}_{n+1}^{\text{trial}} > 0$（在编程中替换为 $\mathcal{F}_n < -\text{TOL}_{\mathcal{F}}$ 和 $\mathcal{F}_{n+1}^{\text{trial}} > \text{TOL}_{\mathcal{F}}$，$\text{TOL}_{\mathcal{F}}$ 是屈服函数的许可误差)时。在这种相交发生时，加载步包括一部分弹性段和一部分弹塑性段，这会导致真实的切线模量所体现的刚度“大于”前述计算的 $\boldsymbol{C}^{\text{alg}}$。这里采用 Dowell 和 Jarratt 提出的 Pegasus 算法(Dowell and Jarratt，1972)，寻找一个标量 χ 使得

$$\mathcal{F}\left(\boldsymbol{\sigma}_n + \chi\boldsymbol{C}_n^{\text{e}}:\Delta\boldsymbol{\epsilon}, \boldsymbol{\epsilon}_n^p, \bar{\epsilon}_n^{s,p}\right) = 0 \tag{3.4-58}$$

将 Pegasus 算法应用在弹塑性本构模型积分可见于文献(Sloan et al.，2001)中的详细说明。标量 χ 表示当前应变增量中弹性应变部分所占的比重。由下列应力的分割：

$$\Delta\boldsymbol{\sigma} = \boldsymbol{C}^e:\chi\Delta\boldsymbol{\epsilon} + \boldsymbol{C}^{\text{alg}}:(1-\chi)\Delta\boldsymbol{\epsilon} \tag{3.4-59}$$

相交情况的有效切线模量可以表示为

$$\boldsymbol{C}^{\text{eff}} = \chi\boldsymbol{C}^e + (1-\chi)\boldsymbol{C}^{\text{alg}} \tag{3.4-60}$$

这里引入有效切线模量是因为在均匀化过程中需要准确的切线模量以计算 Eshelby 张量。

3.4.3　珊瑚礁灰岩验证

本节介绍所提出的二元介质模型在马尔代夫珊瑚礁石灰岩(下文用礁灰岩表示)的应用。首先，对石灰岩的室内试验进行总结。然后从测试数据中估算出模型参数，并将计算出的曲线与试验结果进行对比验证。

3.4.3.1 礁灰岩的力学行为

随着海洋工程的开展，一些项目需要面临珊瑚礁沉积物形成的基岩，这些沉积物基本上由$CaCO_3$构成。在胶结作用下，这些沉积物形成具有高孔隙率的石灰岩。这里所研究的礁灰岩就是这类岩石，取自马尔代夫的北马累环礁。本节的试验仅限于室内试验，包括孔隙率测试、纵波(P 波)波速测试、单轴压缩试验和三轴压缩试验。为了解礁灰岩的物相组成和微观特性，研究还进行了 XRD(X-ray diffraction，X 射线衍射)分析和 SEM 分析。

首先，孔隙率测试和波速测试是在 44 个直径 55mm、高 110mm 的圆柱形礁灰岩上进行的。孔隙率通过饱和干燥法测量，岩石样品浸泡在真空泵中不少于 4h，随后在大气压力下的浸泡状态 6h。在记录了饱和质量后，样品在室温下放置 12h，然后在 105℃的烘箱中干燥 24h，干燥后称量干燥质量。初始孔隙率ϕ_0由以下公式确定：

$$\phi_0 = \frac{m_{\text{sat}} - m_{\text{dry}}}{\rho_{\text{w}} V} \tag{3.4-61}$$

式中，m_{sat}和m_{dry}分别表示测量得到的饱和质量和干燥质量；ρ_{w}为水的密度；V为礁灰岩试样体积。

随后，纵波(P 波)波速在干燥的礁灰岩试样测试中得到。如图 3.4-4 所示，初始孔隙率与 P 波波速之间可以由线性回归确定一个线性关系：

$$\phi_0 = 0.330 - 0.043 v_p \tag{3.4-62}$$

这说明，当缺少初始孔隙率数据时，可以将提出的本构模型中的初始孔隙率替换为式(3.4-62)，以此拓展模型的应用。

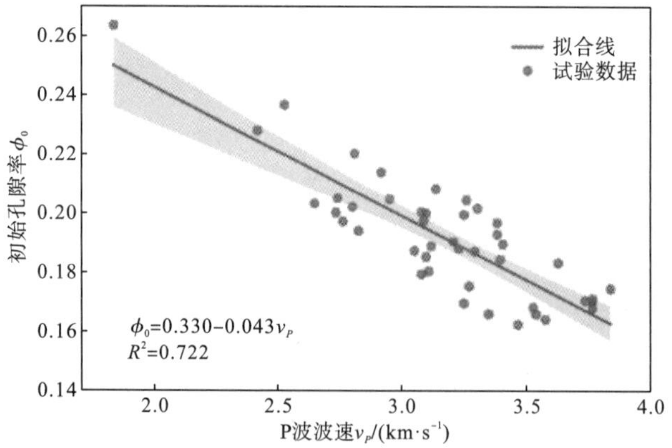

图 3.4-4 初始孔隙率与 P 波波速的拟合结果(阴影为回归的 95%置信区间)

在非破坏性测量之后，对 30 个干燥的礁灰岩试样进行了单轴压缩试验和 0.1MPa 与 0.2MPa 周围压力的三轴试验，加载速率为 1mm/min。考虑到目前的海上施工只涉及基岩表层，所以设置了较低的围压值。本节的应力-应变结果以平均形式呈现，如图 3.4-5 所示。每个序列是由五个孔隙率相对相似的试验序列相加平均得到的，相关的平均初始孔隙度和 P 波速度列于表 3.4-1。如试验序列所示，在准线性弹性阶段之前有一个裂缝闭合阶段。这些序列表现出应变硬化特性，然后是强烈的应变软化效应。此外，可以观察到，较高的孔隙率通常会导致礁灰岩较低的强度。

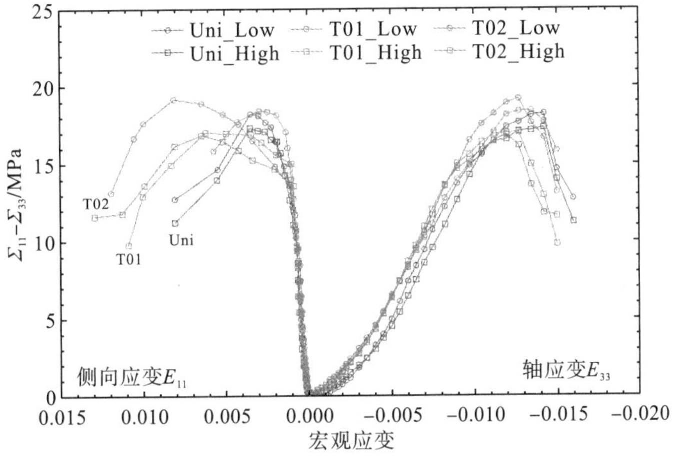

图 3.4-5　单轴和三轴试验结果

表 3.4-1　测试礁灰岩试样的平均初始孔隙率和 P 波波速

	Uni_Low	Uni_High	T01_Low	T01_High	T02_Low	T02_High
ϕ_0	0.179	0.210	0.180	0.200	0.168	0.207
v_p /(km·s^{-1})	3.303	3.018	3.452	2.902	3.635	2.943

注："Uni"、"T01"和"T02"分别表示单轴压缩、围压为 0.1MPa 和 0.2MPa 的三轴试验；"Low"和"High"表示相对孔隙率大小。表中每一数值都是五个试样相应数值的平均。

图 3.4-6 展示了礁灰岩的 XRD 特性。几乎所有的 XRD 特性峰值都与文石(JCPDS 卡号：41-1475)和方解石(JCPDS 卡号：05-0586)相吻合，进一步的分析还表明礁灰岩 95%以上的成分由 $CaCO_3$ 组成(分析结果来自 XRD 处理软件 JADE)。分析结果为确定所提出模型中的弹性参数提供了参考。

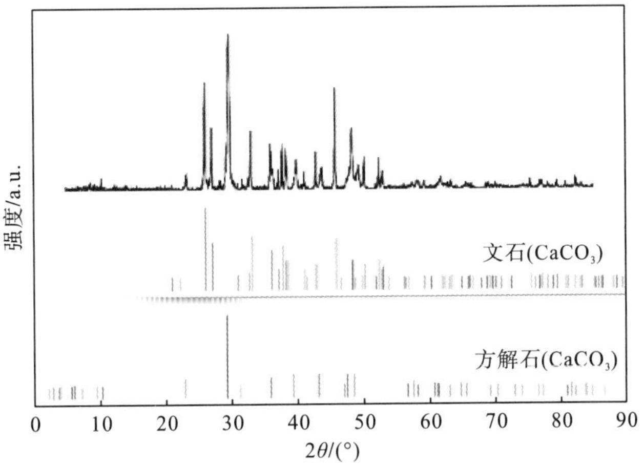

图 3.4-6　礁灰岩的 XRD 特性以及文石和方解石的标准

借助于 SEM 技术，礁灰岩的微观结构如图 3.4-7 所示。SEM 图像拍摄于破坏试样的一个断裂面。图中可以观察到清晰的多孔结构和微观的裂缝表面。在图 3.4-7(b) 中，也发现了文石针状物。这些 SEM 图像中呈现的结果与图 3.4-1 中描述的抽象模型和 XRD 分析的结果一致。

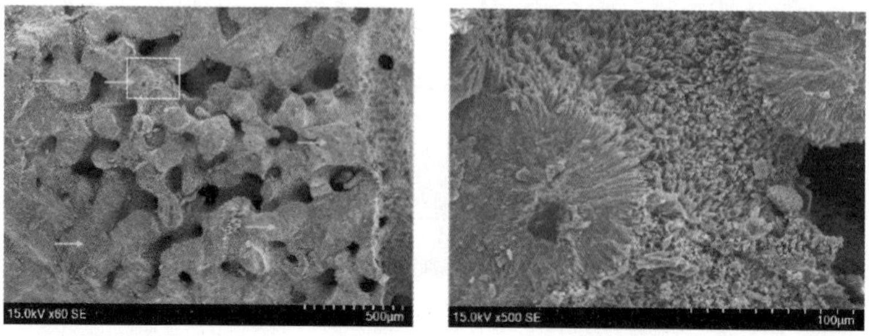

(a) 样品的多孔微形态[箭头：微观的裂缝表面；方形：(b)中所示的较高放大率的区域]

(b) 放大后的裂缝表面和文石针状物

图 3.4-7　破坏礁灰岩的裂隙面 SEM 图像

3.4.3.2　礁灰岩的模型验证

根据 XRD 的分析结果，并参考文献中关于石灰岩弹性参数的调查，礁灰岩固相的弹性模量确定为：$k^s = 20\text{GPa}$，$\mu^s = 15\text{GPa}$。

上文提到，礁灰岩在所设定的围压下，应力-应变序列在初始加载阶段表现出一个裂缝闭合阶段。这种现象在岩石的实验研究中被广泛报道，该阶段弹性参数随着裂缝的闭合而增大，从非常低的数值到线性弹性常数。毫无疑问，随着裂隙闭合，孔隙率降低，微观接触增加，这种现象可以用一些微观力学方法来考虑。然而，目前采用 HS 上界解(Hashin and Shtrikman，1963)和孔隙率的演化规律并不能很好地处理裂隙闭合问题。因此，对于初始裂缝闭合阶段，这里采用一个简单的修正方法。该方法通过修正胶结元在达到屈服状态之前的 HS 上界解的预测值来实现：

$$k^{b*} = Rk^b,\ \mu^{b*} = R\mu^b \tag{3.4-63}$$

式中，k^b 和 μ^b 由 HS 上界解获得；k^{b*} 和 μ^{b*} 为用于后续模型计算的修正模量；R 是压密系数，定义为

$$R = \begin{cases} 0.01 + \left(\dfrac{\overline{\epsilon}^b}{\xi}\right)^{\zeta}, & \overline{\epsilon}^{b,p} < 0 \text{和} R < 1 \\ 1, & \text{其他} \end{cases} \tag{3.4-64}$$

参数 ξ 和 ζ 通过对每一围压下的初始段拟合得到，对于礁灰岩在围压 $p_c = 0$、0.1 和 0.2MPa 下，$\xi = 0.015$ 适用于所有情况，而 ζ 分别取 0.18、0.14 和 0.13。

根据试验结果进行基于试错法的数值拟合，确定胶结元的塑性参数，其结果适用于所有情况。此外，在规定的初始破损率 $\lambda_0 = 0.05$，该拟合策略还提供了适用于所有情况的破损参数 $\alpha = 0.0175$ 和 $\beta = 25$。对于摩擦元，弹性模量被假定为完整的固相基体的 15%，即

$k^f=3\text{GPa}$ 和 $\mu^f=2.25\text{GPa}$。此外，内摩擦角 φ 被设定为 $\pi/6$。礁灰岩的所有参数列在表 3.4-2。值得注意的是，除了孔隙率、P 波波速和用于拟合初始阶段的参数外，所有参数都保持不变。

表 3.4-2　礁灰岩的模型参数

裂纹闭合	胶结介质	摩擦介质	破损率演化
$\xi=0.015$ $\zeta=-0.0254\left(\dfrac{\sigma_c}{p_a}\right)+0.175$ σ_c 是围压；$p_a=101.3\text{kPa}$	$k^s=20\text{GPa}$ $\mu^s=15\text{GPa}$ $T_0=0.1$ $T_m=0.65$ $b_T=70$ $t_0=0.05$ $t_m=0.50$ $b_t=70$ $h=40$	$k^f=3\text{GPa}$ $\mu^f=2.25\text{GPa}$ $\varphi=\pi/6$	$\lambda_0=0.05$ $\alpha=0.0175$ $\beta=25$

如图 3.4-8～图 3.4-13 所示，本节进行了 0MPa、0.1MPa 和 0.2MPa 周围压力下的单轴和三轴压缩的计算，并与试验数据进行比较。实线所示的计算结果是将初始孔隙率作为输入参数，而虚线所示的计算结果是将相应的 P 波波速以式(3.4-62)作为输入参数。可以发现，预测的曲线与试验数据基本一致。具体来说，模拟的曲线能够反映裂隙闭合效应、应变硬化和应变软化的行为。对较高的初始孔隙率或较低的 P 波波速也给出了较低强度的预测，这也与试验结果相吻合。此外，通过输入 P 波波速给出的预测结果几乎与实线相吻合，这证明在缺乏初始孔隙率数据时，其他容易获得的数据，如这里的 P 波波速，也可以很好地替代初始孔隙率在模型中的作用。

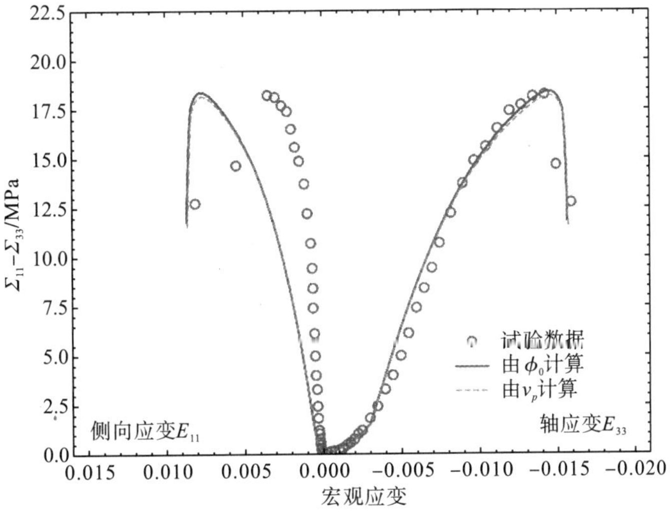

图 3.4-8　计算结果与单轴压缩试验数据对比（ϕ_0=0.179，v_p=3.303 km·s^{-1}）

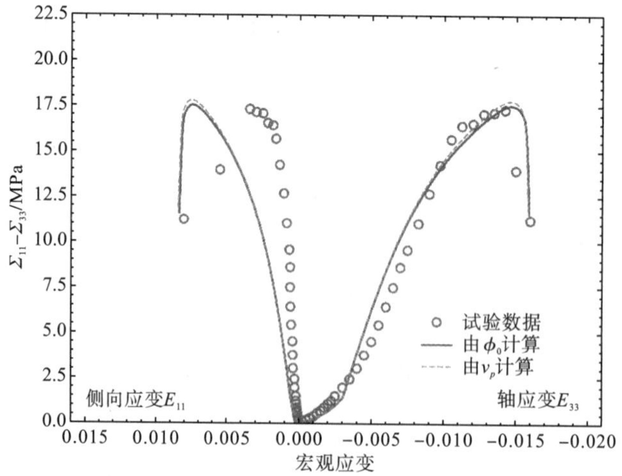

图 3.4-9 计算结果与单轴压缩试验数据对比（ϕ_0=0.210， v_p =3.018 km·s^{-1}）

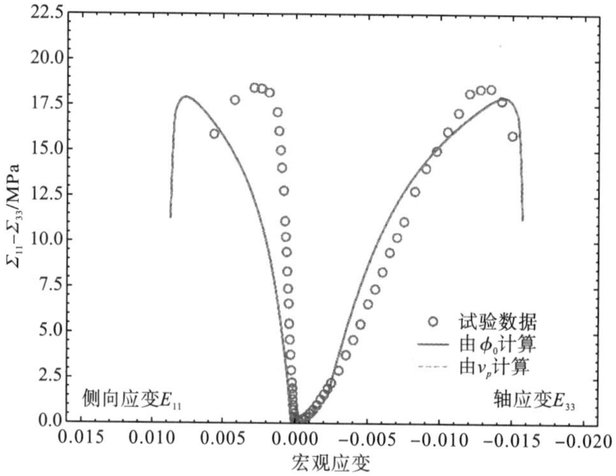

图 3.4-10 计算结果与围压 0.1MPa 的三轴压缩试验数据对比（ϕ_0=0.180， v_p =3.452 km·s^{-1}）

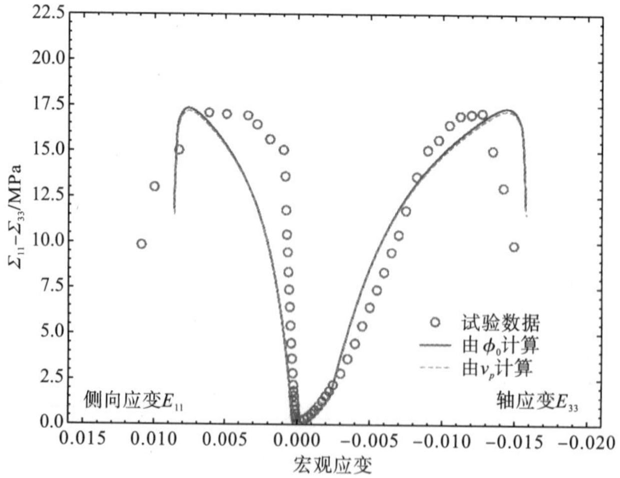

图 3.4-11 计算结果与围压 0.1MPa 的三轴压缩试验数据对比（ϕ_0=0.200， v_p =2.902 km·s^{-1}）

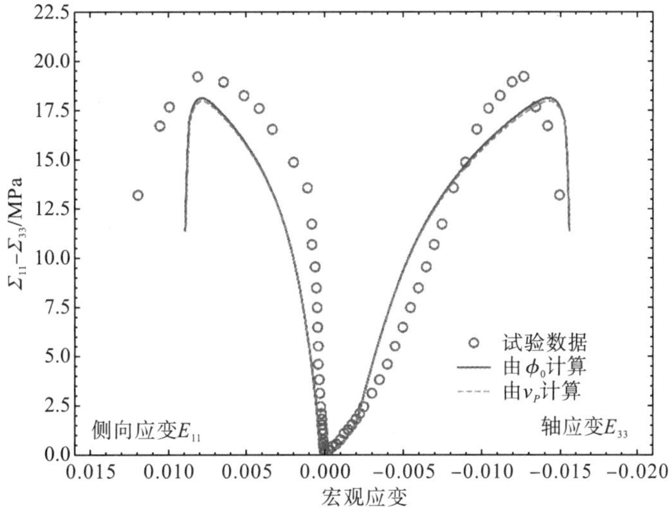

图 3.4-12　计算结果与围压 0.2MPa 的三轴压缩试验数据对比（ϕ_0=0.168，v_p=3.635 km·s^{-1}）

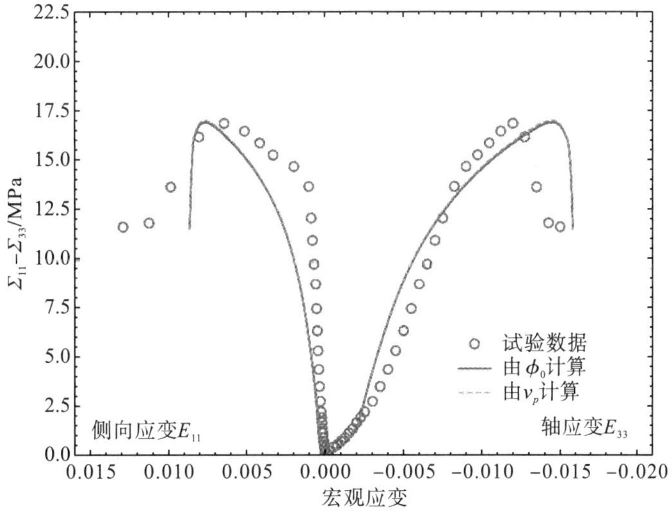

图 3.4-13　计算结果与围压 0.2MPa 的三轴压缩试验数据对比（ϕ_0=0.168，v_p=2.943 km·s^{-1}）

尽管如此，提出的模型还是存在缺陷。由于胶结元所使用的升尺度模型能预测强烈剪胀效应，在$\left(\Sigma_{11}-\Sigma_{33}\right)$-$E_{11}$曲线上数值和试验数据之间存在较明显的数量偏差。这可以通过修正胶结元的模型来改善。此外，应该基于物理的方法来处理初始裂缝闭合阶段。

本研究为多孔岩石建立了一个考虑多孔效应和裂缝引起的材料弱化的二元介质本构模型。所提出的模型将无应力诱发微裂缝的细观区域作为胶结元，将裂缝开展区域作为摩擦元。这两种介质由不同的模型来描述，且引入应力集中关系和破损演化规律，因此二元介质方法不但继承了胶结元升尺度模型的优点，还能够反映材料的弱化和应变软化的破损机制。本节提出了用于研究细观二元介质形态的不动点均匀化算法。对于二元介质的升尺度模型，提出了一个完全隐式的数值积分方法。本研究展示了对马尔代夫珊瑚礁石灰岩的一系列室内试验的总结报告，并将所提出的模型应用于该多孔石灰岩。通过比较预测结果与单轴和三轴压缩试验的数据，验证了所提模型的有效性。使用 P 波波速取代模型中的初始孔隙率的可行性也得到了验证。结果表明，所提出的模型可以捕捉到珊瑚礁石灰岩应力-应变行为的主要特征，如初始裂缝闭合、应变软化和孔隙率的影响，具体参见文献(Chen et al.，2023)。

附录 3.I：二元介质模型的宏观切线模量的推导

利用本构关系式(3.4-8)～式(3.4-10)，应变集中关系式(3.4-11)、式(3.4-14)，式(3.4-6)可以改写为

$$\boldsymbol{C}^{\text{hom}}:\dot{\boldsymbol{E}}=(1-\lambda)\boldsymbol{C}^b:\dot{\boldsymbol{\epsilon}}^b+\lambda\boldsymbol{C}^f:\boldsymbol{P}:\dot{\boldsymbol{E}}+\left(\boldsymbol{\sigma}^f-\boldsymbol{\sigma}^b\right)\otimes\boldsymbol{\eta}:\dot{\boldsymbol{E}} \tag{3.I-1}$$

借助式(3.4-5)和式(3.4-14)，式(3.4-7)改写为

$$(1-\lambda)\dot{\boldsymbol{\epsilon}}^b=\dot{\boldsymbol{E}}-\lambda\boldsymbol{P}:\dot{\boldsymbol{E}}-\left(\boldsymbol{\epsilon}^f-\boldsymbol{\epsilon}^b\right)\otimes\boldsymbol{\eta}:\dot{\boldsymbol{E}} \tag{3.I-2}$$

将式(3.I-2)代入式(3.I-1)并合并同类项，可得

$$\boldsymbol{C}^{\text{hom}}:\dot{\boldsymbol{E}}=\left(\boldsymbol{C}^b+\lambda\left(\boldsymbol{C}^f-\boldsymbol{C}^b\right):\boldsymbol{P}+\left(\left(\boldsymbol{\sigma}^f-\boldsymbol{\sigma}^b\right)-\boldsymbol{C}^b:\left(\boldsymbol{\epsilon}^f-\boldsymbol{\epsilon}^b\right)\right)\otimes\boldsymbol{\eta}\right):\dot{\boldsymbol{E}} \tag{3.I-3}$$

令 $\varsigma=\left(\boldsymbol{\sigma}^f-\boldsymbol{\sigma}^b\right)-\boldsymbol{C}^b:\left(\boldsymbol{\epsilon}^f-\boldsymbol{\epsilon}^b\right)$，可得宏观切线模量如下：

$$\boldsymbol{C}^{\text{hom}}=\boldsymbol{C}^b+\lambda\left(\boldsymbol{C}^f-\boldsymbol{C}^b\right):\boldsymbol{P}+\varsigma\otimes\boldsymbol{\eta} \tag{3.I-4}$$

第 4 章　多尺度二元介质本构模型

在二元介质模型中，考虑单元体中胶结元和摩擦元的相互作用时，需要从不同的尺度(即微、细、宏观尺度)建立本构关系。由于高阶尺度的特性取决于低阶尺度的特性，因此建立多尺度的二元介质本构模型可以反映二元介质材料的实际物理变形机理，赋予参数明确的物理意义。本章对二元介质的多尺度本构模型进行介绍，主要包括冻土和岩石的宏-细-微观三尺度本构模型。

第 4.1 节　基于物质组分的冻土二元介质本构模型

本节基于岩土破损力学理论框架，考虑饱和冻土由土骨架、冰夹杂和未冻水组成的复合材料，建立一个冻土的多尺度二元介质本构模型，重点在于推导出弹性和塑性应变集中张量，并建议体积破损率的解析求解方法。

4.1.1　冻土的多尺度弹塑性建模方法

1. 饱和冻土的多尺度变形机制分析

假定在温度较低时未冻水附着在土颗粒上，由此饱和冻土可以看作为土颗粒和冰夹杂所组成的复合材料。基于二元介质模型概念，提出饱和冻土的多尺度分析思路如下(图 4.1-1)：胶结元由未破损土颗粒和未破损冰颗粒夹杂组成，未破损土颗粒形成土骨架，冰颗粒起胶结作用，此时胶结元为弹性变形；摩擦元由破损后的土颗粒组成，冰颗粒夹杂

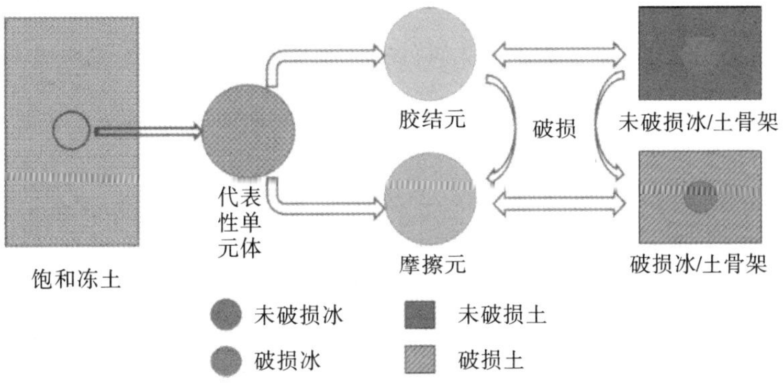

图 4.1-1　饱和冻土的多尺度破损机制分析示意图

在土颗粒之中，此时摩擦元为弹塑性变形；在加载过程中，胶结元逐渐破损向摩擦元转化，由胶结元和摩擦元共同承担外部荷载。

2. 土骨架的变形特性

饱和冻土土骨架在受到外部荷载作用时，其变形行为受控于内部胶结破损的演化。结合岩土破损力学概念，土骨架的变形特性可以看作由破损土和未破损土组成。因此，为了解释此两种状态下的变形特性的本质，可以借助结构性土的常规三轴压缩试验结论，见图 4.1-2(a)。从图中可以看到，结构性土的初试阶段表现为明显的线性变形特性，按照二元介质模型的定义，此时该阶段的力学特性由胶结元所控制，即未破损土具有线性变形特性，可以采用线弹性模型来描述。同时，在高应力下的曲线代表的是胶结特性已丧失的破损土，其变形特性具有明显的非线性特征，可以用弹塑性模型描述。

3. 冰的变形特性

饱和冻土内的冰夹杂在受到外力作用时，其变形特性可以通过多晶冰的三轴压缩试验来研究。苏雨(2020)对多晶冰的常规三轴压缩试验结果见图 4.1-2(b)，从中可以看到，多晶冰具有明显的脆性破坏模式，整体变形也呈软化型。借助二元介质模型进行分析可以得出：初始阶段的线性变形即为未破损冰颗粒集合体所控制，当达到破损门槛后，冰试样迅速发生大量破损而迅速破坏、软化，最终接近水平的变形特性由完全破损的冰颗粒集合体所控制。因此，未破损状态和破损状态下的冰夹杂分别表现为线性变形特性和非线性变形特性，可以由弹性模型和弹塑性模型来描述。

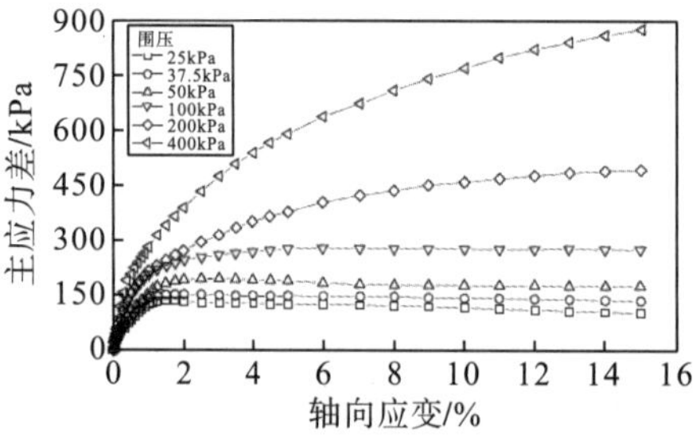

(a)结构性土（Liu et al.，2017）

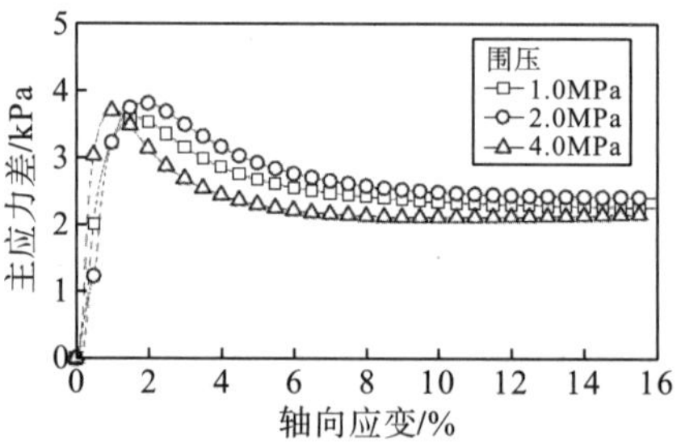

(b)多晶冰（苏雨，2020）

图 4.1-2 应力应变关系曲线

4. 建模框架

通过以上分析，可以得到未破损状态和破损状态下，土骨架和冰夹杂的力学特性和本构关系式。图 4.1-3 示意了多尺度弹塑性本构模型框架，图中包含了两步均匀化过程：①物质组分到胶结元或摩擦元过程，对于此弹性和塑性均匀化过程，可以通过增量线性化方法和 M-T 方法给出；②胶结元和摩擦元到宏观单元体过程，这是一个非线性、高体积分数和塑性非均匀分布的均匀化过程，可以通过增量线性化方法、自洽(S-F)方法和二元介质模型给出。

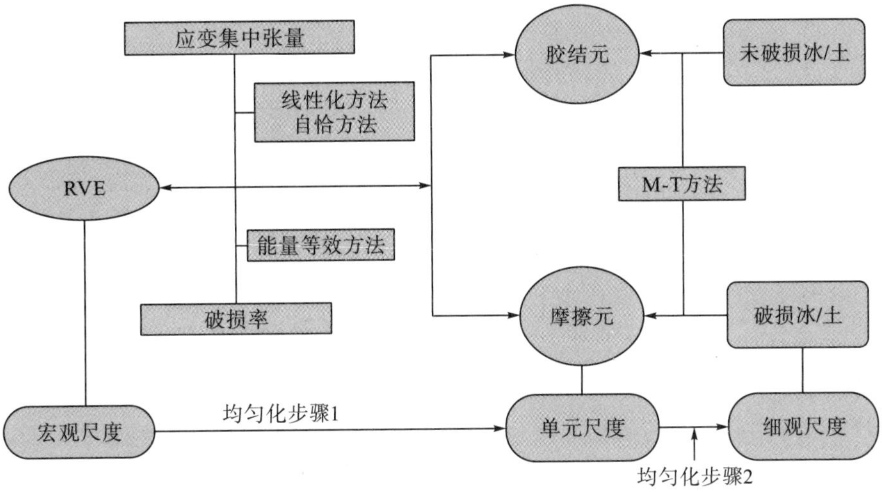

图 4.1-3　冻土的多尺度弹塑性模型框架

4.1.2　冻土的多尺度弹塑性本构模型

在本节中，首先通过均匀化方法建立胶结元/摩擦元与宏观尺度(代表体积单元 RVE)之间的联系；随后，通过线性化方法、自洽方法和热力学理论推导出应变集中张量和破碎率的表达式；最后，考虑该模型中未破损冰和未破损土骨架的组成材料，采用 M-T 法导出胶结元的弹性刚度张量，同时采用类 Eshelby 张量推导出摩擦元的弹塑性刚度张量。

在本节中，采用张量运算符号：张量 T_{ij} 和 S_{ij} 的和标记为 $T_{ij}+S_{ij}$；张量 T_{ij} 的逆标记为 $\left(T_{ij}\right)^{-1}$。

1. 模型推导

在此部分，第一步均匀化过程是从细观尺度(胶结元/摩擦元)到宏观尺度(RVE)，重点描述的是破损机制。对于 RVE，$\varepsilon_{ij}^{\text{local}}(x,y,z)$、$\sigma_{ij}^{\text{local}}(x,y,z)$ 可用于描述任意位置的应变张量、应力张量，其中 (x,y,z) 为笛卡儿坐标。因此，根据均匀化理论，宏观平均应变张量 ε_{ij} 和应力张量 σ_{ij} 为

$$\varepsilon_{ij}=\frac{1}{v}\int\varepsilon_{ij}^{\text{local}}(x,y,z)\mathrm{d}v \tag{4.1-1}$$

$$\sigma_{ij}=\frac{1}{v}\int\sigma_{ij}^{\text{local}}(x,y,z)\mathrm{d}v \tag{4.1-2}$$

其中，v 是 RVE 的总体积。同时，总体积 v 可看作胶结元体积 v_b 和摩擦元体积 v_f 的和，并且假定应变均匀分布于胶结元和摩擦元中。

由前述推导过程，可以得到

$$\varepsilon_{ij}=(1-\lambda_v)\varepsilon_{ij}^{b}+\lambda_v\varepsilon_{ij}^{f} \tag{4.1-3}$$

$$\sigma_{ij}=(1-\lambda_v)\sigma_{ij}^{b}+\lambda_v\sigma_{ij}^{f} \tag{4.1-4}$$

其中，$\boldsymbol{\varepsilon}_{ij}^{b}$、$\varepsilon_{ij}^{f}$、$\sigma_{ij}^{b}$、$\sigma_{ij}^{f}$分别为胶结元和摩擦元的应变张量和应力张量；$\lambda_v=\dfrac{v_f}{v}$为破损率。

根据式(4.1-3)和式(4.1-4)，可得

$$\mathrm{d}\varepsilon_{ij}=\left(1-\lambda_v^0\right)\mathrm{d}\varepsilon_{ij}^{b}+\lambda_v^0\mathrm{d}\varepsilon_{ij}^{f}+\mathrm{d}\lambda_v(\varepsilon_{ij}^{f0}-\varepsilon_{ij}^{b0}) \tag{4.1-5a}$$

$$\mathrm{d}\sigma_{ij}=\left(1-\lambda_v^0\right)\mathrm{d}\sigma_{ij}^{b}+\lambda_v^0\mathrm{d}\sigma_{ij}^{f}+\mathrm{d}\lambda_v(\sigma_{ij}^{f0}-\sigma_{ij}^{b0}) \tag{4.1-5b}$$

在该弹塑性本构模型中，胶结元由未破损土骨架和未破损冰夹杂组成，其变形特性可以用弹性本构模型来描述，表示如下：

$$\mathrm{d}\sigma_{ij}^{b}=C_{ijkl}\mathrm{d}\varepsilon_{kl}^{b} \tag{4.1-6}$$

其中，C_{ijkl}是胶结元的四阶弹性刚度张量。

由于摩擦元由破损土和破损冰夹杂组成，其变形特性可以用弹塑性模型来描述，其总增量应变$\mathrm{d}\varepsilon_{ij}^{f}$可分解为弹性增量应变$\mathrm{d}\varepsilon_{ij}^{fe}$和塑性增量应变$\mathrm{d}\varepsilon_{ij}^{fp}$，分别表示如下：

$$\mathrm{d}\sigma_{ij}^{f}=D_{ijkl}^{ep}\mathrm{d}\varepsilon_{kl}^{f} \tag{4.1-7a}$$

$$\mathrm{d}\varepsilon_{ij}^{fp}=\mathrm{d}\lambda\frac{\partial g}{\partial\sigma_{ij}^{f}}=\left(M_{ijkl}\right)^{-1}\mathrm{d}\sigma_{kl}^{f} \tag{4.1-7b}$$

$$\mathrm{d}\varepsilon_{ij}^{fe}=\left(\varGamma_{ijkl}\right)^{-1}\mathrm{d}\sigma_{kl}^{f} \tag{4.1-7c}$$

式中，$\varGamma_{ijkl}$为四阶弹性刚度张量；M_{ijkl}为四阶塑性刚度张量；D_{ijkl}^{ep}为四阶弹塑性刚度张量。

将式(4.1-6)和式(4.1-7)代入式(4.1-5b)可以得到：

$$\mathrm{d}\sigma_{ij}=\left(1-\lambda_v^0\right)C_{ijkl}\mathrm{d}\varepsilon_{kl}^{b}+\lambda_v^0D_{ijkl}^{ep}\mathrm{d}\varepsilon_{kl}^{f}+\mathrm{d}\lambda_v(D_{ijkl}^{ep}\varepsilon_{kl}^{f0}-C_{ijkl}\varepsilon_{kl}^{b0}) \tag{4.1-8}$$

引入应变集中张量，建立宏观应变张量与细观应变张量之间的关系。胶结元是弹性的，可以采用细观力学方法，即求解弹性应变集中张量(变形特性以线性变化为特征)。但摩擦元的变形由塑性变形和弹性变形组成，且摩擦元塑性变形的非线性特征非常明显，用现有的细观方法难以直接得到，所以摩擦元的应变集中张量应分解为弹性应变集中张量和塑性应变集中张量。由此，胶结元/摩擦元的应变集中张量可以表示如下：

$$\varepsilon_{ij}^{b}=A_{ijkl}^{b}\varepsilon_{kl} \tag{4.1-9a}$$

$$\varepsilon_{ij}^{fe}=A_{ijkl}^{fe}\varepsilon_{kl} \tag{4.1-9b}$$

$$\varepsilon_{ij}^{fp}=A_{ijkl}^{fp}\varepsilon_{kl} \tag{4.1-9c}$$

$$\varepsilon_{ij}^{f}=A_{ijkl}^{f}\varepsilon_{kl}=\left(A_{ijkl}^{fe}+A_{ijkl}^{fp}\right)\varepsilon_{kl} \tag{4.1-9d}$$

其中，A_{ijkl}^{b}为胶结元的弹性应变集中张量；A_{ijkl}^{fe}和A_{ijkl}^{fp}分别为摩擦元的弹性和塑性应变集中张量；A_{ijkl}^{f}为摩擦元的弹塑性应变集中张量。因此，增量形式的细观应变张量与宏观应变张量的关系如下：

$$\mathrm{d}\varepsilon_{ij}^{b}=\mathrm{d}A_{ijkl}^{b}\varepsilon_{kl}^{0}+A_{ijkl}^{b0}\mathrm{d}\varepsilon_{kl} \tag{4.1-10a}$$

$$\mathrm{d}\varepsilon_{ij}^{fe}=\mathrm{d}A_{ijkl}^{fe}\varepsilon_{kl}^{0}+A_{ijkl}^{fe0}\mathrm{d}\varepsilon_{kl} \tag{4.1-10b}$$

$$\mathrm{d}\varepsilon_{ij}^{fp}=\mathrm{d}A_{ijkl}^{fp}\varepsilon_{kl}^{0}+A_{ijkl}^{fp0}\mathrm{d}\varepsilon_{kl} \tag{4.1-10c}$$

$$\mathrm{d}\varepsilon_{ij}^{f}=\mathrm{d}A_{ijkl}^{f}\varepsilon_{kl}^{0}+A_{ijkl}^{f0}\mathrm{d}\varepsilon_{kl}=\left(\mathrm{d}A_{ijkl}^{fe}+\mathrm{d}A_{ijkl}^{fp}\right)\varepsilon_{kl}^{0}+\left(A_{ijkl}^{fe0}+A_{ijkl}^{fp0}\right)\mathrm{d}\varepsilon_{kl} \tag{4.1-10d}$$

然后，将式(4.1-9)和式(4.1-10)代入式(4.1-8)，得到宏-细观本构关系如下：

$$
\begin{aligned}
\mathrm{d}\sigma_{ij} = & \left[\left(1-\lambda_v^0\right)C_{ijmn}\mathrm{d}A_{mnkl}^{b} + \lambda_v^0 D_{ijmn}^{ep}\mathrm{d}A_{mnkl}^{f} + \mathrm{d}\lambda_v\left(D_{ijmn}^{ep}A_{mnkl}^{f0} - C_{ijmn}A_{mnkl}^{b0}\right)\right]\varepsilon_{kl}^0 \\
& + \left[\left(1-\lambda_v^0\right)C_{ijmn}A_{mnkl}^{b0} + \lambda_v^0 D_{ijmn}^{ep}A_{mnkl}^{f0}\right]\mathrm{d}\varepsilon_{kl}
\end{aligned}
\tag{4.1-11}
$$

在上述模型中，C_{ijkl}、D_{ijkl}^{ep} 为胶结元和摩擦元的刚度张量，可以通过细观方法确定；A_{ijkl}^{b0}、A_{ijkl}^{fe0}、A_{ijkl}^{fp0}、$\mathrm{d}A_{ijkl}^{b}$、$\mathrm{d}A_{ijkl}^{fe}$、A_{ijkl}^{f0} 和 $\mathrm{d}A_{ijkl}^{f}$ 为应变集中张量；$\mathrm{d}\lambda_v$ 和 λ_v^0 为破损率增量和初始破损率。以下将对它们进行分析。

2. 应变集中张量

由于本节所涉及的应变集中张量必须考虑高体积破碎率(高体积分数)、非线性变形特性和摩擦元的塑性应变，因此目前的基于线性变形特性的成果不能直接应用于求解应变集中张量。同时，在式(4.1-11)的宏-细观本构关系中，所进行的第一步均匀化过程已考虑了这些特征，并采用增量线性化方法进行了表示。此处采用自洽(S-F)方法和 Eshelby 夹杂理论(Eshelby，1957)来推导胶结元/摩擦元在每一个增量阶段的弹、塑性增量应变集中张量。

线性化方法的具体推导过程如下：如图 4.1-4 所示为冻土的真实变形曲线和近似线性变形直线(*A*1-*A*2 段)以及胶结元和摩擦元的变形直线(*A*1-*A*2 段)，其中图 4.1-4(a)中的真实应变曲线 *A*1-*A*2 具有明显的非线性特征。从图 4.1-4 中可以看出，当应变增量张量 $\mathrm{d}\varepsilon_{ij}$ 较小时，变形直线 *A*1-*A*2 近似能描述真实曲线 *A*1-*A*2 段，这意味着胶结元/摩擦元的增量线性本构关系在增量加载阶段可以用来近似反映非线性变形特性，从而可应用自洽理论和 Eshelby 夹杂理论。因此，后续的求解过程必须采用增量形式，而不是全量形式。

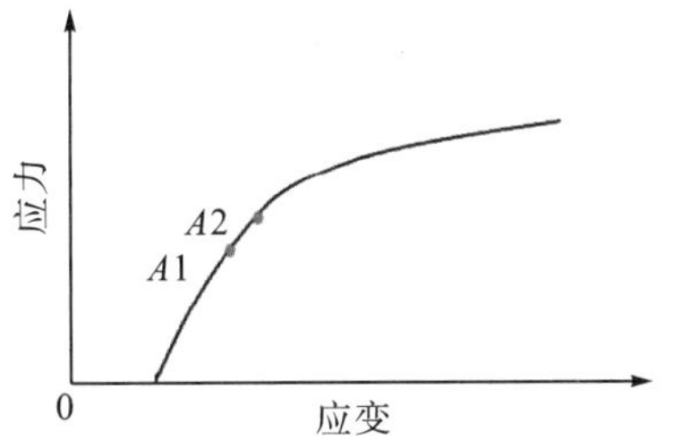

(a)宏观应力应变曲线

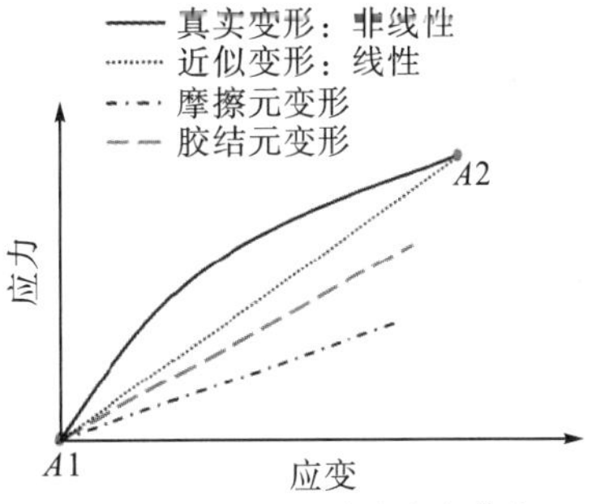

(b)近似线性化应力应变曲线

图 4.1-4　线性化方法示意图

在自洽理论中，必须先给出宏观参考等效体的力学模型。根据前面的描述，此处采用非线性拟弹性关系来描述冻土宏观等效体的本构关系，表达如下：

$$
\mathrm{d}\sigma_{ij} = \bar{C}_{ijkl}\mathrm{d}\varepsilon_{kl} \tag{4.1-12}
$$

其中，

$$
\bar{C}_{ijkl} = \left(K - \frac{2}{3}G\right)\delta_{ij}\delta_{kl} + G(\delta_{ik}\delta_{jl} + \delta_{il}\delta_{ik}) \tag{4.1-13a}
$$

$$
K = f_1\left(\sigma_{ij}^0, \varepsilon_{ij}^0\right),\quad G = f_2\left(\sigma_{ij}^0, \varepsilon_{ij}^0\right) \tag{4.1-13b}
$$

式中，K 和 G 分别为准弹性体积模量和准弹性剪切模量，均为宏观应变和应力的函数，且在每个应力/应变增量步中，准弹性体积模量和准弹性剪切模量均为常数。

在应变集中张量的增量形式推导过程中，胶结元的变形特征可以用线弹性模型描述，且弹性应变/应力均匀分布。摩擦元的变形特征可以用弹塑性本构模型来描述，且弹塑性应变应力也是均匀分布的。同时，摩擦元的塑性应变也可以看作是一种本征应变。

考虑等效基体和摩擦元对胶结元的应力、应变扰动后，胶结元的应力为

$$\mathrm{d}\sigma_{ij}^{b}=\mathrm{d}\sigma_{ij}+\mathrm{d}\sigma_{ij}'=C_{ijkl}(\mathrm{d}\varepsilon_{kl}+\mathrm{d}\varepsilon_{kl}') \tag{4.1-14a}$$

$$\mathrm{d}\varepsilon_{kl}^{b}=\mathrm{d}\varepsilon_{kl}+\mathrm{d}\varepsilon_{kl}' \tag{4.1-14b}$$

其中，$\mathrm{d}\sigma_{ij}'$ 和 $\mathrm{d}\varepsilon_{kl}'$ 分别为胶结元的扰动应力和应变。

同时，利用 Eshelby 等效夹杂原理，胶结元的应力和应变张量也可以表示为

$$\mathrm{d}\sigma_{ij}^{b}=\bar{C}_{ijkl}(\mathrm{d}\varepsilon_{kl}+\mathrm{d}\varepsilon_{kl}'-\mathrm{d}\varepsilon_{kl}^{*}) \tag{4.1-15}$$

式中，$\mathrm{d}\varepsilon_{kl}^{*}$ 为胶结元的等效特征应变张量。

通过基本的数学运算(见附录 4.I)，胶结元的应变集中张量为

$$A_{ijkl}^{b0}=\left[I_{ijkl}+S_{ijmn}\left(C_{ijmn}-\bar{C}_{ijmn}\right)\left(\bar{C}_{ijmn}S_{mnkl}-\bar{C}_{ijkl}-C_{ijmn}S_{mnkl}\right)^{-1}\right] \tag{4.1-16a}$$

$$\mathrm{d}A_{ijkl}^{b}=\mathbf{0} \tag{4.1-16b}$$

式中，I_{ijkl} 是四阶单位张量；$\mathbf{0}$ 是四阶零张量。同时，式(4.1-16a)和式(4.1-16b)表示胶结元的应变集中张量不受应变历史的影响，仅仅和增量应变相关，这也符合弹性本构关系的特征。

考虑基体和胶结元应力扰动后，摩擦元的应力可以表示为

$$\mathrm{d}\sigma_{ij}^{f}=\mathrm{d}\sigma_{ij}+\mathrm{d}\sigma_{ij}'+\mathrm{d}\sigma_{ij}''=\varGamma_{ijkl}\left(\mathrm{d}\varepsilon_{kl}+\mathrm{d}\varepsilon_{kl}'+\mathrm{d}\varepsilon_{kl}''-\mathrm{d}\varepsilon_{kl}^{fp}\right) \tag{4.1-17}$$

通过 Eshelby 等效夹杂方法，摩擦元的应力也可以表示为

$$\mathrm{d}\sigma_{ij}^{f}=\bar{C}_{ijkl}(\mathrm{d}\varepsilon_{kl}+\mathrm{d}\varepsilon_{kl}'+\mathrm{d}\varepsilon_{kl}''-\mathrm{d}\varepsilon_{kl}^{fp}-\mathrm{d}\varepsilon_{kl}^{**}) \tag{4.1-18}$$

其中，$\mathrm{d}\sigma_{ij}''$ 和 $\mathrm{d}\varepsilon_{kl}''$ 分别是摩擦元的扰动应力和扰动应变；$\mathrm{d}\varepsilon_{kl}^{fp}$ 是摩擦元的塑性应变；$\mathrm{d}\varepsilon_{kl}^{**}$ 是摩擦元的等效特征应变。

通过附录 4.II 的相关推导，得到摩擦元的塑性应变集中张量，表达如下：

$$Q_{ijmn}^{1}\mathrm{d}A_{mnkl}^{fp}=Q_{ijkl}^{3} \tag{4.1-19a}$$

$$Q_{ijmn}^{1}A_{mnkl}^{fp0}=Q_{ijkl}^{2} \tag{4.1-19b}$$

其中，

$$Q_{ijkl}^{1}=\left(\lambda_{v}^{0}I_{ijkl}+\lambda_{v}^{0}S_{ijmn}\vartheta_{mnkl}^{2}+\lambda_{v}^{0}S_{ijkl}-I_{ijkl}\right) \tag{4.1-20a}$$

$$Q_{ijkl}^{2}=\left(I_{ijkl}-A_{ijkl}^{b0}-\lambda_{v}^{0}S_{ijmn}\vartheta_{mnrs}^{1}A_{rskl}^{b0}\right) \tag{4.1-20b}$$

$$Q_{ijkl}^{3}=\mathrm{d}\lambda_{v}\left(A_{ijkl}^{b0}-\frac{1}{\lambda_{v}^{0}}I_{ijkl}+\frac{\left(1-\lambda_{v}^{0}\right)}{\lambda_{v}^{0}}A_{ijkl}^{b0}\right) \tag{4.1-20c}$$

摩擦元的弹性应变 $\mathrm{d}\varepsilon_{ij}^{fe}$ 为

$$\mathrm{d}\varepsilon_{ij}^{fe}=\frac{1}{\lambda_{v}^{0}}\left(I_{ijkl}-A_{ijkl}^{b0}+\lambda_{v}^{0}A_{ijkl}^{b0}-\lambda_{v}^{0}I_{ijkl}\right)\mathrm{d}\varepsilon_{kl}+\frac{\mathrm{d}\lambda_{v}}{\lambda_{v}^{0}}(A_{ijkl}^{b0}-A_{ijkl}^{fe0}-A_{ijkl}^{fp0})\varepsilon_{kl}^{0} \tag{4.1-21}$$

通过对比式(4.1-21)和式(4.1-10b)，可以得到摩擦元的弹性应变集中张量为

$$A_{ijkl}^{fe0}=\frac{1}{\lambda_v^0}\left(I_{ijkl}-A_{ijkl}^{b0}+\lambda_v^0A_{ijkl}^{b0}-\lambda_v^0A_{ijkl}^{fp0}\right) \tag{4.1-22a}$$

$$\mathrm{d}A_{ijkl}^{fe}=-\left[\mathrm{d}A_{ijkl}^{fp}-\frac{\mathrm{d}\lambda_v}{\lambda_v^0}\left(A_{ijkl}^{b0}-A_{ijkl}^{fe0}-A_{ijkl}^{fp0}\right)\right] \tag{4.1-22b}$$

$$\mathrm{d}A_{ijkl}^{f}\varepsilon_{kl}^0+A_{ijkl}^{f0}\mathrm{d}\varepsilon_{kl}=\left(\mathrm{d}A_{ijkl}^{fe}+\mathrm{d}A_{ijkl}^{fp}\right)\varepsilon_{kl}^0+\left(A_{ijkl}^{fe0}+A_{ijkl}^{fp0}\right)\mathrm{d}\varepsilon_{kl} \tag{4.1-22c}$$

因此，得到摩擦元的四阶弹塑性应变集中张量为

$$\mathrm{d}A_{ijkl}^{f}=\frac{\mathrm{d}\lambda_v}{\lambda_v^0}(A_{ijkl}^{b0}-A_{ijkl}^{fe0}-A_{ijkl}^{fp0}) \tag{4.1-23a}$$

$$A_{ijkl}^{f0}=A_{ijkl}^{fe0}+A_{ijkl}^{fp0}=\frac{1}{\lambda_v^0}\left(I_{ijkl}-A_{ijkl}^{b0}+\lambda_v^0A_{ijkl}^{b0}\right) \tag{4.1-23b}$$

由上式可以发现，该应变集中张量受其他应变张量的影响，即胶结元的应变集中张量与摩擦元的弹性应变集中张量和塑性应变集中张量之间存在相互作用。

3. 破损率

此处提出一种利用能量原理确定破损率的新方法，该方法理论严密。

对于同一个材料，根据能量守恒原则，宏观应变能等于细观应变能，即

$$\mathrm{d}w=\frac{1}{v}\int\mathrm{d}w^{\mathrm{local}}\left(x,y,z\right)\mathrm{d}v \tag{4.1-24}$$

式中，$\mathrm{d}w$ 代表的是宏观单元体 RVE 的应变能；$\mathrm{d}w^{\mathrm{local}}\left(x,y,z\right)$ 代表的是局部应变能密度，分别可以表示为

$$\mathrm{d}w=\frac{1}{2}\mathrm{d}\sigma_{ij}\mathrm{d}\varepsilon_{ij} \tag{4.1-25a}$$

$$\mathrm{d}w^{\mathrm{local}}\left(x,y,z\right)=\frac{1}{2}\mathrm{d}\sigma_{ij}^{\mathrm{local}}\mathrm{d}\varepsilon_{ij}^{\mathrm{local}} \tag{4.1-25b}$$

根据式(4.1-5)，可以得到宏观应变能为

$$\mathrm{d}W=\frac{v_b^0}{v}\mathrm{d}W_b+\frac{v_f^0}{v}\mathrm{d}W_f+\frac{\mathrm{d}v_f}{v}\mathrm{d}W_{\mathrm{bre}} \tag{4.1-26}$$

式中，$\mathrm{d}W_b$ 和 $\mathrm{d}W_f$ 分别是胶结元和摩擦元的应变能；$\mathrm{d}W_{\mathrm{bre}}$ 是破损应变能，其是驱动胶结元向摩擦元转化的能量。

考虑到胶结元的弹性变形特性和摩擦元的弹塑性变形特性，胶结元和摩擦元的应变能可以表示为

$$\mathrm{d}W_b=\frac{1}{2}\mathrm{d}\sigma_{ij}^b\mathrm{d}\varepsilon_{ij}^b \tag{4.1-27a}$$

$$\mathrm{d}W_f=\frac{1}{2}\mathrm{d}\sigma_{ij}^f\mathrm{d}\varepsilon_{ij}^f=\frac{1}{2}\left(\mathrm{d}\sigma_{ij}^f\mathrm{d}\varepsilon_{ij}^{fe}+\mathrm{d}\sigma_{ij}^f\mathrm{d}\varepsilon_{ij}^{fp}\right) \tag{4.1-27b}$$

同时，可以从式(4.1-5)看到，岩土破损材料的宏观应变是由三部分贡献的：胶结元的应变贡献 $\frac{v_b^0}{v}\mathrm{d}\varepsilon_{ij}^b$，摩擦元的应变贡献 $\frac{v_f^0}{v}\mathrm{d}\varepsilon_{ij}^f$，以及胶结元向摩擦元转化产生的应变贡献

$\frac{\mathrm{d}v_f}{v}(\varepsilon_{ij}^{f0}-\varepsilon_{ij}^{b0})$。可见，第三个应变是由于胶结元的破损产生的。因此，定义该破损过程的应变/应力分别为

$$\varepsilon_{ij}^{\text{bre}}=(\varepsilon_{ij}^{f0}-\varepsilon_{ij}^{b0}) \tag{4.1-28a}$$

$$\sigma_{ij}^{\text{bre}}=(\sigma_{ij}^{f0}-\sigma_{ij}^{b0}) \tag{4.1-28b}$$

考虑摩擦元的应变包括弹性部分和塑性部分，则破损应变能可以表示为

$$\mathrm{d}W_{\text{bre}}=\frac{1}{2}\left[\varepsilon_{ij}^{fe0}\left(\sigma_{ij}^{f0}-\sigma_{ij}^{b0}\right)-\varepsilon_{ij}^{b0}\left(\sigma_{ij}^{f0}-\sigma_{ij}^{b0}\right)\right]+\frac{1}{2}\left[\varepsilon_{ij}^{fp0}(\sigma_{ij}^{f0}-\sigma_{ij}^{b0})\right] \tag{4.1-29}$$

上式由两部分组成，具体表达为

$$\mathrm{d}W_{\text{bre}}=\mathrm{d}W_{\text{bre}}^{\text{elastic}}+\mathrm{d}W_{\text{bre}}^{\text{plastic}} \tag{4.1-30a}$$

弹性部分：

$$\mathrm{d}W_{\text{bre}}^{\text{elastic}}=\frac{1}{2}\left[\varepsilon_{ij}^{fe0}\left(\sigma_{ij}^{f0}-\sigma_{ij}^{b0}\right)-\varepsilon_{ij}^{b0}\left(\sigma_{ij}^{f0}-\sigma_{ij}^{b0}\right)\right] \tag{4.1-30b}$$

塑性部分：

$$\mathrm{d}W_{\text{bre}}^{\text{plastic}}=\frac{1}{2}\varepsilon_{ij}^{fp0}(\sigma_{ij}^{f0}-\sigma_{ij}^{b0}) \tag{4.1-30c}$$

式中，$\mathrm{d}W_{\text{bre}}^{\text{elastic}}$表示弹性破损应变能；$W_{\text{bre}}^{\text{plastic}}$表示塑性破损应变能。

将式(4.1-25a)、式(4.1-27)和式(4.1-29)代入式(4.1-26)，得到宏-细观应变能的等效公式：

$$\mathrm{d}\sigma_{ij}\mathrm{d}\varepsilon_{ij}=\left(1-\lambda_v^0\right)\mathrm{d}\sigma_{ij}^{b}\mathrm{d}\varepsilon_{ij}^{b}+\lambda_v^0\mathrm{d}\sigma_{ij}^{f}\mathrm{d}\varepsilon_{ij}^{f}+\mathrm{d}\lambda_v\left[(\varepsilon_{ij}^{f0}-\varepsilon_{ij}^{b0})(\sigma_{ij}^{f0}-\sigma_{ij}^{b0})\right] \tag{4.1-31}$$

然后将式(4.1-6)、式(4.1-7)、式(4.1-9)和式(4.1-10)代入式(4.1-31)中，得到

$$\mathrm{d}\sigma_{ij}\mathrm{d}\varepsilon_{ij}=\left(1-\lambda_v^0\right)S_1+\lambda_v^0S_2+\mathrm{d}\lambda_vS_3 \tag{4.1-32a}$$

其中，

$$S_1=C_{ijkl}(A_{mnst}^{b0}A_{mnst}^{b0})(\mathrm{d}\varepsilon_{ij}\mathrm{d}\varepsilon_{kl}) \tag{4.1-32b}$$

$$S_2=D_{ijkl}^{ep}\left(\mathrm{d}A_{ijmn}^{f}\varepsilon_{mn}^0+A_{ijmn}^{f0}\mathrm{d}\varepsilon_{mn}\right)\left(\mathrm{d}A_{stkl}^{f}\varepsilon_{st}^0+A_{stkl}^{f0}\mathrm{d}\varepsilon_{st}\right) \tag{4.1-32c}$$

$$S_3=(A_{ijkl}^{f0}-A_{ijkl}^{b0})(D_{mnst}^{ep}A_{mnst}^{f0}-C_{mnst}A_{mnst}^{b0})\varepsilon_{ij}^0\varepsilon_{kl}^0 \tag{4.1-32d}$$

同时，式(4.1-11)可以重新表示为

$$\mathrm{d}\sigma_{ij}=\left[\left(1-\lambda_v^0\right)\chi_{ij}^1+\lambda_v^0\chi_{ij}^2\right]+\left[\mathrm{d}\lambda_v\chi_{ij}^3+\left(1-\lambda_v^0\right)\chi_{ij}^4+\lambda_v^0\chi_{ij}^5\right] \tag{4.1-33}$$

其中，$\chi_{ij}^1=C_{ijmn}A_{mnkl}^{b0}\mathrm{d}\varepsilon_{kl}$；$\chi_{ij}^2=D_{ijmn}^{ep}A_{mnkl}^{f0}\mathrm{d}\varepsilon_{kl}$；$\chi_{ij}^3=(D_{ijmn}^{ep}A_{mnkl}^{f0}-C_{ijmn}A_{mnkl}^{b0})\varepsilon_{kl}^0$；$\chi_{ij}^4=C_{ijmn}\mathrm{d}A_{mnkl}^{b}\varepsilon_{kl}^0$；$\chi_{ij}^5=D_{ijmn}^{ep}\mathrm{d}A_{mnkl}^{f}\varepsilon_{kl}^0$。

将式(4.1-33)代入式(4.1-32)，可以得到破损率的增量表达式为($\varepsilon_{kl}^0\neq0$)：

$$\mathrm{d}\lambda_v=\frac{1}{S_3-\chi_{ij}^3\mathrm{d}\varepsilon_{ij}}\left\{\left[\left(1-\lambda_v^0\right)\left(\chi_{ij}^1+\chi_{ij}^4\right)+\lambda_v^0\left(\chi_{ij}^2+\chi_{ij}^5\right)\right]\mathrm{d}\varepsilon_{ij}-\left[\left(1-\lambda_v^0\right)S_1+\lambda_v^0S_2\right]\right\} \tag{4.1-34}$$

当宏观初始应变张量ε_{kl}^0为0时，初始体积破损率λ_v^0的表达式为

$$\lambda_v^0=T^1T^2 \tag{4.1-35}$$

其中，

$$T^1=\chi_{ij}^1\mathrm{d}\varepsilon_{ij}-S_1 \tag{4.1-36a}$$

$$T^2=\left[\chi_{ij}^1\mathrm{d}\varepsilon_{ij}-\chi_{ij}^2\mathrm{d}\varepsilon_{ij}-S_1+S_{22}\right]^{-1} \tag{4.1-36b}$$

$$S_{22}=D_{ijkl}^{ep}\left(A_{ijmn}^{f0}\mathrm{d}\varepsilon_{mn}\right)\left(A_{klst}^{f0}\mathrm{d}\varepsilon_{st}\right) \tag{4.1-36c}$$

此外，热力学第二定律要求宏观单元体的总耗散能不能小于零，即

$$\mathrm{d}W^p=\left(\lambda_v^0\mathrm{d}\sigma_{ij}^f\mathrm{d}\varepsilon_{ij}^{fp}\right)+\mathrm{d}\lambda_v\varepsilon_{ij}^{fp0}(\sigma_{ij}^{f0}-\sigma_{ij}^{b0})\geqslant 0 \tag{4.1-37}$$

式中，中间第一项为摩擦元的塑性功，第二项为塑性破损应变能。式(4.1-37)给出了求解体积破损率的热力学限制条件。

最终，从热力学第一、第二定律出发，推导了破损率的理论表达式，且发现破损率是一个与初始宏观应变张量 ε_{ij}^0 、增量应变张量 $\mathrm{d}\varepsilon_{ij}$ 、胶结元的应变集中张量 $A_{ijkl}^b(\mathrm{d}A_{ijkl}^b)$ 和刚度张量 C_{ijkl} ，以及摩擦元的应变集中张量 $A_{ijkl}^{f0}(\mathrm{d}A_{ijkl}^f)$ 和刚度张量 D_{ijkl}^{ep} 相关的函数。

4.1.3　胶结元和摩擦元的本构关系式

1. 胶结元的本构关系式

胶结元是由多种未破损材料组成的复合材料，这些组分材料控制胶结元的力学特性，同时也会导致胶结元内部应变和应力的不均匀分布。通过以上分析，未破损材料可以假定是完全弹性性质，因此胶结元的本构模型可以用广义胡克定律来描述，具体如下：

$$\mathrm{d}\sigma_{ij}^b=C_{ijkl}\mathrm{d}\varepsilon_{kl}^b \tag{4.1-38a}$$

$$C_{ijkl}=\left(K^b-\frac{2}{3}G^b\right)\delta_{ij}\delta_{kl}+G^b(\delta_{ik}\delta_{jl}+\delta_{il}\delta_{ik}) \tag{4.1-38b}$$

其中，K^b 和 G^b 分别是胶结元的体积模量和剪切模量，它们是未破损材料弹性模量的函数：

$$K^b=f_1\left(K^1,K^2,\cdots,K^n;c^1,c^2,\cdots,c^n\right),\ G^b=f_2\left(G^1,G^2,\cdots,G^n;c^1,c^2,\cdots,c^n\right) \tag{4.1-39}$$

式中，K^1 、K^2 和 K^n 分别是第 1、2 和 n 相材料的体积模量；G^1 、G^2 和 G^n 分别是第 1、2 和 n 相材料的剪切模量；c^1 、c^2 和 c^n 分别是第 1、2 和 n 相材料的体积分数。

对于饱和冻土，这些函数的具体表达式可通过 M-T 法求解。假定未破损冰夹杂的形状为球形，则饱和冻土的胶结元体积模量和剪切模量分别是(附录 4.III)：

$$K^b=K^s\left[1+\frac{c_i\left(\dfrac{K^i}{K^s}-1\right)}{1+\alpha^i\left(1-c_i\right)\left(\dfrac{K^i}{K^s}-1\right)}\right] \tag{4.1-40a}$$

$$G^b=G^s\left[1+\frac{c_i\left(\dfrac{G^i}{G^s}-1\right)}{1+\beta^i\left(1-c_i\right)\left(\dfrac{G^i}{G^s}-1\right)}\right] \tag{4.1-40b}$$

式中，c_i 是含冰量；K^i 和 K^s 分别是未破损冰夹杂和未破损土骨架的体积模量；G^i 和 G^s 分别是未破损冰夹杂和未破损土骨架的剪切模量。

2. 摩擦元的本构关系式

摩擦元是由多种破损材料组成的集合体，其力学性能受这些材料的控制，这也导致了其在微观尺度上的应力/应变非均匀分布。因此，通过第二次均匀化过程，建立摩擦元力学性质(细观尺度)与组分材料(微观尺度)之间的关系，从而推导出考虑组分材料的摩擦元本构关系式，从而合理地描述摩擦元的变形机制。

摩擦元是两相复合材料，即具有弹塑性特征的破损土(基体)和破损冰(夹杂)，所以基体具有塑性应变而不能直接使用 Eshelby 等效夹杂理论。对于上述两个问题(基体塑性应变和非线性均匀化)，将借助弹塑性介质的类 Eshelby 张量，从而能较好地考虑弹塑性基体中存在弹性夹杂的情况，并且这种方法已经得到了证明(Peng et al.，2016)。在此基础上，采用第一步均匀化过程中相同的增量线性化方法，推导了每个加载步骤(弹塑性夹杂+弹塑性基体)中摩擦元的弹塑性刚度张量。此外，塑性应变是本征应变，均匀分布在破损冰(夹杂相)中。

破损土的应力和应变与摩擦元一致，故作为基体的破损土的增量本构关系为

$$\mathrm{d}\sigma_{ij}^{f} = L_{ijkl}^{m}\mathrm{d}\varepsilon_{kl}^{f} \tag{4.1-41}$$

式中，L_{ijkl}^{m} 是摩擦元中破损土基体的弹塑性刚度张量。

同时，破损冰夹杂的应力/应变受到了破损土基体的扰动，并且是均匀分布的。所以摩擦元中破损冰的应力为

$$\mathrm{d}\sigma_{ij}^{fi} = \mathrm{d}\sigma_{ij}^{f} + \mathrm{d}\sigma_{ij}^{f'} = L_{ijkl}^{i}(\mathrm{d}\varepsilon_{kl}^{f} + \mathrm{d}\varepsilon_{kl}^{f'}) \tag{4.1-42}$$

式中，$\mathrm{d}\sigma_{ij}^{f'}$ 和 $\mathrm{d}\varepsilon_{kl}^{f'}$ 分别是扰动应力和应变；L_{ijkl}^{i} 是破损冰的弹塑性刚度张量。

根据现有关于弹塑性介质的研究结论，冰夹杂的增量应力可以表示为

$$\mathrm{d}\sigma_{ij}^{fi} = L_{ijkl}^{i}\left(\mathrm{d}\varepsilon_{kl}^{f} + \mathrm{d}\varepsilon_{kl}^{f'}\right) = L_{ijkl}^{m}\left(\mathrm{d}\varepsilon_{kl}^{f} + \mathrm{d}\varepsilon_{kl}^{f'} - \mathrm{d}\varepsilon_{kl}^{f*} - \mathrm{d}\varepsilon_{kl}^{fp}\right) \tag{4.1-43}$$

式中，$\mathrm{d}\varepsilon_{kl}^{f*}$ 和 $\mathrm{d}\varepsilon_{kl}^{fp}$ 分别是破损冰的特征应变和塑性应变。

$$\mathrm{d}\varepsilon_{ij}^{f'} = S_{ijkl}^{ep}(\mathrm{d}\varepsilon_{kl}^{f*} + \mathrm{d}\varepsilon_{kl}^{fp}) \tag{4.1-44}$$

式中，S_{ijkl}^{ep} 是弹塑性介质的类 Eshelby 张量，可以表达为(Peng et al.，2016)：

$$S_{ijkl}^{ep} = \left[(L_{ijrs}^{me})^{-1}L_{rsop}^{m}\right]^{-1}S_{opnt}^{e}[(L_{ntpq}^{me})^{-1}L_{pqkl}^{m}] \tag{4.1-45a}$$

$$S_{ijkl}^{e} = \left(\alpha^{e} - \beta^{e}\right)\frac{1}{3}\delta_{ij}\delta_{kl} + \beta^{e}I_{ijkl} \tag{4.1-45b}$$

其中，S_{ijkl}^{e} 是摩擦元的弹性 Eshelby 张量。

因此，可以得到 $\mathrm{d}\varepsilon_{kl}^{f'}$ 的表达式为

$$\mathrm{d}\varepsilon_{kl}^{f'} = [L_{ijmn}^{m} - L_{ijrs}^{m}\left(S_{rsmn}^{ep}\right)^{-1} - L_{ijmn}^{i}]^{-1}\left(L_{mnkl}^{i} - L_{mnkl}^{m}\right)\mathrm{d}\varepsilon_{ij}^{f} = K_{ijkl}\mathrm{d}\varepsilon_{ij}^{f} \tag{4.1-46}$$

且破损冰的应变张量为

$$\mathrm{d}\varepsilon_{ij}^{fi} = \mathrm{d}\varepsilon_{ij}^{f} + \mathrm{d}\varepsilon_{ij}^{f'} = \mathrm{d}\varepsilon_{ij}^{f} + K_{ijkl}\mathrm{d}\varepsilon_{kl}^{f} = (I_{ijkl} + K_{ijkl})\mathrm{d}\varepsilon_{kl}^{f} \tag{4.1-47}$$

通过式(4.1-41)、式(4.1-42)、式(4.1-46)和式(4.1-47)，可以得到摩擦元的应力张量，表示如下：

$$\mathrm{d}\sigma_{ij}^{f} = (1 - f_{c})L_{ijkl}^{m}\mathrm{d}\varepsilon_{kl}^{f} + f_{c}L_{ijkl}^{i}(I_{klmn} + K_{klmn})\mathrm{d}\varepsilon_{mn}^{f} \tag{4.1-48}$$

因此，摩擦元的弹塑性本构模型为

$$\mathrm{d}\sigma_{ij}^{f} = D_{ijkl}^{ep}\mathrm{d}\varepsilon_{kl}^{f} \tag{4.1-49a}$$

$$D_{ijkl}^{ep} = (1-f_c)L_{ijkl}^{m} + f_c L_{ijmn}^{i}(I_{mnkl} + K_{mnkl}) \tag{4.1-49b}$$

在式(4.1-49)中，摩擦元弹塑性张量中的弹性模量和塑性势函数可参考土力学或者冰力学已有的研究成果。此处，假定两相破损材料的塑性势函数在形式上是一致的，塑性硬化参数中的塑性应变为摩擦元的塑性应变，从而使摩擦元模型参数的确定方法相对简单。同时，破损材料的应变主要分为弹性和塑性两部分，下文分别对弹性和塑性应变的求解进行讨论。

(1)摩擦元的弹性刚度张量表达式。摩擦元的弹性本构关系式为

$$\sigma_{kl}^{f} = \varGamma_{ijkl}\varepsilon_{ij}^{fe} \tag{4.1-50a}$$

$$\varGamma_{ijkl} = \left(K^{f} - \frac{2}{3}G^{f}\right)\delta_{ij}\delta_{kl} + G^{f}(\delta_{ik}\delta_{jl} + \delta_{il}\delta_{ik}) \tag{4.1-50b}$$

其中，K^f 和 G^f 分别是摩擦元的体积模量和剪切模量。当忽略塑性变形的干扰或不考虑塑性变形时，摩擦元的弹性刚度可表示为各种破损材料弹性模量的函数，而这些破损材料对应上述胶结元中的未破损材料，因此可直接给出表达式为

$$K^{f} = f_1\left(K^{1b},K^{2b},\cdots,K^{nb};c^{1},c^{2},\cdots,c^{n}\right)；\quad G^{f} = f_2\left(G^{1b},G^{2b},\cdots,G^{nb};c^{1},c^{2},\cdots,c^{n}\right) \tag{4.1-51}$$

式中，K^{1b}、K^{2b} 和 K^{nb} 分别为破损材料 1、2 和 n 的体积模量；G^{1b}、G^{2b} 和 G^{nb} 分别为破损材料 1、2 和 n 的剪切模量。因此，可得摩擦元的体积模量和剪切模量分别为

$$K^{f} = K^{sb}\left[1 + \frac{c_i\left(\dfrac{K^{ib}}{K^{sb}} - 1\right)}{1 + \alpha^{b}(1-c_i)\left(\dfrac{K^{ib}}{K^{sb}} - 1\right)}\right] \tag{4.1-52a}$$

$$G^{f} = G^{sb}\left[1 + \frac{c_i\left(\dfrac{G^{ib}}{G^{sb}} - 1\right)}{1 + \beta^{b}(1-c_i)\left(\dfrac{G^{ib}}{G^{sb}} - 1\right)}\right] \tag{4.1-52b}$$

$$\alpha^{ib} = \frac{3K^{sb}}{3K^{sb} + 4G^{sb}}，\quad \beta^{ib} = \frac{6\left(G^{sb} + 2G^{sb}\right)}{5\left(3G^{sb} + 4G^{sb}\right)} \tag{4.1-52c}$$

式中，K^{ib} 和 K^{sb} 分别是破损冰和破损土的体积模量；G^{ib} 和 G^{sb} 分别为破损冰和破损土的剪切模量。

同时，在某些情况下，当摩擦元的破损组分材料具有非线性弹性性质时，可表达为

$$\begin{cases} K^{1b} = f_3(K_0^{1b},\varepsilon_v^{f},\varepsilon_s^{f})，\quad G^{1b} = f_4(G_0^{1b},\varepsilon_v^{f},\varepsilon_s^{f}) \\ K^{2b} = f_3(K_0^{2b},\varepsilon_v^{f},\varepsilon_s^{f})，\quad G^{2b} = f_4(G_0^{2b},\varepsilon_v^{f},\varepsilon_s^{f}) \end{cases} \tag{4.1-53}$$

其中上式的具体表达式可根据破损材料的实际变形特征确定。

(2)摩擦元的塑性刚度张量表达式。在土力学中，可通过塑性流动理论计算摩擦元的塑性变形。因此，根据塑性流动理论，摩擦元的塑性应变可以表达为(屈智炯和刘恩龙，2011)：

$$d\varepsilon_{ij}^{fp} = -\frac{1}{H}\frac{\partial f}{\partial \sigma_{ij}^{f}}\frac{\partial Q}{\partial \sigma_{kl}^{f}}d\sigma_{kl}^{f} \tag{4.1-54}$$

式中，$f\left(\sigma_{ij}^{f}, H_{\alpha}\right)=0$ 为摩擦元的屈服函数，H_{α} 是硬化参数，其是塑性应变的函数；Q 是摩擦元的塑性势函数；H 是硬化模量。

因此，可得到摩擦元如下的塑性刚度张量：

$$M_{ijkl} = -H\left[\frac{\partial f}{\partial \sigma_{ij}^{f}}\frac{\partial Q}{\partial \sigma_{kl}^{f}}\right]^{-1} \tag{4.1-55}$$

式中的屈服函数、塑性势函数和硬化参数的具体表达式可以通过实验或理论方法得到，进而确定该塑性刚度张量。

此处，采用 Liu 等(2019)提出的屈服函数来描述破损冰和破损土混合物的塑性变形特征，如下：

$$f = q^{fs} - \left(D + M_0 p^{fm}\right)\left(1 - \frac{p^{fm}}{p_{\max}}\right)\exp\left[\left(\frac{p^{fm}}{p_{\max}}\right)^{n}\right] \tag{4.1-56}$$

且

$$p_{\max} = c_1 \exp\left(\frac{\varepsilon_v^{fp}}{c_2}\right) \tag{4.1-57a}$$

$$M_0 = c_3\left(1.0 - c_4\exp(-\frac{\varepsilon_s^{fp}}{c_5})\right) \tag{4.1-57b}$$

其中，c_1、c_2、c_3、c_4、c_5、n 和 D 是材料参数，可以通过冻土破坏时的试验结果确定；q^{fs} 和 p^{fm} 分别是摩擦元的剪应力和平均应力，其可以通过公式(4.1-7a)确定；ε_s^{fp} 和 ε_v^{fp} 分别是摩擦元的塑性剪应变和塑性体应变，可以通过前述建立的塑性应变集中张量求得。因此，通过考虑相关联流动法则 $f=Q$，可以得到摩擦元的塑性刚度张量。

4.1.4 本构模型的参数确定和验证

在本节，为了验证以上模型对于饱和冻土的适用性，首先讨论模型参数的确定方法，然后与常规三轴压缩条件下的试验结果进行对比。

1. 模型参数的确定方法

以上的冻土多尺度弹塑性本构模型包含胶结元、摩擦元和宏观参考等效体的参数，具体确定方法如下。

(1)土和冰的弹性模量可分别通过常规三轴压缩试验确定。①破损土和未破损土的弹性模量。通过对重塑土样和原状土样的三轴压缩试验(Liu et al.，2017)，可以得到如

图 4.1-5(a)所示的试验曲线，从而直接从初始加载阶段的应变较小范围内计算得到这些弹性模量。②破损冰和未破损冰的弹性模量。如图 4.1-5(b)所示，从冰样的三轴压缩试验结果可以得出，冰的力学特性具有明显的弹脆性，因此未破损冰的弹性模量可通过初始线性阶段的数据进行确定；但破损冰的三轴压缩试验较难进行，因此此处提出了一种根据未破损冰的三轴压缩试验结果确定破损冰的弹性模量的方法：首先确定冰的三轴压缩曲线的渐近线，然后给出一条穿过应力峰值点且垂直于水平轴的直线，从而得到破损冰的线弹性变形曲线，即可通过这条曲线确定弹性模量，如图 4.1-5(b)所示。

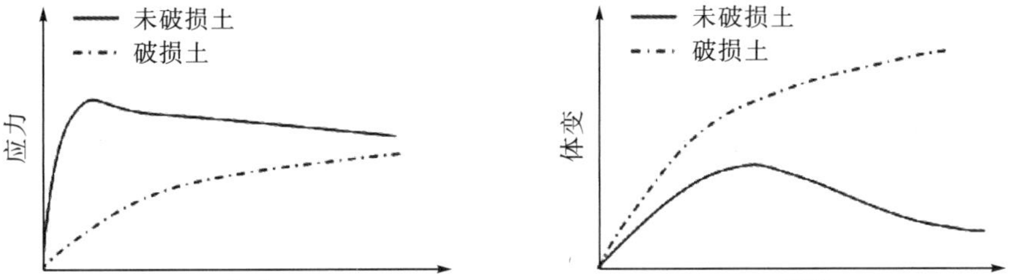

(a-1)应力应变曲线　(a-2)应变体变曲线

(a)破损土/未破损土的常规三轴压缩曲线

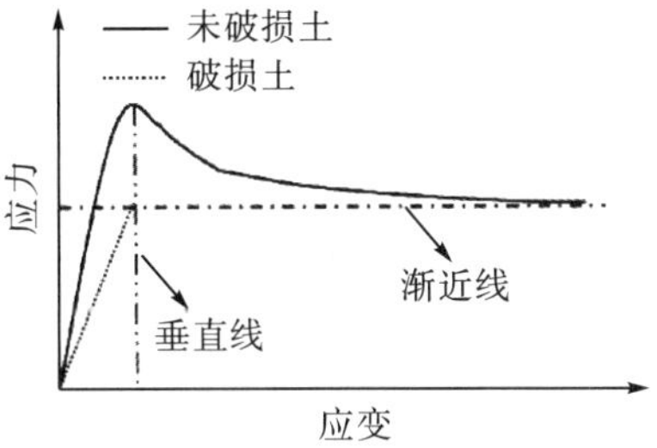

(b)破损冰/未破损冰的常规三轴压缩曲线

图 4.1-5　冰和土的应力应变曲线

(2)确定宏观等效参考体的刚度张量。冻土在宏观尺度上具有复杂的变形特征，主要表现为以下几个方面：在低围压下的体积剪胀和应变软化，以及在高围压下的体积收缩和应变硬化。因此，为了合理反映这种力学特性，采用如下公式：

$$q=\frac{\varepsilon_1\left(a+c\varepsilon_1\right)}{\left(a+b\varepsilon_1\right)^2} \tag{4.1-58a}$$

$$\varepsilon_v=\frac{\varepsilon_1\left(d+f\varepsilon_1\right)}{\left(d+e\varepsilon_1\right)^2} \tag{4.1-58b}$$

其中，q 是剪应力；ε_1 和 ε_v 分别是轴向应变和体应变；a、b、c、d、e 和 f 分别是材料参数，其可以通过拟合宏观曲线进行确定。该公式可以较好地模拟冻土的变形特性，如图 4.1-6 所示，然后通过对式(4.1-58)运算，就可以得到宏观等效参考体刚度张量中的准弹性模量：

$$\bar{E}=\frac{\mathrm{d}q}{\mathrm{d}\varepsilon_1}=\frac{(a+2c\varepsilon_1)(a+b\varepsilon_1)-2b\varepsilon_1(a+c\varepsilon_1)}{(a+b\varepsilon_1)^3} \tag{4.1-59a}$$

$$\bar{\nu}=-\frac{\mathrm{d}\varepsilon_3}{\mathrm{d}\varepsilon_1}=\frac{1}{2}-\frac{1}{2}\left[\frac{(d+2f\varepsilon_1)(d+e\varepsilon_1)-2e\varepsilon_1(d+f\varepsilon_1)}{(d+e\varepsilon_1)^3}\right] \tag{4.1-59b}$$

$$\bar{G}=\frac{\bar{E}}{2(1+\bar{\nu})}\,,\quad \bar{K}=\frac{\bar{E}}{3(1-2\bar{\nu})} \tag{4.1-59c}$$

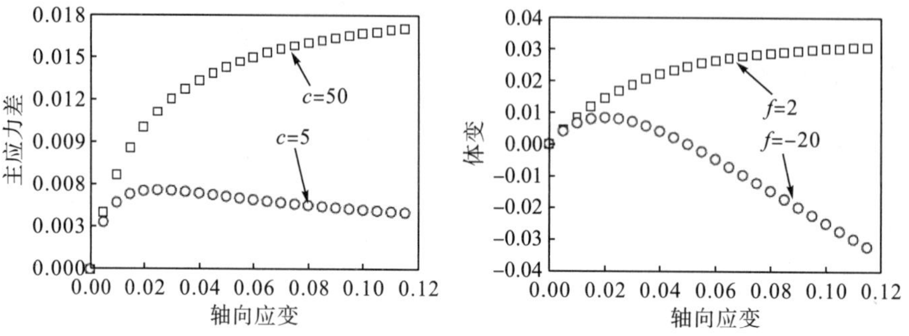

(a)轴向应变-主应力差　　(b) 轴向应变-体变

图 4.1-6　宏观等效方程模拟能力

因此，通过拟合冻土宏观变形试验数据，可以得到宏观等效参考体的模型参数，然后根据式(4.1-59)计算宏观等效刚度张量。

(3)确定胶结元/摩擦元的模型参数。参数列表见表 4.1-1，具体确定方法如下：

①胶结元的模型参数。进行结构性土和冰试样的常规三轴压缩试验，通过初始加载阶段的试验数据来确定弹性模量 K^s 、 G^s 、和 G^i ，然后给出弹性刚度张量。在冻土样品制备过程中，通过土质量和冻结样品的质量可以得到冰含量 c_i 的值。

②摩擦元的模型参数。摩擦元的模型参数包括弹性刚度张量和塑性刚度张量。通过计算重塑土和扰动冰的弹性模量 K^{sb} 、 G^{sb} 、 K^{ib} 和 G^{ib} ，可得到弹性刚度张量。根据土的已有弹塑性本构模型的参数确定方法，可以确定土的塑性刚度张量。

表 4.1-1　模型参数确定方法

类别	参数	确定方法
胶结元	K^s 、 G^s 、 K^i 、 G^i 、 c_i	K^s 、 G^s 、 K^i 和 G^i 可以通过未破损土和未破损冰的力学试验所确定，详见 4.1.3 节； c_i 可通过制样确定
摩擦元	K^{sb} 、 G^{sb} 、 K^{ib} 、 G^{ib}	可以通过破损土和破损冰的力学试验所确定，详细见 4.1.3 节
	c_1 、 c_2 、 c_3 、 c_4 、 c_5 、 n 、 D	通过模拟破损土和破损冰所构成混合物的塑性变形来确定

2. 模型试验验证

根据以上的模型参数确定方法，得到具体的模型参数。

胶结元参数：$K^s = 7045p_a\left(\dfrac{\sigma_3}{p_a}\right)^{0.11787}$，$G^s = 3478p_a\left(\dfrac{\sigma_3}{p_a}\right)^{0.24016}$，$K^i = 13910p_a\left(\dfrac{\sigma_3}{p_a}\right)^{0.07407}$，$G^i = 6768p_a\left(\dfrac{\sigma_3}{p_a}\right)^{0.13906}$，$c_i = 0.44$。

摩擦元参数：$K^{sb} = 8542p_a\left(\dfrac{\sigma_3}{p_a}\right)^{0.07058}$，$G^{sb} = 6568p_a\left(\dfrac{\sigma_3}{p_a}\right)^{0.09461}$，$K^{ib} = 8748p_a\left(\dfrac{\sigma_3}{p_a}\right)^{0.14248}$，$G^{ib} = 6993p_a\left(\dfrac{\sigma_3}{p_a}\right)^{0.17088}$，$c_1 = 0.01$，$c_2 = 0.97796 + 0.00454\left(\dfrac{\sigma_3}{p_a}\right)$，$c_3 = 0.96347 + 0.00148\left(\dfrac{\sigma_3}{p_a}\right)$，$c_4 = 1.05096 + 0.0013\left(\dfrac{\sigma_3}{p_a}\right)$，$c_5 = 7.24773\exp\left(-\dfrac{\sigma_3}{4.8233p_a}\right) + 0.0848$，$n = 0.34565\exp\left(-\dfrac{\sigma_3}{9.99563p_a}\right) + 0.24318$，$D = 0.88373 - 0.01343\left(\dfrac{\sigma_3}{p_a}\right)$。

宏观等效体参数：$a = 0.00546$，$b = 1.06169$，$c = 1.06247$，$d = 14.23399$，$e = 108.08511$，$f = -168.71791$。其中 $p_a = 0.101\,\text{MPa}$。

计算得到了饱和冻土的理论变形曲线，见图 4.1-7～图 4.1-10，温度是−4℃，围压分别为 0.3MPa、3.0MPa、5.0MPa 和 7.0MPa。由图可以看出，所建立的多尺度本构模型能够较好地模拟不同围压下饱和冻土的应力-应变特性，对冻土初始线性变形阶段和随后的非线性变形阶段都有较好的模拟效果；且模型基本反映了冻土由较小的体积压缩向体积剪胀转变的过程，具体参见(王番，2022；Wang et al.，2021)。

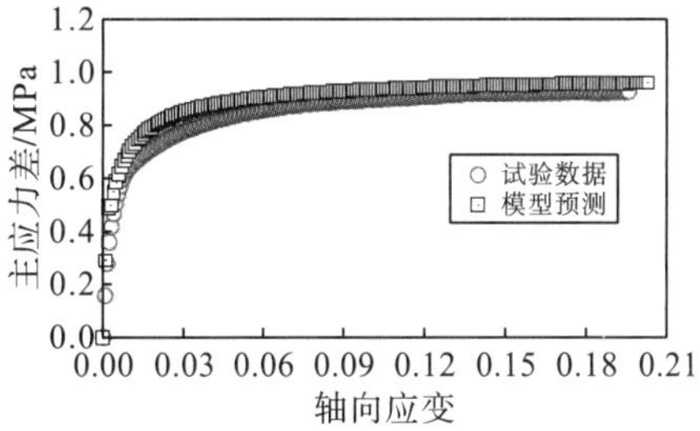

(a)轴向应变-主应力差

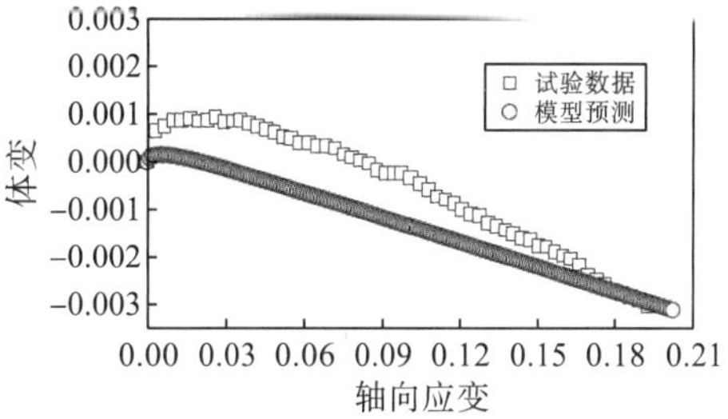

(b)轴向应变-体变

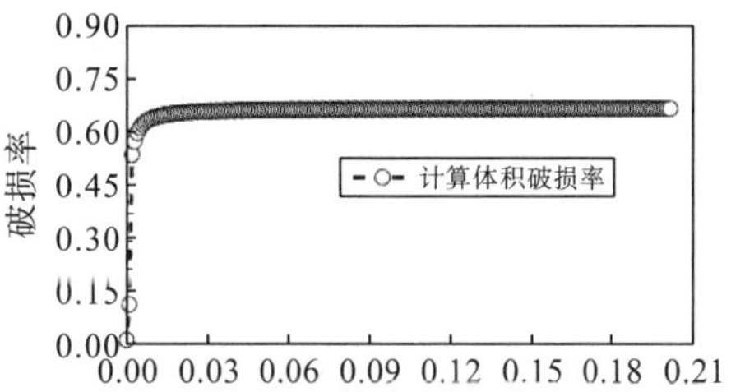

(c)轴向应变-破损率

图 4.1-7　理论曲线与试验曲线对比(0.3MPa)

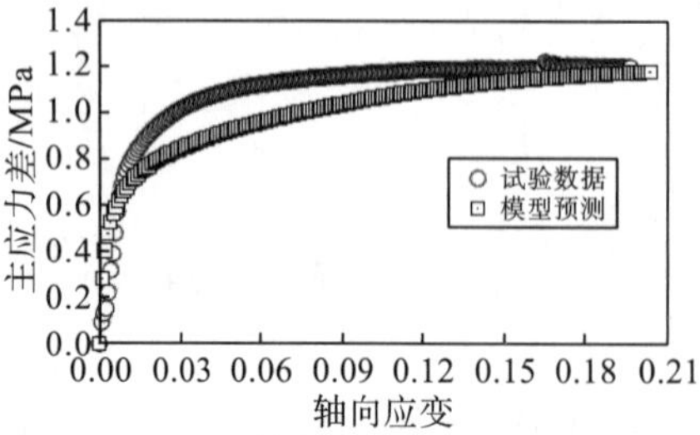

(a)轴向应变-主应力差

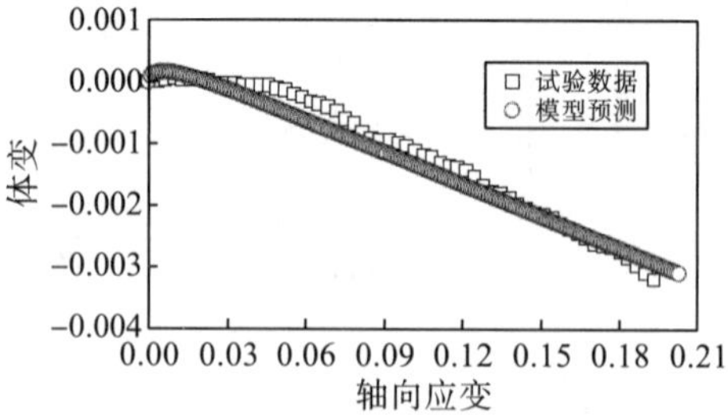

(b)轴向应变-体变

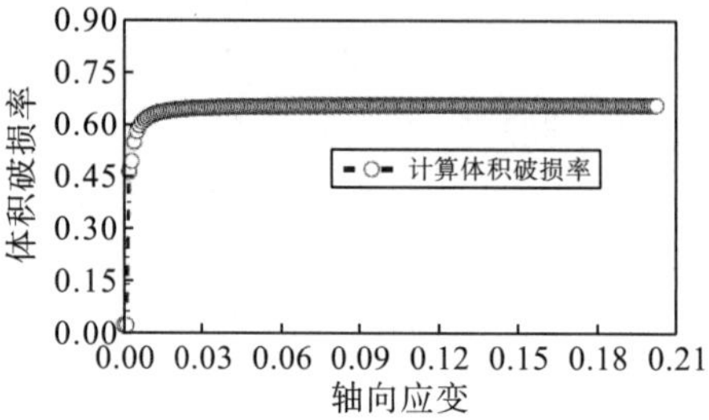

(c)轴向应变-体积破损率

图 4.1-8 理论曲线与试验曲线对比(3.0MPa)

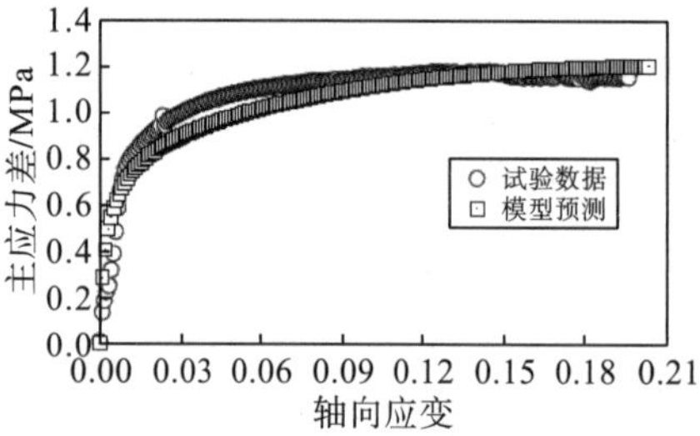

(a)轴向应变-主应力差

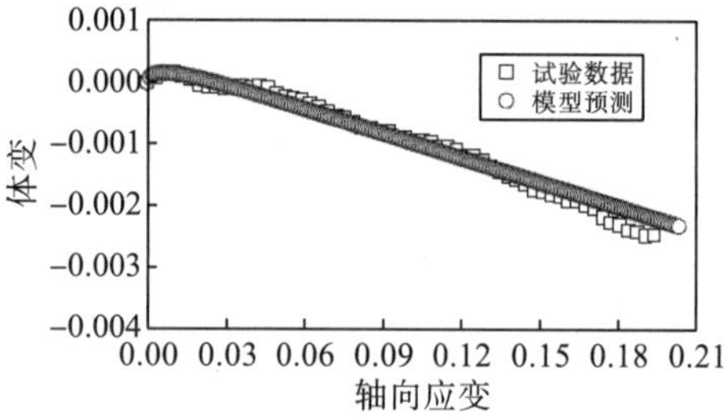

(b)轴向应变-体变

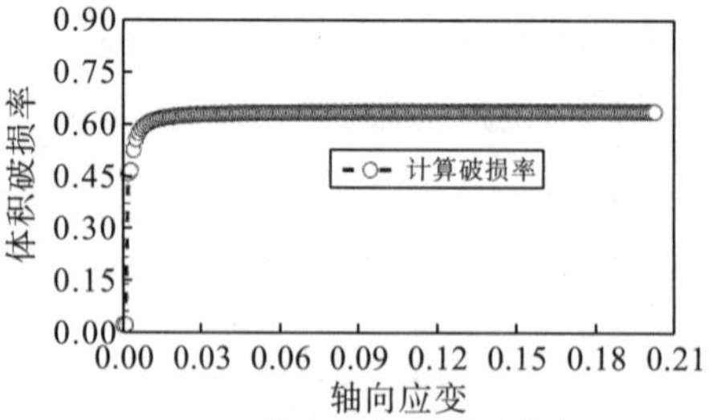

(c)轴向应变-体积破损率

图 4.1-9 理论曲线与试验曲线对比(5.0MPa)

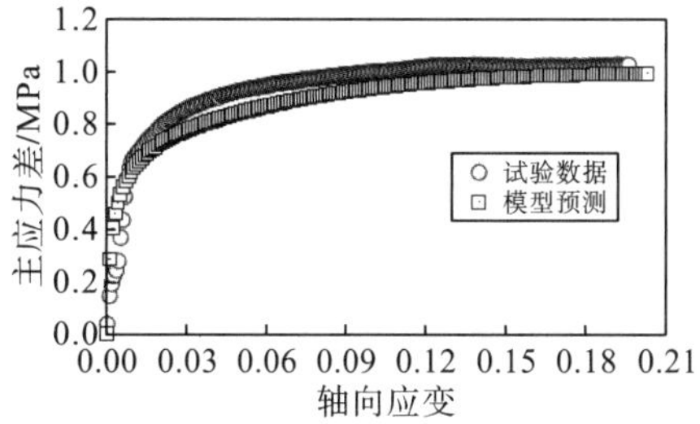

(a)轴向应变-主应力差

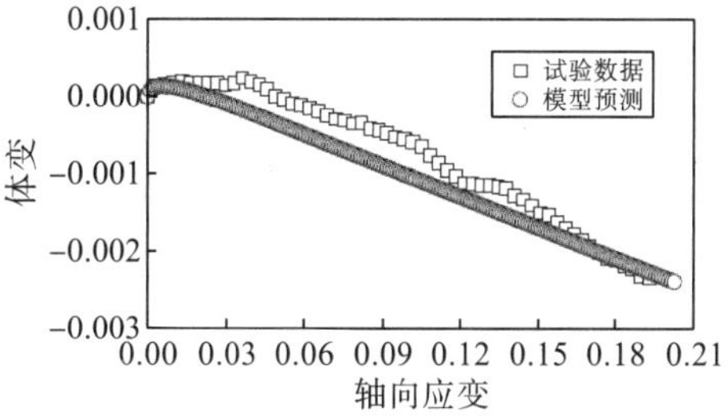

(b)轴向应变-体变

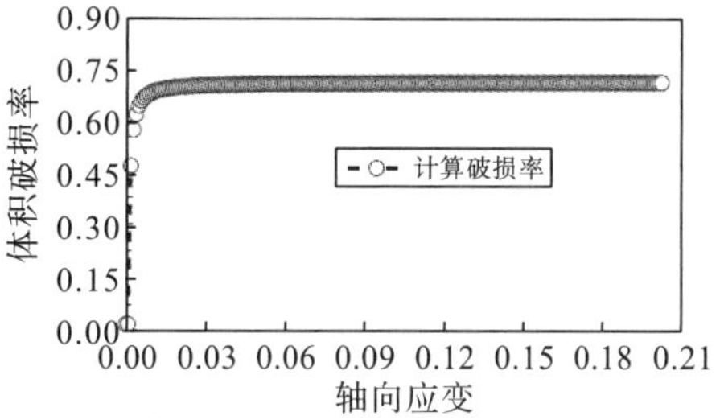

(c)轴向应变-体积破损率

图 4.1-10　理论曲线与试验曲线对比(7.0MPa)

第 4.2 节　岩石的宏-细-微观二元介质本构模型

本节以泥岩为研究对象，基于泥岩的细观结构和微观物质组成，采用均匀化方法，建立了宏观-细观-微观三尺度二元介质本构模型，该本构模型对原有的二元介质本构模型进行了扩展。该本构模型合理利用岩样的固有物性参数，在大幅降低模型参数数目的基础上，仍能较好地描述物质组成差异岩样随细观结构变化的宏观力学行为，以及硬化-体缩和软化-体胀等特性。

4.2.1　泥岩三尺度本构模型的建立思路

二元介质模型将岩土材料视为两相(胶结元和摩擦元)细观物质，在考虑表征胶结元向摩擦元转换程度的破损率和搭建局部与整体力学特性关系的应力/应变集中系数后，推导出由两相成分力学表现共同决定的宏观力学特性。其中含胶结特性的胶结元是弹性的，由摩擦提供抗剪强度的摩擦元是弹塑性的。就细观结构性材料(胶结元和摩擦元)而言，考虑其由不同的微观组分构成。其中，胶结元由微观胶结物(黏土矿物颗粒)、碎屑矿物和孔隙组成，摩擦元由微观孔隙、碎屑矿物以及破损黏土矿物构成。值得注意的是，本研究中提到的微观尺度是矿物颗粒和粒间孔隙所处的绝对尺度(<100μm)，宏观尺度是宏观代表性单元体(RVE)的绝对尺度，而细观尺度是介于两者之间的，即远大于矿物颗粒尺寸使得其具有结构性，又远小于宏观 RVE 的尺度。泥岩的三尺度特征示意图如图 4.2-1 所示。

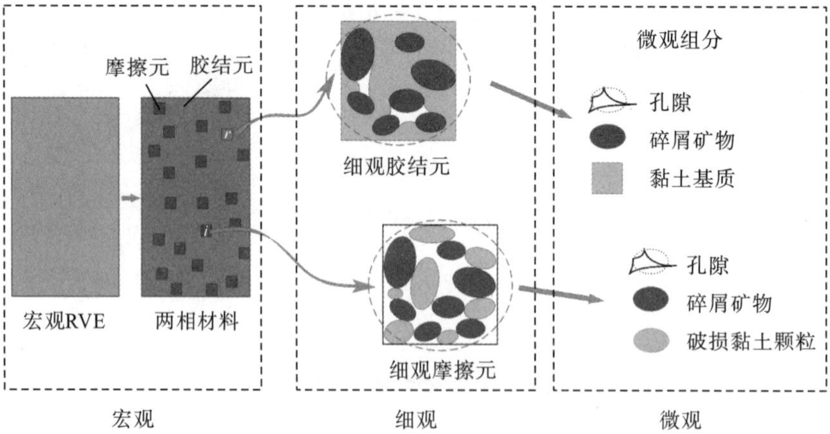

图 4.2-1 泥岩宏观、细观、微观代表性特征

4.2.2 泥岩的三尺度本构模型

4.2.2.1 微观-细观联系

根据细观胶结元和摩擦元各自的微观组成以及力学特性，采用不同的均匀化方法建立了泥岩微观和细观各组分力学特性之间的联系。

1. 胶结元的力学特性

本节的目的是考虑细观胶结元中各组分的微观力学特性，利用均匀化理论推导用各组分微观力学参数表示的细观胶结元的本构关系。首先，每个未损细观胶结元均被视作具有完全弹性性质的均质单元，其力学性能用广义胡克定律描述。r 号细观胶结元的示意图(图 4.2-2)展示了该细观单元微观尺度上的三相材料组成。其中，黏土矿物被视为含胶结作用的基质、孔隙和固体颗粒(碎屑矿物)为嵌入黏土基质的两相夹杂。考虑细观胶结元 r 是由具有 f_r^{ce} 、 f_r^{vo} 和 f_r^{gr} 体积分数的三相物质组成的代表性单元体(RVE)，假设各微观无限小颗粒呈椭球状且任意分布，可用 M-T(Mori-Tanaka)方法获得细观弹性力学性质。这里，边界条件 σ_{ij}^0 (压应力为正)由基体和夹杂物的应力根据体积贡献比获得。因此有

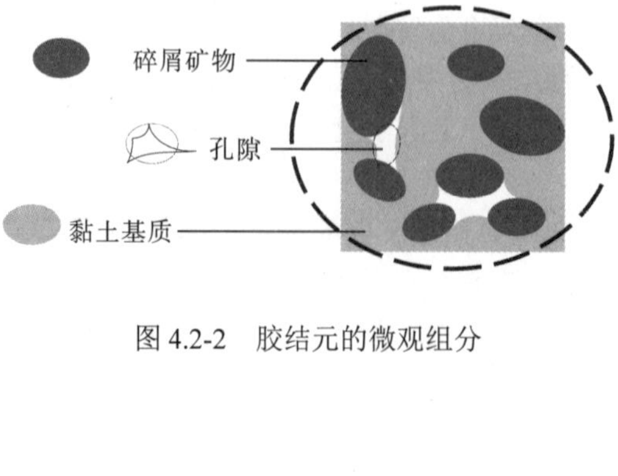

图 4.2-2 胶结元的微观组分

$$\sigma_{ij}^{B}=f_r^{gr}\sigma_{ij}^{gr}+f_r^{ce}\sigma_{ij}^{ce}=\sigma_{ij}^{0} \tag{4.2-1}$$

其中，上标 ce、gr 分别表示黏土基质、固体颗粒；σ_{ij} 表示相应组分的应力；上标 B 表示细观胶结元 r 的力学性质。

首先，考虑胶结元中不同组分的弹性本构关系有

$$\sigma_{ij}^{n}=\mathcal{L}_{ijkl}^{n}\varepsilon_{kl}^{n},\quad \varepsilon_{ij}^{n}=\mathcal{M}_{ijkl}^{n}\sigma_{kl}^{n} \tag{4.2-2}$$

式中，n 表示不同相，如黏土基质相 ce、孔隙相 vo、固体颗粒相 gr 或是细观胶结元 B；$\mathcal{M}_{ijkl}^{n}$ 表示相应的柔度矩阵；$\mathcal{L}_{ijkl}^{n}$ 为相应的刚度矩阵；ε^{n} 表示相应的应变张量。值得注意的是孔隙刚度张量的各元素为 0。

在引入固体颗粒相应变集中系数 A_{ijkl}^{gr}，以及孔隙相应变集中系数 A_{ijkl}^{vo} 后，各组分间的应变关系可以写为

$$\varepsilon_{ij}^{gr}=A_{ijkl}^{gr}\varepsilon_{kl}^{ce}=A_{ijkl}^{gr}\mathcal{M}_{klmn}^{ce}\sigma_{mn}^{ce} \tag{4.2-3}$$

$$\varepsilon_{ij}^{vo}=A_{ijkl}^{vo}\varepsilon_{kl}^{ce}=A_{ijkl}^{vo}\mathcal{M}_{klmn}^{ce}\sigma_{mn}^{ce} \tag{4.2-4}$$

基于等效夹杂法(Eshelby，1957)，上述应变集中系数改写为

$$A_{ijkl}^{gr}=\left[I_{ijkl}+S_{ijmn}^{gr}\mathcal{M}_{mnrs}^{ce}\left(\mathcal{L}_{rskl}^{gr}-\mathcal{L}_{rskl}^{ce}\right)\right]^{-1} \tag{4.2-5}$$

$$A_{ijkl}^{vo}=\left[I_{ijkl}+S_{ijmn}^{vo}\mathcal{M}_{mnrs}^{ce}\left(\mathcal{L}_{rskl}^{vo}-\mathcal{L}_{rskl}^{ce}\right)\right]^{-1} \tag{4.2-6}$$

这里 S_{ijmn}^{gr} 以及 S_{ijmn}^{vo} 分别表示固体颗粒和孔隙的 Eshelby 张量，其由基体的弹性性质、夹杂的方向以及形状共同决定。

为便于计算，将上述各量分解为平均部分和偏斜部分，具体描述如下。

各组分的各向同性弹性刚度张量有

$$\mathcal{L}_{ijkl}^{n}=\left(3k^{n}-2\mu^{n}\right)\frac{1}{3}\delta_{ij}\delta_{kl}+2\mu^{n}I_{ijkl} \tag{4.2-7}$$

其中，δ_{ij} 为克罗内克符号；I_{ijkl} 为四阶单位矩阵；k^{n}、μ^{n} 为相应相 n 的体积模量和剪切模量。因此，球应力张量 σ_{m}^{n} 比球应变张量 $\frac{1}{3}\varepsilon_{v}^{n}$ 的标量系数为 $3k^{n}$，其中 $\sigma_{m}^{n}=\frac{1}{3}\sigma_{kk}^{n}$ 以及 $\varepsilon_{v}^{n}=\varepsilon_{kk}^{n}$，偏应力张量 s_{ij}^{n} 比偏应变张量 e_{ij}^{n} 的标量系数为 $2\mu^{n}$，其中 $s_{ij}^{n}=\sigma_{ij}^{n}-\frac{1}{3}\sigma_{kk}^{n}\delta_{ij}$ 以及 $e_{ij}^{n}=\varepsilon_{ij}^{n}-\frac{1}{3}\varepsilon_{kk}^{n}\delta_{ij}$。基于此，将式(4.2-7)写为平均部分以及偏斜部分，且简化为

$$\left[\mathcal{L}^{n}\right]=\left(3k^{n},2\mu^{n}\right) \tag{4.2-8}$$

同样地，柔度矩阵有

$$\left[\mathcal{M}^{n}\right]=\left(\frac{1}{3k^{n}},\ \frac{1}{2\mu^{n}}\right) \tag{4.2-9}$$

在上述简化表达式的基础上，考虑细观胶结元为由椭球体组成的无限大均匀介质，重写公式(4.2-5)中应变集中张量以平均部分和偏斜部分的形式如下：

$$\left[A^{gr}\right]=\left(\frac{k^{ce}}{k^{ce}+\alpha^{gr}\left(k^{gr}-k^{ce}\right)},\ \frac{\mu^{ce}}{\mu^{ce}+\beta^{gr}\left(\mu^{gr}-\mu^{ce}\right)}\right) \tag{4.2-10}$$

其中，$(\alpha^n,\beta^n)=[S^n]=(\alpha^n-\beta^n)\frac{1}{3}\delta_{ij}\delta_{kl}+\beta^n I_{ijkl}$，有 $\alpha^n=\frac{3k^t}{3k^t+4\mu^t}$ 以及 $\beta^n=\frac{6(k^t+2\mu^t)}{5(3k^t+4\mu^t)}$；$t$ 为弹性介质，对于 M-T 方法，将基体视为上述弹性介质。

类似地，将公式(4.2-6)简化为

$$[A^{vo}]=\left(\frac{k^{ce}}{k^{ce}-k^{ce}\alpha^{vo}},\quad \frac{\mu^{ce}}{\mu^{ce}-\mu^{ce}\beta^{vo}}\right) \tag{4.2-11}$$

对于式(4.2-3)，考虑静水压力 σ^0（$\sigma_{11}^0=\sigma_{22}^0=\sigma_{33}^0=\sigma^0$）为边界条件，并将式(4.2-10)代入，得到固体颗粒的体应变：

$$\varepsilon_v^{gr}=\frac{1}{k^{ce}+\alpha^{gr}(k^{gr}-k^{ce})}\sigma_m^{ce} \tag{4.2-12}$$

在轴对称剪应力 σ^0（$\sigma_{11}^0=\sigma_{22}^0=-\sigma^0$，$\sigma_{33}^0=2\sigma^0$）的边界条件下，固体颗粒的广义剪应变为

$$\varepsilon_s^{gr}=\frac{1}{3}\frac{1}{\mu^{ce}+\beta^{gr}(\mu^{gr}-\mu^{ce})}\sigma_s^{ce} \tag{4.2-13}$$

其中，广义剪应力有 $\sigma_s^n=\sqrt{\frac{3}{2}s_{ij}^n s_{ij}^n}$；广义剪应变有 $\varepsilon_s^n=\sqrt{\frac{2}{3}e_{ij}^n e_{ij}^n}$。

同样的，基于式(4.2-4)及式(4.2-11)，得到孔隙的体应变和广义剪应变：

$$\varepsilon_v^{vo}=\frac{1}{k^{ce}-\alpha^{vo}k^{ce}}\sigma_m^{ce} \tag{4.2-14}$$

$$\varepsilon_s^{vo}=\frac{1}{3}\frac{1}{\mu^{ce}-\beta^{vo}\mu^{ce}}\sigma_s^{ce} \tag{4.2-15}$$

考虑两个尺度上的能量守恒，并引入 Hill 引理(Hill，1963)，得到以下结果：

$$\mathcal{M}_{ijkl}^b\sigma_{ij}^0\sigma_{kl}^0=\mathcal{M}_{ijkl}^{ce}\sigma_{ij}^0\sigma_{kl}^0+f_r^{gr}\left(I_{ijmn}-\mathcal{M}_{ijkl}^{ce}\mathcal{L}_{klmn}^{gr}\right)\sigma_{ij}^0\varepsilon_{mn}^{gr}+f_r^{vo}\left[I_{ijmn}-\mathcal{M}_{ijkl}^{ce}\mathcal{L}_{klmn}^{vo}\right] \tag{4.2-16}$$

因此，可建立微观和细观组分弹性刚度张量之间的关系，表示如下：

$$\frac{1}{k^b}=\frac{1}{k^{ce}}+f_r^{gr}\left(1-\frac{k^{gr}}{k^{ce}}\right)\frac{\varepsilon_v^{gr}}{\sigma_m^0}+f_r^{vo}\left(1-\frac{k^{vo}}{k^{ce}}\right)\frac{\varepsilon_v^{vo}}{\sigma_m^0} \tag{4.2-17}$$

$$\frac{1}{\mu^b}=\frac{1}{\mu^{ce}}+f_r^{gr}\left(1-\frac{\mu^{gr}}{\mu^{ce}}\right)\frac{3\varepsilon_s^{gr}}{\sigma_s^0}+f_r^{vo}\left(I-\frac{\mu^{v0}}{\mu^{ce}}\right)\frac{3\varepsilon_s^{vo}}{\sigma_s^0} \tag{4.2-18}$$

考虑固体颗粒的局部应力应变关系 $\sigma_{ij}^{gr}=\mathcal{L}_{ijkl}^{gr}\varepsilon_{kl}^{gr}$，并将式(4.2-3)代入式(4.2-1)，得到黏土基质和细观 RVE 应力的关系：

$$\sigma_{ij}^{ce}=\left(f_r^{gr}\mathcal{L}_{ijmn}^{gr}A_{mnrs}^{gr}\mathcal{M}_{rskl}^{ce}+f_r^{ce}I_{ijkl}\right)^{-1}\sigma_{kl}^0 \tag{4.2-19}$$

利用式(4.2-8)～式(4.2-10)，$\mathcal{H}_{ijkl}=\left(f_r^{gr}\mathcal{L}_{ijmn}^{gr}A_{mnrs}^{gr}\mathcal{M}_{rskl}^{ce}+f_r^{ce}I_{ijkl}\right)^{-1}$ 可以写为

$$[\mathcal{H}]=\left(\frac{(k^{gr}-k^{ce})\alpha^{gr}+k^{ce}}{f_r^{gr}k^{gr}+f_r^{ce}(k^{gr}-k^{ce})\alpha^{gr}+f_r^{ce}k^{ce}},\frac{(\mu^{gr}-\mu^{ce})\beta^{gr}+\mu^{ce}}{f_r^{gr}\mu^{gr}+f_r^{ce}(\mu^{gr}-\mu^{ce})\beta^{gr}+f_r^{ce}\mu^{ce}}\right) \tag{4.2-20}$$

基于此，利用式(4-19)和式(4-20)，式(4-12)和式(4-13)中固体颗粒的应变与细观 RVE 的边界条件以及其内部微观组分的力学特性建立直接联系：

$$\varepsilon_v^{gr} = \frac{1}{f_r^{gr}k^{gr} + f_r^{ce}\left(k^{gr} - k^{ce}\right)\alpha^{gr} + f_r^{ce}k^{ce}}\sigma_m^0 \tag{4.2-21}$$

$$\varepsilon_s^{gr} = \frac{1}{3}\frac{1}{f_r^{gr}\mu^{gr} + f_r^{ce}\left(\mu^{gr} - \mu^{ce}\right)\beta^{gr} + f_r^{ce}\mu^{ce}}\sigma_s^0 \tag{4.2-22}$$

类似地，基于式(4.2-19)、式(4.2-20)、式(4.2-14)以及式(4.2-15)，得到孔隙的体应变以及广义剪应变如下：

$$\varepsilon_v^{vo} = \frac{1}{k^{ce} - k^{ce}\alpha^{vo}}\frac{\left(k^{gr} - k^{ce}\right)\alpha^{gr} + k^{ce}}{f_r^{gr}k^{gr} + f_r^{ce}\left(k^{gr} - k^{ce}\right)\alpha^{gr} + f_r^{ce}k^{ce}}\sigma_m^0 \tag{4.2-23}$$

$$\varepsilon_s^{vo} = \frac{1}{3}\frac{1}{\mu^{ce} - \mu^{ce}\beta^{vo}}\frac{\left(\mu^{gr} - \mu^{ce}\right)\beta^{gr} + \mu^{ce}}{f_r^{gr}\mu^{gr} + f_r^{ce}\left(\mu^{gr} - \mu^{ce}\right)\beta^{gr} + f_r^{ce}\mu^{ce}}\sigma_s^0 \tag{4.2-24}$$

将式(4.2-21)和式(4.2-23)中的球分量关系代入式(4.2-17)后，得到细观胶结元的体积模量k^b，表示为

$$\begin{aligned} k^b = k^{ce} / \Bigg[& 1 + f_r^{gr}\frac{\left(k^{ce} - k^{gr}\right)}{f_r^{gr}k^{gr} + f_r^{ce}\left(k^{gr} - k^{ce}\right)\alpha^{gr} + f_r^{ce}k^{ce}} \\ & + f_r^{vo}\frac{1}{1-\alpha^{vo}}\frac{\left(k^{gr} - k^{ce}\right)\alpha^{gr} + k^{ce}}{f_r^{gr}k^{gr} + f_r^{ce}\left(k^{gr} - k^{ce}\right)\alpha^{gr} + f_r^{ce}k^{ce}}\Bigg] \end{aligned} \tag{4.2-25}$$

类似地，将式(4.2-22)、式(4.2-24)代入式(4.2-18)，得到胶结元的剪切模量μ^b：

$$\begin{aligned} \mu^b = \mu^{ce} / \Bigg[& 1 + f_r^{gr}\frac{\left(\mu^{ce} - \mu^{gr}\right)}{f_r^{gr}\mu^{gr} + f_r^{ce}\left(\mu^{gr} - \mu^{ce}\right)\beta^{gr} + f_r^{ce}\mu^{ce}} \\ & + f_r^{vo}\frac{1}{1-\beta^{vo}}\frac{\left(\mu^{gr} - \mu^{ce}\right)\beta^{gr} + \mu^{ce}}{f_r^{gr}\mu^{gr} + f_r^{ce}\left(\mu^{gr} - \mu^{ce}\right)\beta^{gr} + f_r^{ce}\mu^{ce}}\Bigg] \end{aligned} \tag{4.2-26}$$

值得注意的是，当 f_r^{vo} 或者 f_r^{gr} 等于 0 时，式(4.2-25)和式(4.2-26)退化为 M-T 方法的两相解。

2. 摩擦元的力学特性

当胶结元破坏时，将失去胶结作用并破碎成为摩擦元。摩擦元通过颗粒之间的摩擦滑移来提供抗剪强度，具有弹塑性力学行为。图 4.2-3 给出了 i 号摩擦元的微观组分，其由体积分数为ϕ_i^{ce}的破碎胶结颗粒、体积分数为ϕ_i^{gr}的固体颗粒(碎屑矿物)和相对发育的孔隙(体积分数ϕ_i)组成。该细观摩擦元的总体积为$\phi_i^{ce} + \phi_i^{gr} + \phi_i = 1$。

在摩擦元中，考虑固体相(破碎胶结颗粒和碎屑矿物集合体)为基体，孔隙为夹杂。这里采用基于修正割线模量法的非线性均匀化方法来获得摩擦元的弹塑性力学行为。对于固体基质，由于黏土颗粒和碎屑矿物刚度之间的显著差异，固相的弹性性质采用 M-T 方法(以破碎黏土颗粒为基质)获得。因此，固相的体积模量有 $k^{eq} = f\left(k^{gr}, k^{ce}\right) = k^{ce}$

$$\left[1+\frac{c\left(\frac{k^{gr}}{k^{ce}}-1\right)}{1+\alpha^{ce}(1-c)\left(\frac{k^{gr}}{k^{ce}}-1\right)}\right]，剪切模量有\ \mu^{eq}=f\left(\mu^{gr},\mu^{ce}\right)=\mu^{ce}\left[1+\frac{c\left(\frac{\mu^{gr}}{\mu^{ce}}-1\right)}{1+\beta^{ce}(1-c)\left(\frac{\mu^{gr}}{\mu^{ce}}-1\right)}\right],$$

以及相对体积分数 $c=\dfrac{\phi_i^{gr}}{\phi_i^{ce}+\phi_i^{gr}}$。

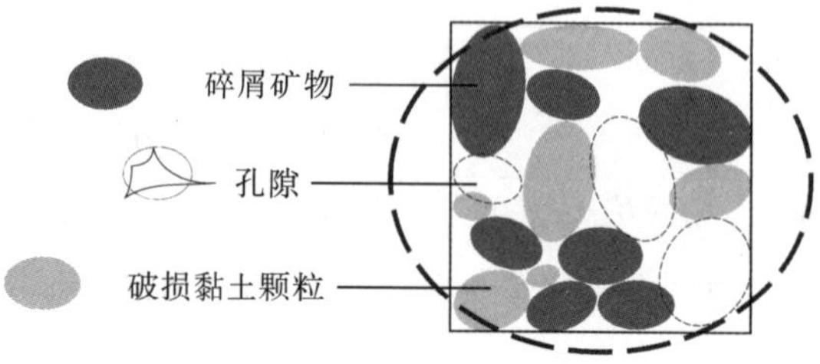

图 4.2-3 摩擦元的微观组分

考虑摩擦元中固体相服从 Drucker-Prager 准则：

$$\phi^m\left(\sigma_{ij}^M\right)=\sigma_s^M+\varphi\left(\sigma_m^M+T\right)\leqslant 0 \tag{4.2-27}$$

其中，φ 为摩擦系数；T 为拉应力；σ_{ij}^M 为固相局部应力场；静水压力有 $\sigma_m^M=\dfrac{1}{3}\sigma_{kk}^M$；广义剪应力有 $\sigma_s^M=\sqrt{\dfrac{3}{2}s_{ij}^M:s_{ij}^M}$，且 $s_{ij}^M=\sigma_{ij}^M-\dfrac{1}{3}\sigma_{kk}^M\delta_{ij}$；压应力及压应变为正值。

借鉴 Maghous 等(2009)推导的含孔隙摩擦岩土材料的强度准则结果，将其应用于弹塑性问题，则得到细观摩擦元的屈服准则：

$$F\left(\sigma_{ij}^f,\phi_i\right)=\frac{1+2\phi_i/3}{\varphi^2}\left(\sigma_s^f\right)^2+\left[\frac{9\phi_i}{4\varphi^2}-1\right]\left(\sigma_m^f\right)^2+2\left(1-\phi_i\right)T\sigma_m^f-\left(1-\phi_i\right)^2T^2 \tag{4.2-28}$$

其中，上标 f 代表摩擦元 i；$\sigma_m^f=\dfrac{1}{3}\sigma_{kk}^f$，$\sigma_s^f=\sqrt{\dfrac{3}{2}s_{ij}^f s_{ij}^f}$，且 $s_{ij}^f=\sigma_{ij}^f-\dfrac{1}{3}\sigma_{kk}^f\delta_{ij}$。

由以上结果得到细观摩擦元的弹性增量本构关系：

$$\mathrm{d}\sigma_m^f=k^{fe}\mathrm{d}\varepsilon_v^{fe} \tag{4.2-29}$$

$$\mathrm{d}\sigma_s^f=3\mu^{fe}\mathrm{d}\varepsilon_s^{fe} \tag{4.2-30}$$

其中，k^{fe} 以及 μ^{fe} 分别表示摩擦元的切线体积模量和切线剪切模量。

利用 Hashin-Shtrikman 上确界(Hashin，1983)模型确定各向同性细观多孔介质的弹性常数，得到细观摩擦元的弹性参数：

$$k^{fe}=k^{eq}\frac{4\left(1-\phi_i\right)\mu^{eq}}{3\phi_i k^{eq}+4\mu^{eq}} \tag{4.2-31}$$

$$\mu^{fe}=\mu^{eq}\frac{\left(1-\phi_i\right)\left(9k^{eq}+8\mu^{eq}\right)}{k^{eq}\left(9+6\phi_i\right)+\mu^{eq}\left(8+12\phi_i\right)} \tag{4.2-32}$$

参考式(4.2-28)中的屈服函数，为了更好地反映摩擦材料的变形特性，这里采用非关

联流动法则。引入剪胀系数η后，塑性势可表示为

$$G\left(\sigma_{ij}^f,\phi_i\right)=\frac{1+2\phi_i/3}{\eta\varphi}\left(\sigma_s^f\right)^2+\left(\frac{9\phi_i}{4\eta\varphi}-1\right)\left(\sigma_m^f\right)^2+2\left(1-\phi_i\right)T\sigma_m^f-\left(1-\phi_i\right)^2T^2 \quad (4.2\text{-}33)$$

注意：如果$\eta=\varphi$，流动法则即为相关联的。

把细观摩擦元的应变增量分解为弹性和塑性部分：

$$\mathrm{d}\varepsilon_v^f=\mathrm{d}\varepsilon_v^{fe}+\mathrm{d}\varepsilon_v^{fp} \quad (4.2\text{-}34)$$

$$\mathrm{d}\varepsilon_s^f=\mathrm{d}\varepsilon_s^{fe}+\mathrm{d}\varepsilon_s^{fp} \quad (4.2\text{-}35)$$

式中，ε_v^f和ε_s^f分别为细观摩擦元i的体应变和广义剪应变；上标fe、fp分别表示摩擦元弹性和塑性部分的力学参数。

基于塑性流动由正交法则给出，塑性应变增量可以写为

$$\mathrm{d}\varepsilon_v^{fp}=\mathrm{d}\lambda\frac{\partial G}{\partial\sigma_m^f} \quad (4.2\text{-}36)$$

$$\mathrm{d}\varepsilon_s^{fp}=\mathrm{d}\lambda\frac{\partial G}{\partial\sigma_s^f} \quad (4.2\text{-}37)$$

其中，$\mathrm{d}\lambda$为塑性乘子。

将上述两式分别代入式(4.2-29)和式(4.2-30)，则有

$$\mathrm{d}\sigma_m^f=k^{fe}\left(\mathrm{d}\varepsilon_v^f-\mathrm{d}\lambda\frac{\partial G}{\partial\sigma_m^f}\right) \quad (4.2\text{-}38)$$

$$\mathrm{d}\sigma_s^f=3\mu^{fe}\left(\mathrm{d}\varepsilon_s^f-\mathrm{d}\lambda\frac{\partial G}{\partial\sigma_s^f}\right) \quad (4.2\text{-}39)$$

考虑理想弹塑性的补充一致性条件：$\mathrm{d}f=\frac{\partial F}{\partial\sigma_m^f}\mathrm{d}\sigma_m^f+\frac{\partial F}{\partial\sigma_s^f}\mathrm{d}\sigma_s^f=0$，并将式(4.2-38)和式(4.2-39)代入，可求得塑性乘子$\mathrm{d}\lambda$：

$$\mathrm{d}\lambda=\frac{1}{H}\left(k^{fe}\frac{\partial F}{\partial\sigma_m^f}\mathrm{d}\varepsilon_v^f+3\mu^{fe}\frac{\partial F}{\partial\sigma_s^f}\mathrm{d}\varepsilon_s^f\right) \quad (4.2\text{-}40)$$

其中，

$$H=k^{fe}\frac{\partial F}{\partial\sigma_m^f}\frac{\partial G}{\partial\sigma_m^f}+3\mu^{fe}\frac{\partial F}{\partial\sigma_s^f}\frac{\partial G}{\partial\sigma_s^f} \quad (4.2\text{-}41)$$

因此，摩擦元中增量应力应变关系可以简写为

$$\mathrm{d}\sigma_m^f=C_{mm}^f\mathrm{d}\varepsilon_v^f+C_{ms}^f\mathrm{d}\varepsilon_s^f \quad (4.2\text{-}42)$$

$$\mathrm{d}\sigma_s^f=C_{sm}^f\mathrm{d}\varepsilon_v^f+C_{ss}^f\mathrm{d}\varepsilon_s^f \quad (4.2\text{-}43)$$

其中，$C_{mm}^f=k^{fe}\left(1-k^{fe}\frac{1}{H}\frac{\partial F}{\partial\sigma_m^f}\frac{\partial G}{\partial\sigma_m^f}\right)$，$C_{ms}^f=-3\mu^{fe}k^{fe}\frac{1}{H}\frac{\partial F}{\partial\sigma_s^f}\frac{\partial G}{\partial\sigma_m^f}$；$C_{sm}^f=-3\mu^{fe}k^{fe}\frac{1}{H}\frac{\partial F}{\partial\sigma_m^f}\cdot\frac{\partial G}{\partial\sigma_s^f}$；$C_{ss}^f=3\mu^{fe}\left(1-3\mu^{fe}\frac{1}{H}\frac{\partial F}{\partial\sigma_s^f}\frac{\partial G}{\partial\sigma_s^f}\right)$，且有$\frac{\partial G}{\partial\sigma_s^f}=2\frac{1+2\phi_i/3}{\eta\varphi}\sigma_s^f$；$\frac{\partial G}{\partial\sigma_m^f}=2\left(\frac{9\phi_i}{4\eta\varphi}-1\right)\sigma_m^f+2\left(1-\phi_i\right)T$；$\frac{\partial F}{\partial\sigma_m^f}=2\left(\frac{9\phi_i}{4\varphi^2}-1\right)\sigma_m^f+2\left(1-\phi_i\right)T$；$\frac{\partial F}{\partial\sigma_s^f}=2\frac{1+2\phi_i/3}{\varphi^2}\sigma_s^f$。

4.2.2.2 细观-宏观联系

基于上述微观到细观的理论推导，在细观尺度上已分别建立了胶结元、摩擦元的力学特性与其微观各组分的力学参数。本节研究宏观均质岩样与细观平均相的力学关系。利用二元介质思想，建立宏观 RVE 与用微观力学参数表征的细观摩擦元和胶结元之间的本构关系，并利用细观力学思想改进应变集中系数的求解方法，构建宏观-细观-微观三尺度本构模型。

1. 细观到宏观的力学联系

根据二元介质概念，宏观岩样由均质胶结元(由 p 个细观胶结元构成)和均质摩擦元(由 q 个细观摩擦元构成)构成，宏观 RVE 的应力以及应变由各细观组分的体积平均值表示：

$$\bar{\bar{\Sigma}}_{ij}=\left(1-\kappa\right)\bar{\Sigma}_{ij}^{b}+\kappa\bar{\Sigma}_{ij}^{f} \tag{4.2-44}$$

$$\bar{\bar{E}}_{ij}=\left(1-\kappa\right)\bar{E}_{ij}^{b}+\kappa\bar{E}_{ij}^{f} \tag{4.2-45}$$

其中，$\bar{\bar{\Sigma}}_{ij}$ 和 $\bar{\bar{E}}_{ij}$ 分别表示宏观应力和应变张量；$\bar{\Sigma}_{ij}^{b}$ 和 $\bar{E}_{ij}^{b}$ 为均质胶结元的应力和应变张量；上标 f 表示均质摩擦元的参数；κ 为破损率，表征宏观 RVE 中胶结元的破损程度，其随着外部荷载的施加从 0 到 1 单调增长。

基于上述宏观至细观尺度的全量应力应变关系，相应的增量表达式有

$$\mathrm{d}\bar{\bar{\Sigma}}_{ij}=\left(1-\kappa^{0}\right)\mathrm{d}\bar{\Sigma}_{ij}^{b}+\kappa^{0}\mathrm{d}\bar{\Sigma}_{ij}^{f}+\mathrm{d}\kappa\left(\bar{\Sigma}_{ij}^{f0}-\bar{\Sigma}_{ij}^{b0}\right) \tag{4.2-46}$$

$$\mathrm{d}\bar{\bar{E}}_{ij}=\left(1-\kappa^{0}\right)\mathrm{d}\bar{E}_{ij}^{b}+\kappa^{0}\mathrm{d}\bar{E}_{ij}^{f}+\mathrm{d}\kappa\left(\bar{E}_{ij}^{f0}-\bar{E}_{ij}^{b0}\right) \tag{4.2-47}$$

式中，$\mathrm{d}\kappa$ 为破损率增量；上标 0 表示应力、应变以及破损率的当前状态值。

由于上述复合材料在宏观上表现为均质的，$\mathrm{d}\kappa\left(\bar{\Sigma}_{ij}^{f0}-\bar{\Sigma}_{ij}^{b0}\right)$ 项可假定为由 $\mathrm{d}\kappa$ 体积分数的胶结元转换为摩擦元时引起的宏观应力增量扰动，同理可将 $\mathrm{d}\kappa\left(\bar{E}_{ij}^{f0}-\bar{E}_{ij}^{b0}\right)$ 视为宏观尺度的应变增量扰动值。

因此，将式(4.2-46)和式(4.2-47)中细观和宏观项分开书写后，有

$$\mathrm{d}\bar{\bar{\Sigma}}_{ij}-\mathrm{d}\kappa\left(\bar{\Sigma}_{ij}^{f0}-\bar{\Sigma}_{ij}^{b0}\right)=\left(1-\kappa^{0}\right)\mathrm{d}\bar{\Sigma}_{ij}^{b}+\kappa^{0}\mathrm{d}\bar{\Sigma}_{ij}^{f} \tag{4.2-48}$$

$$\mathrm{d}\bar{\bar{E}}_{ij}-\mathrm{d}\kappa\left(\bar{E}_{ij}^{f0}-\bar{E}_{ij}^{b0}\right)=\left(1-\kappa^{0}\right)\mathrm{d}\bar{E}_{ij}^{b}+\kappa^{0}\mathrm{d}\bar{E}_{ij}^{f} \tag{4.2-49}$$

将未考虑破损率变化引起应力(应变)扰动的宏观 RVE 定义为宏观自由体，宏观自由体的应力(应变)增量写作 $\mathrm{d}\bar{\bar{\Sigma}}_{ij}^{fr}$ ($\mathrm{d}\bar{\bar{E}}_{ij}^{fr}$)。值得说明的是，该种处理方式是为了更便于应用均匀化理论以及推导后续公式。因此宏观自由体的应力以及应变增量有

$$\mathrm{d}\bar{\bar{\Sigma}}_{ij}^{fr}=\mathrm{d}\bar{\bar{\Sigma}}_{ij}-\mathrm{d}\kappa\left(\bar{\Sigma}_{ij}^{f0}-\bar{\Sigma}_{ij}^{b0}\right) \tag{4.2-50}$$

$$\mathrm{d}\bar{\bar{E}}_{ij}^{fr}=\mathrm{d}\bar{\bar{E}}_{ij}-\mathrm{d}\kappa\left(\bar{E}_{ij}^{f0}-\bar{E}_{ij}^{b0}\right) \tag{4.2-51}$$

基于此，宏-细观应力应变增量关系有

$$\mathrm{d}\bar{\bar{\Sigma}}_{ij}^{fr}=\left(1-\kappa^{0}\right)\mathrm{d}\bar{\Sigma}_{ij}^{b}+\kappa^{0}\mathrm{d}\bar{\Sigma}_{ij}^{f} \tag{4.2-52}$$

$$\mathrm{d}\bar{\bar{E}}_{ij}^{fr}=\left(1-\kappa^{0}\right)\mathrm{d}\bar{E}_{ij}^{b}+\kappa^{0}\mathrm{d}\bar{E}_{ij}^{f} \tag{4.2-53}$$

为研究细观组分不断转化条件下的跨尺度分量间的应力应变关系，此处采用自洽的方

法进行求解。因此，假设细观组分(所有的胶结元和摩擦元)为嵌入等效介质中足够小的椭球状夹杂，且宏观等效介质(即宏观复合材料)被视作由细观组分力学性能及其相互力学作用关系所确定的基体。基于适用于弹塑性问题的扩展自洽方法(Berveiller and Zaoui，1978)，在切线弹塑性模量各向同性的近似假定下，增量关系式有

$$\left(\mathrm{d}\bar{\bar{\Sigma}}_{ij}-\mathrm{d}\bar{\sigma}_{ij}^{k}\right)=-L_{ijkl}^{*}\left(\mathrm{d}\bar{\bar{E}}_{kl}-\mathrm{d}\bar{\varepsilon}_{kl}^{k}\right) \tag{4.2-54}$$

其中，k 表示第 r 号细观胶结元或是第 i 号细观摩擦元；L_{ijkl} 表征宏观 RVE 的切线刚度张量；L_{ijkl}^{*} 为约束刚度矩阵，其值为 $L_{ijmn}^{*}=L_{ijkl}\left[\left(S_{klmn}\right)^{-1}-I_{klmn}\right]$；$S_{klmn}$ 为 Eshelby 张量，由宏观 RVE 的切线力学参数来确定。

考虑细观胶结元和摩擦元对宏观 RVE 来说足够小，且其具有相似的椭球形状和随机取向，将宏观 RVE 划分为均质胶结元和均质摩擦元两相。基于平均场方法，式(4.2-54)可简化为

$$\left(\mathrm{d}\bar{\bar{\Sigma}}_{ij}^{fr}-\mathrm{d}\bar{\Sigma}_{ij}^{b}\right)=-L_{ijkl}^{fr\,*}\left(\mathrm{d}\bar{\bar{E}}_{kl}^{fr}-\mathrm{d}\bar{E}_{kl}^{b}\right) \tag{4.2-55}$$

$$\left(\mathrm{d}\bar{\bar{\Sigma}}_{ij}^{fr}-\mathrm{d}\bar{\Sigma}_{ij}^{f}\right)=-L_{ijkl}^{fr\,*}\left(\mathrm{d}\bar{\bar{E}}_{kl}^{fr}-\mathrm{d}\bar{E}_{kl}^{f}\right) \tag{4.2-56}$$

其中，L_{ijkl}^{fr} 为宏观自由体的切线刚度张量，有 $\mathrm{d}\bar{\bar{\Sigma}}_{ij}^{fr}=L_{ijkl}^{fr}\mathrm{d}\bar{\bar{E}}_{kl}^{fr}$；约束张量有 $L_{ijkl}^{fr\,*}=L_{ijmn}^{fr}\cdot\left[\left(S_{mnkl}^{fr}\right)^{-1}-I_{mnkl}\right]$。

上述 S^{fr} 为宏观 RVE 的 Eshelby 解，有

$$S_{ijkl}^{fr}=\frac{K^{fr}}{3K^{fr}+4G^{fr}}\delta_{ij}\delta_{kl}+\frac{3\left(K^{fr}+2G^{fr}\right)}{5\left(3K^{fr}+4G^{fr}\right)}\left(\delta_{ik}\delta_{jl}+\delta_{il}\delta_{jk}\right) \tag{4.2-57}$$

其中，δ_{ij} 是克罗内克符号；K^{fr} 和 G^{fr} 分别为宏观自由体的切线体积模量和切线剪切模量。

首先，引入均质胶结元和摩擦元的应变集中张量 A_{ijkl}^{b} 和 A_{ijkl}^{f} 来分别表示两均质相和宏观自由体之间的增量应变关系：

$$\mathrm{d}\bar{E}_{ij}^{b}=A_{ijkl}^{b}\mathrm{d}\bar{\bar{E}}_{kl}^{fr} \tag{4.2-58}$$

$$\mathrm{d}\bar{E}_{ij}^{f}=A_{ijkl}^{f}\mathrm{d}\bar{\bar{E}}_{kl}^{fr} \tag{4.2-59}$$

考虑均质胶结元和摩擦元各自的局部增量本构关系有 $\mathrm{d}\bar{\Sigma}_{ij}^{b}=L_{ijkl}^{b}\mathrm{d}\bar{E}_{kl}^{b}$ 以及 $\mathrm{d}\bar{\Sigma}_{ij}^{f}=L_{ijkl}^{f}\mathrm{d}\bar{E}_{kl}^{f}$，其中 L_{ijkl}^{b} 以及 L_{ijkl}^{f} 分别代表两均质相的切线刚度张量。将式(4.2-58)和式(4.2-59)分别代入式(4.2-55)以及式(4.2-56)，由各组分切线刚度张量表示的应变集中张量有

$$A_{ijkl}^{b}=\left(L_{ijmn}^{b}+L_{ijmn}^{fr*}\right)^{-1}\left(L_{mnkl}^{fr}+L_{mnkl}^{fr*}\right) \tag{4.2-60}$$

$$A_{ijkl}^{f}=\left(L_{ijmn}^{f}+L_{ijmn}^{fr*}\right)^{-1}\left(L_{mnkl}^{fr}+L_{mnkl}^{fr*}\right) \tag{4.2-61}$$

将式(4.2-58)～式(4.2-61)代入式(4.2-53)，用 S_{mnkl}^{fr} 和 L_{ijmn}^{fr} 消除约束张量 $L_{ijkl}^{fr\,*}$，得到宏观相和细观均质相切线刚度张量之间的关系：

$$\begin{aligned}S_{ijmn}^{fr}\left(L_{mnkl}^{fr}\right)^{-1}=&\left(1-\kappa^{0}\right)\left[L_{ijkl}^{b}-L_{ijkl}^{fr}+L_{ijmn}^{fr}\left(S_{mnkl}^{fr}\right)^{-1}\right]^{-1}\\&+\kappa^{0}\left[L_{ijkl}^{f}-L_{ijkl}^{fr}+L_{ijmn}^{fr}\left(S_{mnkl}^{fr}\right)^{-1}\right]^{-1}\end{aligned} \tag{4.2-62}$$

基于此，利用式(4.2-62)及式(4.2-57)联立求解，就可以求得宏观自由体的弹塑性切线刚度张量。因此，考虑破损率变化的宏观 RVE 的应力应变增量关系有

$$\mathrm{d}\overline{\overline{\Sigma}}_{ij} = L_{ijkl}^{fr}\mathrm{d}\overline{\overline{E}}_{kl} - \mathrm{d}\kappa L_{ijkl}^{fr}\left(\overline{E}_{kl}^{f0} - \overline{E}_{kl}^{b0}\right) + \mathrm{d}\kappa\left(\overline{\Sigma}_{ij}^{f0} - \overline{\Sigma}_{ij}^{b0}\right) \tag{4.2-63}$$

因此，由应变集中张量表示的宏观 RVE 的应力应变增量关系如下：

$$\begin{aligned}\mathrm{d}\overline{\overline{\Sigma}}_{ij} &= \left[\left(1-\kappa^{0}\right)L_{ijkl}^{b}A_{klmn}^{b} + \kappa^{0}L_{ijkl}^{f}A_{klmn}^{f}\right]\mathrm{d}\overline{\overline{E}}_{mn} \\ &\quad - \mathrm{d}\kappa\left[\left(1-\kappa^{0}\right)L_{ijkl}^{b}A_{klmn}^{b} + \kappa^{0}L_{ijkl}^{f}A_{klmn}^{f}\right]\left(\overline{E}_{mn}^{f0} - \overline{E}_{mn}^{b0}\right) + \mathrm{d}\kappa\left(\overline{\Sigma}_{ij}^{f0} - \overline{\Sigma}_{ij}^{b0}\right)\end{aligned} \tag{4.2-64}$$

2. 破损率的演化形式

由上述公式可以看出，破损率的演化形式影响着宏观 RVE 的增量本构关系。由于破损率为表征胶结元破裂程度的内变量，其演化形式可假定为与细观胶结元的强度分布相关。对于宏观 RVE，细观单元中的微观矿物和孔隙呈一定函数分布，因此胶结元强度也随单元体空间坐标的变化而发生变化。基于材料破坏理论，此处假定考虑细观均质胶结元的强度分布服从 Weibull 分布。

因此，破损率的概率密度函数有

$$P(F) = \begin{cases} \dfrac{M}{F_0}\left(\dfrac{F}{F_0}\right)^{M-1}\exp\left[-\left(\dfrac{F}{F_0}\right)^{M}\right], & F>0 \\ 0, & F\leqslant 0\end{cases} \tag{4.2-65}$$

其中，F 为细观强度的分布变量；M 和 F_0 是由拟合方法确定的 Weibull 参数。

考虑将宏观不可逆塑性应变 $\overline{\overline{E}}_s$ 作为判断胶结元破损程度的指标，其状态区间为 $[\overline{\overline{E}}_s^0, \overline{\overline{E}}_s^0 + \mathrm{d}\overline{\overline{E}}_s]$时，破损率的增量有

$$\mathrm{d}\kappa = \frac{M}{F_0}\left(\frac{\overline{\overline{E}}_s}{F_0}\right)^{M-1}\exp\left[-\left(\frac{\overline{\overline{E}}_s}{F_0}\right)^{M}\right]\mathrm{d}\overline{\overline{E}}_s \tag{4.2-66}$$

因此，破损率的全量形式为

$$\kappa^0 = \int_0^F \frac{M}{F_0}\left(\frac{\overline{\overline{E}}_s}{F_0}\right)^{M-1}\exp\left[-\left(\frac{\overline{\overline{E}}_s}{F_0}\right)^{M}\right]\mathrm{d}\overline{\overline{E}}_s \tag{4.2-67}$$

3. 细观局部相和细观平均相的力学联系

细观力学方法解决跨尺度问题的主要思想是把握不同尺度的关键力学特性，并将各力学特性建立合理联系。它并非关注无数具体的局部坐标，而是从“相”的角度出发，研究相与相之间的力学关系，并确定由不同相组成的材料在宏观上的均质力学特性。其中“相”的特征主要考虑相中材料具有均匀的力学性能，或“相”的均质力学特性由局部成分力学性能的体积平均来获得。因此，平均相和局部相的力学关系如下：

$$\overline{\Sigma}_{ij}^{b} = \frac{1}{n}\sum_{r=1}^{n}\sigma_{ij}^{br},\quad \overline{E}_{ij}^{b} = \frac{1}{n}\sum_{r=1}^{n}\varepsilon_{ij}^{br} \tag{4.2-68}$$

$$\bar{\Sigma}_{ij}^{f}=\frac{1}{m}\sum_{i=1}^{m}\sigma_{ij}^{fi},\quad \bar{E}_{ij}^{f}=\frac{1}{m}\sum_{i=1}^{m}\varepsilon_{ij}^{fi} \tag{4.2-69}$$

首先考虑宏观 RVE 的细观组分和孔隙率随空间坐标变化的情况，从而明确上述方程，并将细观均质相的力学参数与含微观力学特性的细观局部组分的力学参数建立联系。通过利用微观力学测试方法得到的矿物组成和孔隙分布函数，得到细观局部单元的应力关系：

$$\sigma_{ij}^{fi}=f(\phi_i^{ce},\phi_i^{gr},\phi_i,\varepsilon_{kl}^{fi}),\quad \phi_i^{n}=f(x,y,z) \tag{4.2-70}$$

$$\sigma_{ij}^{br}=f(f_r^{ce},f_r^{vo},f_r^{gr},\varepsilon_{kl}^{br}),\quad f_r^{n}=f(x,y,z) \tag{4.2-71}$$

可以看出，细观组分划分越小（n 和 m 越大），对局部力学性能的考虑就越具体，这也导致计算越为复杂。因此，上述考虑局部细观力学性质的方式，更适宜用数值模拟方法来寻求结果。在这里，考虑将简化方法应用于该本构模型研究，即假定 n=m=1，这样只需通过测试整个宏观代表性单元体的矿物组成以及平均孔隙率，就能基于合适的本构参数取值条件，对岩样的力学行为做出验证。

4. 模型参数取值说明

本部分介绍材料和模型的参数及其确定方法。首先岩样的微观组分构成、组分占比以及单晶矿物力学性能等固有力学参数需利用微观力学测试技术和相关矿物学文献资料来确定。就本构模型中的参数而言，该模型中共有 5 个参数，其分别为：与破损率演化形式相关的分布函数参数 F_0 和 M；与微观摩擦材料力学性质相关的屈服函数中的摩擦系数 φ 和拉应力 T；反映摩擦材料变形特征的剪胀系数 η。其中，可根据室内试验结果，通过试错法确定参数 F_0、M 和 η。综上所述，本节中提出的三尺度二元介质模型包含的模型参数较少，且皆具有一定物理意义。

4.2.3　三尺度本构模型试验验证

本节选取金鸡关高边坡天然泥岩样的常规三轴试验结果（余笛，2022）用作模型验证。首先，考虑不同深度泥岩样具有不同的矿物组成和孔隙率。然后，基于岩样微观力学测定手段（SEM 和 XRD）确定相应微观力学参数以及合理的本构模型参数，利用上述三尺度本构模型对岩样的宏观力学性能进行预测，并与试验结果进行比对。

4.2.3.1　模型参数取值

不同深度泥岩样矿物学成分不同，致使岩样宏观力学性能存在差异，对相同围压条件（0.5MPa）下不同深度泥岩样的力学特性进行验证。将不同深度泥岩样的微观组分列于表 4.2-1。这里，鉴于 25.0～32.5m 与 33.0～36.0m 深度范围内各矿物相对百分比极为接近，考虑其为一个深度范围，其矿物相对含量以平均值的形式给出。基于前人学者对矿物学性质的研究，表 4.2-2 列出了本模型中采用的不同晶体矿物的杨氏模量和泊松比。值得注意的是：微观尺度本构关系中所用碎屑矿物的等效杨氏模量和泊松比由其内部矿物力学性质（表 4.2-2）和相对体积分数（表 4.2-1）用平均法计算获得；此外，由胶结元破碎生成的摩擦元具有与先前胶结元相同的矿物学成分，但其初始孔隙率被假定为略大于胶结元孔隙率的值——0.3，该种考虑是基于摩擦材料的剪胀特性。由于缺乏准确测量方法，本验证中所有岩样均采用上述摩擦元孔隙率的假定。在此基础上，利用表 4.2-3 中的模型参数，计算不同深度岩样在围压 0.5MPa 时的应力应变关系，并与试验结果做出比较，验证曲线见图 4.2-4。

表 4.2-1 不同深度泥岩样的微观力学组分

岩样深度/m	碎屑矿物/%						黏土矿物/%	孔隙率/%
	石英	斜长石	方解石	铁白云石	石膏	其他		
10.2	6.23	2.77	3.15	3.31	16.5	1.38	43.56	23.1
25.0～36.0	15.34	6.33	6.78	2.50	12.99	3.47	33.29	19.3
41.5	9.38	5.99	31.87	5.26	1.71	2.99	25.4	17.4
60.0～62.3	13.33	8.07	17.45	5.76	2.47	3.21	32.01	17.7

注：“其他”代指的是一些次要矿物，如菱铁矿、黄铁矿和钾长石等。

表 4.2-2 参考状态下矿物力学性质

矿物	杨氏模量 /GPa	泊松比
石英	120	0.06
斜长石	100	0.20
方解石	100	0.20
铁白云石	85	0.17
石膏	54	0.20
其他	90	0.20
黏土矿物	1.3	0.20

表 4.2-3 本构模型参数

破损率	参数值
M	3
F_0	0.0179
屈服和塑性势函数	
η	−1.1
φ	0.5
T	−8MPa

4.2.3.2 不同深度岩样试验验证

如图 4.2-4 所示，无论是计算结果还是试验结果，不同深度泥岩的宏观力学表现都与其微观矿物组成相吻合：全岩中高硬度碎屑矿物越多、孔隙率越小，岩样的宏观变形模量、静强度就越大；41.5m 深处泥岩样碎屑矿物含量最高，其硬度和强度也最大。此外，通过试验数据与计算曲线的比较，模型结果能较好地描述不同深度泥岩样的应力变形发展趋势，其应力-轴向应变关系、应力-侧向应变关系具有良好的对应性，模型的强度预测也较为准确。同时，在模型参数较少的情况下，该模型仍能较好地反映相应阶段的应变软化伴随着侧向应变快速增长的特性。

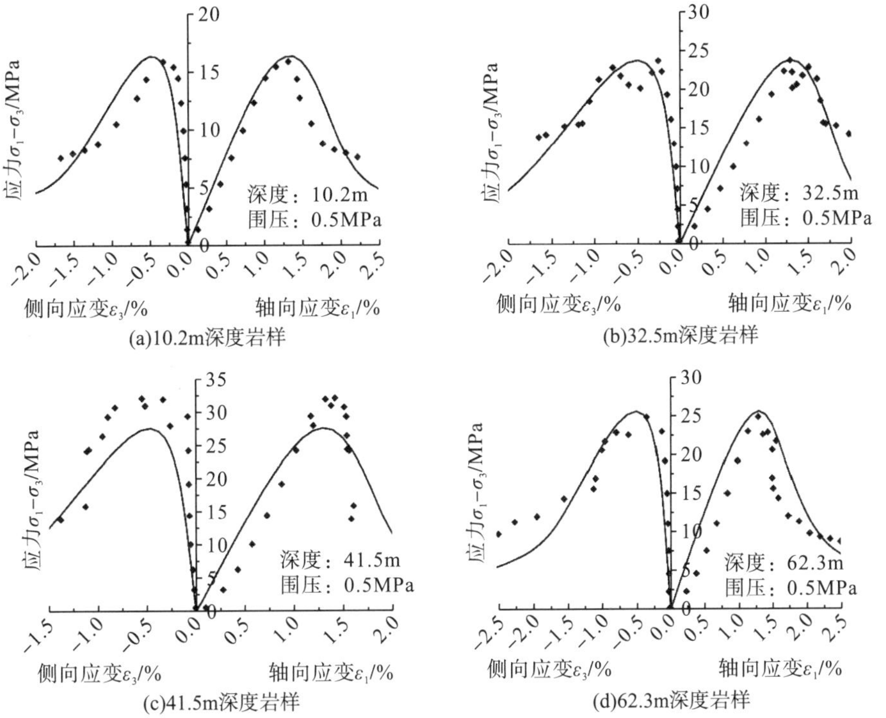

图 4.2-4　0.5MPa 围压条件不同深度岩样应力应变曲线

4.2.3.3　不同围压下岩样试验验证

微观矿物颗粒在围压条件下表现出更高的力学特性。考虑到围压效应，本节对上节中的矿物模量和模型参数进行修正，并对不同围压(1MPa、2MPa 或 4MPa)下不同深度泥岩样的三轴压缩试验结果进行验证。根据三轴试验结果以及试错法所确定的模型参数如表 4.2-4 所示。表中 σ_3^0 表示参考状态(0.5MPa)，σ_3 为当前围压状态。其中，矿物的泊松比不随围岩变化，而作用在微观矿物模量(表 4.2-2)上的系数 k 用来表征围压条件对材料微观力学特性的影响，该值有 $k = 0.943\exp(0.0583\sigma_3 / \sigma_3^0)$。当 $\sigma_3 = \sigma_3^0$ 时，与围压有关的参数退化为表 4.2-3 中的模型参数。不同围压下各深度泥岩样的计算和试验应力-应变曲线如图 4.2-5 所示。可以看出，在同一组模型参数下，该模型较好地预测了不同围压条件下岩样应变硬化阶段的应力和变形特征，模型给出了与试验结果相近的静强度、变形模量以及岩样破坏时所对应的轴向应变值。此外，随应力施加，侧向应变较轴向应变增长缓慢而致使的硬化-体缩现象也有所体现，虽然模型计算对岩样硬化阶段侧向应变的增长值预测偏高。对于应变软化阶段，模型反映了岩样的典型的软化-体胀现象。但是，计算和试验结果之间在数值上存在着一定的差异，如计算曲线显示出相对较快的应力下降，但其体积膨胀趋势偏缓慢。同时，该模型在一定程度上低估了岩样的残余应力水平，这一现象在低围压下体现得尤为明显，具体参见文献(Yu et al.，2023)。

表 4.2-4 围压条件下本构模型参数

破损率	参数值
M	3
F_0	$0.014\exp(0.245\sigma_3 / \sigma_3^0)$
屈服和塑性势函数	
η	$-1.21\exp(-0.095\sigma_3 / \sigma_3^0)$
φ	0.5
T	− 8MPa

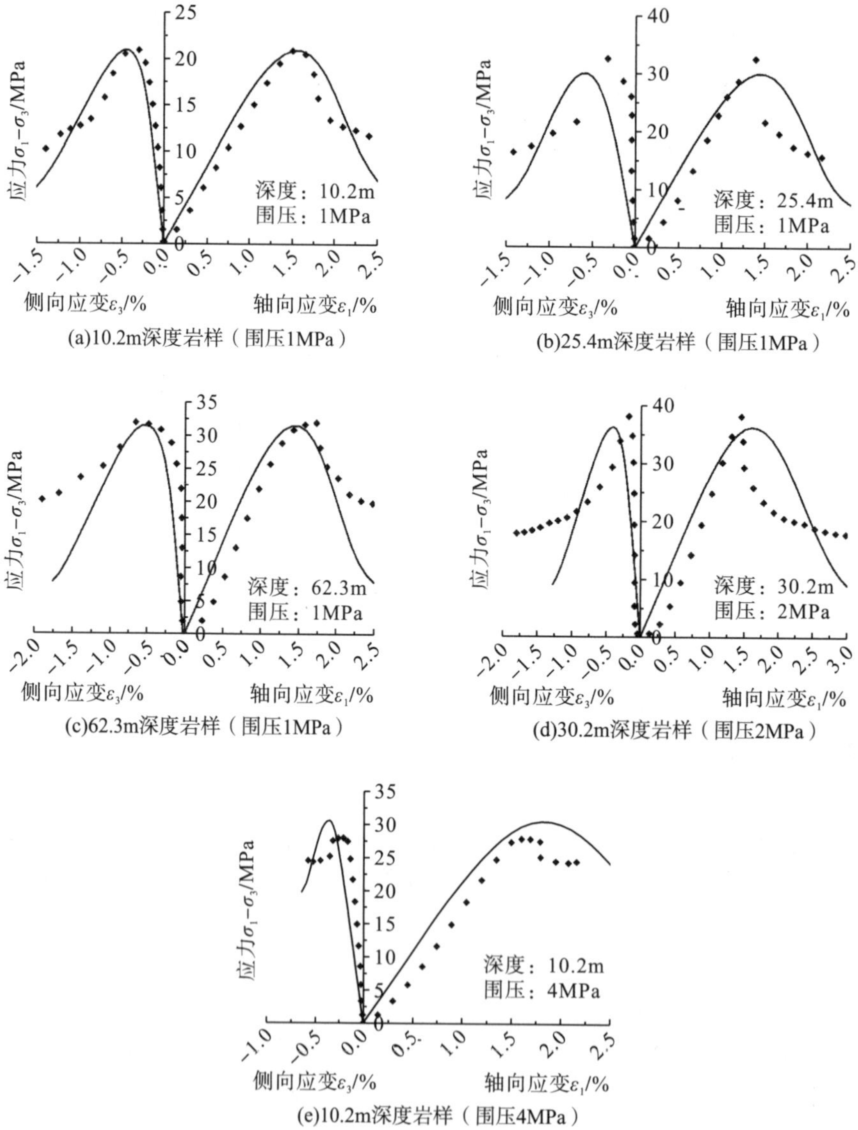

(a)10.2m深度岩样（围压1MPa） (b)25.4m深度岩样（围压1MPa）

(c)62.3m深度岩样（围压1MPa） (d)30.2m深度岩样（围压2MPa）

(e)10.2m深度岩样（围压4MPa）

图 4.2-5 不同围压条件以及不同深度岩样应力应变曲线

第 4.3 节　冻土的多尺度二元介质本构模型

本节提出了适用于饱和冻土的宏-细-微观多尺度本构模型。该模型以二元介质本构模型为基础框架，基于均匀化方法考虑饱和冻土的宏-细观结构间的应力应变关系；通过引入破损率函数来表征冻土的细观破损过程；基于等效夹杂原理和 Mori-Tanaka 方法来描述细观变形与宏观应变之间的非均匀性；采用自洽方法来考虑冻土内微观颗粒胶结与细观结构间的应力应变关系；基于均匀化背景下的极限应力分析方法，从微观尺度上给出细观尺度的屈服函数，依据微观力学机制引入饱和冻土的硬化规律，该硬化规律同时考虑了冻土微观变形过程中摩擦特性对变形的影响，通过引入非关联流动法则来考虑冻土的塑性变形特性，进而给出饱和冻土破损过程中颗粒的摩擦变形。最后，将该模型用于模拟室内三轴压缩条件下饱和冻土的变形特性。

4.3.1　本构模型理论框架

微观力学方法认为土由微观体系(材料基本力学单位为粒间接触)构成，然后通过均匀化不同尺度的粒间变形(或强度)特性得到土的宏观力学特性。冻土在形成过程中由水相变成冰相，造成颗粒之间的强胶结特性，其中各组分的性质、比例关系等对土的力学特性有显著影响。根据饱和冻土的组成体系，本节对所研究对象的宏观、细观以及微观尺度做一个简单的划分和描述。如图 4.3-1 所示，理论上认为宏观尺度是可以肉眼观察的结构，即室内试验中所研究的试验试样，在连续介质力学中认为该单元体是均匀且连续的各向同性材料，如图 4.3-1 (a) 所示；细观尺度则是指借助一定的方法可观察得到的尺度，根据岩土材料中胶结力的不均匀分布特征，强胶结的地方形成相对完整的连续体，弱胶结的地方形成碎散体(大孔隙或贯通孔隙较发育)，在力学行为上认为该尺度土体为准连续体，如图 4.3-1 (b) 所示；微观尺度则是指土中的最小受力单元，包括矿物单粒、颗粒团等，例如在力学作用下黏土颗粒团间的孔隙变化较为明显，而颗粒团内的孔隙大小基本保持不变，因此可假定黏土颗粒团为微观尺度上的一个基本力学单位，如图 4.3-1 (c) 所示。

(a)宏观尺度　(b)细观尺度　(c)微观尺度

图 4.3-1　岩土材料宏-细-微观尺度的划分

饱和冻土由矿物颗粒、冰以及少量未冻水组成，在细-微观尺度上，属于非均质材料。土体内部由于矿物颗粒之间堆积聚集以及冰颗粒的胶结，形成胶结力强的胶结元；而孔隙和冰颗粒的不均匀分布造成某些地方胶结力弱(或无胶结)，称之摩擦元。根据岩土破损力学理论框架，将饱和冻土抽象为由胶结体和摩擦体组成的二元介质材料，共同抵抗材料的变形。因此认为，宏观上的总应力是由细观胶结元和摩擦元分别承担的应力组成，材料受力过程中，胶结元逐渐破损并转化为摩擦元，材料不断弱化。基于岩土材料微观破损机制，认为外力荷载作用下冻土的宏观变形和破坏特征主要是由颗粒间的相互作用力决定的，表现在颗粒间的胶结特性和摩擦特性上，其中胶结分量由骨架颗粒之间相互胶结组成，摩擦分量则主要由颗粒间的摩擦滑移组成。

基于此，图 4.3-2 给出了饱和冻土的多尺度二元介质模型框架，本节在宏观尺度上认为饱和冻土试样为代表性单元体(RVE)，在细观尺度上则认为它由强胶结的胶结元和弱胶结的摩擦元组成，在微观尺度上认为细观胶结元由冰颗粒和土颗粒相互胶结形成的胶结材料组成，表征了岩土材料的胶结变形，而摩擦元则由含孔冰与土颗粒组成的摩擦材料组成，揭示了岩土材料的摩擦变形。值得注意的是，本节也是假定未冻水附着在土颗粒上，不单独处理为一相，这适用于温度较低的饱和冻土。

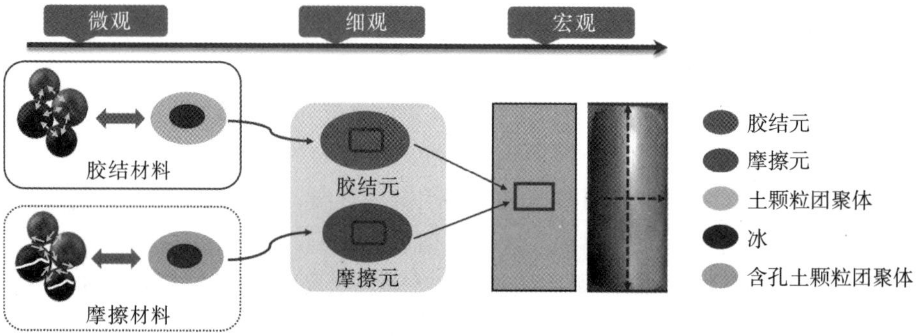

图 4.3-2 基于微观变形的饱和冻土的多尺度二元介质模型框架

4.3.2 冻土宏-细-微观二元介质本构模型

在外部荷载作用下，饱和冻土的破损过程主要表现在骨架颗粒间胶结性的破坏以及颗粒间相互位置的移动和破碎上，表现为饱和冻土宏观的弹性变形和塑性变形，从这两个角度出发，分别给出从微观到细观尺度以及细观到宏观尺度的饱和冻土破损过程的力学描述，从而构建多尺度本构模型。

4.3.2.1 微观尺度到细观尺度的力学描述

根据饱和冻土的微观组成，认为细观胶结元由冰颗粒和土颗粒团聚体相互胶结而成，其中土颗粒团聚体和冰颗粒均为弹性介质，二者的胶结作用使得细观胶结元表现出弹脆性特性。根据细观力学方法，将细观胶结元看作均匀体，其体积模量和剪切模量分别为 K^b 和 G^b；在微观尺度上，将冰颗粒考虑为弹性夹杂，冰的体积分数为 v^{bI}，其体积模量和剪切模量分别为 K^I 和 G^I；将土颗粒团聚体考虑为弹性基体，体积分数为 $1-v^{bI}$，其体积模量和剪切模量分别为 K^s 和 G^s，如图 4.3-3 所示。

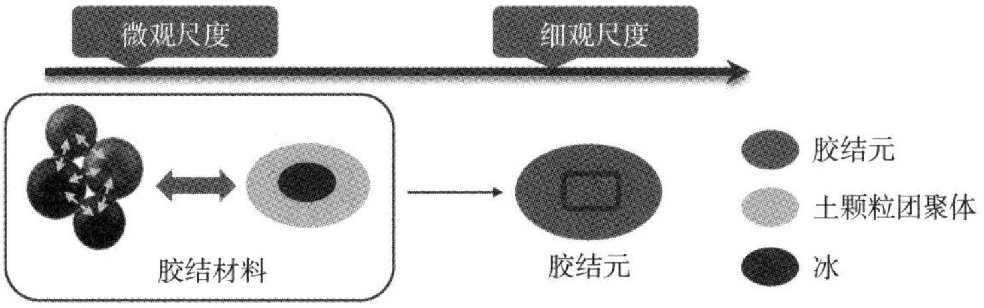

图 4.3-3　细观胶结元的微观力学描述

根据均匀化理论，获得细观胶结元材料的应力增量表达式：

$$\mathrm{d}\sigma_{ij}^{b} = v^{bI}\mathrm{d}\sigma_{ij}^{I} + (1 - v^{bI})\mathrm{d}\sigma_{ij}^{s} \tag{4.3-1}$$

式中，$\mathrm{d}\sigma_{ij}^{I}$ 为冰颗粒的应力增量；$\mathrm{d}\sigma_{ij}^{s}$ 为土颗粒团聚体的应力增量。

根据弹性理论，分别获得冰颗粒和土颗粒团聚体的应力应变关系：

$$\mathrm{d}\sigma_{ij}^{I} = C_{ijkl}^{I}\mathrm{d}\varepsilon_{kl}^{I} \tag{4.3-2}$$

$$\mathrm{d}\sigma_{ij}^{s} = C_{ijkl}^{s}\mathrm{d}\varepsilon_{kl}^{s} \tag{4.3-3}$$

式中，C_{ijkl}^{I} 和 C_{ijkl}^{s} 分别为冰颗粒和土颗粒团聚体的刚度张量；$\mathrm{d}\varepsilon_{kl}^{I}$ 和 $\mathrm{d}\varepsilon_{kl}^{s}$ 分别为冰颗粒和土颗粒团聚体的应变增量。

根据 Eshelby 等效夹杂理论(Eshelby，1957)，求解获得冰颗粒夹杂与土颗粒弹性基体之间的应变增量关系为

$$\mathrm{d}\varepsilon_{ij}^{I} = A_{ijmn}^{Ib}D_{mnkl}^{s}\mathrm{d}\sigma_{kl}^{s} \tag{4.3-4}$$

式中，A_{ijmn}^{Ib} 为细观胶结元的弹性应变集中张量；D_{mnkl}^{s} 为土颗粒团聚体的四阶柔度张量。A_{ijmn}^{Ib} 的具体表达式为

$$A_{ijmn}^{Ib} = [I_{ijmn} + S_{ijor}^{sb}D_{orpq}^{s}(C_{pqmn}^{I} - C_{pqmn}^{s})]^{-1} \tag{4.3-5}$$

式中，S_{ijor}^{sb} 为弹性胶结元的 Eshelby 四阶张量，可通过细观力学方法求解，它仅与土颗粒团聚体的弹性性质以及冰颗粒夹杂的形状有关，假设冰颗粒夹杂为球形域，则：

$$S_{ijor}^{s} = \left(\alpha^{s} - \beta^{s}\right)\frac{1}{3}\delta_{ij}\delta_{or} + \beta^{s}\frac{1}{2}(\delta_{io}\delta_{jr} + \delta_{ir}\delta_{jo}) \tag{4.3-6}$$

其中，

$$\alpha^{s} = 3 - 5\beta^{s} = \frac{3K^{s}}{3K^{s} + 4G^{s}} \tag{4.3-7}$$

$$\beta^{s} = \frac{6(K^{s} + 2G^{s})}{5(3K^{s} + 4G^{s})} \tag{4.3-8}$$

将式(4.3-2)～式(4.3-6)代入式(4.3-1)即可获得微观土颗粒团聚体与细观胶结元之间的应力增量关系：

$$\mathrm{d}\sigma_{ij}^{b} = \left[v^{bI}C_{ijkl}^{I}A_{klmn}^{bI}D_{mnpq}^{s} + \left(1 - v^{bI}\right)I_{ijpq}\right]\mathrm{d}\sigma_{pq}^{s} \tag{4.3-9}$$

根据能量平衡方程(Huang et al.，1995)可以求解获得细观胶结元材料的有效性能模量 K^{b} 和 G^{b}：

$$K^b = K^s\left[1+\frac{v^{bI}\left(\dfrac{K^I}{K^s}-1\right)}{1+\alpha^s(1-v^{bI})\left(\dfrac{K^I}{K^s}-1\right)}\right] \tag{4.3-10}$$

$$G^b = G^s\left[1+\frac{v^{bI}\left(\dfrac{G^I}{G^s}-1\right)}{1+\beta^s(1-v^{bI})\left(\dfrac{G^I}{G^s}-1\right)}\right] \tag{4.3-11}$$

式中，冰颗粒的有效特性参数为常数，根据文献(Li and Riska，2002)可知，冰的体积模量 $K^I = 800\text{MPa}$，剪切模量 $G^I = 307\text{MPa}$。

进而求解得到细观胶结元的弹性刚度张量 C_{ijkl}^b：

$$C_{ijkl}^b = \left(K^b - \frac{2}{3}G^b\right)\delta_{ij}\delta_{kl} + G^b(\delta_{il}\delta_{jk} + \delta_{ik}\delta_{jl}) \tag{4.3-12}$$

对于细观胶结材料，其本构关系满足胡克定律，即：

$$\mathrm{d}\sigma_{ij}^b = C_{ijkl}^b \mathrm{d}\varepsilon_{kl}^b \tag{4.3-13}$$

细观胶结元在外力荷载作用下逐渐破损转变为细观摩擦元，此时土体颗粒间相互位置移动，产生一定的孔隙，此时需要用塑性模型来对骨架颗粒间的排列关系进行力学描述，以塑性应变为函数的硬化参数实际上是土体颗粒间相互作用的累积的一个尺度。根据土的破损状态，认为土颗粒、孔隙、冰颗粒以及少量的未冻水(此处忽略)共同组成细观摩擦元，如图 4.3-4 所示。

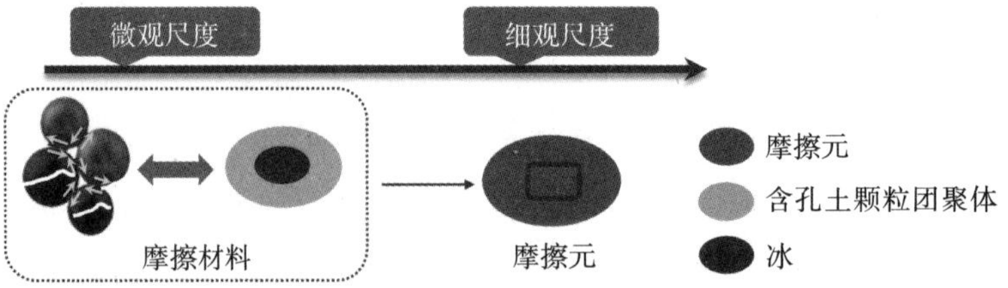

图 4.3-4 细观摩擦元的微观力学描述

假设细观摩擦元的体积为 Ω^f，冰颗粒的体积为 Ω^{fI}，孔隙的体积为 $\Omega^{f\rho}$，产生孔洞的体积为 Ω^h，土颗粒的体积为 Ω^{fs}，则根据细观摩擦元的物质组成可得

$$\Omega^{fp} = \Omega^{fI} + \Omega^h \tag{4.3-14}$$

$$\Omega^f = \Omega^{f\rho} + \Omega^{fs} \tag{4.3-15}$$

从而可以获得细观摩擦元中土颗粒的体积分数为

$$v^{fs} = \frac{\Omega^{fs}}{\Omega^f} = 1 - \phi^{f\rho} \tag{4.3-16}$$

式中，$\phi^{f\rho}$ 为孔隙率。

假设细观摩擦元中含孔固相基体的等效体积模量和等效剪切模量分别为 K^m 和 G^m，利用 Mori-Tanaka 方法(Mori and Tanaka，1973)，求解获得 K^m 和 G^m，表示如下：

$$K^m = \frac{4(1-\phi^{f\rho})K^s G^s}{4G^s + 3\phi^{f\rho}K^s} \tag{4.3-17}$$

$$G^m = \frac{(1-G^m)K^s}{1+6\phi^{f\rho}\dfrac{K^s+2G^s}{9K^s+8G^s}} \tag{4.3-18}$$

已知冰颗粒夹杂的弹性体积模量为 K^I，剪切模量为 G^I，利用线性均匀化方法，求得细观摩擦元的弹性体积模量 K^{ef} 和弹性剪切模量 G^{ef}：

$$K^{ef} = K^m\left[1+\frac{\left(1-\phi^{f\rho}\right)\left(\dfrac{K^I}{K^m}-1\right)}{1+\alpha^m\phi^{f\rho}\left(\dfrac{K^I}{K^m}-1\right)}\right] \tag{4.3-19}$$

$$G^{ef} = G^m\left[1+\frac{\left(1-\phi^{f\rho}\right)\left(\dfrac{G^I}{G^m}-1\right)}{1+\beta^m\phi^{f\rho}\left(\dfrac{G^I}{G^m}-1\right)}\right] \tag{4.3-20}$$

式中，α^m 和 β^m 分别为

$$\alpha^m = \frac{3K^m}{3K^m+4G^m} \tag{4.3-21}$$

$$\beta^m = \frac{6}{5}\frac{K^m+2G^m}{3K^m+4G^m} \tag{4.3-22}$$

根据式(4.3-19)和式(4.3-20)可以求解得到细观摩擦元的弹性刚度张量 C_{ijkl}^{ef}：

$$C_{ijkl}^{ef} = \left(K^{ef} - \frac{2}{3}G^{ef}\right)\delta_{ij}\delta_{kl} + G^{ef}(\delta_{il}\delta_{jk} + \delta_{ik}\delta_{jl}) \tag{4.3-23}$$

定义一个屈服函数(Maghous et al.，2009)，它表示微观尺度上细观摩擦元的屈服：

$$f^f = \tilde{\sigma}_d + T(\tilde{\sigma}_m - h) \tag{4.3-24}$$

式中，“～”代表微观尺度上摩擦元含孔固相基体的微观应力场；$\tilde{\sigma}_d$ 表示微观等效剪应力；$\tilde{\sigma}_m$ 表示微观平均应力；h 表示静强度；T 表示细观摩擦元的摩擦系数。

基于均匀化背景下的复合材料极限应力分析理论，采用修正割线非线性均匀化方法可得式(4.3-24)的支撑方程(Maghous et al.，2009；Shen et al.，2013)，它表达了微观颗粒之间的摩擦作用以及细观摩擦元的屈服特性：

$$f^f(\sigma^f,\phi^{f\rho},T) = \frac{2}{3}\frac{1+2\phi^{f\rho}/3}{T^2}\sigma_s^{f2} + \left(\frac{3\phi^{f\rho}}{2T^2}-1\right)\sigma_m^{f2} + 2\left(1-\phi^{f\rho}\right)h\sigma_m^f - (1-\phi^{f\rho})^2h^2 \tag{4.3-25}$$

式中，$\phi^{f\rho}$ 为孔隙率；σ^f 表示细观摩擦元的应力场，σ_s^f 为细观摩擦元的剪应力，σ_m^f 为细观摩擦元的平均应力。

从式(4.3-25)可以看出，细观摩擦元的屈服受材料的摩擦特性、孔隙率以及静强度的影响。随着细观摩擦元的屈服，其内部固相颗粒之间的摩擦特性随着塑性应变的产生而不断发生变化，可以将摩擦系数 T 考虑为塑性应变相关的函数。塑性应变实质上反映的是岩土材料中固相颗粒之间的滑移特性，故摩擦系数 T 起到了塑性力学中硬化参数的作用，表

征着塑性加载过程中屈服面的膨胀和收缩。因此，摩擦系数 T 所表达的硬化规律为

$$T = T^m - (T^m - T^{\min})e^{-b_1\varepsilon_s^{fp}} \tag{4.3-26}$$

式中，T^m 为细观摩擦元中土颗粒和冰颗粒之间的等效摩擦系数；$T^{\min}$ 为细观摩擦元的最小摩擦系数，此时假设细观摩擦元全部由冰组成，则其大小等于冰的摩擦系数 T^I，即 $T^{\min} = T^I = 0.01$；b_1 为结构性参数；ε_s^{fp} 为细观摩擦元的有效塑性应变。已知冰颗粒的摩擦系数为 T^I，土颗粒的摩擦系数为 T^s，则采用体积平均法即可获得细观摩擦元的等效摩擦系数 T^m：

$$T^m = \frac{1}{\phi^{fs} + \phi^{fI}}(\phi^{fs}T^s + \phi^{fI}T^I) \tag{4.3-27}$$

式中，ϕ^{fs} 为土颗粒团聚体的体积分数；ϕ^{fI} 为冰颗粒的体积分数。

对冻土而言，固相颗粒间的摩擦力对冻土强度的发挥程度除了与颗粒间的摩擦系数、接触应力有关外，还与粒间接触程度密切相关。粒间接触程度可通过粒间间隙大小来衡量，粒间间隙越小，则粒间接触的机会就越大，颗粒之间的摩擦力越大，反之则越小。由此可见，冻土中冰和土颗粒间摩擦力的发挥均与粒间间隙这一参数有关，为此，引入粒间接触率（余群等，1993）并定义为 t：

$$t = \frac{\phi^{fs,\min}}{\phi^{fs}} \tag{4.3-28}$$

式中，$\phi^{fs,\min}$ 为细观摩擦元所能达到的最小体积分数，可通过饱和冻土试样破坏后的体积变形求出。

采用非关联流动法则，根据式(4.3-25)和式(4.3-28)可得细观摩擦元的塑性势函数：

$$g^f(\sigma^f, \phi^{f\rho}, T) = \frac{2}{3}\frac{1+2\phi^{f\rho}/3}{Tt}\sigma_s^{f^2} + \left(\frac{3\phi^{f\rho}}{2Tt} - 1\right)\sigma_m^{f^2} + 2\left(1-\phi^{f\rho}\right)h\sigma_m^f - (1-\phi^{f\rho})^2h^2 \tag{4.3-29}$$

根据塑性流动法则，细观摩擦元的塑性应变增量为

$$d\varepsilon_{ij}^{pf} = d\Lambda\frac{\partial g^f}{\partial \sigma_{ij}^f} \tag{4.3-30}$$

式中，$d\Lambda$ 为塑性乘子。

当发生塑性变形时，应力点在屈服面上，根据一致性条件：

$$\frac{\partial f^f}{\partial \sigma_{ij}^f}d\sigma_{ij}^f + \frac{\partial f^f}{\partial T}\frac{\partial T}{\partial \varepsilon_{ij}^{pf}}d\varepsilon_{ij}^{pf} = 0 \tag{4.3-31}$$

将式(4.3-30)代入式(4.3-31)可计算获得塑性乘子 $d\Lambda$：

$$d\Lambda = -\frac{\dfrac{\partial f^f}{\partial \sigma_{ij}^f}:d\sigma_{ij}^f}{\dfrac{\partial f^f}{\partial T}\dfrac{\partial T}{\partial \varepsilon_{ij}^{pf}}:\dfrac{\partial g^f}{\partial \sigma_{ij}^f}} = \frac{1}{H}\frac{\partial f^f}{\partial \sigma_{ij}^f}d\sigma_{ij}^f \tag{4.3-32}$$

式中，H 为硬化参数，其具体形式为

$$H = -\frac{\partial f^f}{\partial T}\frac{\partial T}{\partial \varepsilon_{ij}^{pf}}\frac{\partial g^f}{\partial \sigma_{ij}^f} \tag{4.3-33}$$

根据经典弹塑性理论，可以求解获得细观摩擦元的应力应变关系为

$$\mathrm{d}\sigma_{ij}^{f} = C_{ijkl}^{f}\mathrm{d}\varepsilon_{kl}^{f} \tag{4.3-34}$$

其中，C_{ijkl}^{f} 为细观摩擦元的弹塑性刚度张量，具体表达形式为

$$C_{ijkl}^{f} = C_{ijkl}^{ef} - \frac{C_{ijst}^{ef}\dfrac{\partial g^{f}}{\partial\sigma_{st}}\dfrac{\partial f^{f}}{\partial\sigma_{pq}}C_{pqkl}^{ef}}{H + \dfrac{\partial f^{f}}{\partial\sigma_{ij}}C_{ijkl}^{ef}\dfrac{\partial g^{f}}{\partial\sigma_{kl}}} \tag{4.3-35}$$

4.3.2.2 细观尺度到宏观尺度的力学描述

基于岩土材料破损力学建立起来的二元介质本构模型，采用了均匀化理论，即将饱和冻土标准试样看作一个代表性单元体(RVE)，它的内部包含足够多的相体，通过等效原则将真实的多相体系在宏观上看作连续的均匀介质，而在细观尺度上看作准连续介质，由细观胶结元和细观摩擦元组成，如图 4.3-5 所示。

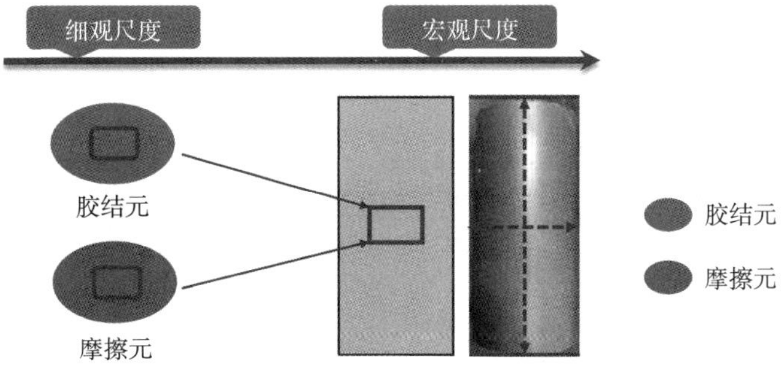

图 4.3-5　饱和冻土的细观力学抽象

由前述章节得到宏观代表性单元体与细观胶结元和摩擦元之间的应力应变关系为

$$\sigma_{ij} = (1-\lambda)\sigma_{ij}^{b} + \lambda\sigma_{ij}^{f} \tag{4.3-36}$$

$$\varepsilon_{ij} = (1-\lambda)\varepsilon_{ij}^{b} + \lambda\varepsilon_{ij}^{f} \tag{4.3-37}$$

式中，λ 为表征饱和冻土破损过程的破损率函数，其变化与试样的平均剪应变相关，其值介于 0～1。已有研究表明，采用 Weibull 概率分布的破损率函数可以很好地描述这一过程，则

$$\lambda = f\left(\varepsilon_{s}\right) = 1 - \exp[-\left(\beta_{s}\varepsilon_{s}\right)^{n_{s}}] \tag{4.3-38}$$

式中，β_{s} 和 n_{s} 均为材料的结构性参数；ε_{s} 为代表性单元体(RVE)的剪应变，其具体的形式为

$$\varepsilon_{s} = \sqrt{\frac{2}{3}\left(\varepsilon_{ij} - \frac{1}{3}\delta_{ij}\varepsilon_{kk}\right)\left(\varepsilon_{ij} - \frac{1}{3}\delta_{ij}\varepsilon_{kk}\right)} \tag{4.3-39}$$

式中，δ_{ij} 为克罗内克符号。

对式(4.3-36)和式(4.3-37)求全微分，可得到宏观代表性单元体 RVE 与细观胶结元和

摩擦元之间的应力应变增量表达式：

$$\begin{cases} \mathrm{d}\sigma_{ij} = \left(1-\lambda^C\right)\mathrm{d}\sigma_{ij}^b + \lambda^C \mathrm{d}\sigma_{ij}^f + \mathrm{d}\lambda\left(\sigma_{ij}^{fC} - \sigma_{ij}^{bC}\right) \\ \mathrm{d}\varepsilon_{ij} = \left(1-\lambda^C\right)\mathrm{d}\varepsilon_{ij}^b + \lambda^C \mathrm{d}\varepsilon_{ij}^f + \mathrm{d}\lambda\left(\varepsilon_{ij}^{fC} - \varepsilon_{ij}^{bC}\right) \end{cases} \tag{4.3-40}$$

式中，上标 C 表示当前应力应变状态。

基于岩土材料破损力学理论框架建立起来的二元介质本构模型，其中细观胶结元和摩擦元的增量本构关系可分别表示为： $\mathrm{d}\sigma_{ij}^b = C_{ijkl}^b \mathrm{d}\varepsilon_{kl}^b$ 和 $\mathrm{d}\sigma_{ij}^f = C_{ijkl}^f \mathrm{d}\varepsilon_{kl}^f$ ，见式(4.3-13)和式(4.3-34)。

根据岩土材料的破损机制，在外荷载作用下，宏观代表性单元体(RVE)的变形与细观胶结元和摩擦元的变形是不均匀的，针对这种变形的非均匀问题，常采用细观力学方法进行求解。在所提出的微-细-宏观多尺度二元介质本构模型中，为了求解非均匀变形问题，首先将初始加载过程中未破损状态的饱和冻土试样看作无限大均匀弹性胶结元基体，其刚度张量为 C_{ijkl}^b ；而后随着荷载的持续施加，胶结元逐渐破损转变为摩擦元，此时，将单个摩擦元看作镶嵌于无限大胶结元中的夹杂，其刚度矩阵为 C_{ijkl}^f 。假设摩擦元夹杂由于塑性变形而引起其具有均匀的塑性特征应变 ε_{ij}^{fp} ，材料的无穷远处为均匀的应力边界条件，胶结元基体与摩擦元夹杂之间的边界面上位移连续，如图 4.3-6 所示，给出了荷载作用下饱和冻土非均匀变形问题的推导示意图。

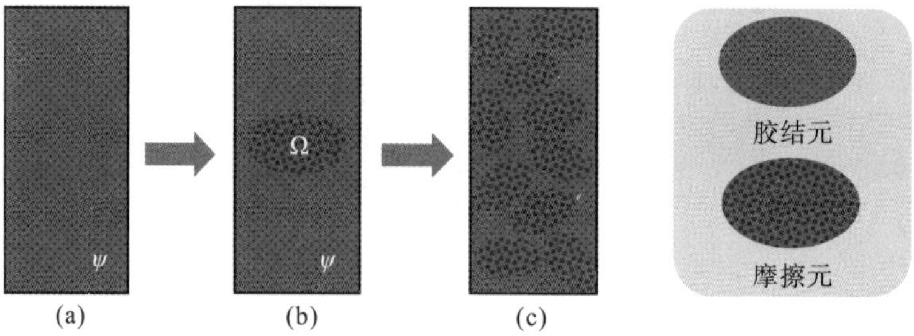

图 4.3-6 荷载作用下饱和冻土非均匀变形问题的推导示意图

首先假设在无限大线弹性均匀胶结元基体中，如图 4.3-6(a)所示，在外力荷载作用下，区域 Ω 内的摩擦元材料发生塑性变形，产生塑性特征应变增量 $\mathrm{d}\varepsilon_{ij}^{fp}$ ，且特征应变增量不随位置的变化而变化，如图 4.3-6(b)所示。实际上，当摩擦元加载处于无限大弹性胶结元基体中时，受到周围介质的约束，不能发生自由的变形，此时，摩擦元夹杂内产生的实际应变增量为 $\mathrm{d}\varepsilon_{ij}^*$ ，并将其定义为约束应变张量，可通过特征应变增量求解获得

$$\mathrm{d}\varepsilon_{ij}^* = S_{ijkl}\mathrm{d}\varepsilon_{kl}^{fp} \tag{4.3-41}$$

式中， S_{ijkl} 为 Eshelby 四阶张量，它只与弹性胶结元基体的性质以及摩擦元夹杂(区域Ω)的形状和取向有关。S_{ijkl} 对于 i 与 j、k 与 l 具有对称性，即 $S_{ijkl} = S_{ijlk} = S_{jikl}$ ，但对于 (i,j) 与 (k,l) 一般不对称，因此 Eshelby 张量一般不具有 Voigt 对称性。假设细观胶结元各向同性且摩擦元夹杂为圆球形域，此时 Eshelby 四阶张量 S_{ijkl} 可写为

$$S_{ijkl} = \left(\alpha - \beta\right)\frac{1}{3}\delta_{ij}\delta_{kl} + \beta\frac{1}{2}(\delta_{ik}\delta_{jl} + \delta_{il}\delta_{jk}) \tag{4.3-42}$$

式中，

$$\alpha = 3 - 5\beta = \frac{3K^b}{3K^b + 4G^b} \tag{4.3-43}$$

$$\beta = \frac{6(K^b + 2G^b)}{5(3K^b + 4G^b)} \tag{4.3-44}$$

其中，α 和 β 为 Eshelby 张量内的系数；K^b 和 G^b 分别为细观胶结元基体的体积模量和剪切模量。

在无限大均匀弹性胶结元基体中，细观摩擦元夹杂由于产生的塑性特征应变增量 $\mathrm{d}\varepsilon_{ij}^{fp}$ 而导致的应力增量 $\mathrm{d}\sigma_{ij}^{*}$，可由弹性本构关系给出：

$$\mathrm{d}\sigma_{ij}^{*} = C_{ijkl}^{b}(\mathrm{d}\varepsilon_{kl}^{*} - \mathrm{d}\varepsilon_{kl}^{fp}) \tag{4.3-45}$$

式中由实际应变增量 $\mathrm{d}\varepsilon_{kl}^{*}$ 减去塑性特征应变增量 $\mathrm{d}\varepsilon_{kl}^{fp}$ 后剩余的弹性应变增量，是导致细观摩擦元夹杂产生应力增量 $\mathrm{d}\sigma_{ij}^{*}$ 的真正原因。

由式(4.3-41)和式(4.3-45)可得

$$\mathrm{d}\sigma_{ij}^{*} = C_{ijkl}^{b}(I_{klmn} - S_{klmn}^{-1})\mathrm{d}\varepsilon_{mn}^{*} \tag{4.3-46}$$

式中，I_{klmn} 为四阶单位张量。

根据边界上力的相互作用关系可得，细观摩擦元夹杂特征应变增量对细观胶结元基体内域产生的约束应力增量 $\mathrm{d}\sigma_{ij}^{*\mathrm{out}}$ 为

$$\mathrm{d}\sigma_{ij}^{*\mathrm{out}} = \mathrm{d}\sigma_{ij}^{*} = -H_{ijkl}^{*}\mathrm{d}\varepsilon_{kl}^{*} \tag{4.3-47}$$

式中，H_{ijkl}^{*} 为弹性约束张量(Hill，1965)。根据应力平衡关系可得

$$H_{ijkl}^{*} - C_{ijmn}^{b}(S_{mnkl}^{-1} - I_{mnkl}) \tag{4.3-48}$$

对于细观胶结元基体而言，其应力应变增量本构关系如式(4.3-13)所示，而细观摩擦元夹杂的弹性应变增量关系可表示为

$$\mathrm{d}\sigma_{ij}^{f} = C_{ijkl}^{fe}\mathrm{d}\varepsilon_{kl}^{f} \tag{4.3-49}$$

式中，C_{ijkl}^{fe} 为细观摩擦元夹杂的弹性刚度张量。

根据等效夹杂原理可知，如图 4.3-6(b)所示，细观摩擦元夹杂在无限大胶结元基体应力作用下产生的变形由两部分组成：一部分应变是由将摩擦元夹杂从基体中取出，假设含孔无限大基体在无穷远处受力 $\mathrm{d}\sigma_{ij}^{b}$，此时空洞表面受面力并产生相应的应变 $\mathrm{d}\varepsilon_{ij}^{b}$ 组成；另一部分则认为是由无限大含孔均匀介质在无限远处不受力，只在空洞表面受面力 $\left(\mathrm{d}\sigma_{ij}^{f} - \mathrm{d}\sigma_{ij}^{b}\right)\cdot n_{\mathrm{out}}$ 产生的应变增量 $\mathrm{d}\varepsilon_{kl}^{(2*)}$ 组成，其中 n_{out} 为空洞表面的法线。假设细观摩擦元夹杂为圆球形域，则根据式(4.3-47)可得

$$\mathrm{d}\sigma_{ij}^{f} - \mathrm{d}\sigma_{ij}^{b} = -H_{ijkl}^{*}\mathrm{d}\varepsilon_{kl}^{(2*)} \tag{4.3-50}$$

综上，细观摩擦元夹杂在无限大胶结元基体应力作用下所产生的应变为

$$\mathrm{d}\varepsilon_{ij}^{f} = \mathrm{d}\varepsilon_{ij}^{b} + \mathrm{d}\varepsilon_{ij}^{(2*)} \tag{4.3-51}$$

将式(4.3-13)、式(4.3-19)和式(4.3-51)代入式(4.3-50)可得

$$C_{ijkl}^{fe}:\mathrm{d}\varepsilon_{kl}^{f} - C_{ijkl}^{b}:\mathrm{d}\varepsilon_{kl}^{b} = -H_{ijkl}^{*}:(\mathrm{d}\varepsilon_{kl}^{f} - \mathrm{d}\varepsilon_{kl}^{b}) \tag{4.3-52}$$

定义细观摩擦元夹杂与无限大胶结元基体之间的应力应变关系满足下列关系式，即

$$d\varepsilon_{ij}^{f}=B_{ijkl}d\varepsilon_{kl}^{b} \tag{4.3-53}$$

式中，张量B_{ijkl}可由式(4.3-52)推导获得

$$B_{ijkl}=\left[C_{pqmn}^{b}:\left(S_{mnij}^{-1}-I_{mnij}\right)+C_{pqij}^{fe}\right]^{-1}C_{pqrs}^{b}S_{rskl}^{-1} \tag{4.3-54}$$

随着荷载的继续施加，细观胶结元逐渐破损并不断转化为细观摩擦元，且具有数理上的统计意义，根据二元介质本构模型框架，细观摩擦元的体积分数为$v^{f}=\lambda$，如图4.3-6(c)所示。当每个摩擦元夹杂被周围的胶结元基体包围时，试样通过基体平均应力而与邻近的夹杂和基体相互作用，Mori-Tanaka方法通过基体的平均应力合理地反映存在于介质之间的相互作用，因而进一步考虑多个细观摩擦元夹杂与胶结元基体之间的相互作用关系(Mori and Tanaka，1973)。假设饱和冻土中细观摩擦元夹杂与细观胶结元基体按体积平均产生的应力$\bar{\sigma}_{ij}$等于代表性单元体的宏观应力$d\sigma_{ij}$，则根据均匀化方法可得

$$d\bar{\sigma}_{ij}=\left(1-v^{f}\right)d\sigma_{ij}^{b}+v^{f}d\sigma_{ij}^{f}=d\sigma_{ij} \tag{4.3-55}$$

联立式(4.3-13)、式(4.3-34)、式(4.3-53)和式(4.3-55)给出细观胶结元应变与宏观单元体应变之间的关系：

$$d\varepsilon_{ij}^{b}=\left(\left[\left(1-v^{f}\right)C_{ijmn}^{b}+v^{f}C_{ijst}^{f}B_{stmn}\right]^{-1}C_{mnpq}^{b}I_{pqkl}\right)d\varepsilon_{kl} \tag{4.3-56}$$

为了表达方便，可将式(4.3-56)写为

$$d\varepsilon_{ij}^{b}=A_{ijkl}d\varepsilon_{kl} \tag{4.3-57}$$

式中，A_{ijkl}为局部应变集中系数，其表达式如下：

$$A_{ijkl}=\left[\left(1-v^{f}\right)C_{ijmn}^{b}+v^{f}C_{ijst}^{f}B_{stmn}\right]^{-1}C_{mnpq}^{b}I_{pqkl} \tag{4.3-58}$$

联立式(4.3-13)、式(4.3-34)、式(4.3-36)～式(4.3-41)和式(4.3-57)可推导给出饱和冻土的宏-细-微观多尺度二元介质本构关系：

$$d\sigma_{ij}=\left\{C_{ijkl}^{f}I_{klmn}+\left(1-\lambda^{c}\right)\left(C_{ijkl}^{b}-C_{ijkl}^{f}\right)A_{klmn}+\left[\frac{\partial\lambda}{\partial\varepsilon_{mn}}\right]^{\mathrm{T}}\left[\left(\sigma_{ij}^{fc}-\sigma_{ij}^{bc}\right)-C_{ijkl}^{f}\left(\varepsilon_{kl}^{fc}-\varepsilon_{kl}^{bc}\right)\right]\right\} \tag{4.3-59}$$
$$d\varepsilon_{mn}=D_{ijmn}d\varepsilon_{mn}$$

式中，上标c表示当前应力状态；D_{ijmn}为饱和冻土的宏观刚度张量。

4.3.3 模型参数确定和验证

基于岩土破损力学和细观力学理论框架建立起来的饱和冻土宏-细-微观二元介质本构模型所涉及的参数包括物性参数和结构性参数两部分：其中物性参数包括冰颗粒的体积模量K^{I}和剪切模量G^{I}，冰的摩擦系数T^{I}，土颗粒的摩擦系数T^{s}，土颗粒的体积模量K^{s}和剪切模量G^{s}，饱和冻土中冰的体积分数v^{bI}，孔隙率ϕ^{ρ}，以及试样的静强度h；结构性参数包括表征细观摩擦元变形的结构性参数b_1，表征试样破损过程的结构性参数β_s和n_s。

冰的体积模量K^{I}和剪切模量G^{I}，冰的摩擦系数T^{I}，以及土颗粒的摩擦系数T^{s}为常数，可通过相关文献获得(Oksanen and Keinonen，1982；Li and Riska，2002)。

通常，对不同类型的冻土来说，土颗粒包含的意义各不相同。对粗颗粒含量为0的饱

和冻土而言，其土颗粒是指由不同黏土颗粒相互聚集形成的团聚体，此时，黏土团聚体的体积模量 K^s 和剪切模量 G^s 可通过相关文献(Wang et al.，2021)获得；对不同含量的饱和冻结土石混合体而言，此时的土颗粒是指由黏土团粒和粗颗粒砾石相互胶结形成的骨架体，假设黏土团粒的体积模量为 K^{cs} 和剪切模量为 G^{cs}，粗颗粒的砾石体积模量为 K^{gs} 和剪切模量为 G^{gs}，则根据体积平均可以得到冻结土石混合体中土颗粒的体积模量 K^s 和剪切模量 G^s，如下所示：

$$K^s = \frac{\rho^G K^{cs} + W_G \rho^C K^{gs}}{\rho^G + W_G \rho^C} \tag{4.3-60}$$

$$G^s = \frac{\rho^G G^{cs} + W_G \rho^C G^{gs}}{\rho^G + W_G \rho^C} \tag{4.3-61}$$

式中，ρ^C 为粗颗粒含量为 0 的冻结黏土的干密度；ρ^G 为粗颗粒砾石的密度；W_G 为粗颗粒砾石的含量。

假设-10℃条件下饱和冻土中的水全部相变为冰，试样中的未冻水含量可忽略，此时，认为饱和冻土中的孔隙全部被冰填充，则饱和冻土中冰的体积分数 v^{bI} 等于饱和冻土的初始孔隙率 ϕ^{ρ}。在二元介质模型中，认为摩擦元是由胶结元的破损转化而来的，那么认为摩擦元的初始孔隙率 $\phi^{f\rho}$ 等于饱和冻土的初始孔隙率 ϕ^{ρ}。通过饱和法和烘干法联合可测得不同粗颗粒含量、不同冻融循环次数下饱和冻结土石混合体的初始孔隙率。此外，试样的静强度 h 可通过静力三轴试验获得，模型中涉及的结构性参数 b_1、β_s 和 n_s 可通过反演法给出。详细的有关在三轴压缩条件下模型的简化参见(王丹，2022)。

为了更好地说明上文所建立的饱和冻土的宏-细-微观二元介质本构模型的适用性，本节首先给出了一系列不同粗颗粒含量、不同围压以及不同冻融循环次数下饱和冻结土石混合体的静力三轴试验(王丹，2022)。图 4.3-7 为不同冻融循环作用下冻结土石混合体的典型静应力-应变曲线和体变曲线(试验温度为-10℃)。从图中可以看出，整体上冻结土石混合体的静应力-应变曲线呈应变硬化型，随着冻融循环次数的增加冻结土石混合体的静强度逐渐降低，即遭受冻融循环作用后试样的应力应变曲线在未经历冻融循环作用的试样曲线的下方，此外，冻融循环作用后试样的体胀特性减小。

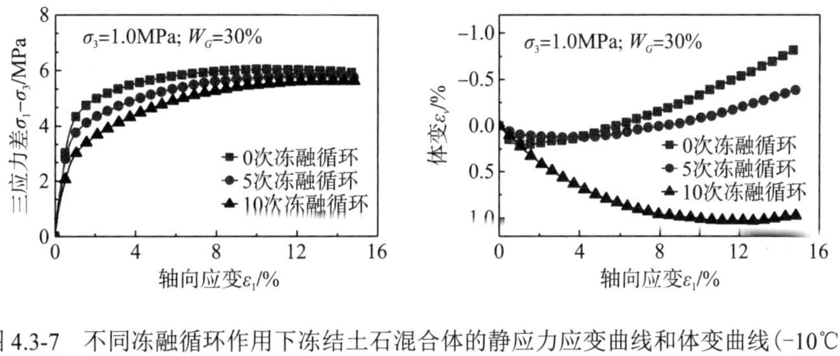

图 4.3-7　不同冻融循环作用下冻结土石混合体的静应力应变曲线和体变曲线(-10℃)

首先，利用所建立的宏-细-微观二元介质本构模型计算了围压为 0.3MPa 下，不同粗颗粒含量下冻结土石混合体的应力应变和体变关系。当粗颗粒含量为 0 时，土颗粒团聚体

的体积模量为 $K^s=144\text{MPa}$，剪切模量 $G^s=74\text{MPa}$；当粗颗粒含量分别为30%和40%时，其土颗粒的体积模量和剪切模量可通过式(4.3-60)和式(4.3-61)求解获得；模型中涉及的结构性参数可通过以下式求解获得：

$$\beta_s=-416.7W_G^2+191.7W_G+250 \tag{4.3-62}$$

$$n_s=1.25W_G^2-0.275W_G+0.73 \tag{4.3-63}$$

$$b_1=33.3W_G^2+66.7W_G+82 \tag{4.3-64}$$

图4.3-8分别给出了粗颗粒含量为0、30%及40%冻结土石混合体的静应力-应变曲线和体变曲线试验结果与计算结果，通过对比发现，所构建的宏-细-微观二元介质本构模型可以很好地描述荷载作用下冻结土石混合体体变随轴向应变由体缩向体胀发展的规律。

此外，还讨论了模型对粗颗粒含量为0，不同围压下冻结土石混合体静应力应变和体变关系的适用性。模型计算参数如表4.3-1所示，模型计算结果如图4.3-9所示。

最后，分别计算了不同冻融循环次数(0次、5次、10次)下，粗颗粒含量为30%的冻结土石混合体在围压为1.4MPa下的应力应变和体变关系，以探讨所建立模型的适用性。模型计算参数如表4.3-2所示，模型计算结果如图4.3-10所示。

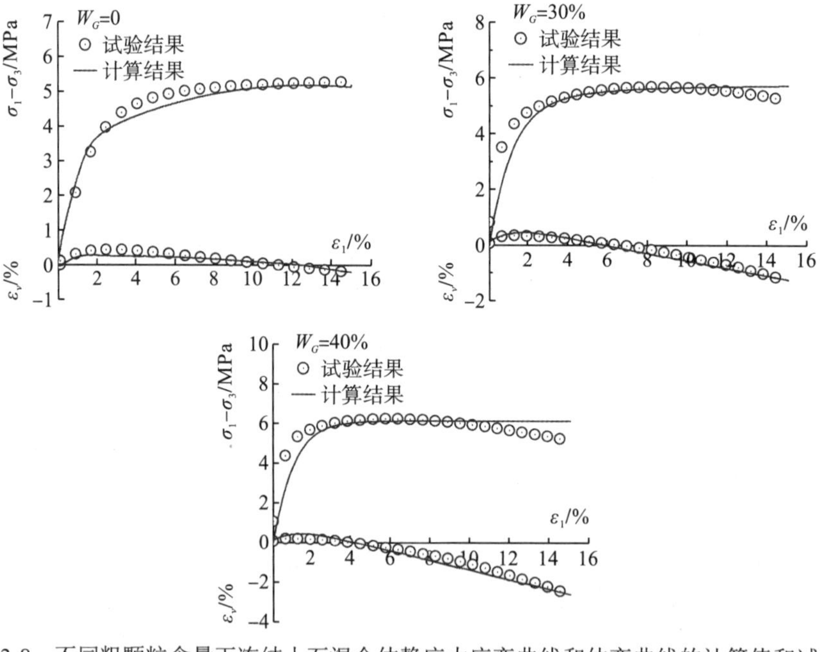

图4.3-8 不同粗颗粒含量下冻结土石混合体静应力应变曲线和体变曲线的计算值和试验值

表4.3-1 不同围压条件下模型参数的取值

围压/MPa	结构性参数		
	β_s	n_s	b_1
0.3	250	0.73	82
1.4	223	0.74	87.6

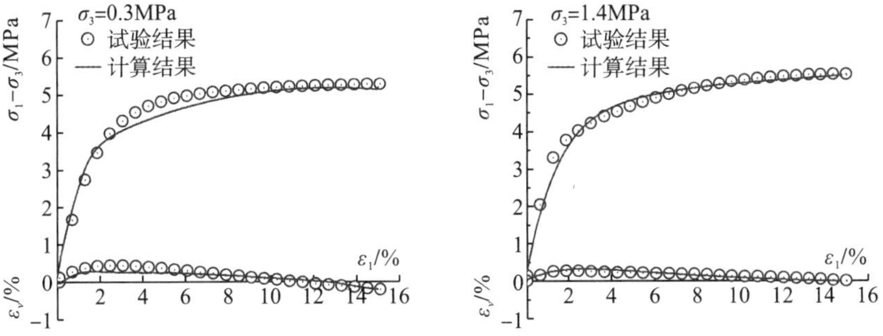

图 4.3-9　不同围压下冻结土石混合体静应力应变曲线和体变曲线的计算值和试验值

表 4.3-2　不同冻融循环次数下模型参数的取值

粗颗粒含量	冻融循环次数	结构性参数		
		β_s	n_s	b_1
30%	0	$\beta_s = 0.2N_{F-T}^2 + 0.2N_{F-T} + 270$	0.76	$b_1 = 126.33 - 21.33(0.758)^{N_{F-T}}$
	5			
	10			

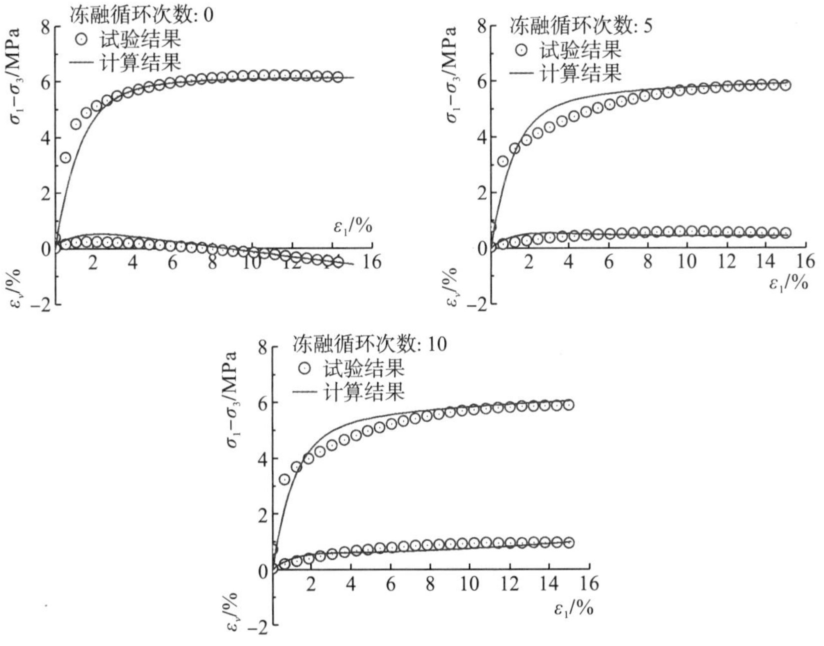

图 4.3-10　不同冻融循环次数下冻结土石混合体静应力应变曲线和体变曲线的计算值和试验值

4.3.4　模型讨论

通过对不同粗颗粒含量、不同围压和不同冻融循环次数下冻结土石混合体应力应变关系和体积变化的预测，发现基于细观力学方法建立起来的宏-细-微观二元介质模型可以用于预测不同试验条件下冻结土石混合体的应力应变关系。在该模型中，所有的物理性参数可以通过不同的试验条件给定，而通过反演法确定的结构性参数（b_1、β_s、n_s），对其进行敏感性分析，给出对计算结果的影响规律，如图 4.3-11～图 4.3-13 所示。如图所示，在参数所选取的范围内，随着 b_1 的增大，应力应变曲线逐渐表现出明显的硬化特性，体积变化逐渐由体胀向体缩变化；随着 β_s 的增大，试样的应变硬化特征越不显著，体积变化由体缩向体胀转变；随着 n_s 的增大，试样的应力应变曲线硬化特征减弱，表现出明显的体积膨胀特性。综上，只有对模型中结构性参数有清晰的认识，才能更加深入地了解所建立的模型的适用性，具体参见文献（Wang et al.，2023）。

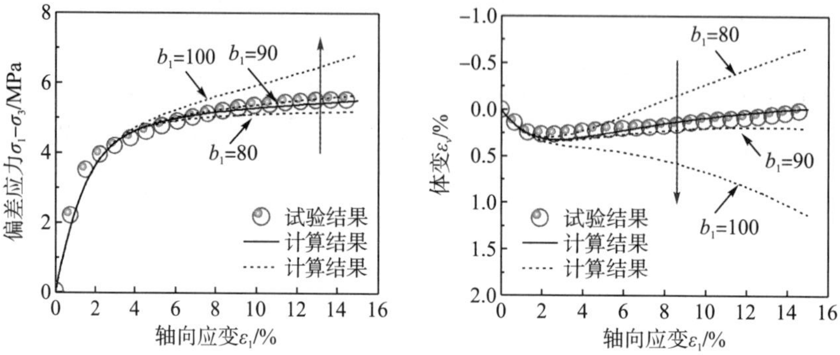

图 4.3-11　表征细观塑性变形的结构性参数 b_1

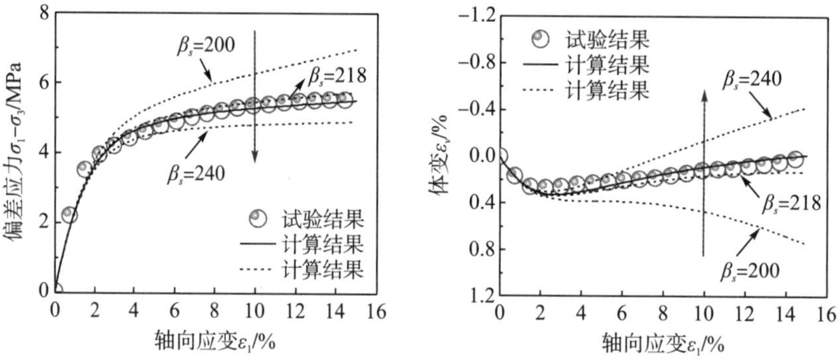

图 4.3-12　表征试样破损过程的结构性参数 β_s

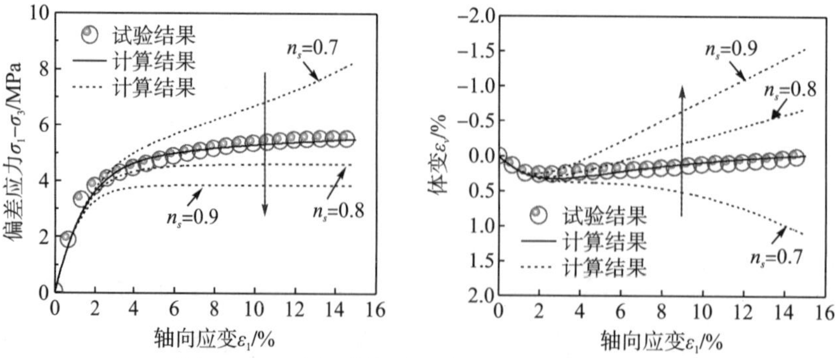

图 4.3-13　表征试样破损过程的结构性参数 n_s

附录 4.I：胶结元应变集中张量的推导

对于胶结元的应变集中张量，可通过 Eshelby 等效夹杂理论，得到如下关系式：

$$\mathrm{d}\varepsilon'_{ij} = S_{ijkl}\mathrm{d}\varepsilon^{*}_{kl} \tag{4.I-1}$$

式中，S_{ijkl} 是四阶 Eshelby 张量，在夹杂为球形的假设下，表示如下：

$$S_{ijkl} = (\alpha,\beta) = (\alpha-\beta)\frac{1}{3}\delta_{ij}\delta_{kl} + \beta I_{ijkl} \tag{4.I -2}$$

其中，$\alpha = \dfrac{3K}{3K+4G}$；$\beta = \dfrac{6}{5}\dfrac{K+2G}{3K+4G}$。

将式(4.1-15)和式(4.I -1)代入式（4.1-14），得到

$$\mathrm{d}\varepsilon^{*}_{kl} = \mathrm{d}\varepsilon_{mn}\left(C_{ijmn}-\bar{C}_{ijmn}\right)\left(\bar{C}_{ijrs}S_{rskl}-\bar{C}_{ijkl}-C_{ijrs}S_{rskl}\right)^{-1} \tag{4.I -3}$$

然后，将式(4.I -3）和式（4.I -1)代入式(4.1-14b)，得到胶结元的应变和宏观应变的关系式如下：

$$\mathrm{d}\varepsilon^{b}_{ij} = \left[I_{ijkl} + S_{ijpq}\left(C_{pqef}-\bar{C}_{pqef}\right)\left(\bar{C}_{efrs}:S_{rskl}-\bar{C}_{efkl}-C_{efrs}S_{rskl}\right)^{-1}\right]\mathrm{d}\varepsilon_{kl} \tag{4.I -4}$$

对比式(4.I -4)与式(4.1-10a)，可以得到胶结元的应变集中张量，见式(4.1-16)。

附录 4.II：摩擦元应变集中张量的推导

根据细观力学方法，摩擦元的扰动应变和等效特征应变有如下关系(Mura，1987)：

$$\mathrm{d}\varepsilon''_{kl} = S_{ijkl}(\mathrm{d}\varepsilon^{**}_{ij} + \mathrm{d}\varepsilon^{fp}_{ij}) \tag{4.II-1}$$

结合式(4.1-17)、式(4.1-18)和式(4.II -1)，摩擦元的等效特征应变可以表示为

$$\mathrm{d}\varepsilon^{**}_{ij} = \vartheta^{1}_{ijkl}\mathrm{d}\varepsilon^{b}_{kl} + \vartheta^{2}_{ijkl}\mathrm{d}\varepsilon^{fp}_{kl} \tag{4.II-2}$$

其中，

$$\vartheta^{1}_{mnkl} = \left(H^{1}_{ijmn}\right)^{-1}H^{2}_{ijkl} \tag{4.II-3a}$$

$$\vartheta^{2}_{mnkl} = \left(H^{1}_{ijmn}\right)^{-1}H^{3}_{ijkl} \tag{4.II-3b}$$

$$H^{1}_{ijkl} = \left(\bar{C}_{ijmn}S_{mnkl} - \bar{C}_{ijkl} - \Gamma_{ijmn}S_{mnkl}\right) \tag{4.II-3c}$$

$$H^{2}_{ijkl} = \left(\Gamma_{ijkl} - \bar{C}_{ijkl}\right) \tag{4.II-3d}$$

$$H^{3}_{ijkl} = \left(\Gamma_{ijmn}S_{mnkl} - \Gamma_{ijkl} - \bar{C}_{ijmn}S_{mnkl} + \bar{C}_{ijkl}\right) \tag{4.II-3e}$$

同时，摩擦元的弹性应变张量为

$$\mathrm{d}\varepsilon^{fe}_{kl} = \mathrm{d}\varepsilon^{b}_{kl} + \mathrm{d}\varepsilon_{kl} - \mathrm{d}\varepsilon^{fp}_{kl} \tag{4.II-4}$$

将式(4.II-1)代入式(4.II-4)，可得

$$\mathrm{d}\varepsilon^{fe}_{kl} = \mathrm{d}\varepsilon^{b}_{kl} + S_{ijkl}(\mathrm{d}\varepsilon^{**}_{ij} + \mathrm{d}\varepsilon^{fp}_{kl}) - \mathrm{d}\varepsilon^{fp}_{kl} \tag{4.II-5}$$

根据式(4.1-5)，得到如下关系：

$$\mathrm{d}\varepsilon_{ij} = \left(1-\lambda^{0}_{v}\right)\mathrm{d}\varepsilon^{b}_{ij} + \lambda^{0}_{v}\mathrm{d}\varepsilon^{fp}_{ij} + \lambda^{0}_{v}\mathrm{d}\varepsilon^{fe}_{ij} - \mathrm{d}\lambda_{v}\left(\varepsilon^{b0}_{ij} - \varepsilon^{fe0}_{ij} - \varepsilon^{fp0}_{ij}\right) \tag{4.II-6a}$$

$$\varepsilon_{ij}^{0}=(1-\lambda_{v}^{0})A_{ijkl}^{b0}\varepsilon_{kl}^{0}+\lambda_{v}^{0}(\varepsilon_{ij}^{fe0}+\varepsilon_{ij}^{fp0}) \tag{4.II-6b}$$

$$\left(\varepsilon_{ij}^{fe0}+\varepsilon_{ij}^{fp0}\right)=\frac{1}{\lambda_{v}^{0}}\left[\varepsilon_{ij}^{0}-(1-\lambda_{v}^{0})A_{ijkl}^{b0}\varepsilon_{kl}^{0}\right] \tag{4.II-6c}$$

随后将式(4.II-6c)代入式(4.II-6a)，得到如下关系：

$$\mathrm{d}\varepsilon_{ij}=\left(1-\lambda_{v}^{0}\right)A_{ijkl}^{b0}\mathrm{d}\varepsilon_{kl}+\lambda_{v}^{0}\mathrm{d}\varepsilon_{ij}^{fp}+\lambda_{v}^{0}\mathrm{d}\varepsilon_{ij}^{fe}-\mathrm{d}\lambda_{v}\left(A_{ijkl}^{b0}-\frac{1}{\lambda_{v}^{0}}I_{ijkl}+\frac{\left(1-\lambda_{v}^{0}\right)}{\lambda_{v}^{0}}A_{ijkl}^{b0}\right)\varepsilon_{kl}^{0} \tag{4.II-7}$$

将式(4.II -5)代入式(4.II -7)，得到摩擦元的塑性应变：

$$\mathrm{d}\varepsilon_{ij}^{fp}=\left(Q_{ijkl}^{1}\right)^{-1}Q_{klmn}^{2}\mathrm{d}\varepsilon_{mn}+\left(Q_{ijkl}^{1}\right)^{-1}Q_{klmn}^{3}\varepsilon_{mn}^{0} \tag{4.II-8}$$

其中，

$$Q_{ijkl}^{1}=\left(\lambda_{v}^{0}I_{ijkl}+\lambda_{v}^{0}S_{ijmn}\vartheta_{mnkl}^{2}+\lambda_{v}^{0}S_{ijkl}-I_{ijkl}\right) \tag{4.II-9a}$$

$$Q_{ijmn}^{2}=\left(I_{ijmn}-A_{ijmn}^{b0}-\lambda_{v}^{0}S_{ijkl}\vartheta_{klrs}^{1}A_{rsmn}^{b0}\right) \tag{4.II-9b}$$

$$Q_{klmn}^{3}=\mathrm{d}\lambda_{v}\left(A_{klmn}^{b0}-\frac{1}{\lambda_{v}^{0}}I_{klmn}+\frac{\left(1-\lambda_{v}^{0}\right)}{\lambda_{v}^{0}}A_{klmn}^{b0}\right) \tag{4.II-9c}$$

对比式(4.II-8)和式(4.1-3c)，可以得到摩擦元的塑性应变集中张量，见式(4.1-19)。

然后，根据式(4.II-6a)，摩擦元的弹性应变也可以表达为

$$\mathrm{d}\varepsilon_{ij}^{fe}=\frac{1}{\lambda_{v}^{0}}\left[\mathrm{d}\varepsilon_{ij}-\left(1-\lambda_{v}^{0}\right)\mathrm{d}\varepsilon_{ij}^{b}-\lambda_{v}^{0}\mathrm{d}\varepsilon_{ij}^{fp}+\mathrm{d}\lambda_{v}(\varepsilon_{ij}^{b0}-\varepsilon_{ij}^{fe0}-\varepsilon_{ij}^{fp0})\right] \tag{4.II -10}$$

最后，将式(4.1-9)和式(4.1-10)代入式(4.II-10)，得到$\mathrm{d}\varepsilon_{ij}^{fe}$的表达式，见式(4.1-21)。

附录 4.III：胶结元刚度张量

在本节，通过 M-T 方法推导冻土的胶结元弹性刚度张量如下。

胶结元、未破损土(上标 s)和未破损冰(上标 i)的应力具有以下关系：

$$\sigma_{ij}^{b}=c^{i}\sigma_{ij}^{i}+\left(1-c^{i}\right)\sigma_{ij}^{s} \tag{4.III-1}$$

它们的本构关系可以用胡克定律描述：

$$\sigma_{ij}^{i}=C_{ijkl}^{i}\varepsilon_{kl}^{i} \tag{4.III-2a}$$

$$\sigma_{ij}^{s}=C_{ijkl}^{s}\varepsilon_{kl}^{s} \tag{4.III-2b}$$

因此，通过 Eshelby 等效夹杂理论，得到夹杂和基体的应变为

$$\varepsilon_{kl}^{i}=A_{ijmn}^{i}D_{mnkl}^{s}\sigma_{ij}^{s} \tag{4.III-3a}$$

$$\sigma_{ij}^{s}=\left[c^{i}C_{ijmn}^{i}A_{mnor}^{i}D_{orkl}^{s}+\left(1-c^{i}\right)I_{ijkl}\right]^{-1}\sigma_{kl}^{b} \tag{4.III-3b}$$

其中，

$$A_{ijmn}^{i}=\left[I_{ijmn}+S_{ijkl}^{i}D_{klst}^{s}\left(C_{stmn}^{i}-C_{stmn}^{s}\right)\right]^{-1} \tag{4.III-4a}$$

$$S_{ijkl}^{i}=\left(\alpha^{i}-\beta^{i}\right)\frac{1}{3}\delta_{ij}\delta_{kl}+\frac{\beta^{i}}{2}\left(\delta_{ik}\delta_{jl}+\delta_{il}\delta_{jk}\right) \tag{4.III-4b}$$

最后，将基体的应力代入能量方程(Huang et al.，1995)中，并且假定冰夹杂的形状为

球形，就可以得到胶结元的体积模量和剪切模量分别为

$$K^b = K^s\left[1+\frac{c_i\left(\dfrac{K^i}{K^s}-1\right)}{1+\alpha^i\left(1-c_i\right)\left(\dfrac{K^i}{K^s}-1\right)}\right] \tag{4.III-5a}$$

$$G^b = G^s\left[1+\frac{c_i\left(\dfrac{G^i}{G^s}-1\right)}{1+\beta^i\left(1-c_i\right)\left(\dfrac{G^i}{G^s}-1\right)}\right] \tag{4.III-5b}$$

式中，c_i 为含冰量；K^i 和 K^s 分别为未破损冰和未破损土的体积模量；G^i 和 G^s 分别为未破损冰和未破损土的剪切模量。

第 5 章　基于二元介质模型的强度准则

本章介绍在二元介质模型基础上建立的强度准则，考虑到二元介质模型中的胶结元和摩擦元的不同变形机制和强度发挥机理，建立了结构性土的强度准则和冻土的多尺度强度准则。

第 5.1 节　结构性土的强度准则

结构性土在其形成过程中就产生了一定的结构性，可见在建立强度准则时有必要考虑颗粒之间的胶结作用和颗粒组构分布方式的影响。本节在已有的结构性土试验资料的基础上，对结构性土的强度变化规律进行了总结，然后基于考虑结构性岩土材料破损机理的二元介质模型概念，建立了一个适用于结构性土的强度准则。本节的应力为有效应力。

5.1.1　结构性土的剪切强度

5.1.1.1　结构性土的剪切强度变化规律

目前已有大量的试验来研究结构性土或天然原状土的强度变化规律，有从现场取样进行室内试验的，也有在室内人工制备结构性土样进行试验的。图 5.1-1(a) 为上海黏土的固结不排水强度包线；图 5.1-1(b) 为经过高温灼烧而人工制备的结构性土样的固结不排水强度包线。由以上试验所得到的结构性土样的固结不排水强度包线可以看出，结构性土的强

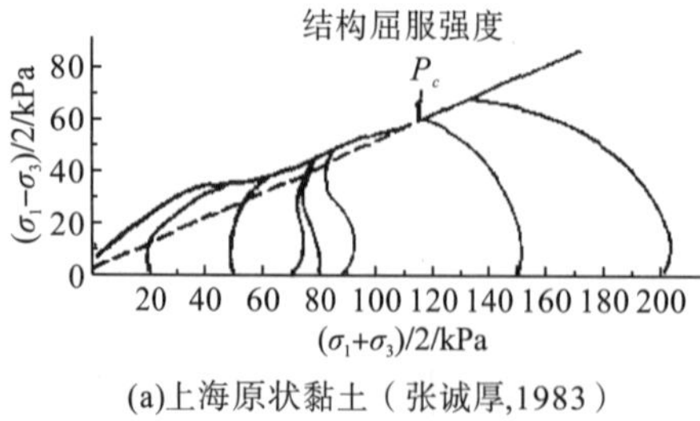

(a)上海原状黏土（张诚厚,1983）

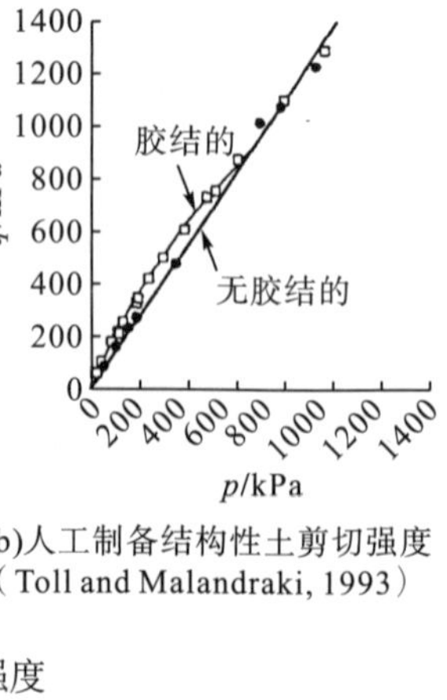

(b)人工制备结构性土剪切强度（Toll and Malandraki, 1993）

图 5.1-1　结构性土的剪切强度

度变化是非线性的，线性的莫尔-库仑(Mohr-Coloumb)准则不再适用，随着固结应力的变化结构性土的强度规律在发生变化。以结构屈服强度为界，结构性土的强度变化可分为两个阶段，在固结应力低于结构屈服应力时，强度变化是非线性的；在固结应力高于结构屈服应力时，强度变化可以近似为线性的，且可用线性强度规律来描述。

5.1.1.2　结构性土的强度发挥机理

结构性土的强度发挥程度是与土的变形紧密联系在一起的，图 5.1-2(a)为剪切强度的组成示意图。可见，黏聚分量、剪胀分量和摩擦分量并不是同时达到最大值的，黏聚分量通常在其他分量充分发挥作用之前在较小的应变下达到最大值，并迅速破坏；继而剪胀分量充分发挥作用，达某一应变后，试样的体积不再增加，剪胀分量也就逐渐消失；当应力应变曲线趋于水平，唯一的强度分量是摩擦分量。黏聚分量与外加法向应力无关，而剪胀分量与摩擦分量提供的剪阻力是剪切面上法向应力的正比函数。对于天然饱和的原状土或结构性土，图 5.1-2(b)给出了实测的黏聚力 c 与内摩擦角 φ 随应变变化的曲线图，可见强度分量黏聚部分与摩擦部分不是同时发挥最大作用的，它们随应变的变化而变化。

在地质过程中土颗粒之间形成了不同的胶结作用和排列方式，即形成了天然土中的结构性。结合以上分析可见，对于结构性土来说在小应变范围内主要是颗粒之间的胶结作用抵抗外部作用，而随着应变的增大，当外部作用大于结构屈服强度时胶结作用丧失而由土颗粒之间的摩擦作用来抵抗外部作用。从而，可把抗剪强度分量表示如下：

$$\tau = f\left(\tau_b\right) + f\left(\tau_f\right) \tag{5.1-1}$$

其中，$f\left(\tau_b\right)$表示胶结作用提供的抗剪强度；$f\left(\tau_f\right)$表示摩擦作用提供的抗剪强度，它们都是应力或应变的函数。

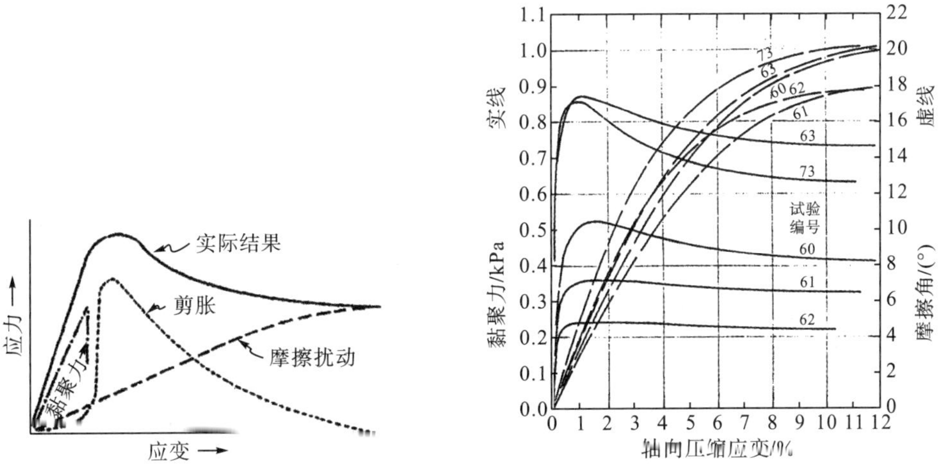

(a)剪切阻力的组成（Lambe, 1960）　(b)强度分量与应变关系（Schmertmann and Osterberg, 1960）

图 5.1-2　结构性土的剪切强度

5.1.1.3　剪切强度表达式

根据地质材料的形成过程和破损机理，把非均质的结构性土看成由胶结元(或胶结块)

和摩擦元(或软弱带)组成的二元介质材料。胶结元由胶结作用强的土颗粒组成，摩擦元由胶结作用弱的土颗粒组成，在受荷过程中，胶结元逐步破损，转化为摩擦元，两者共同承受外部荷载。根据均匀化理论可以得到如下表达式：

$$\{\sigma\}=(1-b)\{\sigma_b\}+b\{\sigma_f\} \tag{5.1-2}$$

式中，$\{\sigma\}$为代表性单元的平均应力；$\{\sigma_b\}$为代表性单元内胶结元的平均应力；$\{\sigma_f\}$为代表性单元内摩擦元的平均应力；b为应力分担率。

根据二元介质模型的应力表达式(5.1-2)，并结合抗剪强度的表达式(5.1-1)，可以给出如下的抗剪强度表达式：

$$\tau=(1-\zeta)\tau_{b(\sigma_b)}+\zeta\tau_{f(\sigma_f)} \tag{5.1-3}$$

式中，τ为抗剪强度；$\tau_{b(\sigma_b)}$为胶结元所提供的剪切抗力；$\tau_{f(\sigma_f)}$为摩擦元提供的剪切抗力；ζ为剪切抗力分担率，是对不同的试样达到破坏状态时摩擦元所发挥的剪切抗力的比率，可以表示为应力状态的函数，即$\zeta=f(\sigma)$。

5.1.1.4 剪切强度表达式的参数确定

(1)胶结元所提供的剪切抗力的确定。由于胶结元首先发挥其抗剪能力且在较小的应变范围内达到峰值，此处假定$\tau_{b(\sigma_b)}$如下：

$$\tau_{b(\sigma_b)}=\tau_0(\sigma_{bm}/p_a)^n \tag{5.1-4}$$

其中，τ_0为结构性土样的单轴抗压强度；$\sigma_{bm}=(\sigma_{1b}+\sigma_{2b}+\sigma_{3b})/3$，为胶结元的局部平均应力；$p_a$为标准大气压强；$n$为常数。

(2)摩擦元所提供的剪切抗力的确定。摩擦元是胶结元破损后所形成的，具有重塑土的性质，此处假定其为纯摩擦材料，并且其强度规律符合 Mohr-Coulomb 准则，即

$$\tau_{f(\sigma_f)}=\sigma_f\operatorname{tg}\varphi \tag{5.1-5}$$

式中，φ为摩擦元的内摩擦角，可以把原状样反复剪切使其结构完全破坏后做试验测定；$\sigma_f=(\sigma_{1f}+\sigma_{3f})/2$，为摩擦元的第一和第三主应力的平均值。

(3)剪切抗力分担率的确定。由试验现象分析知道，结构性土样的抗剪强度变化规律以结构屈服强度为界具有不同的特点。假定剪切抗力分担率如下：

$$\zeta=1-\mathrm{e}^{-(\sigma_{3b}/\sigma_S)^m} \tag{5.1-6}$$

式中，σ_S为结构性土样的结构屈服强度；σ_{3b}为胶结元的最小主应力；m为常数。

引入局部应力集中系数c_0，来表示胶结元与单元平均应力之间的关系，如下：

$$\{\sigma_b\}=c_0\{\sigma\} \tag{5.1-7}$$

简化起见取$c_0=1.0$，且把式(5.1-4)～式(5.1-7)代入式(5.1-3)可得

$$\tau=(1-\zeta)\tau_0(\sigma_m/P_a)^n+\zeta\sigma\operatorname{tg}\varphi \tag{5.1-8}$$

式中，$\sigma_m=(\sigma_1+\sigma_2+\sigma_3)/3$；$\zeta$如下：

$$\zeta=1-\mathrm{e}^{-(\sigma_3/\sigma_S)^m} \tag{5.1-9}$$

式中，σ_3为结构性土样的最小主应力。

5.1.1.5　剪切强度包线随参数的变化规律

1. 剪切抗力分担率的变化规律

下面讨论三轴压缩应力状态下剪切抗力分担率ζ随围压σ_3的变化规律。按照式(5.1-9)分别取σ_S为55.5kPa和110.5kPa可以计算出在不同的m值时剪切抗力分担率ζ随围压σ_3的变化曲线，如图 5.1-3 所示。

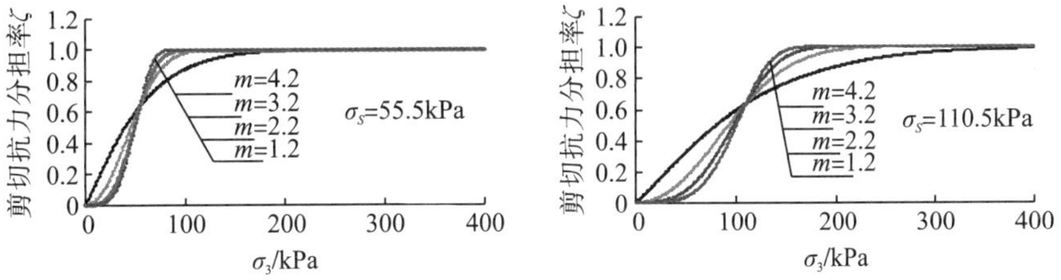

(a)σ_S=55.5kPa　　(b)σ_S=110.5kPa

图 5.1-3　剪切抗力分担率的变化规律

2. 剪切强度随参数的变化规律

下面讨论在不同的参数情况下，所建议的结构性土的抗剪强度公式(5.1-8)的演化规律，共采用两组参数。第一组参数为：$p_a = 101.3\text{kPa}$，$\sigma_S = 78.5\text{kPa}$，$\tau_0 = 89.1\text{kPa}$，$\varphi = 34.8°$，$m = 3.5$，$n$分别取 0.1、0.2、0.3、0.5，计算的抗剪强度的变化规律见图 5.1-4(a)；第二组参数为：$p_a = 101.3\text{kPa}$，$\sigma_S = 105.5\text{kPa}$，$\tau_0 = 102.1\text{kPa}$，$\varphi = 32.7°$，$m = 3.5$，$n$分别取 0.2、0.3、0.5，计算的抗剪强度的变化规律见图 5.1-4(b)。可以看出，所建议的结构性土的抗剪强度表达式能够定性地反映结构性土的强度变化规律。

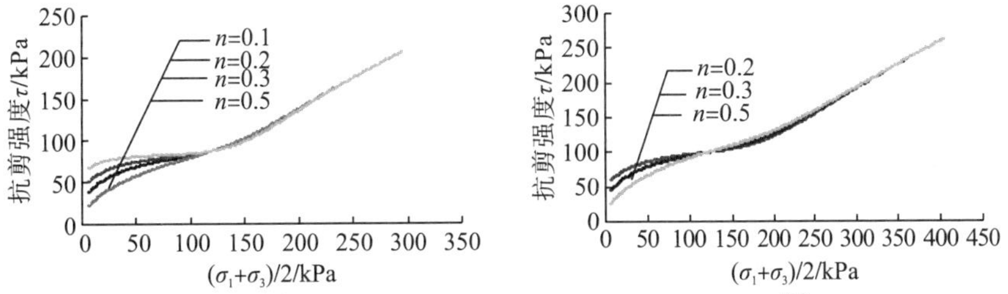

(a)　　(b)

图 5.1-4　抗剪强度的变化规律

5.1.1.6　剪切强度的试验验证

为了说明所建立的结构性土的强度准则式(5.1-8)的适用性，下面针对两种结构性土 Lacustrine 黏土(Baracos et al.，1980)和 Louis 黏土(Lo and Morin，1972)的固结不排水强度试验分别进行验证。

对于 Lacustrine 黏土采用的计算参数为：$p_a=101.3\text{kPa}$，$\sigma_S=255.0\text{kPa}$，$\tau_0=73.2\text{kPa}$，$\varphi=21.8°$，$m=3.5$，$n=0.5$，计算结果见图 5.1-5(a)；对于 Louis 黏土采用的计算参数为：$p_a=101.3\text{kPa}$，$\sigma_S=113.68\text{kPa}$，$\tau_0=62.01\text{kPa}$，$\varphi=20.56°$，$m=3.5$，$n=0.2$，计算结果见图 5.1-5(b)。可见计算结果与试验结果有较好的一致性，具体参见文献(刘恩龙和沈珠江，2007b)。

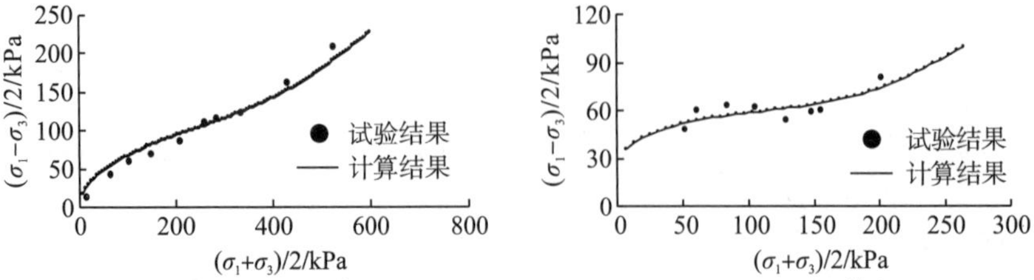

(a)Lacustrine 黏土 (b)Louis 黏土

图 5.1-5 结构性土的剪切强度

5.1.2 结构性土的强度表达式

以上基于结构性土的剪切强度变化规律，建立了结构性土的剪切强度包线表达式，下面再结合结构性土在 π 平面的破坏包线特性，提出一个结构性土的强度准则。

5.1.2.1 结构性土的强度准则表达式

定义以下表达式：

$$p=(\sigma_1+\sigma_2+\sigma_3)/3 \tag{5.1-10}$$

$$q=\frac{1}{\sqrt{2}}\left[(\sigma_1-\sigma_2)^2+(\sigma_2-\sigma_3)^2+(\sigma_3-\sigma_1)^2\right]^{\frac{1}{2}} \tag{5.1-11}$$

$$\text{tg}\theta_\sigma=\frac{2\sigma_2-\sigma_1-\sigma_3}{\sqrt{3}(\sigma_1-\sigma_3)} \tag{5.1-12}$$

考虑到结构性土强度发挥机理，建议强度准则表达式如下：

$$F=F_{(p,q,\theta_\sigma)}=(1-\zeta_v)f_{b(p_b)}+\zeta_v f_{f(p_f)}-\frac{q}{\frac{1}{\sqrt{3}}g_{(\theta_\sigma)}}+k=0 \tag{5.1-13}$$

式中，k 为参数。当 θ_σ 为常数时，子午面上的强度包线表示为

$$q=\frac{1}{\sqrt{3}}g_{(\theta_\sigma)\text{const}}\left\{(1-\zeta_v)f_{b(p_b)}+\zeta_v f_{f(p_f)}+k\right\} \tag{5.1-14}$$

式中，$f_{b(p_b)}$ 为胶结元提供的抗剪抗力；$f_{f(p_f)}$ 为摩擦元提供的剪切抗力；ζ_v 为剪切抗力体贡献率；当 p 为常数时可以看出 $g_{(\theta_\sigma)}$ 为 π 平面上破坏包线随 θ_σ 的变化规律，如下式：

$$g_{(\theta_\sigma)}=(1-\zeta_s)g_{(\theta_\sigma)b}+\zeta_s g_{(\theta_\sigma)f} \tag{5.1-15}$$

其中，$g_{(\theta_\sigma)b}$ 为胶结元提供的 π 平面上的抗剪能力；$g_{(\theta_\sigma)f}$ 为摩擦元提供的 π 平面上的抗剪能力；ζ_s 为剪切抗力面贡献率。

5.1.2.2　强度准则的参数确定

(1) 胶结元所提供的剪切抗力的确定。由于胶结元首先发挥其抗剪能力且在较小的应变范围内达到峰值，此处假定 $f_{b(p_b)}$ 如下：

$$f_{b(p_b)} = \tau_0 \left(p_b / p_a \right)^n \tag{5.1-16}$$

其中，τ_0 为结构性土样的单轴抗压强度；$p_b = \left(\sigma_{1b} + \sigma_{2b} + \sigma_{3b} \right) / 3$，为胶结元的平均应力；$n$ 为常数。假定胶结元在 π 平面上的破坏包线为圆形，即有

$$g_{(\theta_\sigma)b} = 1.0 \tag{5.1-17}$$

(2) 摩擦元所提供的剪切抗力的确定。摩擦元是胶结元破损后所形成的，具有重塑土的性质，此处假定其为纯摩擦材料，此处假定 $f_{f(p_f)}$ 如下：

$$f_{f(p_f)} = Mp_f \tag{5.1-18}$$

式中，M 为摩擦元在子午面上的斜率，可以把原状样反复剪切使其结构完全破坏后做常规三轴试验测定；$p_f = \left(\sigma_{1f} + \sigma_{2f} + \sigma_{3f} \right) / 3$，为摩擦元的平均应力。假定摩擦元在 π 平面上的破坏包线具有如下形式：

$$g_{(\theta_\sigma)f} = \frac{3 - \sin\varphi_f}{2\left(\sqrt{3}\cos\theta_\sigma + \sin\theta_\sigma \sin\varphi_f \right)} \tag{5.1-19}$$

式中，φ_f 为摩擦元的内摩擦角。

(3) 剪切抗力贡献率的确定。由试验现象分析知道，结构性土样的抗剪强度变化规律以结构屈服强度为界具有不同的特点。假定剪切抗力体贡献率与剪切抗力面贡献率均相等，且为如下表达式：

$$\zeta = \zeta_v = \zeta_s = 1 - \mathrm{e}^{-(p_b/\sigma_S)^m} \tag{5.1-20}$$

式中，ζ 为剪切抗力贡献率；σ_S 为结构性土样的结构屈服强度；m 为常数。

简化起见，此处取局部应力系数为 1.0，则胶结元的应力与摩擦元的应力相同，如下：

$$\left\{ \sigma_b \right\} = \left\{ \sigma_f \right\} = \left\{ \sigma \right\} \tag{5.1-21}$$

把式 (5.1-18)～式 (5.1-21) 代入式 (5.1-13)，可得

$$\begin{aligned} F_{(p,q,\theta_\sigma)} &= \zeta Mp + (1-\zeta)\tau_0 \left(p / p_a \right)^n \\ &\quad - \frac{q}{\dfrac{1}{\sqrt{3}}\left\{ (1-\zeta) + \zeta \dfrac{3 - \sin\varphi_f}{2\left(\sqrt{3}\cos\theta_\sigma + \sin\theta_\sigma \sin\varphi_f \right)} \right\}} + k = 0 \end{aligned} \tag{5.1-22}$$

其中，

$$\zeta = 1 - \mathrm{e}^{-(p/\sigma_S)^m} \tag{5.1-23}$$

5.1.2.3　强度准则的变化规律

1. π 平面上的破坏包线随参数的变化规律

下面讨论不同的 π 平面上的破坏包线。当 p 为常数时，由式 (5.1-22) 可以得到 π 平面

上的破坏包线。图 5.1-6 为随着平均应力 p 的增加在不同的 π 平面上的破坏包线的形状，所采用的计算参数分别为：$M=1.45$，$\tau_0=64.8\text{kPa}$，$m=4.2$，$n=3.5$，$p_a=101.3\text{kPa}$，$\sigma_S=78.5\text{kPa}$，$k=7.8\text{kPa}$，$\varphi=47.5°$。可见在平均有效应力较小时，在 π 平面上的破坏包线近于圆形，而当平均有效应力较大时，在 π 平面上的破坏包线近于重塑土的破坏包线，近于 Mohr-Coulomb 破坏包线。这与天然土在偏平面上的试验结果所呈现出的强度规律类似。

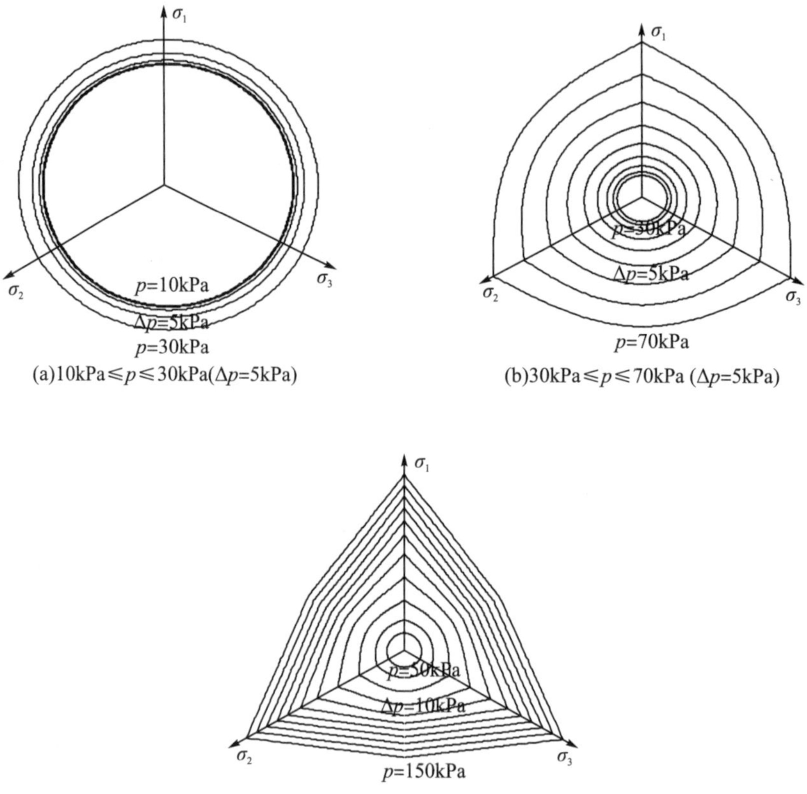

(a)10kPa≤p≤30kPa(Δp=5kPa)　(b)30kPa≤p≤70kPa (Δp=5kPa)

(c)50kPa≤p≤180kPa(Δp=10kPa)

图 5.1-6　不同 π 平面上的破坏包线

2. 压缩子午面上的破坏包线随参数的变化规律

下面讨论在不同的参数情况下压缩子午面上的破坏包线随参数变化的演化规律。当 $\sigma_1>\sigma_2=\sigma_3$ 时，$\theta_\sigma=-30°$，代入式(5.1-22)可以得到压缩子午线面上的破坏包线的变化规律，如图 5.1-7 所示，所采用的计算参数分别为：$M=1.15$，$\tau_0=64.8\text{kPa}$，$m=4.2$，$p_a=101.3\text{kPa}$，$\sigma_S=78.5\text{kPa}$，$k=7.8\text{kPa}$，$\varphi=45.5°$，n 分别取 0.1、0.25、0.36。可以看出，所建议的结构性土的表达式(5.1-22)能够定性地反映结构性土在压缩子午面上的强度变化规律。

由于缺少结构性土的真三轴试验结果，此处没有对其试验结果进行验证，具体参见文献(刘恩龙和沈珠江，2006f；Liu et al.，2013a)。

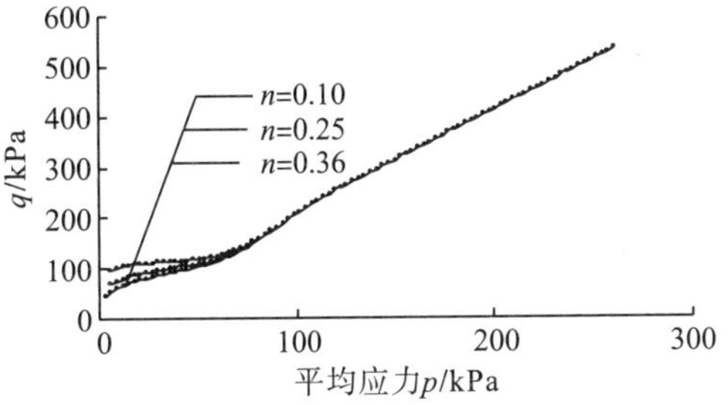

图 5.1-7　压缩子午面上的破坏包线

第 5.2 节　初始应力各向异性结构性土的强度准则

在上节结构性土的强度准则的基础上，本节考虑初始应力各向异性的影响，建立初始应力各向异性结构性土的强度准则。本节的应力为有效应力。

5.2.1　初始应力各向异性结构性土的剪切强度表达式

压缩子午面上应力洛德角为常数，此处以三轴压缩为例进行介绍，也是试验中经常采用的一种加载条件。

根据结构性土的胶结(bonding)和组构(fabric)两大特点，以及二元介质模型的概念，可把结构性土的抗剪强度表示为胶结元件的抗剪强度分量和摩擦元件的抗剪强度分量两者的线性组合，具体表示如下：

$$\tau = f\left(\tau_{b(\sigma,\varepsilon)}\right) + f\left(\tau_{f(\sigma,\varepsilon)}\right) \tag{5.2-1}$$

式中，$f\left(\tau_{b(\sigma,\varepsilon)}\right)$表示结构性土内胶结元件提供的抗剪强度；$f\left(\tau_{f(\sigma,\varepsilon)}\right)$表示结构性土内摩擦元件提供的抗剪强度。

根据岩土破损理论思想，参照二元介质模型的应力分担表达式，引入剪切抗力分担率ζ'到式(5.2-1)中可得

$$\tau = (1-\zeta')\tau_{b(\sigma_b)} + \zeta'\tau_{f(\sigma_f)} \tag{5.2-2}$$

式中，τ为初始应力各向异性结构性土的抗剪强度；$\tau_{b(\sigma_b)}$为初始应力各向异性结构性土中胶结元件提供的抗剪强度；$\tau_{f(\sigma_f)}$为初始应力各向异性结构性土中摩擦元件提供的抗剪强度，ζ'为剪切抗力分担率，表示不同的初始应力各向异性结构性试样在达到破坏时摩擦元件所发挥的抗剪强度占总的抗剪强度的比率。

假定初始应力各向异性结构性土中的摩擦元件具有重塑土的性质，根据莫尔-库仑强度准则，摩擦元件的抗剪强度表达如下：

$$\tau_{f(\sigma_f)} = \sigma_f \mathrm{tg}\varphi_e \tag{5.2-3}$$

式中，φ_e为结构性土中摩擦元件的等效内摩擦角，可根据重塑土的强度包线斜率确定；

$\sigma_f=\left(\sigma_{1f}+\sigma_{2f}+\sigma_{3f}\right)/3$，为结构性土中摩擦元件的局部平均有效应力。需要注意的是式(5.2-3)中的φ_e与上一节内摩擦角的定义不一样，这是由于σ_f的定义不同所导致的。

同时，引入局部应力集中系数c_0，来表示胶结元与单元平均有效应力之间的关系，如下：

$$\{\sigma_b\}=c_0\{\sigma\} \tag{5.2-4}$$

此处取c_0=1.0，与式(5.1-7)相同。

由于制备初始应力诱发各向异性结构性土和初始均质结构性土的区别在于制样时是否施加先期固结应力p_0，因而在建立初始应力诱发各向异性结构性土的强度准则时，需要考虑先期固结应力p_0的影响。又由于摩擦元具有重塑土的性质，摩擦元件不受先期固结应力p_0的影响，因此先期固结应力p_0只对胶结元件的剪切抗力$\tau_{b(\sigma b,\varepsilon b)}$和剪切抗力分担率$\zeta'$有影响，那么先期固结应力$p_0$由$\tau_{b(\sigma b,\varepsilon b)}$和$\zeta'$引入到初始应力诱发各向异性结构性土的强度准则中。假定胶结元剪切抗力$\tau_{b(\sigma b,\varepsilon b)}$为如下表达式：

$$\tau_{b(\sigma b,\varepsilon b)}=\tau_0\left(p_b/p_a\right)^n\left(1+p_0/\sigma_S\right)^k \tag{5.2-5}$$

式中，τ_0为结构性土样在 25kPa 围压下固结排水常规三轴压缩试验的峰值偏应力；p_0为先期固结应力；k、n为常数；$p_b=\left(\sigma_{1b}+\sigma_{2b}+\sigma_{3b}\right)/3$，为胶结元件的局部平均有效应力；$p_a$为标准大气压；$\sigma_S$为结构性土样的结构屈服强度。当未施加先期固结应力时，式(5.2-5)退化为初始均质结构性土的情况。

以下叙述如何确定初始应力诱发各向异性的结构性土的剪切抗力分担率。根据前述定义，剪切抗力分担率为对不同试样达到破坏状态时摩擦元件所发挥的剪切抗力的比率，又因为存在结构屈服强度，因此结构性土的抗剪强度以结构屈服强度为界呈现不同的变化规律。当外荷载低于结构屈服强度时，胶结元件几乎不破碎，外荷载几乎全由胶结元件承担，剪切抗力分担率几乎为零；当外荷载超过结构屈服强度后，胶结元件开始破碎并转化为摩擦元件，荷载由二者共同承担，剪切抗力分担率开始增大。假定剪切抗力分担率ζ'如下：

$$\zeta'=1-\mathrm{e}^{-\left(\frac{p}{\sigma_s}\right)^m/\left(1+\frac{p_0}{\sigma_s}\right)^k} \tag{5.2-6}$$

式中，p为单元的平均有效应力；m为常数。同理，当未施加先期固结应力时，式(5.2-6)退化为初始均质结构性土的情况。

整理式(5.2-1)～式(5.2-6)可得初始应力诱发各向异性结构性土的抗剪强度表达式如下：

$$\tau=\left(1-\zeta'\right)\tau_0\left(p_b/p_a\right)^n\left(1+p_0/\sigma_S\right)^k+\zeta' p\mathrm{tg}\varphi_e \tag{5.2-7}$$

至此，在压缩子午面上考虑初始应力诱发各向异性结构性土的强度准则已建立。

5.2.2 初始应力各向异性结构性土的强度准则验证

为进一步研究初始应力各向异性结构性土在压缩子午面上(三轴压缩应力状态)强度准则随参数的变化规律，以下将从剪切抗力分担率和破坏包线两方面做探讨，最后对强度准则进行验证。

5.2.2.1　剪切抗力分担率的变化规律

根据式(5.2-6)，对于初始应力各向异性结构性土取 p_0=100kPa、σ_s=155.9kPa、k=0.2 及 m 分别为 1.5、2.5、3.5 时剪切抗力分担率 ζ' 的变化规律如图 5.2-1 所示。从图 5.2-1 可以看出，初始应力各向异性结构性土的剪切抗力分担率 ζ' 随 m 值的不同呈现非线性变化，初期阶段由于应力水平较低，因而胶结元件破损较少，外荷载主要由胶结元件承担；当应力增大后胶结元件逐步破损，剪切抗力分担率逐渐趋近于 1.0。另外，随着 m 值的增大，剪切抗力分担率在应力水平较低时趋于平缓，达到某一应力水平后剪切抗力分担率迅速增大到 1.0。这表明 m 值越大，胶结元件的强度越大。

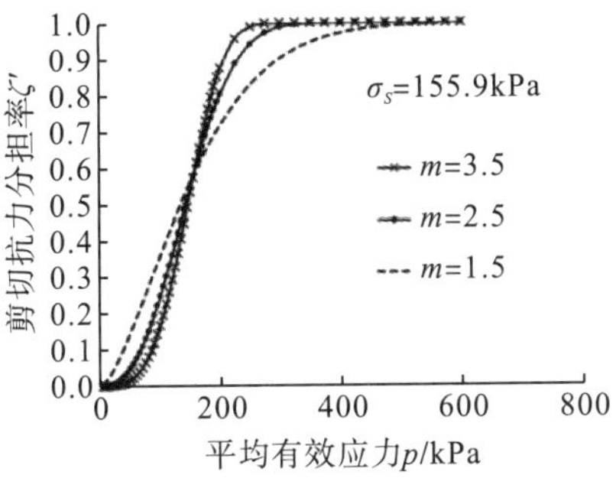

图 5.2-1　剪切抗力分担率 ζ' 随 m 的变化规律

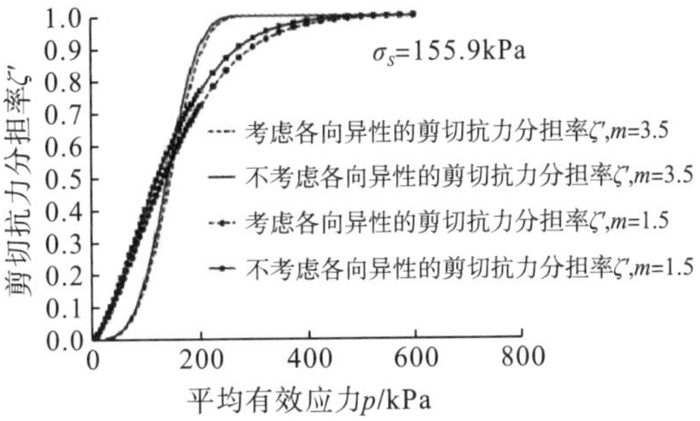

图 5.2-2　考虑和不考虑各向异性时剪切抗力分担率的变化规律

对于初始均质结构性土，即不考虑先期固结应力时，p_0=0，式(5.2-7)退化为初始均质结构性土，图 5.2-2 为考虑和不考虑各向异性时剪切抗力分担率的变化规律。可以看出，在相同条件下，初始应力各向异性结构性土的剪切抗力分担率较初始均质结构性土的低，即同一应力水平下，初始应力诱发各向异性结构性土的胶结元件破损较少，这意味着初始应力诱发各向异性结构性土的胶结元件强度更大，这表明先期固结应力可以提高结构性土的结构屈服强度和胶结元件的强度。

k 值对剪切抗力分担率的影响如图 5.2-3 所示。在其他条件相同时，考虑各向异性的结构性土的剪切抗力分担率曲线始终在初始均质曲线的下方，即胶结元件分担较多外荷载，其强度高于初始均质结构性土的胶结元件强度，前已述及，此不赘述。同时，由于先期固结应力为零，故 k 值对初始均质结构性样没有影响，不同 k 值下的初始均质剪切抗力分担率曲线重合。另外，随着 k 值的增大，各向异性结构性样的剪切抗力分担率曲线逐渐右移，在相同应力水平下，剪切抗力分担率 ζ' 越小，胶结元件强度越高。

以下探讨不同结构屈服强度 σ_s 对剪切抗力分担率的影响。对式(5.2-6)取 p_a=101.3kPa、p_0=100kPa、m=3.5、k=0.5，σ_s 分别取 100kPa、150kPa、200kPa、250kPa，如图 5.2-4 所示。从图中可以看出，随着应力水平的增加，剪切抗力分担率开始变化较为平缓，后来逐渐增大趋近于 1.0，表明摩擦元件承担的外荷载逐渐增大。随着结构屈服强度的增加，初始应力各向异性和初始均质结构性土的剪切抗力分担率曲线均逐渐右移，即在同等应力水平下，结构屈服强度大的胶结元件分担的外荷载多，表明结构屈服强度和胶结元件的强度有很大关系；另外，相同条件下，初始应力各向异性结构性土的剪切抗力分担率小于初始均质结构性土的，表明初始应力各向异性结构性土的胶结元件强度更大，这和试验结果也是相一致的。

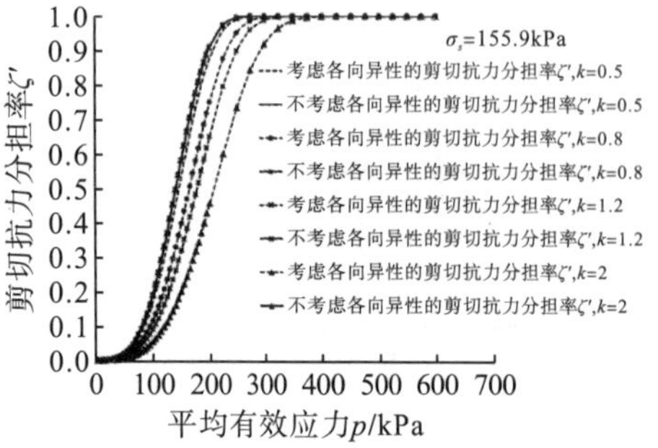

图 5.2-3 k 值对剪切抗力分担率的影响

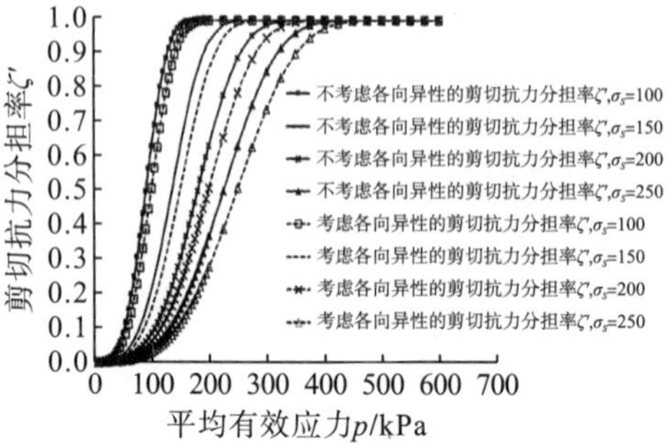

图 5.2-4 结构屈服强度 σ_s 对剪切抗力分担率的影响

5.2.2.2 抗剪强度的变化规律

根据式(5.2-7)，取 τ_0=90kPa、p_0=101.3kPa、σ_s=187.5kPa、$\varphi_e=34.78°$、m=2.5、k=0.2 以及 n 分别取 0.1、0.2、0.3 时的各向异性结构性土和均质结构性土的抗剪强度包线的变化规律如图 5.2-5 所示。

从图 5.2-5 可以看出，初始应力各向异性和初始均质结构性土的抗剪强度曲线较为类似，均呈两段式。在低应力水平下，由于结构性土的胶结元件和结构屈服应力的影响，其强度包线呈现非线性，高于相应围压下的摩擦元的强度，表明由于胶结元件的影响，结构性土在低围压下强度有提高；在应力水平较高超过结构性土的结构屈服应力时，由于胶结元件已破损为摩擦元件，结构性土的性质接近于重塑土，因而强度包线呈现直线型，这和前述的假定相吻合。另外，相同条件下，在应力水平较低时，初始应力诱发各向异性结构性土的强度包线在初始均质结构性土上方，即其抗剪强度略高于初始均质结构性土，这与试验结果是一致的；然而，当应力水平较高时，胶结元件完全破损，两者均只含有摩擦元件时，其强度包线重合。这一结论也符合初始假定和现有的试验结果。

5.2.2.3 初始应力各向异性结构性土强度准则的验证

以下使用已有的常规三轴压缩试验数据验证压缩子午面上的强度准则。试验数据采用文献(罗开泰等，2013)在 25kPa、50kPa、100kPa、200kPa 四组围压下的初始应力各向异性结构性土固结排水和固结不排水试验结果，共 8 组有效应力路径。

为了确定式(5.2-7)中重塑土的内摩擦角，引用文献(罗开泰等，2013)中重塑土的固结排水和固结不排水的试验结果。重塑土破坏时的强度包线见图 5.2-6，从图可看出，重塑土的强度包线近似为直线，符合莫尔-库仑强度准则，这与前述假定的认为重塑土样内部只含摩擦元件相吻合，因而摩擦元件的内摩擦角即为重塑土强度包线的倾角，故 $\varphi_e=54.94°$。需要说明的是，这里的 φ_e 异于土的内摩擦角的定义。

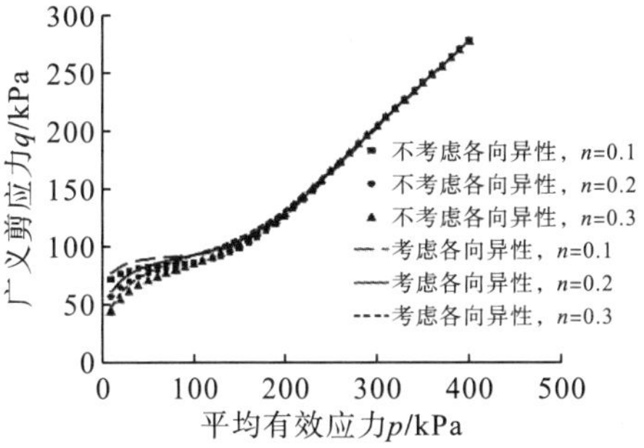

图 5.2-5　子午面上抗剪强度的变化规律

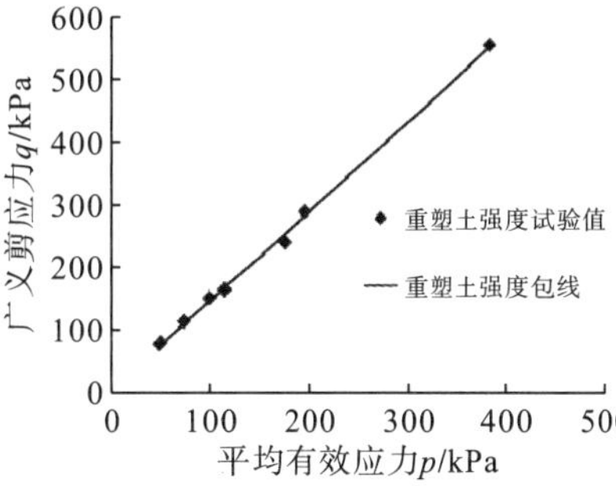

图 5.2-6　重塑土的强度包线

以下给出初始应力各向异性结构性土三轴试验的有效应力路径和采用上述强度准则模拟的强度包线，同时确定前面公式所需要的τ_0，即初始应力各向异性结构性土和各向同性结构性土样在 25kPa 围压下固结排水三轴试验的峰值偏应力分别为τ_0=139.04kPa 和τ_0=107.34kPa。根据试验确定出的计算参数分别为：p_0=100kPa，p_a=101.3kPa，σ_s=153.2kPa，τ_0=139.04kPa，$\varphi_e=54.94°$，m=2.5，n=0.35，k=0.5。图 5.2-7(a)中“异”表示初始应力各向异性结构性土。

当先期固结压力p_0=0kPa 时，式(5.2-7)用于计算初始应力诱发各向同性的结构性土的抗剪强度，前已述及，由于先期固结压力可以提高结构性土的结构屈服强度，因而各向同性结构性土的结构屈服强度会低于初始应力各向异性结构性土。

以下给出各向同件结构性土三轴试验的有效应力路径和采用上述强度准则模拟的强度包线。根据试验及前述结果确定的计算参数取为：p_0=0kPa，p_a=101.3kPa，σ_s=118.0kPa，τ_0=107.34kPa，$\varphi_e=54.94°$，m=3.0，n=0.08。如图 5.2-7(b)所示。

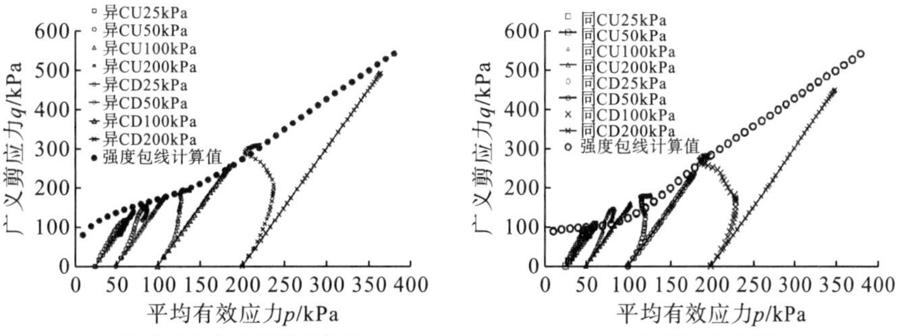

(a)初始应力各向异性结构性土　(b)初始均质结构性土

图 5.2-7　结构性土的有效应力路径及强度包线计算值

由图 5.2-7(a)可看出，所建议的初始应力各向异性结构性土的强度准则的模拟结果与试验结果吻合较好，可以很好地描述其强度特性。可知，前述所建立强度准则可以很好地描述初始应力诱发各向异性结构性土的强度特性。具体参见文献(陈亚军，2015)。

第 5.3 节　冻土的多尺度强度准则

本节基于二元介质概念和第 4 章中饱和冻土的多尺度变形机理分析，建立饱和冻土的多尺度强度准则。

5.3.1　冻土的强度发挥机理及构建方法

5.3.1.1　冻土的多尺度强度发挥机理

当温度较低时，饱和冻土可以看作是一种由冰夹杂和土骨架组成的两相复合材料，其中少量未冻水以结合水的形式存在于土骨架中。因此，从细观力学的角度来看，饱和冻土的强度特性应考虑这两个组分的强度特性。此外，这两种材料的强度特性和体积占比会影响饱和冻土的强度演化规律。

同时，对于饱和冻土，冰夹杂与土骨架之间也存在较强的胶结作用。因此，在细观尺度上冰胶结的破损或压融会导致宏观强度下降。根据岩土破损力学，这种局部破损或压融可以描述为未破损的冰土集合体(胶结元)向破损的冰土集合体(摩擦元)转化的过程。因此，温度和应力对此破损过程的影响导致宏观冻土强度的变化。

饱和冻土的强度发挥机制具有以下特征：在细观尺度下冰夹杂/土骨架的材料组成及破损机制，即图 5.3-1 中均匀化步骤 I；未破损的冰夹杂和土骨架组成的胶结元，破损的冰夹杂和土骨架组成的摩擦元，其考虑了冰胶结的破损和压融，即图 5.3-1 中均匀化步骤 II。

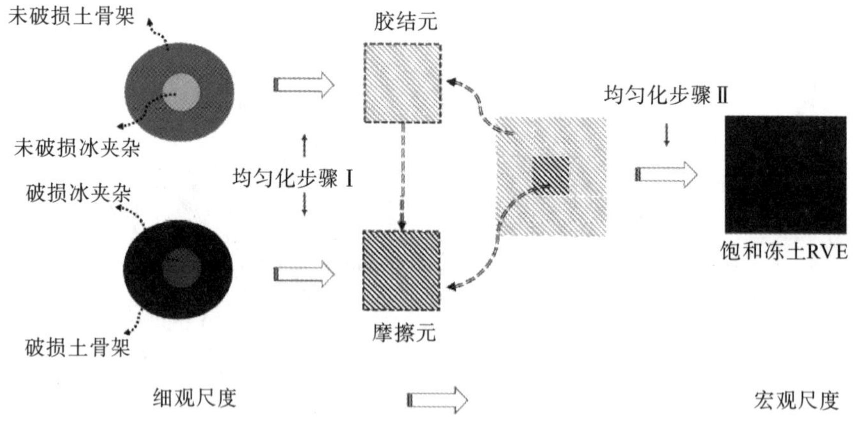

图 5.3-1　饱和冻土的强度发挥机理示意图

5.3.1.2　冻土的多尺度强度准则的构建方法

研究表明结构性土在低应力水平下强度是非线性的，而当较高应力水平导致局部结构破坏形成无胶结重塑土时，才呈现线性的演化规律。结构性土和重塑土的常规三轴压缩强度试验结果如图 5.3-2 所示，具体参见 Liu 等(2017)。基于岩土破损力学对结构性土的非线性强度的发挥机理进行如下解释：在初始加载条件下，土颗粒集合体具有完整的细观结构和较强的胶结效应，其力学性质为线弹性；然而，当局部应力/应变达到可允许极限时，土颗粒之间的黏结可能部分或完全断裂，在细观尺度上发生粒间塑性滑移，导致宏观尺度上出现非线性变形特征；局部破损程度随着外荷载的增加而增强，最终达到破坏应力状态，即强度。在这种情况下，结构性土的强度同时受到未破损和破损土集合体的控制。同时，根据不同平均应力下的理论计算结果，表明结构性土在强度点处的破碎率不同，这导致宏观尺度上结构性土强度的非线性演化规律。因此，对于结构性土的强度准则，既要考虑原状土颗粒集合体的强度贡献，也要考虑破损集合体的强度贡献，最终描述局部破损机制而确定非线性特征。

对于饱和冻土，温度可以改变冰的胶结效应，从而改变冰颗粒的强度。根据现有研究(苏雨，2020)，当超过临界围压后，冰的强度会下降，如图 5.3-3 所示，并且随着温度的降低，冰的强度有明显的增加趋势。类似结构性土的讨论，也可在岩土破损力学下解释冰的强度发挥机制：在较低温度或围压下，冰颗粒之间的胶结基本完整、未破损，此时宏观强度主要由未破损冰集合体控制，而破损冰集合体起次要作用；但随着温度或围压的升高，冰颗粒之间的胶结逐渐破坏，且破损冰团聚体起主要控制作用，从而导致强度降低。因此，综合考虑细观尺度上未破损冰和破损冰的强度贡献，才能有效地反映宏观尺度上冰的强度特性。

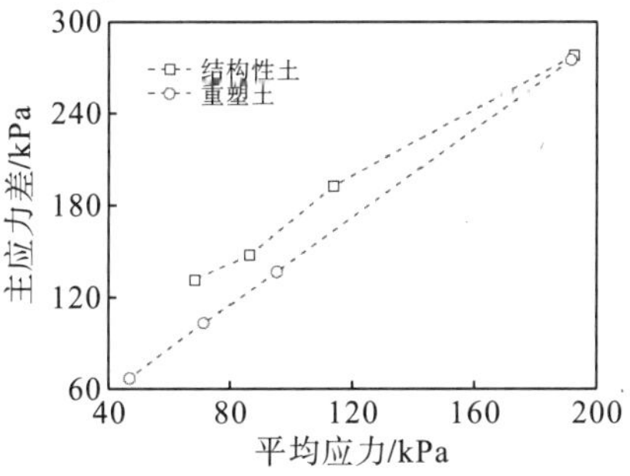

图 5.3-2　重塑土和结构性土的强度试验结果

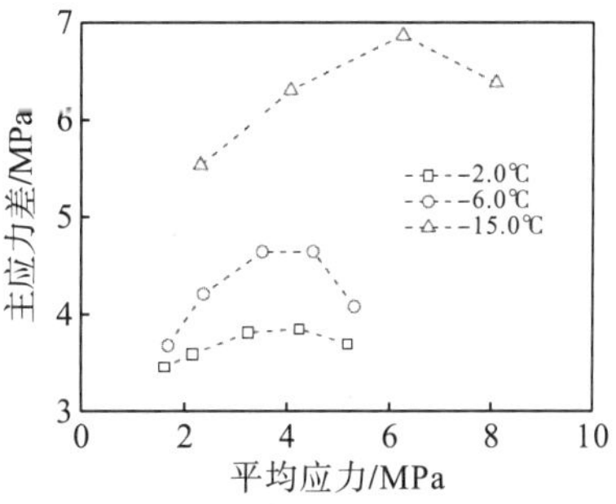

图 5.3-3　冰试样的强度试验结果(苏雨，2020)

同时，采用线性比较组合(linear comparison composite，LCC)方法和极限分析理论，可获得冻土的胶结元和摩擦元的强度特性。对于由未破损土骨架和冰夹杂组成的胶结元，其强度发挥具有线性特征。然而，对于由破损土骨架和冰夹杂组成的摩擦元，其在均匀化过程中必须考虑塑性耗散，所以摩擦元的强度准则具有非线性特征。

综上所述，本节解释考虑饱和冻土组分与局部胶结破坏的耦合强度发挥机理，并在此基础上，建立宏-细观非线性强度准则框架，如图 5.3-4 所示。

图 5.3-4 中的均匀化步骤如下：

(1) 均匀化步骤 I(从破损/未破损组分到胶结元/摩擦元)：胶结元的强度准则可直接使用均匀化理论建立；摩擦元的强度准则可通过 LCC 方法和极限分析理论建立。

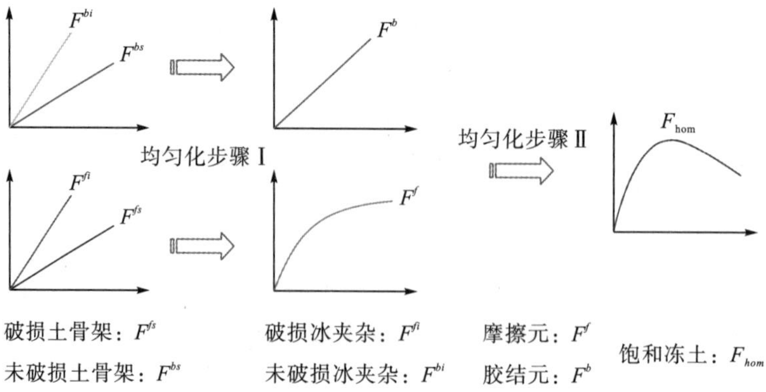

图 5.3-4 强度准则建模方法示意

(2)均匀化步骤Ⅱ(从胶结元/摩擦元到单元体)：饱和冻土的强度准则同样可通过 LCC 方法和极限分析理论进行推导；同时，需要考虑局部胶结破损的产生也是一个能量转移过程，包含应变能和耗散能，其对饱和冻土的强度均匀化过程具有重要的影响(Wang et al., 2021)。

5.3.2 多尺度强度准则

5.3.2.1 均匀化步骤Ⅰ

1. 胶结元的强度准则

胶结元是由具有弹性性质的未破损土骨架和未破损冰夹杂所组成。通过均匀化方法，在破坏状态下，胶结元的平均应力 p^b 和偏应力 q^b 为

$$p^b = (1-c_i)p^{bs} + c_i p^{bi} \tag{5.3-1a}$$

$$q^b = (1-c_i)q^{bs} + c_i q^{bi} \tag{5.3-1b}$$

式中，c_i 为含冰量；$p^{bs}(p^{bi})$ 和 $q^{bs}(q^{bi})$ 分别是未破损土骨架(未破损冰夹杂)在破坏状态时的平均应力和偏应力。

未破损土骨架 F^{bs} 和未破损冰夹杂 F^{bi} 的强度准则分别为

$$F^{bs} = q^{bs} - k^{bs}p^{bs} = 0 \tag{5.3-2a}$$

$$F^{bi} = q^{bi} - k^{bi}p^{bi} = 0 \tag{5.3-2b}$$

式中，k^{bs} 和 k^{bi} 是强度参数，表示如下：

$$k^{bs} = \frac{q^{bs}}{p^{bs}} = 3\frac{G^{bs}}{K^{bs}}\varepsilon_{br}^{s} \tag{5.3-3a}$$

$$k^{bi} = \frac{q^{bi}}{p^{bi}} = 3\frac{G^{bi}}{K^{bi}}\varepsilon_{br}^{i} \tag{5.3-3b}$$

其中，

$$\varepsilon_{br}^{s}=\frac{\varepsilon_{s}^{bs}}{\varepsilon_{v}^{bs}},\quad \varepsilon_{br}^{i}=\frac{\varepsilon_{s}^{bi}}{\varepsilon_{v}^{bi}} \tag{5.3-4}$$

式中，G^{bs}（K^{bs}）和 G^{bi}（K^{bi}）分别是未破损土骨架和未破损冰夹杂的剪切模量(体积模量)；ε_{s}^{bs}（ε_{s}^{bi}）和 ε_{v}^{bs}（ε_{v}^{bi}）分别是未破损土骨架(未破损冰夹杂)在破坏状态时的剪应变和体应变；ε_{br}^{s} 和 ε_{br}^{i} 分别是未破损土骨架和未破损冰夹杂的破坏应变。这些是判断破损门槛的重要参数，可通过冰或土在未破损状态下的应力应变曲线确定。

将式(5.3-2)代入式(5.3-1)中，可得

$$q^{b}=\left(1-c_{i}\right)k^{bs}p^{bs}+c_{i}k^{bi}p^{bi} \tag{5.3-5}$$

考虑胶结元和未破损土骨架/冰夹杂的应力关系，整理式(5.3-5)如下：

$$q^{b}=\left(1-c_{i}\right)k^{bs}Ap^{b}+c_{i}k^{bi}Bp^{b} \tag{5.3-6}$$

其中，

$$Ap^{b}=p^{bs},\quad Bp^{b}=p^{bi} \tag{5.3-7}$$

式中，A 和 B 是应力集中系数，可通过不同的均匀化方法得到。

则可以得到胶结元的强度准则：

$$F^{b}=q^{b}-k^{b}p^{b}=0 \tag{5.3-8}$$

其中，

$$k^{b}=\left[\left(1-c_{i}\right)k^{bs}A+c_{i}k^{bi}B\right] \tag{5.3-9}$$

从以上表达形式可以看出，胶结元、未破损土和未破损冰的强度准则具有一样的数学表达形式。

2. 摩擦元的强度准则

摩擦元由破损冰和破损土骨架组成，其在破坏点处具有非线性变形特性，把冰当作固体机制中的夹杂，进行强度均匀化(Zhou and Günther，2014)，得到摩擦元的强度表达式，具体如下：

$$F^{f}=1+\frac{(p^{f}+S_{hom}^{I})^{2}}{A_{hom}^{I}}-\frac{\left(q^{f}\right)^{2}}{B_{hom}^{I}}=0 \tag{5.3-10}$$

其中，

$$\begin{aligned}A_{hom}^{I}=&\left[M_{C}^{2}M_{S}^{2}c_{i}X_{3}\left(S_{C}-S_{S}\right)^{2}\frac{X_{1}-\mathcal{K}M_{S}^{4}r_{g}}{X_{2}}-\frac{aX_{1}}{r_{g}}\right]\\&-\left\{\left[2\left(c_{i}+X_{3}\mathcal{T}_{2}\right)^{2}\left(X_{1}-\mathcal{K}M_{S}^{4}r_{g}\right)-c_{i}X_{3}\left(c_{i}r_{g}M_{S}^{2}+X_{3}M_{C}^{2}\mathcal{T}_{2}^{2}\right)\right]\frac{2\mathcal{T}_{1}^{2}r_{g}}{X_{2}}-\mathcal{K}\right\}\end{aligned} \tag{5.3-11a}$$

$$B_{hom}^{I}=\mathcal{G}\left\{\left[aX_{1}r_{g}-M_{C}^{2}M_{S}^{2}c_{i}X_{3}\frac{X_{1}-\mathcal{K}M_{S}^{4}r_{g}}{X_{2}}\left(S_{C}-S_{S}\right)^{2}\right]\right\} \tag{5.3-11b}$$

$$\begin{aligned}S_{hom}^{I}=&-\mathcal{T}_{1}\left\{S_{C}\left(c_{i}+X_{3}\mathcal{T}_{2}\right)\left(3M_{C}^{2}M_{S}^{2}c_{i}X_{3}r_{g}-X_{2}\right)\right.\\&\left.-\left[c_{i}\left(S_{C}+2S_{S}\right)+X_{3}\left(2S_{C}+S_{S}\right)\mathcal{T}_{2}\right]M_{C}^{2}M_{S}^{2}c_{i}X_{3}r_{g}\right\}/X_{2}\end{aligned} \tag{5.3-11c}$$

式中，

$$X_1 = c_i M_C^2 + (1 - X_3) M_S^2 r_g \tag{5.3-12a}$$

$$X_2 = 2X_1 \left(X_1 - \mathcal{K} M_S^4 r_g\right) - c_i (1 - X_3) M_C^2 M_S^2 r_g \tag{5.3-12b}$$

$$X_3 = 1 - c_i \tag{5.3-12c}$$

$$\mathcal{T}_1 = \frac{4 + 3 / M_S^2}{4 + 3c_i / M_S^2 + 3(1 - c_i) r_g / M_C^2} \tag{5.3-12d}$$

$$\mathcal{T}_2 = \frac{4 + 3r_g / M_C^2}{4 + 3 / M_S^2} \tag{5.3-12e}$$

$$\mathcal{K} = \frac{4M_C^2 (1 - c_i) + (3 + 4M_S^2 c_i) r_g}{\left(3c_i + 4M_S^2\right) M_C^2 + 3M_S^2 (1 - c_i) r_g} \tag{5.3-12f}$$

$$\mathcal{G} = \frac{\left(9 + 8M_S^2\right)\left(1 - c_i + c_i r_g\right) + (6 + 12M_S^2) r_g}{9 + 8M_S^2 + (6 + 12M_S^2)(c_i + (1 - c_i) r_g)} \tag{5.3-12g}$$

$$r_g = \frac{G^{fi}}{G^{fs}} \tag{5.3-12h}$$

式中，M_C^2（M_S^2）和 S_C(S_S)是破损冰夹杂(破损土骨架)的 D-P 准则参数；G^{fi} 和 G^{fs} 分别是破损冰夹杂和破损土骨架的剪切模量；a 是正则化参数，$a \to 0$ 时椭圆强度准则退化为 D-P 准则。

5.3.2.2 均匀化步骤 II

在本节中，需要对胶结元和摩擦元的强度准则进行升尺度，以得到饱和冻土的宏观强度准则。下面采用极限分析方法、LCC 方法与二元介质模型相结合进行解决。本节中所表示的应变、应力、能量函数均为破坏点处的值。

1. 胶结元/摩擦元的应变能、耗散能和非线性函数

在未破损状态下，材料仅表现出弹性变形，无塑性变形。因此，破坏点时的胶结元应变能 φ^b 和耗散能 π^b 为

$$\varphi^b = \frac{1}{2} K^b \left(\varepsilon_v^b\right)^2 + \frac{3}{2} G^b \left(\varepsilon_s^b\right)^2 \tag{5.3-13a}$$

$$\pi^b = 0 \tag{5.3-13b}$$

式中，K^b 和 G^b 是胶结元的体积模量和剪切模量，可通过均匀化方法得到；ε_v^b 和 ε_s^b 分别是胶结元的体积应变和剪切应变。

通过极限分析理论，可以得到胶结元的非线性函数 Y_b 为

$$Y_b = \text{stat}\left\{\pi^b - \varphi^b\right\} = \text{stat}\left\{-\varphi^b\right\} = 0 \tag{5.3-14}$$

在破损状态下，材料具有弹塑性变形(非线性特征)，因此其耗散能和应变能可以通过极限分析理论、塑性流动法则和 LCC 方法进行推导。

首先，在破坏点的摩擦元耗散能 π^f 可以表达为

$$\pi^f = \sup\left\{\sigma : \varepsilon^f\right\} = q^f \varepsilon_s^{fp} + p^f \varepsilon_v^{fp} \tag{5.3-15}$$

式中，p^f 和 q^f 分别是摩擦元的平均应力和偏应力；ε_v^{fp} 和 ε_s^{fp} 分别是摩擦元的塑性体应变和塑性剪应变，可以通过流动法则表达为

$$\varepsilon_s^{fp} = \lambda \frac{\partial F^f\left[p^f, q^f\right]}{\partial q^f} \tag{5.3-16a}$$

$$\varepsilon_v^{fp} = \lambda \frac{\partial F^f\left[p^f, q^f\right]}{\partial p^f} \tag{5.3-16b}$$

结合式(5.3-16a)和式(5.3-16b)，得到

$$\frac{\varepsilon_s^{fp}}{\varepsilon_v^{fp}} = \frac{\dfrac{\partial F^f}{\partial q^f}}{\dfrac{\partial F^f}{\partial p^f}} = \frac{\partial p^f}{\partial q^f} \tag{5.3-17}$$

因此，通过式(5.3-10)和式(5.3-17)，把破坏状态时的应力表达为应变的函数：

$$q^f = f_1\left(\varepsilon_s^{fp}, \varepsilon_v^{fp}\right), \quad p^f = f_2\left(\varepsilon_s^{fp}, \varepsilon_v^{fp}\right) \tag{5.3-18}$$

将式(5.3-18)代入式(5.3-15)，则得到耗散能为

$$\pi^f = f_1\left(\varepsilon_s^{fp}, \varepsilon_v^{fp}\right)\varepsilon_s^{fp} + f_2\left(\varepsilon_s^{fp}, \varepsilon_v^{fp}\right)\varepsilon_v^{fp} \tag{5.3-19}$$

另外，在推导应变能表达式时，需要借助 LCC 方法对本构模型进行线性化处理。摩擦元的应变能 ψ^f 为

$$\psi^f = \frac{1}{2}K^f\left(\varepsilon_v^f\right)^2 + \frac{3}{2}G^f\left(\varepsilon_s^f\right)^2 + \tau\varepsilon_v^f \tag{5.3-20a}$$

式中，K^f 和 G^f 分别是摩擦元的体积模量和剪切模量；τ 是预应力；ε_s^f 和 ε_v^f 分别是摩擦元的剪切应变和体积应变。

最终，摩擦元的非线性函数 Y_f 为

$$Y_f = \mathrm{stat}\left\{\pi^f - \varphi^f\right\} \tag{5.3-20b}$$

$$\frac{\partial Y_f}{\partial \varepsilon_s^f} = 0, \quad \frac{\partial Y_f}{\partial \varepsilon_v^f} = 0 \tag{5.3-20c}$$

2. 破损过程应变能、耗散能和非线性函数

破损过程是本研究的关键步骤，将胶结元向摩擦元的转化来考虑局部胶结破坏和压力融化。而通过细观热力学发现，这个过程是一个可以用弹塑性变形描述的能量转换过程。因此，在破坏点处，将破损应力 σ_{ij}^{br} 和破损应变 ε_{ij}^{br} 定义为

$$\sigma_{ij}^{br} = \sigma_{ij}^f - \sigma_{ij}^b, \quad \varepsilon_{ij}^{br} = \varepsilon_{ij}^f - \varepsilon_{ij}^b \tag{5.3-21}$$

式中，σ_{ij}^f（σ_{ij}^b）和 ε_{ij}^f（ε_{ij}^b）是摩擦元(胶结元)在破坏点的应力张量和应变张量。

因此，可以得到破损过程的应变能 φ^{br} 为

$$\varphi^{br} = \frac{1}{2}\left(\sigma_{ij}^f - \sigma_{ij}^b\right)\left(\varepsilon_{ij}^f - \varepsilon_{ij}^b\right) \tag{5.3-22}$$

破损时的耗散能可由破损塑性应变 ε_{ij}^{brf} 描述，表示为

$$\varepsilon_{ij}^{brf}=\varepsilon_{ij}^{fp} \tag{5.3-23}$$

所以，耗散能 π^{br} 为

$$\pi^{br}=\sup\{\sigma:\dot{\varepsilon}^{p}\},(\sigma\in F)=\left(q^{f}-q^{b}\right)\varepsilon_{s}^{f}+\left(p^{f}-p^{b}\right)\varepsilon_{v}^{f} \tag{5.3-24}$$

同时，也可写为

$$\pi^{br}=\left(q^{f}-3G^{b}\varepsilon_{s}^{b}\right)\varepsilon_{s}^{f}+\left(p^{f}-K^{b}\varepsilon_{v}^{b}\right)\varepsilon_{v}^{f} \tag{5.3-25}$$

最终，基于已经求得的耗散能和应变能，破损时的非线性函数为

$$Y_{br}=\text{stat}\left\{\pi^{br}-\varphi^{br}\right\} \tag{5.3-26a}$$

$$Y_{br}=\pi^{i}\left(\varepsilon_{s}^{f*},\varepsilon_{v}^{f*},\varepsilon_{v}^{b*},\varepsilon_{s}^{b*},\text{模量}\right)-\varphi^{i}\left(\varepsilon_{s}^{f*},\varepsilon_{v}^{f*},\varepsilon_{v}^{b*},\varepsilon_{s}^{b*},\text{模量}\right) \tag{5.3-26b}$$

对式(5.3-26a)求偏导，可以得到

$$\frac{\partial Y_{br}}{\partial\varepsilon_{s}^{f}}=0,\quad\frac{\partial Y_{br}}{\partial\varepsilon_{v}^{f}}=0,\quad\frac{\partial Y_{br}}{\partial\varepsilon_{v}^{b}}=0,\quad\frac{\partial Y_{br}}{\partial\varepsilon_{s}^{b}}=0 \tag{5.3-27}$$

从而，通过(5.3-27)得到 ε_{s}^{f*}、ε_{v}^{f*}、ε_{v}^{b*}、ε_{s}^{b*}，并将其代入式(5.3-26b)，就可以获得非线性函数的具体表达式。

3. 饱和冻土的应变能

在确定本研究中的强度准则时，很重要的一步是计算宏观尺度下的应变能，但由于其非线性变形特性，这是一个棘手的问题。因此，把 LCC 和二元介质模型相结合来计算宏观应变能。

通过 LCC 方法，摩擦元的本构关系式可以表达为

$$\sigma_{ij}^{f}=\tau_{ij}+C_{ijkl}^{f}\varepsilon_{kl}^{f} \tag{5.3-28}$$

式中，C_{ijkl}^{f} 是摩擦元的弹性刚度张量；τ_{ij} 是预应力，$\tau_{ij}=\tau\delta_{ij}$，其中 δ_{ij} 是克罗内克符号。

同时，胶结元的弹性本构模型为

$$\sigma_{ij}^{b}=C_{ijkl}^{b}\varepsilon_{kl}^{b} \tag{5.3-29}$$

式中，C_{ijkl}^{b} 是胶结元的弹性刚度张量。

饱和冻土的宏观代表性单元体(RVE)同样也具有弹塑性变形特性。相似的，基于 LCC 方法，RVE 的线性化本构模型为

$$\Sigma_{ij}=\tau_{ij}^{\text{hom}}+C_{ijkl}^{\text{hom}}\pi_{kl} \tag{5.3-30}$$

基于二元介质模型：$\Sigma_{ij}=\left(1-\lambda_{v}\right)\sigma_{ij}^{b}+\lambda_{v}\sigma_{ij}^{f}$，式(5.3-30)可以变换为

$$\tau_{ij}^{\text{hom}}+C_{ijkl}^{\text{hom}}\pi_{kl}=\left(1-\lambda_{v}\right)C_{ijkl}^{b}\varepsilon_{kl}^{b}+\lambda_{v}\left(\tau_{ij}+C_{ijkl}^{f}\varepsilon_{kl}^{f}\right) \tag{5.3-31}$$

根据对局部破损的定义，破损应力是冻土非线性特征的本质，则定义预应力 τ_{ij} 为

$$\tau_{ij}=\left(C_{ijkl}^{f}\varepsilon_{kl}^{f}-C_{ijkl}^{b}\varepsilon_{kl}^{b}\right) \tag{5.3-32}$$

因此，宏观尺度的弹性刚度张量和预应力满足：

$$C_{ijkl}^{\text{hom}}\pi_{kl}=\left(1-\lambda_{v}\right)C_{ijkl}^{b}\varepsilon_{kl}^{b}+\lambda_{v}\left(C_{ijkl}^{f}\varepsilon_{kl}^{f}\right) \tag{5.3-33a}$$

$$\tau_{ij}^{\mathrm{hom}}=\lambda_v\left(C_{ijkl}^f\varepsilon_{kl}^f-C_{ijkl}^b\varepsilon_{kl}^b\right) \tag{5.3-33b}$$

通过 M-T 方法，得到宏观弹性刚度张量为

$$C_{ijkl}^{\mathrm{hom}}=\left(K^{\mathrm{hom}}-\frac{2}{3}G^{\mathrm{hom}}\right)\delta_{ij}\delta_{kl}+G^{\mathrm{hom}}(\delta_{ik}\delta_{jl}+\delta_{il}\delta_{jk}) \tag{5.3-34}$$

其中，

$$\frac{1}{K^{\mathrm{hom}}}=\frac{1}{K^b}+\lambda_v\left(1-\frac{K^f}{K^b}\right)\frac{1}{\lambda_v K^f+(1-\lambda_v)(K^f-K^b)\alpha+(1-\lambda_v)K^b} \tag{5.3-35a}$$

$$\frac{1}{G^{\mathrm{hom}}}=\frac{1}{G^b}+\lambda_v\left(1-\frac{G^f}{G^b}\right)\frac{1}{\lambda_v G^f+(1-\lambda_v)(G^f-G^b)\beta+(1-\lambda_v)G^b} \tag{5.3-35b}$$

$$\alpha=\frac{3K^b}{3K^b+4G^b}，\quad \beta=\frac{6}{5}\frac{K^b+2G^b}{3K^b+4G^b} \tag{5.3-35c}$$

胶结元和摩擦元的应变张量关系为

$$\varepsilon_{ij}^f=A_{ijkl}^c\varepsilon_{kl}^b \tag{5.3-36}$$

其中，

$$A_{ijkl}^c=\left[I_{ijkl}+S_{ijmn}D_{mnrs}^b\left(C_{rskl}^f-C_{rskl}^b\right)\right]^{-1}，\quad D_{mnrs}^b=\left(C_{mnrs}^b\right)^{-1} \tag{5.3-37a}$$

$$S_{ijmn}=(\alpha-\beta)\frac{1}{3}\delta_{ij}\delta_{mn}+\beta I_{ijmn} \tag{5.3-37b}$$

从式(5.3-32)和式(5.3-36)，可以得到

$$C_{ijkl}^b\varepsilon_{kl}^b=\left[\lambda_v C_{ijrs}^f A_{rsmn}^c D_{mnkl}^b+(1-\lambda_v)I_{ijkl}\right]^{-1}C_{klrs}^{\mathrm{hom}}\pi_{rs} \tag{5.3-38}$$

将式(5.3-38)代入式(5.3-33b)，可以得到

$$\tau_{ij}^{\mathrm{hom}}=\lambda_v\left(C_{ijrs}^f A_{rskl}^c-C_{ijkl}^b\right)D_{klpq}^b\left[\lambda_v C_{pqrs}^f A_{rsmn}^c D_{mnte}^b+(1-\lambda_v)I_{pqte}\right]^{-1}C_{ters}^{\mathrm{hom}}\pi_{rs} \tag{5.3-39}$$

式(5.3-39)整理后表达如下：

$$\tau_{ij}^{\mathrm{hom}}=C_{ijrs}^{\tau}\pi_{rs} \tag{5.3-40a}$$

$$C_{ijrs}^{\tau}=\lambda_v\left(C_{ijrs}^f A_{rskl}^c-C_{ijkl}^b\right)D_{klpq}^b\left[\lambda_v C_{pqrs}^f A_{rsmn}^c D_{mnte}^b+(1-\lambda_v)I_{pqte}\right]^{-1}C_{ters}^{\mathrm{hom}} \tag{5.3-40b}$$

因此，在常规三轴压缩条件下，应变能ψ_{hom}为

$$\psi_{\mathrm{hom}}=\frac{1}{2}K^{\mathrm{hom}}\pi_v^2+\frac{3}{2}G^{\mathrm{hom}}\pi_s^2+K^{\tau}\pi_v^2 \tag{5.3-41}$$

其中，

$$K^{\mathrm{hom}}=K^b\left[1+\frac{\lambda_v(r_k-1)}{1+\alpha(1-\lambda_v)(r_k-1)}\right] \tag{5.3-42a}$$

$$G^{\mathrm{hom}}=G^b m\left[1+\frac{\lambda_v(r_f-1)}{1+\beta(1-\lambda_v)(r_f-1)}\right] \tag{5.3-42b}$$

$$K^{\tau}=K^{\mathrm{hom}}\left(\frac{\lambda_v r_k}{(r_k-1)\alpha+1}-\lambda_v\right)\left(\frac{(r_k-1)\alpha+1}{\lambda_v r_k+(1-\lambda_v)(r_k-1)\alpha+(1-\lambda_v)}\right) \tag{5.3-42c}$$

$$\frac{G^b}{K^b}=m，\quad \frac{K^f}{K^b}=r_k，\quad \frac{G^f}{G^b}=r_f \tag{5.3-42d}$$

5.3.2.3 多尺度强度准则

基于上述结论和极限分析方法，宏观单元体的耗散能可以表达为

$$\tilde{\Pi}_{\text{hom}} = \text{stat}\left\{\psi_{\text{hom}} + \lambda_v Y_{br} + \lambda_v Y_f\right\} \tag{5.3-43}$$

在上式中，消除了弹性模量。考虑其驻点和极值点是一样的，可以得到

$$\frac{\partial\left\{\psi_{\text{hom}} + \lambda_v Y_b + \lambda_v Y_f\right\}}{\partial G^b} = 0, \quad \frac{\partial\left\{\psi_{\text{hom}} + \lambda_v Y_b + \lambda_v Y_f\right\}}{\partial K^b} = 0 \tag{5.3-44a}$$

$$\frac{\partial\left\{\psi_{\text{hom}} + \lambda_v Y_b + \lambda_v Y_f\right\}}{\partial G^f} = 0, \quad \frac{\partial\left\{\psi_{\text{hom}} + \lambda_v Y_b + \lambda_v Y_f\right\}}{\partial K^b} = 0 \tag{5.3-44b}$$

由式(5.3-44)可以推导得到包含强度参数的表达式G^b、K^b、G^f、K^f。把这些函数代入式(5.3-43)，最终得到宏观耗散能：

$$\tilde{\Pi}_{\text{hom}}\left(\pi_s,\pi_v\right) = \psi_{\text{hom}}\left(\pi_s,\pi_v,G^*,k^*,\tau^*\right) + \lambda_v Y_{br}\left(G^*,k^*\right) + \lambda_v Y_f\left(G^*,k^*\right) \tag{5.3-45}$$

同时，宏观耗散能也可以表示为

$$\tilde{\Pi}_{\text{hom}}\left(\pi_s,\pi_v\right) = P\pi_v + Q\pi_s \tag{5.3-46}$$

式中，P 和 Q 是平均应力和偏应力，用饱和冻土在破坏状态下的应力表示。

因此，式(5.3-45)和式(5.3-46)中的 $r = \dfrac{\pi_s}{\pi_v}$ 具有唯一解，所以可以给出宏观应力之间的关系，即强度准则：

$$F_{\text{hom}}\left(P,Q\right) = 0 \tag{5.3-47}$$

5.3.3 强度准则的验证与讨论

5.3.3.1 胶结元的强度准则

通过 M-T 方法，可以得到胶结元的强度准则表达式：

$$F^b = q^b - k^b p^b = 0 \tag{5.3-48}$$

其中，

$$k^b = \left[\left(1-c_i\right)k^{bs}A + c_i k^{bi} B\right] \tag{5.3-49a}$$

$$A = \frac{K^{bs} + \alpha_b\left(K^{bi} - K^{bs}\right)}{K^{bs} + \left[\alpha\alpha_b + \left(1-\alpha_b\right)c_i\right]\left(K^{bi} - K^{bs}\right)} \tag{5.3-49b}$$

$$B = \frac{1 - A + Ac_i}{c_i} \tag{5.3-49c}$$

$$\alpha_b = \frac{3K^{bs}}{3K^{bs} + 4G^{bs}} \tag{5.3-49d}$$

在式(5.3-48)和式(5.3-49)中，通过冰和土的常规三轴压缩试验，可以得到未破损冰和未破损土的弹性模量（K^{bi}、K^{bs}、G^{bi}、G^{bs}），见表 5.3-1 和表 5.3-2。

表 5.3-1　未破损冰的强度参数和弹性模量(苏雨，2020)

参数	温度		
	−2°C	−6°C	−15°C
ε_s^{bi}	0.00929	0.00934	0.00905
ε_v^{bi}	0.00213	0.00197	0.00285
G^{bi} /MPa	124.96773	118.34796	209.1166
K^{bi} /MPa	1544.72808	1679.29452	1730.08672
k^{bi}	1.05911	1.00542	1.15073

表 5.3-2　未破损土的强度参数和弹性模量(Liu et al.，2013)

参数	ε_s^{bs}	ε_v^{bs}	G^{bs} /MPa	K^{bs} /MPa	ε_{br}^{s}	k^{bs}
数值	0.00300	0.00121	9.76192	151.98929	2.47549	0.47698

5.3.3.2　摩擦元的强度准则

摩擦元是一个具有弹塑性变形特性的材料，其强度准则为椭圆形。为了便于工程应用，可通过一个线性强度准则的椭圆化处理来近似表达。从这个角度出发，基于 D-P 准则 $F^f=q^f-M\left(p^f+S\right)=0$，摩擦元的强度准则为

$$F^f\approx 1-\frac{\left(p^f+S\right)^2}{a}+\frac{\left(q^f\right)^2}{aM^2}=0 \tag{5.3-50}$$

式中，M 和 S 是强度参数，其可通过摩擦元试验数据的反算得到；a 是椭圆化参数，建议为 0.0001。

由于在破坏点的塑性应变远远大于弹性应变，所以可假定：$\varepsilon_{ij}^{brf}=\varepsilon_{ij}^{fp}$，则有如下关系式。

耗散能：

$$\pi_i^f\geqslant -S\varepsilon_v^f+\sqrt{a\left[\left(\varepsilon_v^f\right)^2-M^2\left(\varepsilon_s^f\right)^2\right]} \tag{5.3-51a}$$

应变能：

$$\psi_f=\frac{1}{2}K^f\left(\varepsilon_v^f\right)^2+\frac{3}{2}G^f\left(\varepsilon_s^f\right)^2+\tau\varepsilon_v^f \tag{5.3-51b}$$

非线性函数：

$$Y_f=\frac{3\left(\tau+S\right)^2-4a}{24K^f} \tag{5.3-51c}$$

其中，

$$\frac{K^f}{G^f}=\frac{1}{M^2} \tag{5.3-52}$$

5.3.3.3 破损方程与强度准则

基于前述结论，可以得到破损过程的应变能、耗散能和非线性函数。

首先，应变能可以表达为

$$\varphi^i = \psi^{if} + \varphi^{ib} - \psi^{ig} \tag{5.3-53}$$

其中，

$$\varphi^{ib} = \frac{1}{2}K^b\left(\varepsilon_v^b\right)^2 + \frac{3}{2}G^b\left(\varepsilon_s^b\right)^2 \tag{5.3-54a}$$

$$\psi^{if} = \frac{1}{2}\left(\Psi_1\varepsilon_s^f + \Psi_2\varepsilon_v^f\right) \tag{5.3-54b}$$

$$\psi^{ig} = \frac{1}{2}\left(\Psi_1\varepsilon_s^b + 3G^b\varepsilon_s^b\varepsilon_s^f + \Psi_2\varepsilon_v^b + K^b\varepsilon_v^b\varepsilon_v^f\right) \tag{5.3-54c}$$

$$\Psi_1 = f_1\left(\varepsilon_s^f,\varepsilon_v^f\right),\quad \Psi_2 = f_2\left(\varepsilon_s^f,\varepsilon_v^f\right) \tag{5.3-54d}$$

$$K^b = K^{bs}\left[1+\frac{c_i\left(\dfrac{K^{bi}}{K^{bs}}-1\right)}{1+\alpha_b\left(1-c_i\right)\left(\dfrac{K^1}{K^{bs}}-1\right)}\right],\quad G^b = G^{bs}\left[1+\frac{c_i\left(\dfrac{G^{bi}}{G^{bs}}-1\right)}{1+\beta_b\left(1-c_i\right)\left(\dfrac{G^{bi}}{G^{bs}}-1\right)}\right] \tag{5.3-54e}$$

且耗散能为

$$\pi^i = \left(\Psi_1 - 3G^b\varepsilon_s^b\right)\varepsilon_s^f + \left(\Psi_2 - K^b\varepsilon_v^b\right)\varepsilon_v^f \tag{5.3-55}$$

且非线性函数为

$$\begin{aligned} Y_{ib} = \frac{1}{2K^f}\Bigg\{&\frac{\left(M^2+2m\right)\left[9\left(\tau+S\right)^2-16a\right]r_k+\left(3\tau-S\right)\left[\left(9r_km-6m\right)\tau-\left(3r_km+6m\right)S\right]}{192m}\\ &+\frac{\left[9\left(\tau+S\right)^2-16a\right]m+3M^2\left(\tau+S\right)^2}{192M^2r_k}\Bigg\} \end{aligned} \tag{5.3-56}$$

最终，得到饱和冻土的宏-细观强度准则：

$$F_{\text{hom}}\left(P,Q\right) = \frac{P^2}{X_1} + \frac{Q^2}{X_2} - 1 = 0 \tag{5.3-57}$$

其中，

$$X_1 = \frac{e}{r_k}\left(\mathcal{H} + 2\mathcal{H}\mathcal{M}\right) \tag{5.3-58a}$$

$$X_2 = 3\frac{e}{r_k}m\ell \tag{5.3-58b}$$

$$e = e_1 + e_2 + e_3 \tag{5.3-58c}$$

$$e_1 = \lambda_v\frac{1}{2}\left\{\frac{\left(M^2+2m\right)\left[9\left(\tau^*+S\right)^2-16a\right]r_k+\left(3\tau^*-S\right)\left[\left(9r_km-6m\right)\tau^*-\left(3r_km+6m\right)S\right]}{192m}\right\} \tag{5.3-58d}$$

$$e_2 = \lambda_v \frac{1}{2}\left\{\frac{\left[9\left(\tau^* + S\right)^2 - 16a\right]m + 3M^2\left(\tau^* + S\right)^2}{192M^2 r_k}\right\} \tag{5.3-58e}$$

$$e_3 = \lambda_v \frac{\left[3\left(\tau^* + S\right)^2 - 4a\right]}{24} \tag{5.3-58f}$$

$$\tau^* = -\frac{(xS + S + c + dS)}{(1 + x + b + d)} \tag{5.3-58g}$$

$$x = \frac{18r_k\left(M^2 + 2m\right)}{96m} \tag{5.3-58h}$$

$$b = \frac{6\left(9r_k m - 6m\right)}{96m} \tag{5.3-58i}$$

$$c = \frac{S\left(-18r_k m - 12m\right)}{96m} \tag{5.3-58j}$$

$$d = \frac{\left(18m + 6M^2\right)}{96M^2 r_k} \tag{5.3-58k}$$

在三轴压缩试验中，破损率与胶结元/摩擦元的参数密切相关。研究结果表明，体积破损率随应变或应力可以呈指数增长。基于这一结论，建立一个体积破损率方程，用于反映破损机制和压融现象，具体如下：

$$\lambda_v = 1 - \mathrm{e}^{\vartheta\left(\frac{P}{P_0}\right)^{\mathcal{B}}} \tag{5.3-59}$$

式中，ϑ 和 $\mathcal{B}$ 是破损参数，可以通过反算确定；P_0 是平均应力参考值，其可确定为 1.0MPa。

5.3.3.4　强度准则试验验证

基于上述的参数确定方法，得到宏-细观强度准则的参数，见表 5.3-3。

表 5.3-3　强度准则参数

温度/°C	M	S/MPa	K^f /MPa	G^f /MPa	ϑ	$\mathcal{B}$	c_i
−1.5		17	720	9		3	
−4.0	0.1	34	750	15	−5.0	2	0.44
−6.0		36	1550	20		1.1	

根据表中的模型参数，预测三种温度(−1.5℃、−4.0℃、−6.0℃)下的强度试验结果，如图 5.3-5 所示。需要注意的是，对于−1.5℃条件下仍假定忽略未冻水的影响。从预测结果与试验数据的对比可以看到，本节所提出的宏-细观强度准则准确地模拟了饱和冻土的非线性强度演化规律，特别是低围压下的强度增加趋势和高围压下的强度降低趋势。同时，模拟了温度对强度特性的影响：随着温度的降低，冻土强度增加。

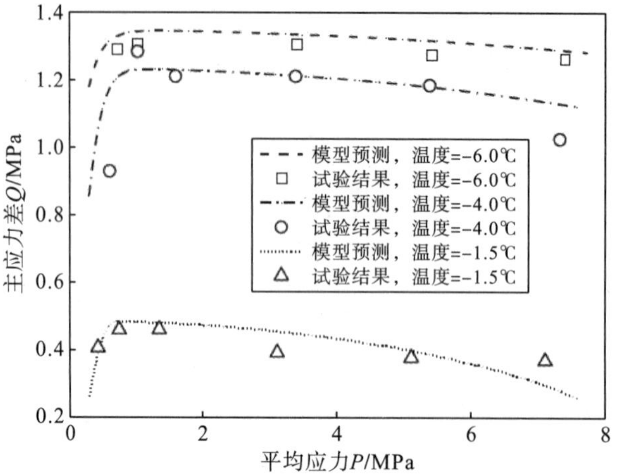

图 5.3-5 不同温度下的预测与试验对比(王番，2022)

为模拟不同温度下的宏-细观强度准则，对 Zhang 等(2017)的强度试验数据进行预测(−6.0℃、−10.0℃、−15.0℃)，模型参数如表 5.3-4 所示，预测结果如图 5.3-6 所示。由图可见，该宏-细观强度准则还可以预测−6.0℃、−10.0℃、−15.0℃饱和冻土的强度规律。具体参见文献(王番，2022；Wang et al.，2023)。

表 5.3-4 强度参数(Zhang et al.，2017)

温度/°C	M	S/MPa	K^f /MPa	G^f /MPa	g	$\mathcal{B}$	c_i
−6.0		68	220	65	−2.0	0.6	
−10.0	0.1	72	230	120	−1.0	0.9	0.44
−15.0		85	260	155	−0.6	1.1	

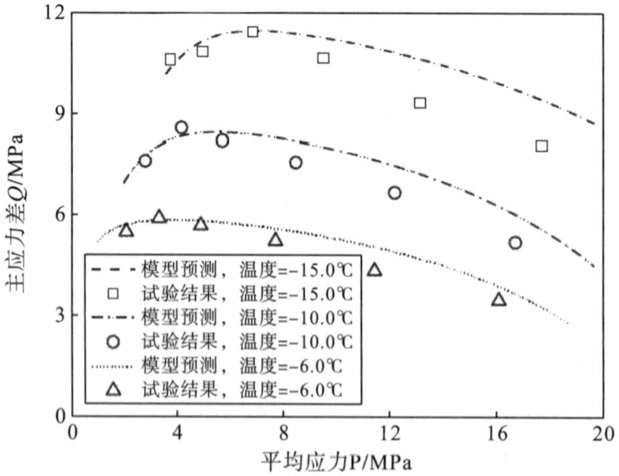

图 5.3-6 模型预测与试验数据对比(Zhang et al.，2017)

第6章　二元介质本构模型的有限元计算

本章介绍二元介质模型的数值分析结果，包括基于二元介质模型概念的岩土类材料破损过程分析，结构性土的Biot固结有限元分析，以及黄土的增湿变形计算分析。

第6.1节　岩土类材料破损过程的二元介质模拟

6.1.1　基于二元介质模型的模拟方法

6.1.1.1　模拟思路

对于天然岩土类材料，由于其内部有天然的微孔洞、微裂纹等缺陷，即具有不均匀的内部结构，为了对观察到的宏观现象进行合理的解释，可以采用二元介质模型的思想进行研究。针对岩土材料的二元介质模型的力学抽象，认为岩土结构体是由大量的胶结元和摩擦元组成的二元结构体，胶结元和摩擦元是彼此独立的并具有自己的应力应变特性；在受荷过程中，胶结元逐渐破损并转化为摩擦元，二者共同抵抗外部作用直至破坏，摩擦元的汇集增大就会逐渐形成宏观的破损带。因此，在受荷过程中，通过胶结元的破损并向摩擦元的转化就可以模拟宏观上的岩土类材料的破损过程。

6.1.1.2　胶结元和摩擦元的应力应变关系

1. 胶结元的应力应变关系

胶结元主要是由强黏聚力形成的，其变形过程具有脆性性质，在此假定胶结元为理想弹脆性的，即在应力状态达到破坏强度以前其变形特性是线弹性的，达到破坏强度以后转化为摩擦元，如图6.1-1所示，图中σ_b为胶结元的应力，σ_{bf}为胶结元破坏时的应力，ε_b为胶结元的应变，ε_{bf}为胶结元破坏时的应变。记E_b、ν_b分别为胶结元的弹性模量和泊松比，则胶结元的刚度矩阵为

$$
\boldsymbol{D}_b = \frac{E_b}{(1+\nu_b)(1-2\nu_b)}\begin{bmatrix} 1-\nu_b & \nu_b & \nu_b & 0 & 0 & 0 \\ \nu_b & 1-\nu_b & \nu_b & 0 & 0 & 0 \\ \nu_b & \nu_b & 1-\nu_b & 0 & 0 & 0 \\ 0 & 0 & 0 & \frac{1-2\nu_b}{2} & 0 & 0 \\ 0 & 0 & 0 & 0 & \frac{1-2\nu_b}{2} & 0 \\ 0 & 0 & 0 & 0 & 0 & \frac{1-2\nu_b}{2} \end{bmatrix} \tag{6.1-1}
$$

2. 摩擦元的应力应变关系

摩擦元具有很小或者不具备胶结强度，其变形过程具有弹塑性性质，在此假定为硬化型弹塑性，即当应力状态点在屈服面以内时其变形特性是弹性的，当应力状态点在屈服面上时进入塑性状态。记 F 为摩擦元的屈服函数，采用相适应的流动法则，则摩擦元的刚度矩阵为

$$
\boldsymbol{D}_{ep.f} = [D]_f - \frac{[D]_f\left[\frac{\partial F}{\partial[\sigma]_f}\left[\frac{\partial F}{\partial[\sigma]_f}\right]^{\mathrm{T}}[D]_f\right]}{A+\left[\frac{\partial F}{\partial[\sigma]_f}\right]^{\mathrm{T}}[D]_f\left[\frac{\partial F}{\partial[\sigma]_f}\right]} \tag{6.1-2}
$$

其中，角标 f 代表摩擦元；A 为硬化参数。采用线性强化弹塑性时，如图 6.1-2 所示，则

$$
A = \frac{E_T}{1-E_T/E_0} \tag{6.1-3}
$$

图 6.1-2 中 σ_f 为摩擦元的应力，σ_{fs} 为摩擦元屈服时的应力，ε_f 为摩擦元的应变，ε_{fs} 为摩擦元破坏时的应变，E_0 为摩擦元的初始弹性模量，E_T 为摩擦元屈服后的模量。

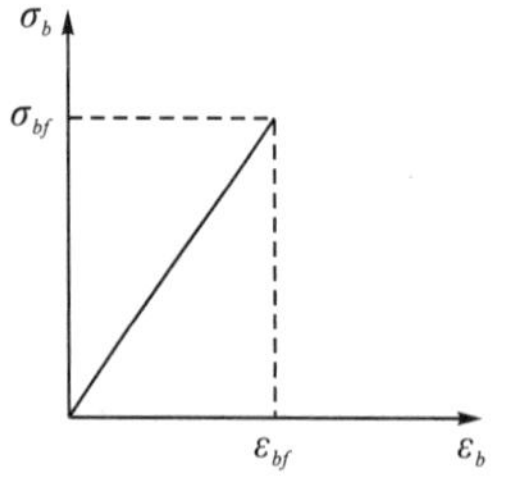

图 6.1-1 胶结元的应力应变示意图

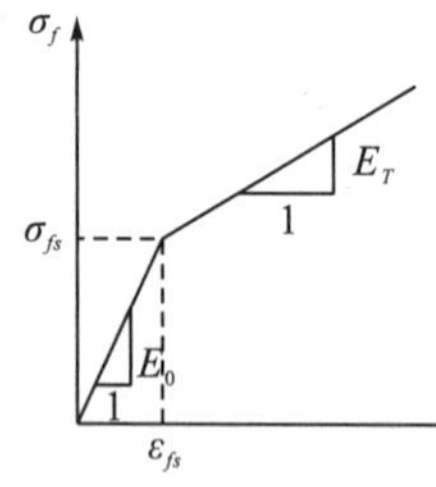

图 6.1-2 摩擦元的应力应变示意图

6.1.1.3 屈服准则

受荷之后，胶结元在达到其强度后就会转化为摩擦元，所以需确定胶结元转化为摩擦元时应满足的应力条件，即破坏准则。此处考虑两种破坏方式，拉伸破坏和剪切破坏，当胶结元的最小主应力达到抗拉强度 σ_{bt} 时即发生拉伸破坏，否则为剪切破坏。对于岩土类材料来说，通常采用的破坏准则是莫尔-库仑(Mohr-Coulomb)准则，此处为了方便计算，对胶结元的剪切破坏采用该准则(压应力为正)：

$$\sigma_{1b}-\sigma_{3b}=\left(\sigma_{1b}+\sigma_{3b}\right)\sin\varphi_b+2c_b\cos\varphi_b \tag{6.1-4}$$

式中，σ_{1b}、σ_{3b} 为胶结元的最大和最小主应力；φ_b 为胶结元的内摩擦角；c_b 为胶结元的内聚力。同样，对于硬化型摩擦元也有相应的屈服准则，这里取与胶结元类似的 Mohr-Coulomb 屈服准则：

$$\sigma_{1f}-\sigma_{3f}=\left(\sigma_{1f}+\sigma_{3f}\right)\sin\varphi_f+2c_f\cos\varphi_f \tag{6.1-5}$$

式中，σ_{1f}、σ_{3f} 为摩擦元的最大和最小主应力；φ_f 为摩擦元的内摩擦角；c_f 为摩擦元的内聚力。

6.1.1.4　计算方法

模型中参数的确定方法。对于胶结元，可以对原状样进行试验，利用初始值作为胶结元的参数；对于摩擦元，可以把原状样完全加荷破损后反复剪切使其结构完全丧失，进行试验得到的参数值作为摩擦元的计算参数。

计算过程。由于胶结元破损后会引起应力的重分布，所以直到没有胶结元破损为止才可达到新的平衡，故在每一步计算过程中都采用了迭代算法，并在每一计算步中可以统计出胶结元破损的单元数。

6.1.2　模拟算例分析

在以上的基本原理下，编制相应的平面有限元程序，可以进行应力分析、位移分析、试件的荷载-位移分析。下面对不同侧向应力状态下的平面应变压缩试验进行数值计算。计算的网格如图 6.1-3 所示。共采用了 3200 个单元网格，试样的尺寸为 10cm×20cm。由于岩土材料具有初始的缺陷，所以初始时在试样中间假定了 1 个已破损单元。

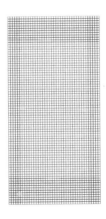

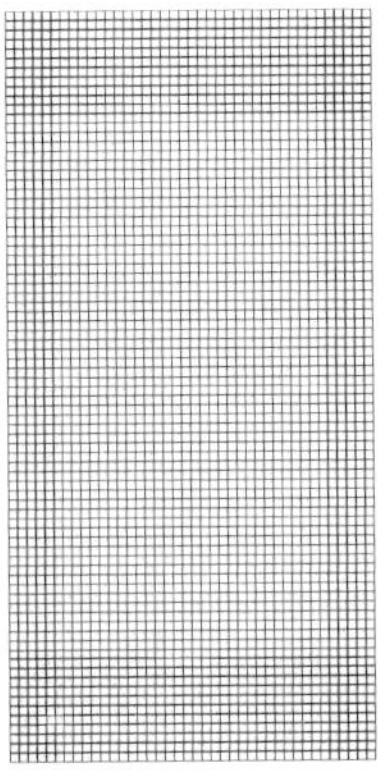

图 6.1-3　计算网格

6.1.2.1　破损过程模拟

所用的材料参数为(压应力为正)：胶结元的弹性模量 $E_b=300\text{MPa}$，泊松比 $\nu_b=0.25$，抗拉强度 $\sigma_{bt}=5.05\text{kPa}$，黏聚力 $c_b=0.12\text{MPa}$ 和内摩擦角 $\varphi_b=25.5°$。摩擦元的模量

$E_f = E_{f0}\left(\left(\sigma_{1f}+\sigma_{3f}\right)/\left(2.0p_a\right)\right)^{0.8}$，其中 $E_{f0}=120\text{MPa}$，σ_{1f}、σ_{3f} 分别为摩擦元的最大和最小主应力，p_a 为标准大气压；泊松比 $\nu_f=0.33$、黏聚力 $c_f=0.0\text{kPa}$ 和内摩擦角 $\varphi_f=47.9^\circ$，所采用的硬化参数为 $A=A_0\left(\left(\sigma_{1f}+\sigma_{3f}\right)/\left(2.0p_a\right)\right)^{0.7}$，$A_0=20\text{MPa}$。共进行了四组试验，侧向应力分别为 0.05MPa、0.2MPa、0.5MPa 和 1.0MPa，图 6.1-4 为破损过程图，分别为不同侧向应力下的破损过程图，记录了随着外加荷载的施加胶结元逐步破损并向摩擦元转化的过程。

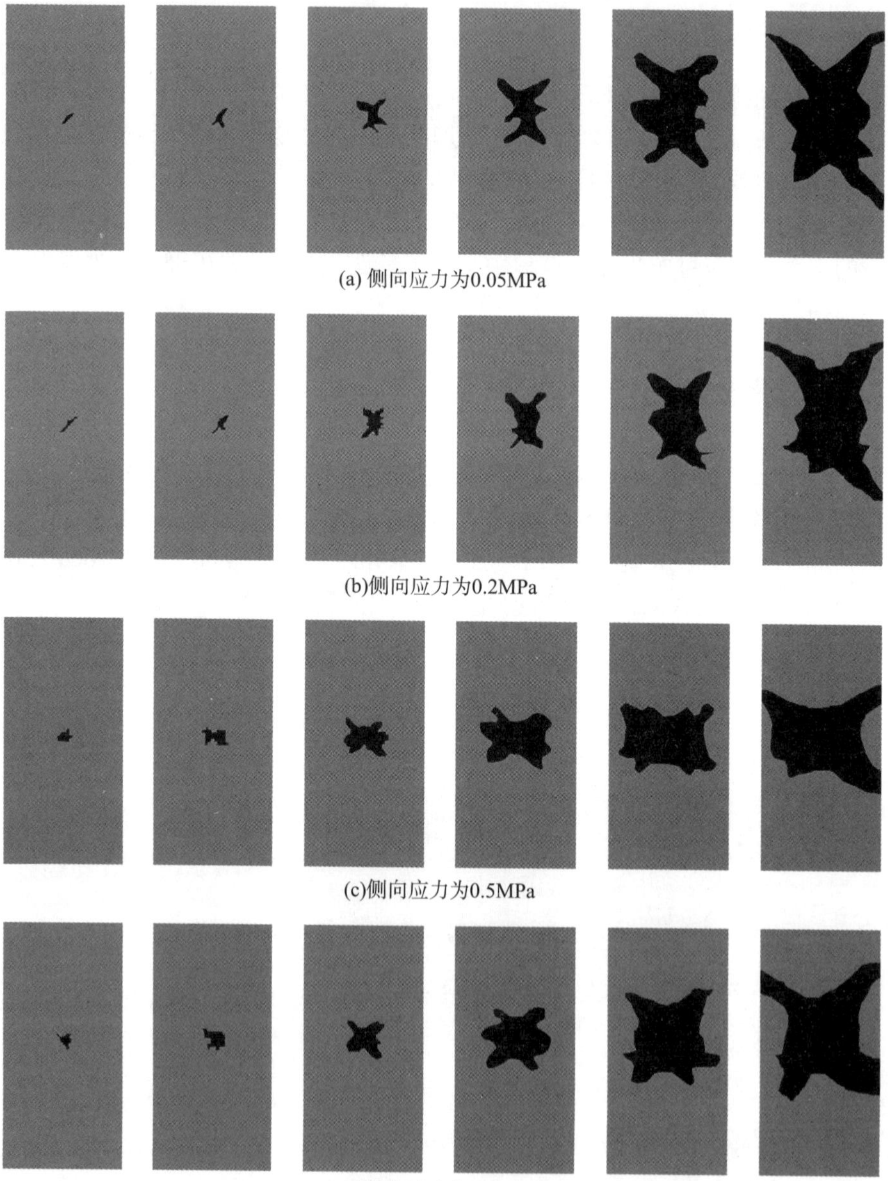

(a) 侧向应力为0.05MPa

(b)侧向应力为0.2MPa

(c)侧向应力为0.5MPa

(d)侧向应力为1.0MPa

图 6.1-4　破损过程

从图 6.1-4 的破损过程可以看出，不同侧向应力作用的平面应变状态下的破损发展过程，都是胶结元破损逐渐转化为摩擦元，最后形成宏观的破碎带，只是在不同应力状态下破碎带形成过程中的汇集路径方式有差别而已。随着侧向应力的增大，胶结元破损的方式由以抗拉破坏为主逐渐转化为以剪切破坏为主。

6.1.2.2　计算的荷载变形

图 6.1-5 为不同侧向应力状态下竖向荷载与应变的关系，可以看出不同侧向应力状态下，均表现出应力跌落现象，并且随着侧向应力的增大，竖向承载能力逐渐增大，并且达到峰值应力时应变也增大了，这与岩石材料的平面试验的应力应变结果定性一致。具体参见文献(刘恩龙和沈珠江，2006c，2006d)。

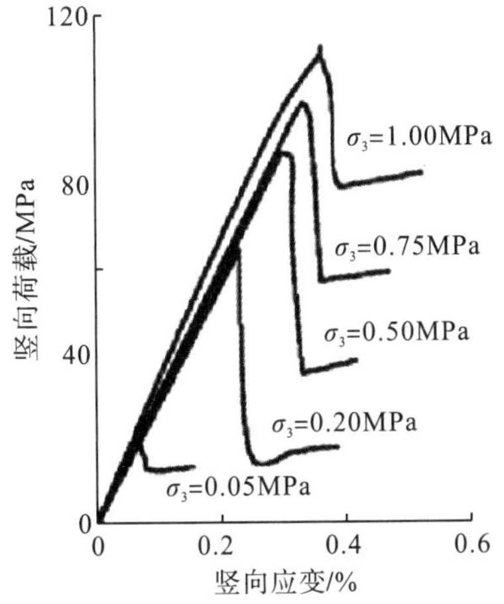

图 6.1-5　计算的荷载变化规律

第 6.2 节　二元介质本构模型的比奥固结计算分析

本节将推导初始应力各向异性结构性土二元介质模型的比奥(Biot)固结有限元格式，将其嵌入到自行开发的有限元计算程序中，再与结构性土的侧限压缩试验结果进行对比，验证程序的正确性，最后对某天然地基和天然边坡算例进行计算分析。

6.2.1　初始应力各向异性结构性土的二元介质本构模型

以下对采用的基于二元介质模型概念建立的考虑初始应力各向异性的结构性土本构模型简要介绍(刘恩龙等，2013b)。

二元介质材料是一种非均质材料，取一代表性体积单元(RVE)，由均匀化理论可知单元平均应力和单元平均应变的表达式为

$$\{\sigma\} = (1-\lambda)\{\sigma\}_b + \lambda\{\sigma\}_f \tag{6.2-1}$$

$$\{\varepsilon\}=(1-\lambda)\{\varepsilon\}_b+\lambda\{\varepsilon\}_f \tag{6.2-2}$$

其中，$\{\sigma\}_b$、$\{\varepsilon\}_b$和$\{\sigma\}_f$、$\{\varepsilon\}_f$分别为胶结元件和摩擦元件的局部应力和局部应变；λ为体积破损率，表示由胶结元件破损之后转化而来的摩擦元件所占的比例，简称破损率。

假定体积破损率λ为应变的函数，表示如下：

$$\lambda=1-\exp\left\{-\beta\left(\alpha\varepsilon_z+\varepsilon_x+\varepsilon_y\right)^{\psi}-\left(\xi\varepsilon_s\right)^{\theta}\right\} \tag{6.2-3}$$

式中，ε_x、ε_y、ε_z为x、y、z方向的应变；剪应变$\varepsilon_s=\sqrt{2e_{ij}e_{ij}/3}$，$e_{ij}=\varepsilon_{ij}-\varepsilon_{kk}\delta_{ij}/3$，$\delta_{ij}$为克罗内克符号；$\alpha$、$\beta$、$\xi$、$\psi$和$\theta$为材料参数。当$\alpha$=1时，式(6.2-3)退化为初始均质结构性土的情况。在具体有限元模拟过程中，假定单元的初始破损率λ=0。不考虑触变性的影响，根据破损率的物理意义，此处假定破损不可恢复，即胶结元件一旦转化为摩擦元件便不可恢复，因此规定任一单元内的破损率数值只能增大不能减小，为单调增函数，即式(6.2-3)的值为整个加载历史中的最大值。在计算中，若某一单元出现卸载的情况，按上述要求，在卸载时仍维持原加载时的最大值。

引入局部应变系数[C]，建立胶结元件的局部应变和平均应变之间的关系：

$$\{\varepsilon\}_b=[C]\{\varepsilon\} \tag{6.2-4}$$

局部应变系数按下式计算：

$$C=\exp\left(-\left(t_c\times\varepsilon_s\right)^{r_c}\right) \tag{6.2-5}$$

对于胶结元件有

$$\{\Delta\sigma\}_b=[D]_b\{\Delta\varepsilon\}_b \tag{6.2-6}$$

假定其具有横观各向同性，其刚度矩阵$[D]_b$具体如下：

$$[D]_b=\begin{bmatrix} D_{11} & D_{12} & D_{13} & 0 & 0 & 0 \\ D_{12} & D_{11} & D_{13} & 0 & 0 & 0 \\ D_{13} & D_{13} & D_{33} & 0 & 0 & 0 \\ 0 & 0 & 0 & D_{44} & 0 & 0 \\ 0 & 0 & 0 & 0 & D_{44} & 0 \\ 0 & 0 & 0 & 0 & 0 & \dfrac{D_{11}-D_{12}}{2} \end{bmatrix}_b \tag{6.2-7}$$

式中，D_{11}、D_{12}、D_{13}、D_{33}和D_{44}为材料参数，根据试验获得。当满足D_{11}=D_{33}，D_{12}=D_{13}，D_{44}=$(D_{11}-D_{12})/2$时公式退化为各向同性情况。

对于摩擦元有

$$\{\Delta\sigma\}_f=[D]_f\{\Delta\varepsilon\}_f \tag{6.2-8}$$

假定其具有各向同性，采用Duncan-Chang模型，其刚度矩阵$[D]_f$具体如下：

$$[D]_f=\frac{E_f\left(1-\nu_f\right)}{\left(1+\nu_f\right)\left(1-2\nu_f\right)}\begin{bmatrix}1 & \frac{\nu_f}{1-\nu_f} & \frac{\nu_f}{1-\nu_f} & 0 & 0 & 0\\ \frac{\nu_f}{1-\nu_f} & 1 & \frac{\nu_f}{1-\nu_f} & 0 & 0 & 0\\ \frac{\nu_f}{1-\nu_f} & \frac{\nu_f}{1-\nu_f} & 1 & 0 & 0 & 0\\ 0 & 0 & 0 & \frac{1-2\nu_f}{2\left(1-\nu_f\right)} & 0 & 0\\ 0 & 0 & 0 & 0 & \frac{1-2\nu_f}{2\left(1-\nu_f\right)} & 0\\ 0 & 0 & 0 & 0 & 0 & \frac{1-2\nu_f}{2\left(1-\nu_f\right)}\end{bmatrix} \tag{6.2-9}$$

式中，

$$E_f=Kp_a\left(\frac{\sigma_3}{p_a}\right)^n\left[1-\frac{R_f\left(\sigma_1-\sigma_3\right)\left(1-\sin\varphi\right)}{2c\cos\varphi+2\sigma_3\sin\varphi}\right]^2 \tag{6.2-10}$$

$$\nu_f=\frac{G-F\lg\left(\sigma_3/p_a\right)}{\left\{1-\dfrac{D\left(\sigma_1-\sigma_3\right)}{Kp_a\left(\dfrac{\sigma_3}{p_a}\right)^n\left[1-\dfrac{R_f\left(\sigma_1-\sigma_3\right)\left(1-\sin\varphi\right)}{2c\cos\varphi+2\sigma_3\sin\varphi}\right]}\right\}^2} \tag{6.2-11}$$

其中，G、F、D、K、n、R_f是材料常数；c 和 φ 分别是由莫尔强度包线所确定的重塑土的黏聚力和内摩擦角；p_a 是标准大气压；以上材料参数均可通过重塑土的常规三轴压缩试验确定。

分别代入整理以上各式，忽略高阶小项后，得到一般应力状态下的应力增量的表达式：

$$\begin{aligned}\{\Delta\sigma\}=&\left\{[D]_f+\left(1-\lambda^0\right)\left\{[D]_b-[D]_f\right\}[C]^0\right\}\{\Delta\varepsilon\}+\left(1-\lambda^0\right)\left\{[D]_b-[D]_f\right\}[\Delta C]\{\varepsilon\}^0\\&-\frac{\Delta\lambda}{\lambda^0}[D]_f\left\{\{\varepsilon\}^0-\{\varepsilon\}_b^0\right\}+\frac{\Delta\lambda}{\lambda^0}\left\{\{\sigma\}^0-\{\sigma\}_b^0\right\}\end{aligned} \tag{6.2-12a}$$

式(6.2-12a)等价于：

$$\{\Delta\sigma\}=[D]_t\{\Delta\varepsilon\}+\{\sigma_0\} \tag{6.2-12b}$$

其中切线刚度矩阵为

$$[D]_t=[D]_f+\left(1-\lambda^0\right)\left\{[D]_b-[D]_f\right\}[C]^0 \tag{6.2-13}$$

初始应力：

$$\begin{aligned}\{\sigma_0\}=&\left(1-\lambda^0\right)\left\{[D]_b-[D]_f\right\}[\Delta C]\{\varepsilon\}^0-\frac{\Delta\lambda}{\lambda^0}[D]_f\left\{\{\varepsilon\}^0-\{\varepsilon\}_b^0\right\}\\&+\frac{\Delta\lambda}{\lambda^0}\left\{\{\sigma\}^0-\{\sigma\}_b^0\right\}-\frac{\Delta\lambda}{\lambda^0}[D]_f\left\{\{\varepsilon\}^0-\{\varepsilon\}_b^0\right\}+\frac{\Delta\lambda}{\lambda^0}\left\{\{\sigma\}^0-\{\sigma\}_b^0\right\}\end{aligned} \tag{6.2-14}$$

对于平面应变问题，胶结元切线模量矩阵$[D]_b$为

$$[D]_b=\begin{bmatrix}\dfrac{E_h^2}{E_h-E_v\nu_{vh}^2} & \dfrac{E_hE_v\nu_{vh}}{E_h-E_v\nu_{vh}^2} & 0\\ \dfrac{E_hE_v\nu_{vh}}{E_h-E_v\nu_{vh}^2} & \dfrac{E_hE_v}{E_h-E_v\nu_{vh}^2} & 0\\ 0 & 0 & 2G_{vh}\end{bmatrix} \tag{6.2-15}$$

其中，E_h 为各向同性面内的弹性模量；E_v 为各向异性面内的弹性模量；ν_{vh} 为各向同性面内(或各向异性面内)体积变化引起的各向异性面内(或各向同性面内的)侧向体积的变化；G_{vh} 为垂直于各向同性面内的剪切模量。

对于平面应变问题，摩擦元切线模量矩阵$[D]_f$为

$$[D]_f=\begin{bmatrix}\dfrac{E_f(1-\nu_f)}{(1-\nu_f)(1+\nu_f)} & \dfrac{E_f\nu_f}{(1-\nu_f)(1+\nu_f)} & 0\\ \dfrac{E_f\nu_f}{(1-\nu_f)(1+\nu_f)} & \dfrac{E_f(1-\nu_f)}{(1-\nu_f)(1+\nu_f)} & 0\\ 0 & 0 & \dfrac{E_f(1-2\nu_f)}{2(1-\nu_f)(1+\nu_f)}\end{bmatrix} \tag{6.2-16}$$

式中 E_f 、ν_f 的含义前已述及。

6.2.2 二元介质模型的比奥固结有限元格式

以位移 u_x、u_z 和孔压 p 为基本未知量，代入 Biot 固结方程中可得平面应变问题的有限元基本公式如下(沈珠江，2000)：

$$\begin{aligned}&d_{11}\frac{\partial^2\Delta u_x}{\partial x^2}+(d_{13}+d_{31})\frac{\partial^2\Delta u_x}{\partial x\partial z}+d_{33}\frac{\partial^2\Delta u_x}{\partial z^2}+d_{13}\frac{\partial^2\Delta u_z}{\partial x^2}+(d_{12}+d_{33})\frac{\partial^2\Delta u_z}{\partial x\partial z}+d_{32}\frac{\partial^2\Delta u_z}{\partial z^2}-\frac{\partial\Delta p}{\partial x}=\Delta F_x\\ &d_{31}\frac{\partial^2\Delta u_x}{\partial x^2}+(d_{23}+d_{33})\frac{\partial^2\Delta u_x}{\partial x\partial z}+d_{23}\frac{\partial^2\Delta u_x}{\partial z^2}+d_{33}\frac{\partial^2\Delta u_z}{\partial x^2}+(d_{23}+d_{32})\frac{\partial^2\Delta u_z}{\partial x\partial z}+d_{22}\frac{\partial^2\Delta u_z}{\partial z^2}-\frac{\partial\Delta p}{\partial z}=\Delta F_z\\ &\frac{\partial}{\partial t}\left(\frac{\partial\Delta u_x}{\partial x}+\frac{\partial\Delta u_z}{\partial z}\right)+k_x\frac{\partial^2\Delta p}{\partial x^2}+k_z\frac{\partial^2\Delta p}{\partial z^2}=0\end{aligned} \tag{6.2-17}$$

式中，ΔF_x、ΔF_z 为荷载增量；$d_{11},d_{12},\cdots,d_{33}$ 为式(6.2-13)中切线模量矩阵的相关分量。

采用等参单元，位移和水头采用的插值函数为 N_i 和 $\bar{N}_i$，则位移和孔压插值公式为

$$u_x=\sum_{i=1}^{4}N_iu_{xi},\quad u_z=\sum_{i=1}^{4}N_iu_{zi},\quad p=\sum_{i=1}^{4}\bar{N}_ip_i \tag{6.2-18}$$

其中，u_{xi}、u_{zi}、p_i 为 i 结点的未知变量。

将式(6.2-17)和式(6.2-18)联立化简为有限元格式，并对式(6.2-18)第三个方程在时间上进行差分，则第 i(i=1,2,$\cdots$,N)结点的方程式为

$$\begin{cases}\sum_{j=1}^{N}\left[k_{ij}^{11}\Delta u_{xj}+k_{ij}^{12}\Delta u_{zj}+k_{ij}^{13}\Delta h_j\right]=\Delta F_{xi}-F_{xi}^{0}\\ \sum_{j=1}^{N}\left[k_{ij}^{21}\Delta u_{xj}+k_{ij}^{22}\Delta u_{zj}+k_{ij}^{23}\Delta h_j\right]=\Delta F_{zi}-F_{zi}^{0}\\ \sum_{j=1}^{N}\left[k_{ij}^{31}\Delta u_{xj}+k_{ij}^{32}\Delta u_{zj}+\beta\cdot\Delta t\cdot k_{ij}^{33}\Delta h_j\right]=-\Delta t\cdot\sum_{j=1}^{N}k_{ij}^{33}\Delta h_j\end{cases}\tag{6.2-19a}$$

式中，N 为总结点数；ΔF_{xi}、ΔF_{zi} 为第 i 结点上 x、z 方向的外荷载；F_{xi}^{0}、F_{zi}^{0} 为初始应力所对应的第 i 结点上 x、z 方向的荷载；N_i 为 i 结点的位移形函数；σ_x^0、σ_z^0、τ_{xz}^0 为式(6.2-14)中第 i 结点需要提前处理的初始应力；β 为时间差分格式，这里取 2/3。其中：

$$F_{xi}^{0}=\iint\left(c_i\sigma_x^0+b_i\tau_{xz}^0\right)\mathrm{d}x\mathrm{d}z,\ F_{zi}^{0}=\iint\left(b_i\sigma_z^0+c_i\tau_{xz}^0\right)\mathrm{d}x\mathrm{d}z\tag{6.2-19b}$$

对于平面应变问题，式(6.2-19a)的各系数如下：

$$k_{ij}^{11}=\iint\left(d_{11}b_ib_j+d_{22}c_ic_j\right)\mathrm{d}x\mathrm{d}z\tag{6.2-20a}$$

$$k_{ij}^{12}=\iint\left(d_{12}b_ic_j+d_{13}b_ib_j+d_{32}c_jc_i+d_{33}b_jc_i\right)\mathrm{d}x\mathrm{d}z\tag{6.2-20b}$$

$$k_{ij}^{13}=-\iint b_i\mathrm{d}x\mathrm{d}z\tag{6.2-20c}$$

$$k_{ij}^{21}=\iint\left(d_{21}b_jc_i+d_{31}b_ib_j+d_{23}c_jc_i+d_{33}b_ic_j\right)\mathrm{d}x\mathrm{d}z\tag{6.2-20d}$$

$$k_{ij}^{22}=\iint\left(d_{22}c_jc_i+d_{33}b_jb_i+d_{32}b_ic_j+d_{23}b_jc_i\right)\mathrm{d}x\mathrm{d}z\tag{6.2-20e}$$

$$k_{ij}^{23}=-\iint c_i\mathrm{d}x\mathrm{d}z\tag{6.2-20f}$$

$$k_{ij}^{31}=-\iint b_j\mathrm{d}x\mathrm{d}z\tag{6.2-20g}$$

$$k_{ij}^{32}=-\iint c_j\mathrm{d}x\mathrm{d}z\tag{6.2-20h}$$

$$k_{ij}^{33}=-\iint\left(k_xb_ib_j+k_yc_ic_j\right)\mathrm{d}x\mathrm{d}z\tag{6.2-20i}$$

且 $b_i=\dfrac{\partial N_i}{\partial z}$，$b_j=\dfrac{\partial N_j}{\partial z}$，$c_i=\dfrac{\partial N_i}{\partial x}$。

6.2.3　结构性土的侧限压缩试验模拟

以下模拟初始应力各向异性结构性土的侧限压缩试验以验证计算程序的正确性。计算参数的选取参照采用由粉质黏土、高岭土、水泥和盐粒的混合料制备而成的结构性土的常规三轴压缩试验结果(聂青，2014)，计算结果与由同种土样制备而成的初始应力各向异性结构性土的侧限压缩试验结果进行对比。具体计算参数如下：K=100.0，n=0.584，R_f=0.95，c=0kPa，φ=35.2°，标准大气压 p_a=101.3kPa，G=0.235，F=0.392，D=2.095，E_h=15000kPa，E_v=25000kPa，G_{vh}=13000kPa，v_{vh}=0.15，α=60，β=1，ψ=1.50，ζ=600，θ=0.2，t_c=20，r_c=8。当计算初始应力各向同性结构性土时，取 α=1，E_h=E_v=8000kPa，v_{vh}=0.1154，G_{vh}=8000kPa。计算尺寸为 6.18cm×2.0cm，共剖分成 50 个单元。在计算时假定单元初始破损率为 0。另外，假定当 $\lambda\geqslant$0.05 时，开始发生破损，胶结元逐渐向摩擦元转化，二者共同承担荷载。

初始应力各向异性结构性土初始孔隙比 e=0.909，初始应力各向同性结构性土初始孔隙比 e=1.02，计算网格如图 6.2-1 所示。

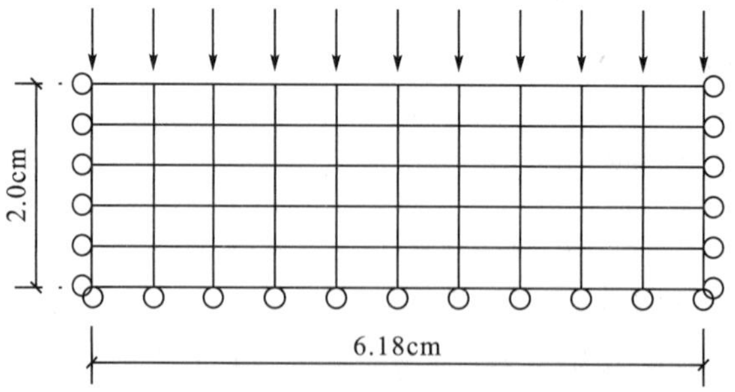

图 6.2-1　侧限压缩试验有限元网格

模型尺寸与试样一致，模型两侧结点水平向位移约束竖向自由，底面结点竖向位移约束水平向自由，顶面及底面为自由排水面。初始应力各向异性和各向同性结构性土的侧限压缩试验值与计算值的对比如图 6.2-2 所示。

从图 6.2-2 可以看出，计算结果和试验结果具有良好的一致性。对于初始应力各向异性结构性土，其计算值和试验值的压缩曲线吻合较好，两者均具有明显的拐点，表明土所具有的结构性，反映出结构性土的结构屈服应力对压缩曲线的影响。由于初始应力各向异性结构性土在制样时有预加载，故其各阶段的孔隙比均小于未预加载的各向同性结构性土，因而其压缩曲线在各向同性结构性土的下方。初始应力各向同性结构性土的计算值与试验值也具有良好的一致性。计算值和试验值均可以反映出结构性土本身所具有的结构性。由于初始应力各向同性结构性土没有施加预加载，其内部的胶结元被破坏得较少，相比于有预加载的初始应力各向异性结构性土，其对胶结元的增强作用较小，故其曲线的拐点所对应的有效固结应力较小，即结构屈服应力小于初始应力各向异性结构性土。同时，也可以看出，两组试验的孔隙比计算值均大于试验值，表明压缩试验时计算的竖向位移偏小，这可能是由于计算参数偏大导致土体的侧限压缩模量偏大的缘故。总体来说，计算值和试验值具有良好的一致性，表明计算程序的正确性。

为了进一步探究初始应力各向异性结构性参数对土体性质的影响和相关参数的敏感性，针对式(6.2-3)破损率中反映初始应力各向异性的参数 α 分别取值进行侧限压缩试验的有限元模拟。以下各组模拟结果中，除 α 取值不同外，其余相关参数和计算模型、计算网格均相同。α 分别取值 40、10 和 1。其中，当 α=1 时，可以认为模型相当于各向同性的情况。具体计算结果如图 6.2-3 所示。

从图 6.2-3 可知，不同的 α 取值对计算结果有一定影响。α 主要通过影响破损率 λ 的数值间接影响土体的侧限压缩模量来反映土的结构性。三组计算值在前半段几乎相同，在后半段(有效固结应力达到 300kPa 以后)随着 α 的增大，土体的结构性逐渐增强。在曲线前半段，有效固结应力较小时，土的应变较小，胶结元破损较少，外部荷载主要由胶结元承担，故其计算结果几乎相同。而在曲线后半段，由于荷载增大，土的应变较大，因而 α 对破损率 λ 的影响体现得较为明显，因而土的侧限压缩模量有较大差异，故计算结果差异明显。当 α=1 时，模型相当于各向同性的情况，结构性最弱；当 α=40 时，土的结构性最为明显。这一结论也和前面的试验结果相吻合。

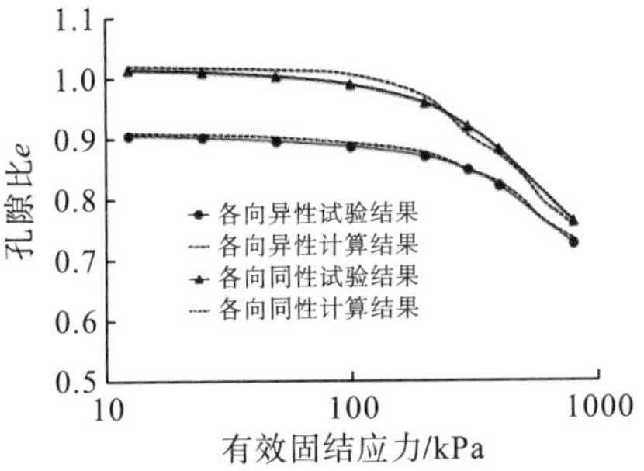

图 6.2-2　结构性土的侧限压缩

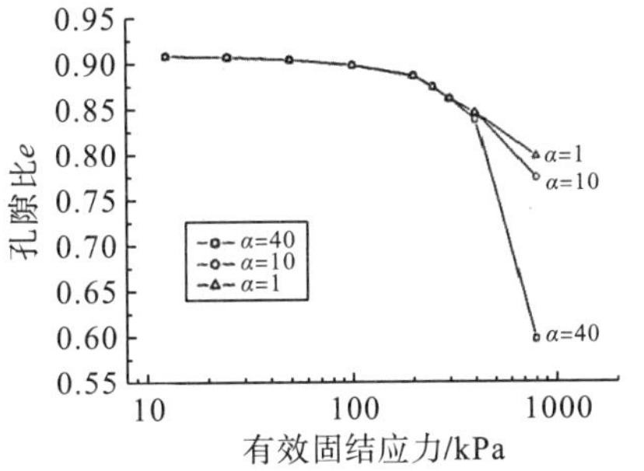

图 6.2-3　α 对侧限压缩试验计算结果的影响

6.2.4　天然地基沉降算例分析

将采用考虑初始应力各向异性结构性土的二元介质模型用于地基固结沉降分析。假设某条形地基受均布荷载 q=400kPa 作用，作用范围 3.24m。计算区域长 21.8m，厚 7.6m。由于结构对称，故取一半进行计算，即计算模型尺寸为 10.9m×7.6m。计算网格共有结点 1717 个，单元 1680 个，单元类型主要采用四结点四边形单元，夹有少量三结点三角形单元。每个节点均有竖直向位移、水平向位移和孔压三个自由度。计算网格如图 6.2-4 所示。

边界条件如下：底面结点完全固定，两侧结点水平向固定，只允许发生竖向位移。孔压边界如下：除地基顶面可透水，其余边界均不透水，且地下水位位于地基顶面。

为了观察地基中破坏区的发展，将该地基承受的外荷载 400kPa 分十级加载，每级施加 40kPa，每级历时 1.5 个月，观察破坏区的发展及位移和孔压的变化情况。之后外部荷载保持稳定，每隔一段时间观察地基内孔压消散程度和位移大小以及破坏区的发展。同前述的模拟一样，计算时假定所有单元初始破损率为零，破损开始发生的阈值取为 0.05，即当破损率大于 0.05 时，开始发生破损，胶结元逐渐转化为摩擦元。

初始应力各向异性结构性土的力学参数具体如下：饱和容重 γ=17.5kN/m^3，侧压力系数 K_0=0.62，垂直向渗透系数 K_z=2.3×10^{-7}cm/s，水平与垂直向渗透系数之比为 2.0，K=229.1，

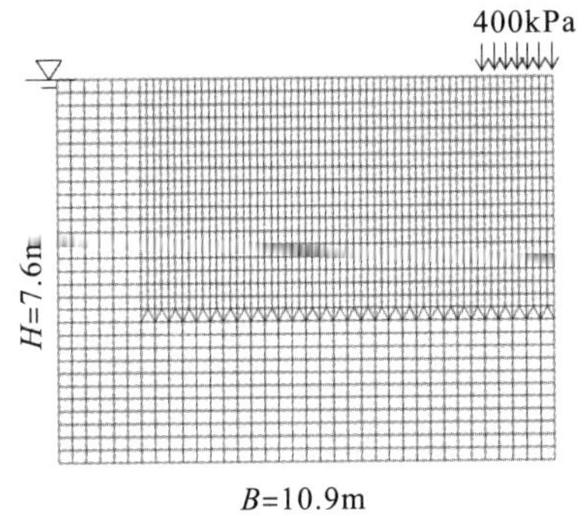

图 6.2-4　天然地基计算网格

n=0.584，R_f=0.95，c=0kPa，φ=35.2°，标准大气压 p_a=101.3kPa，G=0.235，F=0.392，D=2.095，E_h=15000kPa，E_v=10000kPa，G_{vh}=7000kPa，v_{vh}=0.15，α=70，β=1，ψ=1.50，ζ=600，θ=0.2，t_c=20，r_c=8。

图 6.2-5 为荷载作用下不同时间的地基内的孔隙压力分布。由图 6.2-5(a)～(c)可知，在荷载逐渐增加阶段，地基内的孔隙水压力(超静孔压)逐渐增大；而在 400kPa 荷载作用恒定后的 18.75 年，地基内的孔隙水压力大部分消散，则有效应力增大，沉降增大。图 6.2-6 和图 6.2-7 分别为 400kPa 荷载作用结束时以及作用 18.75 年后的位移分布图以及破损率分布图。

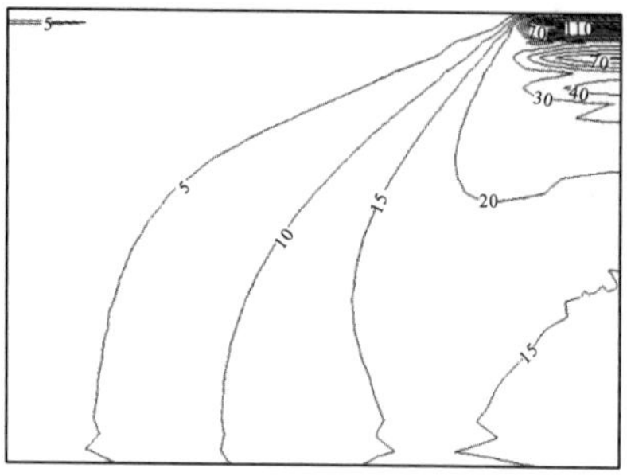

(a)80kPa荷载作用结束时

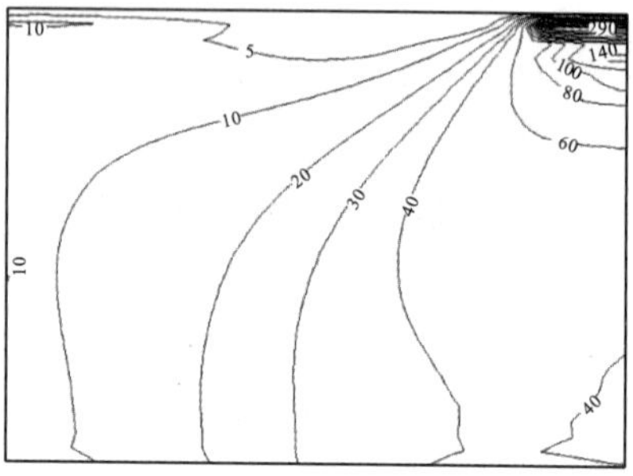

(b)200kPa荷载作用结束时

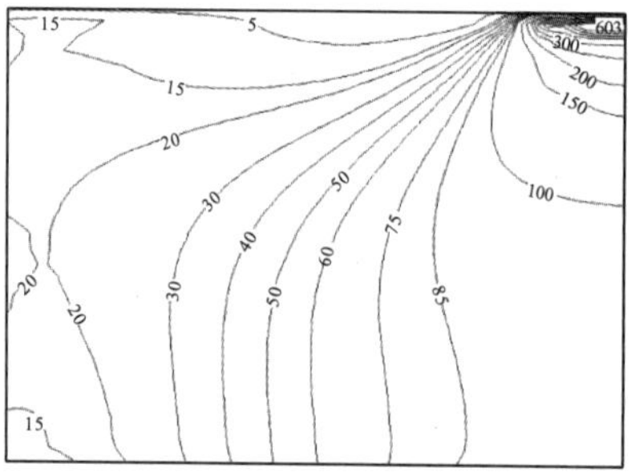

(c)400kPa荷载作用结束时

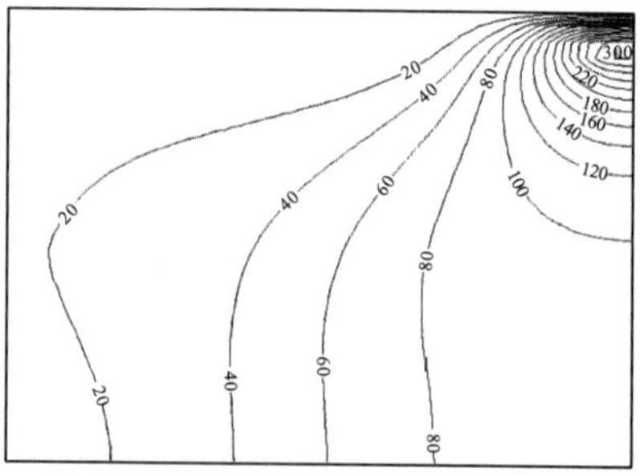

(d)400kPa荷载作用18.75年

图 6.2-5　地基超静孔压分布图(单位：kPa)

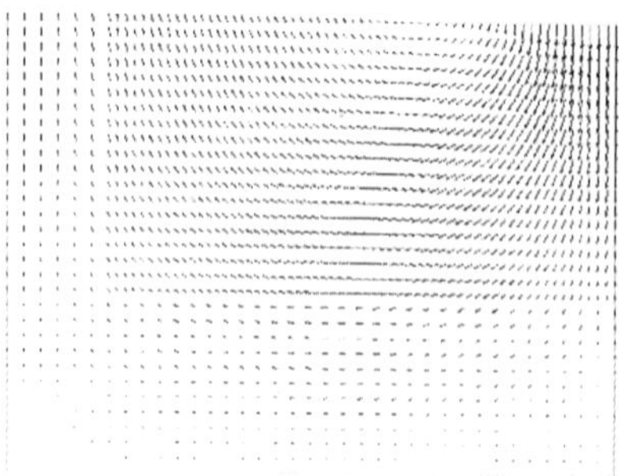

(a)400kPa荷载作用结束时

(b)400kPa荷载作用18.75年

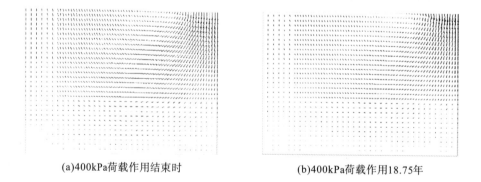

图 6.2-6　位移分布图(单位：cm)

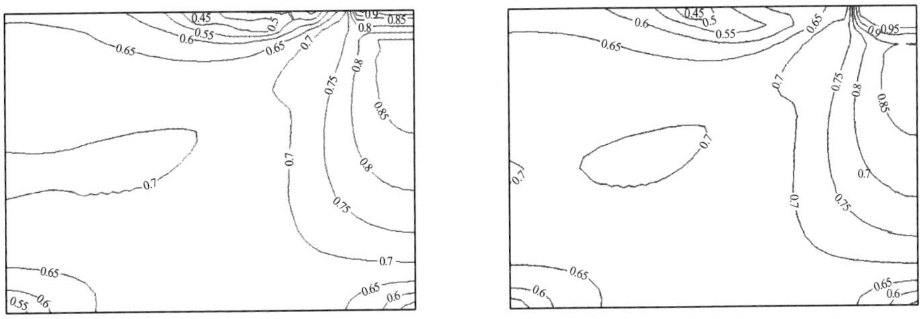

(a)400kPa荷载作用结束时　　(b)400kPa荷载作用18.75年

图 6.2-7　地基内破损率分布图(单位：kPa)

从破损率变化图可知，随着外荷载增大，地基的破损逐渐严重，破损率的最大值由 0.75 到 0.8 到 0.85，逐渐增大，且破损范围逐渐扩大，在荷载作用 18.75 年后地基中破损率的最大值也达到 0.95。在 400kPa 荷载作用结束时，地基中的最大超静孔压为 603kPa，远远大于外荷载 400kPa，曼德尔效应越发明显。在 400kPa 荷载作用下经 18.75 年的固结过程，初始应力各向异性天然地基中的超静孔压已逐渐消散，其最大值为 300.964kPa，计算区域内节点的最大位移为 7.239cm。

6.2.5　天然边坡算例分析

以一饱和天然均质边坡为例，计算边坡在加荷过程中的位移值、孔压值相关参量的变化。计算模型及计算区域尺寸如图 6.2-8 所示，单位为 cm。该边坡坡比 1∶1，坡顶长 15m，坡底平台长 10m。边界条件：计算区域底部节点为固定约束；左右两侧为水平向约束，只允许发生竖向位移；其余节点可自由移动。孔压边界：边坡饱和，坡体内部分布沿深度方向的静水压力，边坡表面节点(坡顶、坡面和坡底)均为自由排水面。另外破损初始阈值取为 0.05，即 $\lambda \geqslant 0.05$ 时，单元开始发生破损，胶结元件逐渐转化为摩擦元件。

计算区域共 492 个节点，453 个单元，其中单元主要以 4 节点等参单元，夹以少量三角形单元过渡。每个节点均有竖直位移、水平位移、孔压三个自由度。

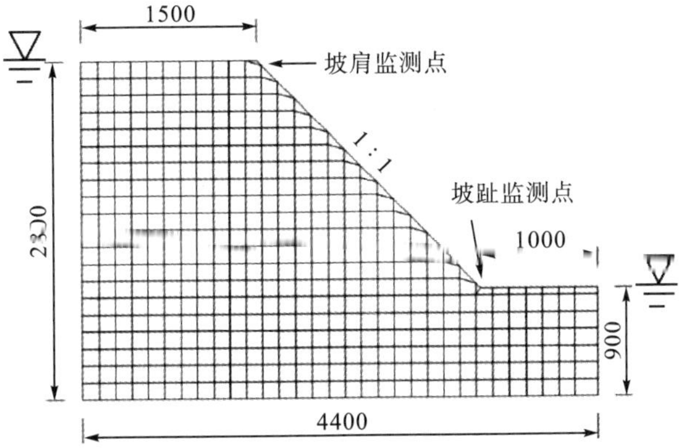

图 6.2-8　天然边坡计算模型及网格(单位：cm)

计算时认为土体饱和，土体表面为自由排水面，边坡内部分布有静水压力，为了初步模拟初始地应力，计算开始前 2 个计算步让边坡在自重作用下自由排水固结，在经过足够长的时间(62.5 年)后认为地基已经固结完成，此时清零所有节点位移，而保持单元内部应力，因而可完成模拟初始地应力的过程。从第 3 个计算步开始，在坡顶逐级缓慢施加 14.2kPa 竖直向荷载，观察边坡在此外荷载作用下的位移、孔压和破坏情况。

计算参数如下：饱和容重 γ=17.5kN/m^3，侧压力系数 K_0=0.62，垂直向渗透系数 K_z=4.6×10^{-7}cm/s，$K_z=K_x$，K=229.1，n=0.584，R_f=0.95，c=0kPa，φ=35.2°，标准大气压 p_a=101.3kPa，G=0.215，F=0.322，D=2.095，G_{vh}=6000kPa，ν_{vh}=0.15，E_h=9500kPa，E_v=9500kPa，α=1，β=1，ψ=1.50，ζ=600，θ=0.2，t_c=20，r_c=8。

图 6.2-9 为初始均质天然边坡固结完成后的计算结果。

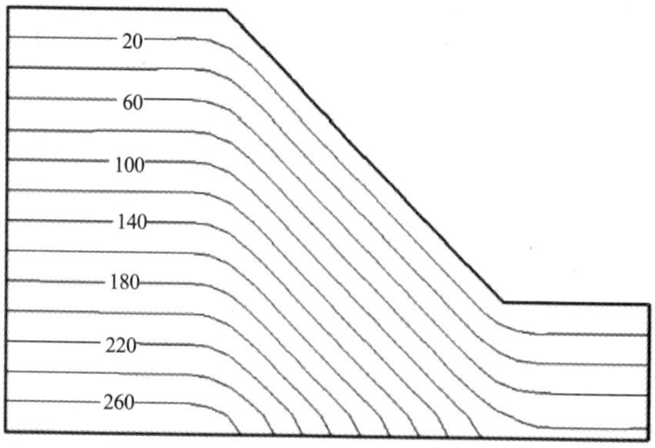

图 6.2-9　天然均质土坡固结完成后的孔压分布(单位：kPa)

从孔压及位移矢量图可看出，固结完成后边坡最大水平位移为 0.07cm，最大竖向位移为 0.12cm。图 6.2-10～图 6.2-12 分别为施加荷载 14.2kPa、42.6kPa、71kPa 时的孔压和位移分布图。在天然边坡坡顶施加 14.2kPa 后，坡体内最大剪应力约为 5.5kPa，边坡最大水平位移为 1.01cm，最大竖向位移为 1.66cm。相同的，在坡顶施加 42.6kPa 与 71kPa 时在坡内产生的孔压和位移类似。具体参见文献(陈亚军，2015；侯丰等，2016)。

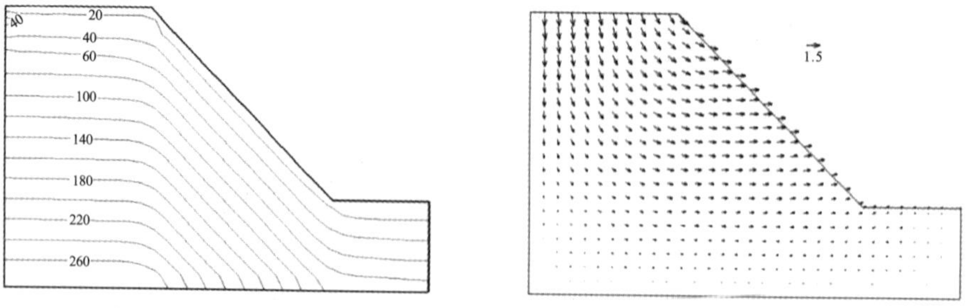

(a)孔压分布图（单位：kPa）　　(b)边坡位移矢量图（单位：cm）

图 6.2-10　坡顶施加 14.2kPa 荷载后天然边坡计算结果

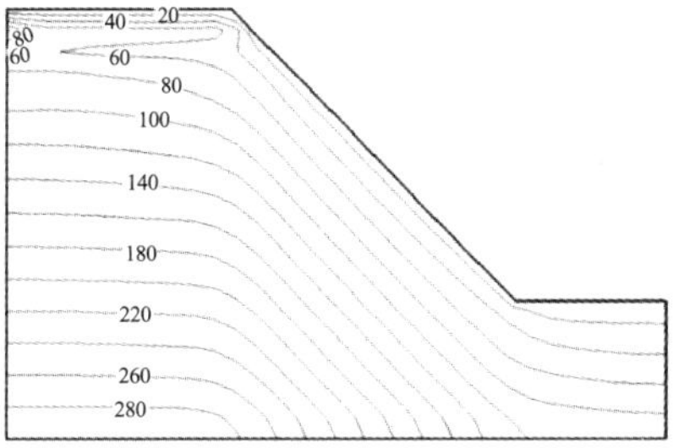

(a)孔压分布图（单位：kPa）

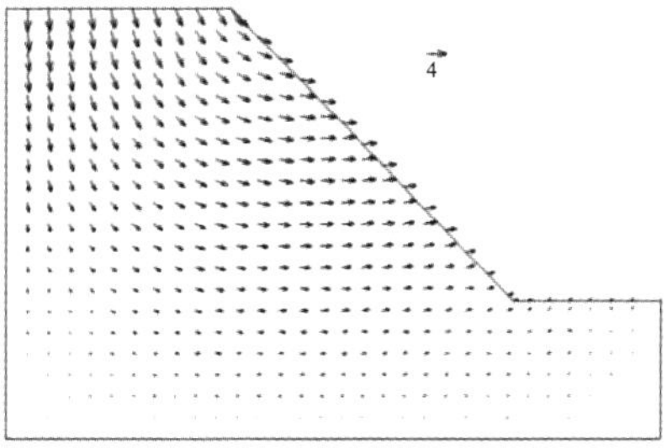

(b)位移矢量图（单位：cm）

图 6.2-11　坡顶施加 42.6kPa 荷载后天然边坡计算结果

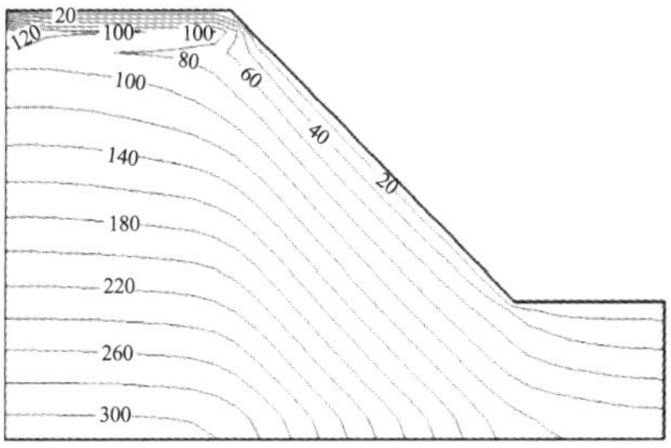

(a)孔压分布图（单位：kPa）

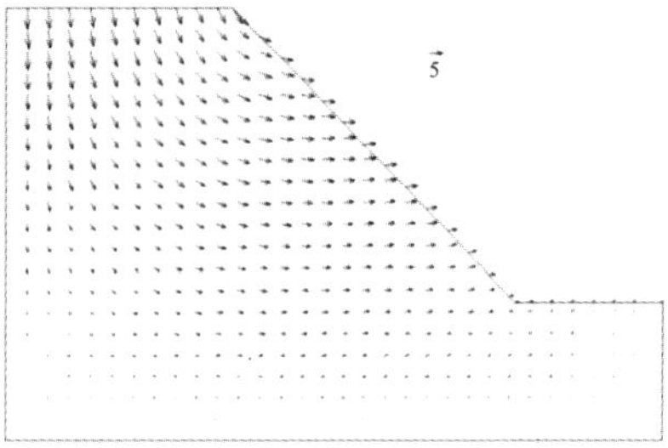

(b)位移矢量图（单位：cm）

图 6.2-12　坡顶施加 71kPa 荷载后天然边坡计算结果

第 6.3 节　二元介质模型在黄土增湿变形分析中的应用

本节把 1.3.3 节中建立的黄土二元介质模型用于增湿变形的计算，推导不采用初应变法而算出湿化变形的直接算法，并编制孔隙水压力与土骨架变形的耦合分析有限元程序，用于室内单轴压缩试验和现场荷载板浸水试验的计算(沈珠江，2005)。

6.3.1　黄土的二元介质模型简介

二元介质模型把材料看作由胶结块(胶结元)和碎化胞(摩擦元)组成的不均匀体，在变形过程中胶结块逐步破碎，转化为碎化胞，碎化胞增多融合形成剪切带，最后导致破坏。胶结块和碎化胞共同分担荷载的公式为

$$\{\sigma\} = (1-b)\{\sigma_i\} + b\{\sigma_f\} \tag{6.3-1}$$

其中，$\{\sigma_i\}$ 和 $\{\sigma_f\}$ 分别为胶结块承担的胶结应力和碎化胞承担的摩擦应力，前者按线弹性模型计算，其体积和剪切模量分别为

$$K_i = \frac{M_s}{S_r^n}\frac{1+\nu}{3(1-\nu)},\quad G_i = \frac{M_s}{S_r^n}\frac{1-2\nu}{2(1-\nu)} \tag{6.3-2}$$

其中，M_S 为原状黄土饱和后的侧限压缩模量；S_r 为饱和度；n 为模型参数；ν 为泊松比。摩擦应力按可以考虑剪缩性的非线性模型计算，其应力应变关系为

$$\varepsilon_v = c_c \ln \frac{\sigma_m(1+\chi)}{\sigma'_{m0}} \tag{6.3-3}$$

$$\varepsilon_s = \frac{c_a \eta}{\eta_c - \eta} \ln \frac{\sigma_m(1+\chi)}{\sigma'_{m0}} \tag{6.3-4}$$

其中，

$$\chi = c_d \eta^m \tag{6.3-5}$$

$$\sigma'_{m0} = \sigma_{m0} / S_r^n \tag{6.3-6}$$

式中，$\eta = \sigma_s / \sigma_m$，$\sigma_m = (\sigma_1 + \sigma_2 + \sigma_3)/3$，$\sigma_s = \frac{1}{\sqrt{2}}\left[(\sigma_1-\sigma_2)^2 + (\sigma_2-\sigma_3)^2 + (\sigma_3-\sigma_1)^2\right]^{\frac{1}{2}}$；$\varepsilon_v = \varepsilon_1 + \varepsilon_2 + \varepsilon_3$；$\varepsilon_s = \frac{1}{\sqrt{2}}\left[(\varepsilon_1-\varepsilon_2)^2 + (\varepsilon_2-\varepsilon_3)^2 + (\varepsilon_3-\varepsilon_1)^2\right]^{\frac{1}{2}}$；$\sigma_{m0}$ 为体应变等于 0 时的参考应力；其他均为模型参数。

由式(6.3-5)和式(6.3-6)可得割线模量和切线模量如下：

$$K_{fs} = \frac{\sigma_m}{\varepsilon_v},\quad G_{fs} = \frac{\sigma_m}{\varepsilon_v} \frac{\eta_c}{c_a + \zeta} \tag{6.3-7}$$

$$K_{ft} = \frac{\sigma_m}{c_c(1+d_1)}\kappa,\quad G_{ft} = \frac{\sigma_m(\eta_c - \eta)}{c_a(1+d_2)} \tag{6.3-8}$$

上述式中，

$$\sigma_m = \frac{\sigma'_{m0}(c_a+\zeta)^m}{(c_a+\zeta)^m + c_d(\zeta\eta_c)^m} \exp\left(\frac{\varepsilon_v}{c_c}\right) \tag{6.3-9}$$

$$d_1 = \frac{m\sigma_m\chi}{\eta(1+\chi)} \frac{\Delta\eta}{\Delta\sigma_m},\quad d_2 = \sigma_m\left(\frac{\eta_c}{\eta_c - \eta}\ln\frac{\sigma_m(1+\chi)}{\sigma'_{m0}} - \frac{1+\chi-m\chi}{1+\chi}\right)\frac{\Delta\eta}{\Delta\sigma_s} \tag{6.3-10}$$

其中，$\zeta = \varepsilon_s / \varepsilon_v$。

式(6.3-1)中 b 称为破损参数，是碎化胞所占的体积率与胶结块的应力集中系数的综合反映，并建议按下式计算：

$$b = 1 - [1 + c_b\bar{\varepsilon}]\exp(-c_b\bar{\varepsilon}) \tag{6.3-11}$$

其中，$\bar{\varepsilon}$ 为当量应变，建议 $\bar{\varepsilon} = \varepsilon_1$，即取大主应变为当量应变；$c_b$ 为试验拟合参数。

此外，在水分入渗过程中，饱和度将发生改变。本节将采用下列双曲线型饱和度与吸力关系曲线：

$$S_r = \left(1 + \frac{s}{s_0}\right)^{-m_1} \tag{6.3-12}$$

当孔隙气压力等于大气压力时，$s = -u_w$，S_r 对 u_w 的导数将为

$$\mu = \frac{m_1}{s_0}\left(1 + \frac{s}{s_0}\right)^{-1-m_1} \tag{6.3-13}$$

式中，s_0 为 $S_r = 2^{-m_1}$ 时的吸力。

渗流计算中还要用到渗透系数，采用下列经验关系：

$$k = k_s \exp\left(-c_k \frac{s}{p_a}\right) \tag{6.3-14}$$

其中，k_s 为饱和土的渗透系数；c_k 为经验常数；p_a 为大气压力。

6.3.2　广义有效应力公式

考虑到 $\{\Delta\sigma_i\} = [D_i]\{\Delta\varepsilon\} + [\Delta D_i]\{\varepsilon\}$ 和 $\{\Delta\sigma_f\} = [D_f]_s\{\Delta\varepsilon\} + [\Delta D_f]_s\{\varepsilon\}$，式(6.3-1)的增量形式可以写为

$$\{\Delta\sigma\} = \{\Delta\sigma'\} + \{\Delta\sigma_w\} \tag{6.3-15}$$

其中，

$$\{\Delta\sigma'\} = [D]_t\{\Delta\varepsilon\} \tag{6.3-16a}$$

$$\{\Delta\sigma_w\} = C_t\{\sigma\}\Delta u_w \tag{6.3-16b}$$

且

$$[D]_t = (1-b)[D_i] + b[D_f]_t - \left(\{\sigma_i\} - \{\sigma_f\}\right)\frac{\partial b}{\partial \varepsilon_1}\frac{\partial \varepsilon_1}{\partial\{\varepsilon\}} \tag{6.3-17a}$$

$$C_t = -\frac{\mu n}{S_r} \tag{6.3-17b}$$

切线模量矩阵 $[D_f]_t$ 由式(6.3-8)的切线模量 K_{ft} 求得；G_{ft} 按广义胡克定律计算。

式(6.3-15)再现了有效应力原理的基本公式。式中的 $\{\Delta\sigma'\}$ 可以理解为对变形有效的有效应力增量，而 $\{\Delta\sigma_w\}$ 则是广义的孔隙压力增量。从式(6.3-16b)可以看出，广义孔隙压力已不再是各向等压的标量，而是与应力张量成比例的张量，甚至其符号也是负的。负号表明，在总应力不变的条件下，孔隙压力的增加将导致变形的增加，即发生湿陷现象，这正是黄土变形的特点。反之，当 $\{\Delta\sigma_w\}$ 的符号为正时，孔隙压力的增加将导致变形的减少(膨胀)，这是膨胀土的特点。而当 $\{\Delta\sigma_w\} = \{\delta\}\Delta u_w$，$\{\delta\}$ 为单位张量，式(6.3-15)又退化为通常的有效应力公式。但是，这一公式只能在增量意义上成立，因为式(6.3-16a)和式(6.3-16b)不可能独立积分得出 $\{\sigma'\}$ 和 $\{\sigma_w\}$。

6.3.3　有限元公式

以位移 u_r, u_z 和 u_w 为变量，把式(6.3-15)代入平衡方程式后可得轴对称问题的基本公式：

$$\begin{aligned}
&d_{11}\frac{\partial^2 \Delta u_r}{\partial r^2} + \left(d_{14} + d_{41}\right)\frac{\partial^2 \Delta u_r}{\partial r \partial z} + d_{44}\frac{\partial^2 \Delta u_r}{\partial z^2} + d_{13}\frac{\partial \Delta u_r}{r\partial r} + d_{34}\frac{\partial \Delta u_r}{r\partial z} - d_{33}\frac{\Delta u_r}{r^2} \\
&+ d_{14}\frac{\partial^2 \Delta u_z}{\partial r^2} + \left(d_{12} + d_{44}\right)\frac{\partial^2 \Delta u_z}{\partial r \partial z} + d_{42}\frac{\partial^2 \Delta u_z}{\partial z^2} + d_{34}\frac{\partial \Delta u_z}{r\partial r} + d_{32}\frac{\partial \Delta u_z}{r\partial z} \\
&- C_t\sigma_r\frac{\partial \Delta u_w}{\partial r} - C_t\tau_{rz}\frac{\partial \Delta u_w}{\partial z} - C_t\left(\sigma_r - \sigma_\theta\right)\frac{\Delta u_w}{r} = \Delta F_r
\end{aligned} \tag{6.3-18a}$$

$$
\begin{aligned}
&d_{41}\frac{\partial^2\Delta u_r}{\partial r^2}+\left(d_{21}+d_{44}\right)\frac{\partial^2\Delta u_r}{\partial r\partial z}+d_{24}\frac{\partial^2\Delta u_r}{\partial z^2}+d_{43}\frac{\partial\Delta u_r}{r\partial r}+d_{23}\frac{\partial\Delta u_r}{r\partial z}\\
&+d_{44}\frac{\partial^2\Delta u_z}{\partial r^2}+\left(d_{24}+d_{42}\right)\frac{\partial^2\Delta u_z}{\partial r\partial z}+d_{22}\frac{\partial^2\Delta u_z}{\partial z^2}\\
&-C_t\sigma_z\frac{\partial\Delta u_w}{\partial z}-C_t\tau_{rz}\left(\frac{\partial\Delta u_w}{\partial r}-\frac{\Delta u_w}{r}\right)=\Delta F_z
\end{aligned}
\tag{6.3-18b}
$$

其中，ΔF_r 和 ΔF_z 为荷载增量。相应的水流连续方程为

$$
\mu n\frac{\partial u_w}{\partial t}=-\frac{\partial}{\partial r}k_r\frac{\partial h}{\partial r}-\frac{k_r}{r}\frac{\partial h}{\partial r}-\frac{\partial}{\partial z}k_z\frac{\partial h}{\partial z}+S_r\frac{\partial\varepsilon_v}{\partial t}
\tag{6.3-19a}
$$

其中，$h=\left(u_w/\rho_w\right)g+z$。另一方面，在拟饱和条件下，即孔隙气以气泡形式封闭在孔隙水中时，可以把孔隙水和孔隙气一起看作可压缩流体，此时的水量连续方程将变为

$$
m_f n\frac{\partial u_w}{\partial t}=-\frac{\partial}{\partial r}k_r\frac{\partial h}{\partial r}-\frac{k_r}{r}\frac{\partial h}{\partial r}-\frac{\partial}{\partial z}k_z\frac{\partial h}{\partial z}+\frac{\partial\varepsilon_v}{\partial t}
\tag{6.3-19b}
$$

其中，m_f 为孔隙流体的压缩系数。当饱和度达到 1 时，只要令 $\mu=m_f$，式(6.3-19a)自动退化为式(6.3-19b)。

现在推导有限元公式。采用等参数单元，如果位移和水头采用的插值函数分别为 N_i 和 $\bar{N}_i$，则变量内插公式为

$$
\begin{Bmatrix}u_r\\u_z\\u_{m1}\end{Bmatrix}=\sum_{i=1}^{n_p}\begin{Bmatrix}N_iu_{ri}\\N_iu_{zi}\\\bar{N}_iu_{wi}\end{Bmatrix}
\tag{6.3-20}
$$

其中，n_p 为单元结点数；u_{ri}，u_{zi} 和 u_{wi} 为 i 结点的变量。把式(6.3-18)和式(6.3-19)联立方程化为有限元格式，并对式(6.3-19)在时间上进行差分后，i(i=1,2,⋯, N_t)结点的方程式将为

$$
\begin{aligned}
&\sum_{j=1}^{N_t}\left[k_{ij}^{11}\Delta u_{rj}+k_{ij}^{12}\Delta u_{zj}+k_{ij}^{13}\Delta h_j\right]=\Delta F_{ri}\\
&\sum_{j=1}^{N_t}\left[k_{ij}^{21}\Delta u_{rj}+k_{ij}^{22}\Delta u_{zj}+k_{ij}^{23}\Delta h_j\right]=\Delta F_{zi}\\
&\sum_{j=1}^{N_t}\left[k_{ij}^{31}\Delta u_{rj}+k_{ij}^{32}\Delta u_{zj}+k_{ij}^{33}\left(h_{j0}+\beta\Delta h_j\right)+s_{ij}\Delta h_j\right]=\Delta Q_i
\end{aligned}
\tag{6.3-21}
$$

其中，N_t 为总结点数；F_{ri},F_{zi} 和 Q_i 为 i 结点的荷载和流量；h_{j0} 为 j 结点水头的增量以前的值；β 为差分格式，此处取 $\beta=2/3$。上式中的各系数如下：

$$
\begin{aligned}
k_{ij}^{11}=\int\Bigg[&d_{11}\frac{\partial N_i}{\partial r}\frac{\partial N_j}{\partial r}+d_{33}\frac{N_i}{r_i}\frac{N_j}{r_j}+d_{44}\frac{\partial N_i}{\partial z}\frac{\partial N_j}{\partial z}+d_{13}\left(\frac{N_i}{r_i}\frac{\partial N_j}{\partial r}+\frac{N_j}{r_j}\frac{\partial N_i}{\partial r}\right)\\
&+d_{14}\left(\frac{\partial N_i}{\partial r}\frac{\partial N_j}{\partial z}+\frac{\partial N_j}{\partial r}\frac{\partial N_i}{\partial z}\right)+d_{34}\left(\frac{N_i}{r_i}\frac{\partial N_j}{\partial z}+\frac{N_j}{r_j}\frac{\partial N_i}{\partial z}\right)\Bigg]2\pi r\mathrm{d}r\mathrm{d}z
\end{aligned}
\tag{6.3-22a}
$$

$$
\begin{aligned}
k_{ij}^{12}=\int\Bigg[&d_{12}\frac{\partial N_i}{\partial r}\frac{\partial N_j}{\partial z}+d_{14}\frac{\partial N_i}{\partial r}\frac{\partial N_j}{\partial r}+d_{23}\frac{N_i}{r_i}\frac{\partial N_j}{\partial r}\\
&+d_{24}\frac{\partial N}{\partial z}\frac{\partial N_j}{\partial z}+d_{44}\frac{\partial N_j}{\partial r}\frac{\partial N_i}{\partial z}+d_{34}\frac{N_i}{r_i}\frac{\partial N_j}{\partial z}\Bigg]2\pi r\mathrm{d}r\mathrm{d}z
\end{aligned}
\tag{6.3-22b}
$$

$$k_{ij}^{21}=\int\left[d_{12}\frac{\partial N_i}{\partial z}\frac{\partial N_j}{\partial r}+d_{14}\frac{\partial N_i}{\partial r}\frac{\partial N_j}{\partial r}+d_{23}\frac{N_j}{r_j}\frac{\partial N_i}{\partial z}\right.$$
$$\left.+d_{24}\frac{\partial N_i}{\partial z}\frac{\partial N_j}{\partial z}+d_{44}\frac{\partial N_i}{\partial r}\frac{\partial N_j}{\partial r}\right)+d_{34}\frac{N_j}{r_j}\frac{\partial N_i}{\partial r}\Bigg]2\pi r\mathrm{d}r\mathrm{d}z \tag{6.3-22c}$$

$$k_{ij}^{22}=\int\left[d_{22}\frac{\partial N_i}{\partial z}\frac{\partial N_j}{\partial z}+d_{44}\frac{\partial N_i}{\partial r}\frac{\partial N_j}{\partial r}+d_{24}\left(\frac{\partial N_i}{\partial z}\frac{\partial N_j}{\partial r}+\frac{\partial N_j}{\partial z}\frac{\partial N_i}{\partial r}\right)\right]2\pi r\mathrm{d}r\mathrm{d}z \tag{6.3-22d}$$

$$k_{ij}^{33}=-\int\left[k_r\frac{\partial \bar{N}_i}{\partial r}\frac{\partial \bar{N}_j}{\partial r}+k_z\frac{\partial \bar{N}_i}{\partial z}\frac{\partial \bar{N}_j}{\partial z}\right]2\pi r\mathrm{d}r\mathrm{d}z \tag{6.3-22e}$$

$$k_{ij}^{13}=-\rho_w gC_t\int\left[\sigma_r\left(\frac{N_i}{r_i}+\frac{\partial N_i}{\partial r}\right)+\tau_{rz}\frac{\partial N_i}{\partial z}+\left(\sigma_r-\sigma_\theta\right)\frac{N_i}{r}\right]\bar{N}_j 2\pi r\mathrm{d}r\mathrm{d}z \tag{6.3-22f}$$

$$k_{ij}^{23}=-\rho_w gC_t\int\left[\sigma_z\frac{\partial N_i}{\partial z}+\tau_{rz}\left(\frac{N_i}{r}+\frac{\partial N_i}{\partial r}\right)\right]\bar{N}_j 2\pi r\mathrm{d}r\mathrm{d}z \tag{6.3-22g}$$

$$k_{ij}^{31}=-\rho_w g\int\left(\frac{N_j}{r_j}+\frac{\partial N_j}{\partial r}\right)\bar{N}_i 2\pi r\mathrm{d}r\mathrm{d}z \tag{6.3-22h}$$

$$k_{ij}^{32}=-\rho_w g\int\frac{\partial N_j}{\partial z}\bar{N}_i 2\pi r\mathrm{d}r\mathrm{d}z \tag{6.3-22i}$$

$$s_{ij}=-\rho_w g\int\left[c_s\bar{N}_i\bar{N}_j\right]2\pi r\mathrm{d}r\mathrm{d}z \tag{6.3-22j}$$

其中，$c_s=m_f n$（饱和）或$c_s=\mu n/S_r$（非饱和）。

按照上述算法编制了二维有限元程序，可以用于平面应变和轴对称问题分析。程序中对位移采用了 8 结点插值函数，而对孔隙水压力则采用 4 结点插值函数。显然，本节的算法与传统算法有很大不同。传统的湿化变形算法采用初应变法，即把湿化变形当作初应变，化作虚拟的结点荷载，上面推导的则是直接算法。

6.3.4　单轴压缩试验模拟分析

首先模拟单轴压缩试验，以便验证计算程序的正确性。计算参数采用陕西省东雷抽黄二期工程桦木寨子段典型的 Q_3 黄土层原状黄土的试验结果，其值如下：M_S＝1200kPa，ν=0.25，n=2，$c_a=0.08$，$c_c=0.045$，$c_d=0.3$，$\eta_c=1.28$，m=2，c_b=8，S_{r0}=0.11，m_1=1.25，

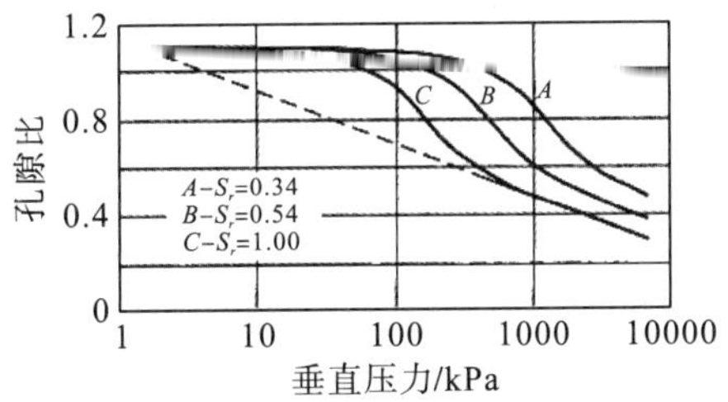

图 6.3-1　不同饱和度黄土试样的压缩曲线

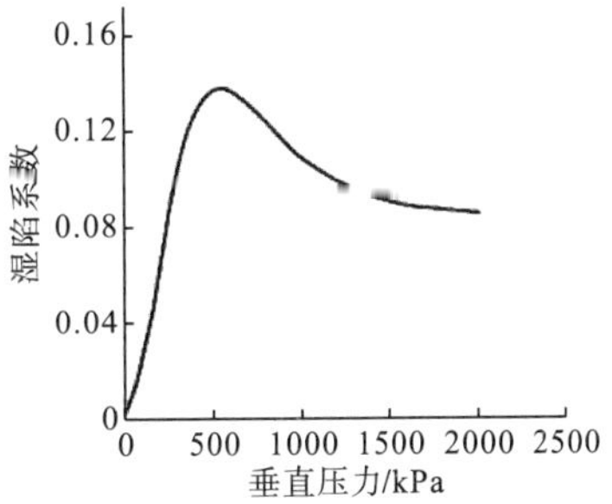

图 6.3-2　湿陷系数与垂直压力关系

s_0=84kPa，k_s=10^{-4}cm/s，c_k=0.05。3 种不同饱和度试验的压缩曲线见图 6.3-1，饱和度为 0.34 的原状试样在不同垂直压力下浸水后的湿陷曲线则见图 6.3-2。对比试验曲线(沈珠江和胡再强，2003)和计算曲线，可见具有良好的一致性。

6.3.5 载荷板浸水试验分析

下面把上述方法用于地基浸水试验分析。

设圆形荷载板的半径为 1m，地基计算域的范围为半径 12m，深度 10m。选用的单元网格如图 6.3-3 所示。计算分 45 级进行。前面 4 级为荷载板上加载，每级 50kPa，然后在 200kPa 下向板下的土面注水。开始时假定注水量已知，每小时 1～10mm，以后土面趋向饱和，当表面点的孔隙压力达到 20cm 水柱时把该点的边界条件改为水头已知的等压面。荷载板以外的地面则始终假定为透水透气面。

假定地基由均匀黄土层组成，初始饱和度为 0.34，其他计算参数仍与前面一样，计算所得的 2 个月以后的荷载中心沉降量为 26.75cm，其中 6.18cm 为 4 级加荷引起的沉降量。变形后的网格如图 6.3-4 所示。图 6.3-5 和图 6.3-6 则显示浸水后的孔隙水压力和饱和度分布。图 6.3-7 和图 6.3-8 为相应的水平向和垂直向应力分布。由这些图可见，相对于地基的尺度而言，浸水面的范围不大，饱和度大于 0.9 的区域始终只占地基的一小部分。另外，浸水面以外的地基表面存在一片拉应力区，最大值 6kPa，预示局部发生裂缝的可能。

应当指出的是，由于提出模型时主要考虑了试样的单轴压缩特性，把原状土和重塑土的泊松比都取为常数，计算得出的水平挤出位移太小，最大值只有 0.83cm，即只占最大沉降量的 1/30，远远小于实际观测结果，因此下一步研究中应当考虑浸水时泊松比逐步增大的方案。

通过模拟室内单轴压缩和现场荷载板浸水试验，说明提出的模型和计算方法符合实际，具有潜在的应用价值。只是计算得出的侧向变形偏小，模型还需要进一步改进。

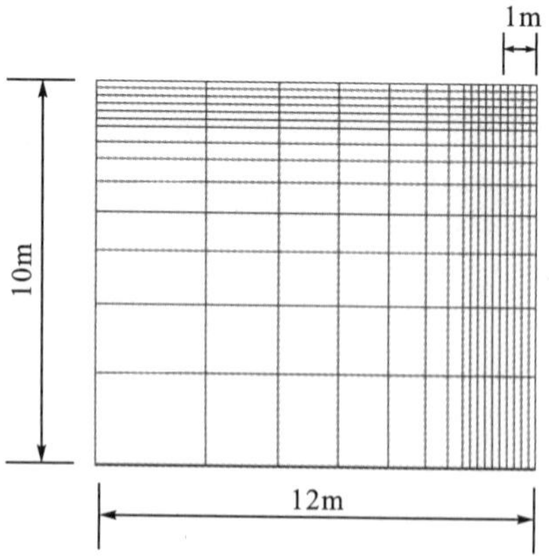

图 6.3-3 有限元网格

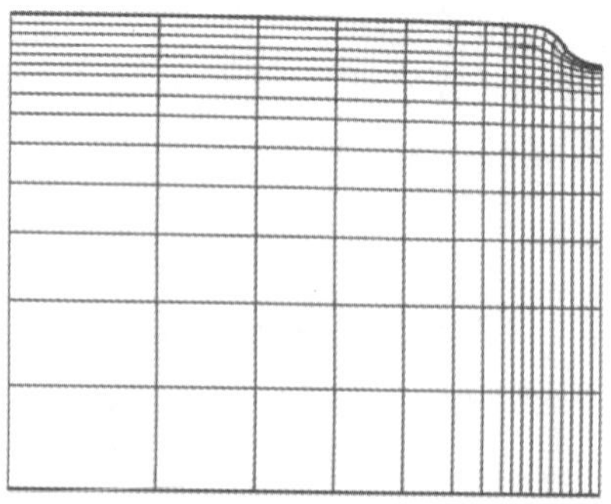

图 6.3-4 变形后的网格

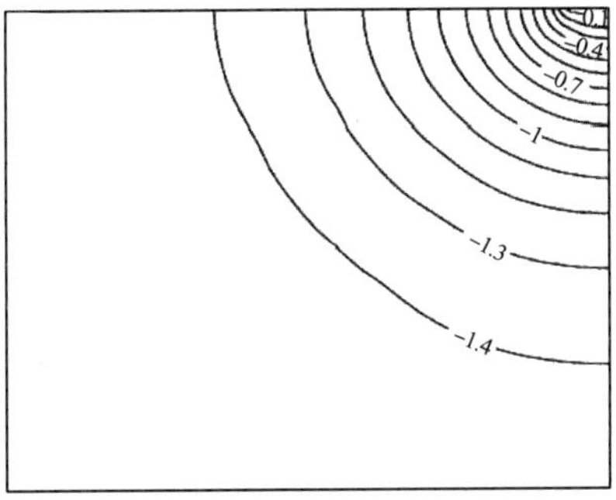

图 6.3-5　孔隙压力分布(单位：100kPa)

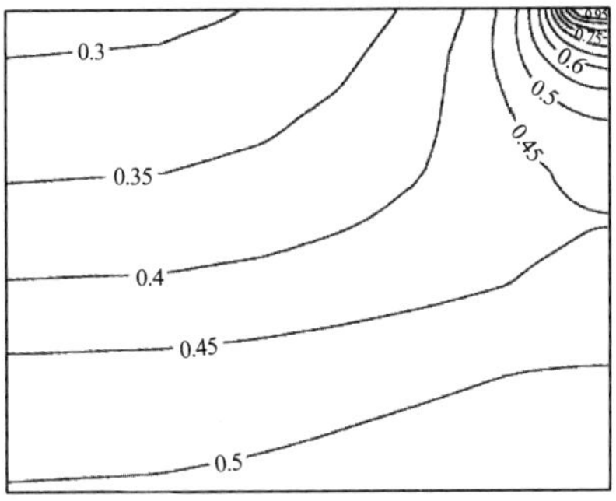

图 6.3-6　饱和度分布

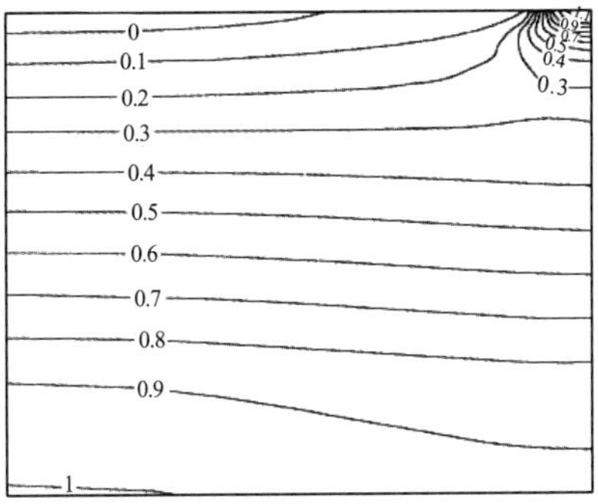

图 6.3-7　水平向应力(单位：100kPa)

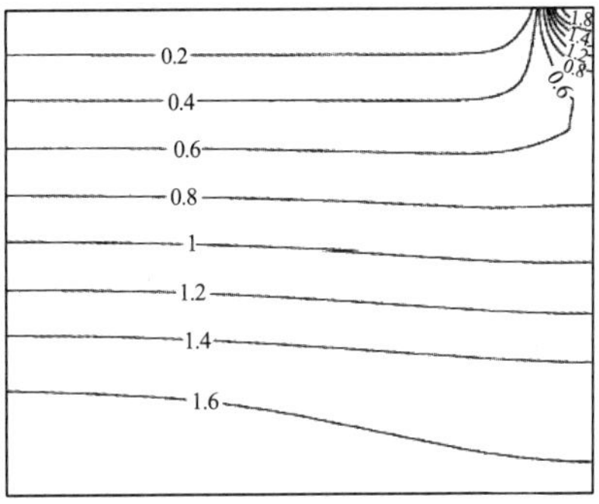

图 6.3-8　垂直向应力(单位：100kPa)

参考文献

陈铁林, 2003. 岩土材料二元介质模型的初步研究[R]. 北京: 清华大学.

陈铁林, 沈珠江, 2004. 岩土破损力学的系统论基础[J]. 岩土力学, 25(s2): 21-26.

陈亚军, 2015. 初始应力各向异性结构性土的强度准则及二元介质模型有限元模拟[D]. 成都: 四川大学.

范镜泓, 2009. 材料变形与破坏的多尺度分析[M]. 北京: 科学出版社.

何淼, 2017. 结构性土减载孔压特性及二元介质本构模型数值模拟[D]. 成都: 四川大学.

侯丰, 陈亚军, 刘恩龙, 2016. 结构性土二元介质模型的有限元模拟[J]. 四川大学学报(工程科学版), 48(s1): 80-87.

黄克智, 黄永刚, 1999. 固体本构关系[M]. 北京: 清华大学出版社.

李广信, 2004. 高等土力学[M]. 北京: 清华大学出版社.

李建红, 沈珠江, 2007. 结构性土的微观破损机理研究[J]. 岩土力学, 28(8): 1525-1532.

刘恩龙, 2006. 岩土结构块破损机理与二元介质模型研究[D]. 北京: 清华大学.

刘恩龙, 2010. 岩土破损力学: 结构块破损机制与二元介质模型[J]. 岩土力学, 31(s1): 13-22.

刘恩龙, 何思明, 张建海, 2012. 岩样变形特性的二元介质模拟[J]. 水利学报, 43(10): 1237-1245.

刘恩龙, 刘星炎, 张革, 2021. 高寒地区冻结掺合土料的力学特性与本构模型[M]. 北京: 中国水利水电出版社.

刘恩龙, 罗开泰, 2012. 轴向循环加载条件下人工制备结构性土力学特性[J]. 北京工业大学学报, 38(2): 180-185.

刘恩龙, 罗开泰, 张树祎, 2013a. 初始应力各向异性结构性土的二元介质模型[J]. 岩土力学, 34(11): 3103-3109.

刘恩龙, 罗开泰, 张树祎, 等, 2014. 岩土破损力学: 二元介质模型研究进展[C]. 第二届全国岩土本构理论研讨会论文集. 上海: 上海大学出版社: 60-70.

刘恩龙, 沈珠江, 2005. 结构性土的二元介质模型[J]. 水利学报, 36(4): 391-395.

刘恩龙, 沈珠江, 2006a. 结构性土压缩曲线的数学模拟[J]. 岩土力学, 27(4): 615-620.

刘恩龙, 沈珠江, 2006b. 岩土材料不同应力路径下脆性变化的二元介质模拟[J]. 岩土力学, 27(2): 261-267.

刘恩龙, 沈珠江, 2006c. 基于二元介质模型的岩土类材料破损过程数值模拟[J]. 水利学报, 37(6): 721-726.

刘恩龙, 沈珠江, 2006d. 岩土类材料破损过程的细观数值模拟[J]. 岩石力学与工程学报, 25(9): 1790-1794.

刘恩龙, 沈珠江, 2006e. 不同应力路径下结构性土的力学特性[J]. 岩石力学与工程学报, 25(10): 2058-2064.

刘恩龙, 沈珠江, 2006f. 结构性土的强度准则[J]. 岩土工程学报, 28(10): 1248-1252.

刘恩龙, 沈珠江, 2007a. 人工制备结构性土力学特性试验研究[J]. 岩土力学, 28(4), 679-683.

刘恩龙, 沈珠江, 2007b. 结构性土强度准则探讨[J]. 工程力学, 24(2): 50-55.

刘恩龙, 沈珠江, 陈铁林, 2005a. 棒状结构体试件破损过程的试验研究[J]. 岩石力学与工程学报, 24(12): 2003-2008.

刘恩龙, 沈珠江, 陈铁林, 2005b. 卸荷应力路径下棒状结构体试件破损过程的试验研究[J]. 岩石力学与工程学报, 24(18): 3386-3392.

刘恩龙, 沈珠江, 陈铁林, 2006a. 棱柱状结构体试件破损过程的试验研究[J]. 岩土力学, 27(1): 93-98.

刘恩龙, 张建海, 何思明, 等, 2013b. 循环荷载作用下岩石的二元介质模型[J]. 重庆理工大学学报, 27(9): 6-12.

刘明星, 2018. 循环荷载下节理岩体的动力特性和二元介质动本构模型研究[D]. 成都: 四川大学.

刘友能, 2021. 循环荷载作用下冻融尾矿料的细观破损机理与二元介质本构模型[D]. 成都: 四川大学.

罗开泰, 2012. 初始应力各向异性结构性土的本构模型[D]. 成都: 四川大学.

罗开泰, 聂青, 张树祎, 等, 2013. 人工制备初始应力各向异性结构性土方法探讨[J]. 岩土力学, 34(10): 2815-2820.

罗汀, 姚仰平, 侯伟, 2010. 土的本构关系[M]. 北京: 人民交通出版社.

聂青, 2014. 结构性土的卸载体缩特性和二元介质本构模型研究[D]. 成都: 四川大学.

聂青, 魏巍, 罗开泰, 等, 2013. 初始应力各向异性结构性土的侧限压缩特性及数学模拟[J]. 岩土工程学报, 35(s2): 774-778.

屈智炯, 刘恩龙, 2011. 土的塑性力学(第二版)[M]. 北京: 科学出版社.

沈珠江, 1985. 软土地基固结变形问题的弹塑性分析[J]. 中国科学, 28 (11) : 1048 - 1060.

沈珠江, 1990. 土体应力应变分析的一种新模型[C]. 第5届土力学及基础工程学术会议论文选集. 北京: 建筑工业出版社: 101.

沈珠江, 1993. 新弹塑性模型在软土地基固结分析中的应用[J]. 水利水运科学研究, (01): 55-63.

沈珠江, 2000. 理论土力学[M]. 北京: 中国水利水电出版社.

沈珠江, 2002. 岩土破损力学与双重介质模型[J]. 水利水运工程学报, (4): 1-6.

沈珠江, 2003. 岩土破损力学: 理想脆弹塑性模型[J]. 岩土工程学报, 25(3): 253-257.

沈珠江, 2003. 理想固体材料与二元介质模型[J]. 手稿, 没有公开发表.

沈珠江, 2005. 二元介质模型在黄土增湿变形分析中的应用[J]. 水利学报, 36(2): 129-134.

沈珠江, 陈铁林, 2002. 岩土破损力学: 基本概念, 目标和任务[C]. 中国岩石力学与工程学会第七届学术大会论文集. 北京: 中国科学技术出版社: 9-12.

沈珠江, 陈铁林, 2003. 岩土力学分析新理论-岩土破损力学[C]. 第九届全国土力学与岩土工程大会论文集. 北京: 清华大学出版社: 406-411.

沈珠江, 陈铁林, 2004a. 岩样变形和破坏过程的二元介质模拟[J]. 水利水运工程学报, (1): 1-5.

沈珠江, 陈铁林, 2004b. 岩土破损力学-结构类型与荷载分担[J]. 岩石力学与工程学报, 23(13): 2137-2142.

沈珠江, 邓刚, 2003. 超固结粘土的双重介质模型[J]. 岩土力学, 24(4): 495-499.

沈珠江, 胡再强, 2003. 黄土的二元介质模型[J]. 水利学报, (7): 1-6.

沈珠江, 李建红, 2006. 椭球形结构块破损过程的数学描述[J]. 岩土工程学报, 28(4): 470-474.

沈珠江, 刘恩龙, 陈铁林, 2005. 岩土二元介质模型的一般应力-应变关系[J]. 岩土工程学报, 27(5): 489-494.

苏雨, 2020. 人造多晶冰的动力特性与破坏机理研究[D]. 成都: 四川大学.

孙广忠, 1990. 岩体结构力学[M]. 北京: 科学出版社.

孙艺, 2023. 循环荷载作用下结构性土的宏-细观本构模型研究[D]. 成都: 四川大学.

唐勇, 2018. 不同应力路径下结构性土的力学特性及细观破损机理探讨[D]. 成都: 四川大学.

王丹, 2019. 冻土冻结缘室内试验及机理研究[D]. 北京: 中国科学院大学.

王丹, 2022. 冻融循环作用下冻结土石混合体的动力特性及动本构关系研究[D]. 北京: 中国科学院大学.

王番, 2022. 冻土的多尺度弹塑/弹黏塑性二元介质本构模型研究[D]. 北京: 中国科学院大学.

王帅, 2021. 不同应力路径下黄土的力学特性与本构模型研究[D]. 西安: 西安科技大学.

王小婵, 2022. 考虑颗粒形状影响的可破碎粒状材料本构模型研究[D]. 西安: 西安科技大学.

喻豪俊, 2019. 人工胶结模拟坝基覆盖层土的动力性质与二元介质动本构模型研究[D]. 成都: 四川大学.

余笛, 2022. 岩石的宏-细-微观三尺度动力二元介质本构模型[D]. 成都: 四川大学.

余群, 张招祥, 沈震亚, 等, 1993. 冻土的瞬态变形和强度特性[J]. 冰川冻土, (2): 258-265.

张诚厚, 1983. 两种结构性土的土工特性[J]. 水利水运科学研究, (4): 65-71.

张诚厚, 袁文明, 戴济群, 1995. 软黏土的结构性及其对路基沉降的影响[J]. 岩土工程学报, 17(5): 25-32.

张德, 2019. 冻土细观强度准则和二元介质静、动本构模型研究[D]. 北京: 中国科学院大学.

张德, 刘恩龙, 刘星炎, 等, 2018. 冻土二元介质模型探讨——以−6℃冻结粉土为例[J]. 岩土工程学报, 40(1): 82-90.

郑颖人, 孔亮, 2010. 岩土塑性力学[M]. 北京: 中国建筑工业出版社.

Aravas N, 1987. On the numerical integration of a class of pressure-dependent plasticity models[J]. International Journal for Numerical Methods in Engineering, 24(7): 1395-1416.

Baracos A, Graham J, Domaschuk J, 1980. Yielding and rupture in a Lacustrine clay[J]. Canadian Geotechnical Journal, 17: 559-553.

Berveiller M, Zaoui A, 1978. An extension of the self-consistent scheme to plastically-flowing polycrystals[J]. Journal of the Mechanics and Physics of Solids, 26(5-6): 325-344.

Benveniste Y, 1987. A new approach to the application of Mori-Tanaka's theory in composite materials[J]. Mechanics of Materials, 6(2): 147-157.

Bishop A W, Webb D L, Lewin P I, 1965. Undisturbed samples of London clay from the Ashford common shaft: Strength-effective stress relation shop[J]. Geotechnique, 15(1): 1-31.

Chen Y, Liu E, Yu Y, et al., 2023. A binary-medium-based constitutive model for porous rocks[J]. International Journal of Rock Mechanics & Mining Sciences, 164: 105345.

Desai C S, 2001. Mechanics of materials and interfaces: the disturbed state concept[M]. Boca Raton, FL: CRC.

Dowell M, Jarratt P, 1972. The "Pegasus" method for computing the root of an equation[J]. BIT Numerical Mathematics, 12(4): 503-508.

Einav I, 2007. Breakage mechanics—Part I: Theory[J]. Journal of the Mechanics and Physics of Solids, 55: 1274-1297.

Eshelby J D, 1957. The determination of the elastic field of an ellipsoidal inclusion, and related problems[J]. Proceedings of the Royal Society A, 241: 376-396.

Eshelby J D, 1959. The elastic field outside an ellipsoidal inclusion[J]. Proceedings of the Royal Society A, 252(1271): 561-569.

Hashin Z, 1983. Analysis of composite materials: a survey[J]. Journal of Applied Mechanics, 50(3): 481-504.

Hashin Z, Shtrikman S, 1963. A variational approach to the theory of the elastic behaviour of multiphase materials[J]. Journal of the Mechanics and Physics of Solids, 11(2): 127-140.

He C, Liu E, Nie Q, 2020. Mechanical properties and constitutive model for artificially structured soils with an initial stress-induced anisotropy[J]. Acta Geotechncia Slovenica, (2): 46-55.

Hill R, 1963. Elastic property of reinforced solids: some theoretical principles[J]. Journal of Mechanical Physics Solids, 11: 357-372.

Hill R, 1965. A self-consistent mechanics of composite materials[J]. Journal of the Mechanics and Physics of Solids, 13(4): 213-222.

Huang Y, Hwang K C, Hu K X, et al., 1995. A unified energy approach to a class of micromechanics models for composite materials[J]. Acta Mechanica Sinica, 11(1): 59-75.

Kang J, Liu E, Song B, et al., 2023. Study on mechanical properties and constitutive model for polycrystalline ice samples[J]. Environmental Earth Sciences, 82: 585.

Lade P V, 1977. Elasto-plastic stress-strain theory for cohesionless soil with curved yield surfaces[J]. Int. J. Solids Struct., 13(11): 1019-1035.

Lade, P V, Duncan J M, 1975. Elasto-plastic stress-strain theory for cohesionless soil[J]. J. Geotech. Engrg. Div., 101(10): 1037-1053.

Lambe T W, 1960. A mechanical picture of shear strength in clay[C]. Research Conference on Shear Strength of Cohesive Soils. Colorado: Boulder: 555-580.

Lee J H, Zhang Y, 1991. On the numerical integration of a class of pressure-dependent plasticity models with mixed hardening[J]. International Journal for Numerical Methods in Engineering, 32(2): 419-438.

Li Z, Riska K, 2002. Index for estimating physical and mechanical parameters of model ice[J]. Journal of Cold Regions Engineering, 16(2): 72-82.

Liu E, 2021. Binary-medium constitutive model for geological materials: a multi-scale approach[C]. Proceedings of the 20th International Conference on Soil Mechanics and Geotechnical Engineering, Sydney: 1325-1328.

Liu E L, Shen Z J, 2005. Research on the constitutive model of structured soils[C]. Proceedings of the International Conferences on Problematic Soils, Famagusta, North Cyprus: 373-380.

Liu E, Xing H, 2009. A double hardening thermo-mechanical constitutive model for overconsolidated clays[J]. Acta Geotechnica, 4: 1-6.

Liu E, He S, 2012. Effects of cyclic dynamic loading on the mechanical properties of intact rock samples under confining pressure conditions[J]. Engineering Geology, 125: 81-91.

Liu E, Zhang J, 2013. Binary medium model for rock sample[J]. Constitutive Modeling of Geomaterials, SSGG: 341-347.

Liu E, Lai Y, 2020. Thermo-poromechanics-based viscoplastic damage constitutive model for saturated frozen soil[J]. International Journal of Plasticity, 128: 102683.

Liu E, Huang R, He S, 2012. Effects of frequency on the dynamic properties of intact rock samples subjected to cyclic loading under confining pressure conditions[J]. Rock Mechanics and Rock Engineering, 45: 89-102.

Liu E, Nie Q, Zhang J, 2013. A new strength criterion for structured soils[J]. Journal of Rock Mechanics and Geotechnical Engineering, 5(2): 156-161.

Liu E, Yu H S, Deng G, et al., 2014. Numerical analysis of seepage-deformation in unsaturated soils[J]. Acta Geotechnica, 9: 1045-1058.

Liu E, Lai Y, Liao M, et al., 2016. Fatigue and damage properties of frozen silty sand samples subjected to cyclic triaxial loading[J]. Canadian Geotechnical Journal, 53: 1939-1951.

Liu E, Yu H S, Zhou C, et al., 2017. A binary-medium constitutive model for artificially structured soils based on the disturbed state concept and homogenization theory[J]. International Journal of Geomechanics, 17(7): 04016154.

Liu E, Lai Y, Wong H, et al., 2018. An elastoplastic model for saturated freezing soils based on thermo-poromechanics[J]. International Journal of Plasticity, 107: 246-285.

Liu X, Liu E, Zhang D, et al., 2019. Study on strength criterion for frozen soil[J]. Cold Regions Science and Technology, 161: 1-20.

Liu Y, Liu E, 2020. Study on cyclically dynamic behavior of tailing soil exposed to freeze-thaw cycles[J]. Cold Regions Science and Technology, 171: 102901.

Liu Y, Liu E, Yin Z, 2020. Constitutive model for tailing soils subjected to freeze–thaw cycles based on meso-mechanics and homogenization theory[J]. Acta Geotechnica, 15: 2433-2450.

Lo K Y, Morin J P, 1972. Strength anisotropy and time effects of two sensitive clays[J]. Canadian Geotechnical Journal, 9: 261-277.

Luo F, Liu E, Zhu Z, et al., 2019. A strength criterion for frozen moraine soils[J]. Cold Regions Science and Technology, 164: 102786.

Maghous S, Dormieux L, Barthélémy J F, 2009. Micromechanical approach to the strength properties of frictional geomaterials[J]. European Journal of Mechanics - A/Solids, 28(1): 179-188.

Mori T, Tanaka K, 1973. Average stress in matrix and average elastic energy of materials with misfitting inclusions[J]. Acta Metallurgica, 21(5): 571-574.

Mura T, 1987. Micromechanics of Defects in Solids[M]. The Netherland: Springer Science & Business Media.

Oksanen P, Keinonen J, 1982. The mechanism of friction of ice[J]. Wear, 78(3): 315-324.

Ortiz M, Simo J C, 1986. An analysis of a new class of integration algorithms for elastoplastic constitutive relations[J]. International Journal for Numerical Methods in Engineering, 23(3): 353-366.

Peng X, Tang S, Hu N, et al., 2016. Determination of the Eshelby tensor in mean-field schemes for evaluation of mechanical properties of elastoplastic composites[J]. International Journal of Plasticity, 76: 147-165.

Schmertmann J H, Osterberg O, 1960. An experimental study of the development of cohesion and friction with axial strain in saturated cohesive soils[C]. Research Conference on Shear Strength of Cohesive Soils. University of Colorado, Boulder, Colorado: 643-726.

Shen Z J, 2004. Binary medium modeling of geological material[C]. International Conference of Heterogeneous Materials Mechanics, Chongqing: 581-584.

Shen Z J, 2006. Progress in binary medium modeling of geological materials[J]. Modern Trends in Geomechancis: 77-99.

Shen W Q, Konda D, Dormieux L, et al., 2013. A closed-form three scale model for ductile rocks with a plastically compressible porous matrix[J]. Mechanics of Materials, 59: 73-86.

Sloan S W, Abbo A J, Sheng D, 2001. Refined explicit integration of elastoplastic models with automatic error control[J]. Engineering Computations, 18(1/2): 121-194.

Toll D G, Malandraki V, 1993. Triaxial testing of a weakly bonded soil[J]. Geotechnical Engineering of Hard Soils-soft Rocks: 817-823.

Wang D, Liu E, Zhang D, et al., 2021. A dynamic constitutive model for describing the mechanical behavior of frozen soil under cyclic loading[J]. Cold Regions Science and Technology, 189: 103341.

Wang D, Liu E, Yang C, et al., 2023. Micromechanics-based binary-medium constitutive model for frozen soil considering the influence of coarse-grained contents and freeze thaw cycles[J]. Acta Geotechnica, 18: 3977-3996.

Wang J G, Leung C F, Ichikawa Y, 2002. A simplified homogenisation method for composite soils[J]. Computer and Geotechnics, 29(6): 477-500.

Wang P, Liu E, Zhi B, 2021. An elastic-plastic model for frozen soil from micro to macro scale[J]. Applied Mathematical Modelling, 91: 125-148.

Wang P, Liu E, Song B, et al., 2019. Binary medium creep constitutive model for frozen soils based on homogenization theory[J]. Cold Regions Science and Technology, 162: 35-42.

Wang P, Liu E, Zhang D, et al., 2020. An elastoplastic binary medium constitutive model for saturated frozen soils[J]. Cold Regions Science and Technology, 174: 103055.

Wang P, Liu E, Zhi B, et al., 2022. Creep characteristics and unified macro–meso creep model for saturated frozen soil under constant/variable temperature conditions[J]. Acta Geotechnica, In Press.

Wang P, Liu E, Zhi B, et al., 2023. A macro-1 meso nonlinear strength criterion for frozen soil[J]. Acta Geotechnica, In Press.

Yu D, Liu E, Sun P, et al., 2020. Mechanical properties and binary-medium constitutive model for semi-through jointed mudstone samples[J]. International Journal of Rock Mechanics and Mining Science, 132: 104376.

Yu D, Liu E, Sun P, et al., 2022. Dynamic mechanical properties and binary-medium constitutive model for jointed mudstone samples subjected to cyclic loading[J]. European Journal of Environmental and Civil Engineering, 26(14): 7240-7266.

Yu D, Liu E, Xiang B, et al., 2023. A micro-macro constitutive model for rock considering breakage effect[J]. International Journal of Mining Science and Technology, 33: 173-184.

Yu H, Liu E, 2021. A binary-medium constitutive model for artificially cemented gravel-silty clay mixed soils[J]. European Journal of Environmental and Civil Engineering, Published online. DOI: 10. 1080/19648189: 1917455.

Zeng T, Shao J F, Yao Y, 2019. An upscaled model for elastoplastic behavior of the Callovo-Oxfordian argillite[J]. Computers and Geotechnics, 112: 81-92.

Zeng T, Shao J F, Yao Y, 2020. A micromechanical-based elasto-viscoplastic model for the Callovo-Oxfordian argillite: algorithms, validations, and applications[J]. International Journal for Numerical and Analytical Methods in Geomechanics, 44(2): 183-207.

Zhang D, Liu E, 2019. Binary-medium-based constitutive model of frozen soils subjected to triaxial loading[J]. Results in Physics, 12: 1999-2008.

Zhang D, Liu E, Yu D, 2020. A micromechanics-based elastoplastic constitutive model for frozen sands based on homogenization theory[J]. International Journal of Damage Mechanics, 29(5): 689-714.

Zhang D, Liu E, Huang J, 2020. Elastoplastic constitutive model for frozen sands based on framework of homogenization theory[J]. Acta Geotechnica, 15: 1831-1845.

Zhang D, Liu E, Liu X, et al., 2017. A new strength criterion for frozen soils considering the influence of temperature and coarse-grained contents[J]. Cold Regions Science and Technology, 143: 1-12.

Zhou M M, Günther M, 2014. Strength homogenization of matrix-inclusion composites using the linear comparison composite approach[J]. International Journal of Solids and Structures, 51(1): 259-273.

Ziegler H, 1983. An Introduction to Thermodynamics[M]. New York: North Holland.